U0241046

“十三五”国家重点出版物出版规划项目

伯克利物理学教程（SI版）

Berkeley Physics Course

第5卷

统计物理学（翻译版）

Statistical Physics

［美］F. 瑞夫（F. Reif）（*University of California*，*Berkeley*）著

周世勋　徐正惠　龚少明　译

龚少明　补正

机 械 工 业 出 版 社

本书为“十三五”国家重点出版物出版规划项目（世界名校名家基础教育系列）. 全书研究由大量分子或原子组成的宏观体系的热运动规律. 作者试图从原子论的基本概念出发，建立新的统计物理学系统. 全书共8章：宏观体系的特性、基本的概率概念、多粒子体系的统计描述、热相互作用、微观理论与宏观测量、经典近似中的正则分布、一般热力学相互作用，以及输运过程分子运动论基础. 各章的大量习题不仅可以加深对概念的理解，而且对统计物理学在其他领域的应用也颇有启发.

本书可作为高等院校物理学、应用物理学专业或其他理工科专业的教材或参考书，也可供相关科技人员参考.

F. Reif
Statistical Physics, Berkeley Physics Course-Volume 5
ISBN 978-0-07-004862-1

北京市版权局著作权合同登记　图字：01-2013-6388号.

中译本再版前言

“伯克利物理学教程”的中译本自20世纪70年代在我国印行以来已过去三十多年. 在此期间，国内陆续出版了许多大学理工科基础物理教材，也翻译出版了多套国外基础物理教程. 这在相当大的程度上对大学基础物理教学，特别是新世纪理工科基础物理教学的改革发挥了积极作用.

然而，即便如此，时至今日，国内高校从事物理教学的教师和选修基础物理课程的学生乃至研究生仍然感觉，无论是对基础物理的教、学还是应用，以及对从事相关的研究工作而言，“伯克利物理学教程”依旧不失为一套极有阅读和参考价值的优秀教程. 令人遗憾的是，由于诸多历史原因，曾经风靡一时的“伯克利物理学教程”如今在市面上已难觅其踪影，加之原版本以英制单位为主，使其进一步的普及受到一定制约. 而近几年，国外陆续推出了该套教程的最新版本——SI版（国际单位制版）. 在此背景下，机械工业出版社决定重新正式引进本套教程，并再次委托复旦大学、北京大学和南开大学的教授承担翻译修订工作.

新版中译本“伯克利物理学教程”仍为一套5卷.《电磁学》卷因新版本内容更新较大，基本上是抛开原译文的重译；《量子物理学》卷和《统计物理学》卷也做了相当部分内容的重译；《力学》卷和《波动学》卷则修正了少量原译文欠妥之处，其余改动不多. 除此之外，本套教程统一做的工作有：用SI单位全部替换原英制单位；按照《英汉物理学词汇》（赵凯华主编，北京大学出版社，2002年7月）更换、调整了部分物理学名词的汉译；增补了原译文未收入的部分物理学家的照片和传略；此外，增译全部各卷索引，以便给读者更为切实的帮助.

复旦大学　蒋平

“伯克利物理学教程”序

赵凯华　陆　果

20世纪是科学技术空前迅猛发展的世纪，人类社会在科技进步上经历了一个又一个划时代的变革. 继19世纪的物理学把人类社会带进“电气化时代”以后，20世纪40年代物理学又使人类掌握了核能的奥秘，把人类社会带进“原子时代”. 今天核技术的应用远不止于为社会提供长久可靠的能源，放射性与核磁共振在医学上的诊断和治疗作用，已几乎家喻户晓. 20世纪五六十年代物理学家又发明了激光，现在激光已广泛应用于尖端科学研究、工业、农业、医学、通信、计算、军事和家庭生活. 20世纪科学技术给人类社会所带来的最大冲击，莫过于以现代计算机为基础发展起来的电子信息技术，号称“信息时代”的到来，被誉为“第三次产业革命”. 的确，计算机给人类社会带来如此深刻的变化，是二三十年前任何有远见的科学家都不可能预见到的. 现代计算机的硬件基础是半导体集成电路，PN结是核心. 1947年晶体管的发明，标志着信息时代的发端. 所有上述一切，无不建立在量子物理的基础上，或是在量子物理的概念中衍生出来的. 此外，众多交叉学科的领域，像量子化学、量子生物学、量子宇宙学，也都立足于量子物理这块奠基石上. 我们可以毫不夸大地说，没有量子物理，就没有我们今天的生活方式.

普朗克量子论的诞生已经有114年了，从1925年或1926年算起量子力学的建立也已经将近90年了. 像量子物理这样重要的内容，在基础物理课程中理应占有重要的地位. 然而时至今日，我们的基础物理课程中量子物理的内容在许多地方只是一带而过，人们所说的“近代物理”早已不“近代”了.

美国的一些重点大学，为了解决基础物理教材内容与现代科学技术蓬勃发展的要求不相适应的矛盾，早在20世纪五六十年代起就开始对大学基础物理课程试行改革. 20世纪60年代出版的“伯克利物理学教程”就是这种尝试之一，它一共包括5卷：《力学》《电磁学》《波动学》《量子物理学》《统计物理学》. 该教程编写的意图，是尽可能地反映近百年来物理学的巨大进展，按照当前物理学工作者在各个前沿领域所使用的方式来介绍物理学. 该教程引入狭义相对论、量子物理学和统计物理学的概念，从较新的统一的观点来阐明物理学的基本原理，以适应现代科学技术发展对物理教学提出的要求.

当年“伯克利物理学教程”的作者们以巨大的勇气和扎实深厚的学识做出了杰出的工作，直到今天，回顾“伯克利物理学教程”，我们仍然可以从中得到许多非常有益的启示.

首先，这5卷的安排就很好地体现了现代科学技术发展对物理教学提出的要求，其次各卷作者对具体内容也都做出了精心的选择和安排．特别是，第4卷《量子物理学》的作者威切曼（Eyvind H. Wichmann）早在半个世纪前就提出："我不相信学习量子物理学比学习物理学其他分科在实质上会更困难．……当然，确曾有一个时期，所有量子现象被认为是非常神秘和错综复杂的．在最初探索这个领域的时期，物理学工作者确曾遇到一些非常实际的心理上的困难，这些困难一部分来自可以理解的偏爱对世界的经典观点的成见，另一部分则来自于实验图像的不连续性．但是，对于今天的初学者，没有理由一定要重新制造这些同样的困难．"我们不能不为他的勇气和真知灼见所折服．第5卷《统计物理学》的作者瑞夫（F. Reif）提出："我所遵循的方法，既不是按照这些学科进展的历史顺序，也不是沿袭传统的方式．我的目标是宁可采用现代的观点，用尽可能系统和简洁的方法阐明：原子论的基本概念如何导致明晰的理论框架，能够描述和预言宏观体系的性质．……我选择的叙述次序就是要对这样的读者有启发作用，他打算自己去发现如何获得宏观体系的知识．"的确，他的《统计物理学》以其深刻而清晰的物理分析，令人回味无穷．

感谢机械工业出版社，正是由于他们的辛勤工作，才为广大教师和学生提供了这套优秀的教材和参考书．

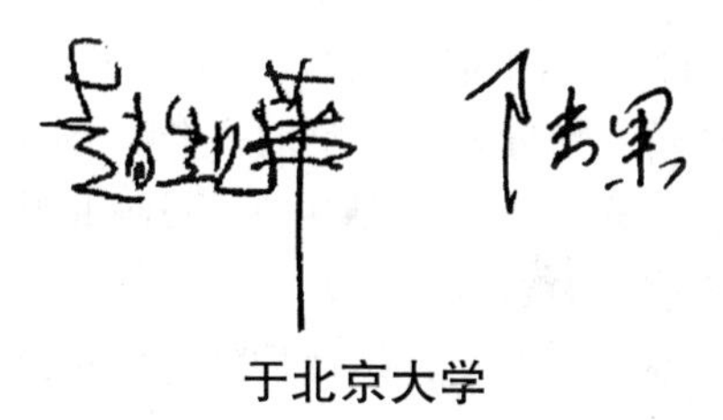

于北京大学

“伯克利物理学教程”原序（一）

本教程为一套两年期的初等大学物理教程，对象为主修科学和工程的学生. 我们想尽可能以在领域前沿工作的物理学家所应用的方式介绍初等物理. 我们旨在编写一套严格强调物理学基础的教材. 我们更特别想将狭义相对论、量子物理和统计物理的思想有机地引入初等物理课程.

选修本课程的学生都应在高中学过物理. 而且，在修读本课程的同时还应修读包括微积分在内的数学课.

现在美国另外有好几套大学物理的新教材在编写. 由于受科技进步和中、小学日益强调科学这两方面需要的影响，不少物理学家都有编写新教材的想法. 我们这套教材发端于1961年末康奈尔大学的Philip Morrison和C. Kittel两人之间的一次交谈. 我们还受到国家科学基金会的John Mays和他的同事们的鼓励，也受到时任大学物理委员会主席的Walter C. Michels的支持. 我们在开始阶段成立了一个非正式委员会来指导本教程. 委员会一开始由Luis Alvarez、William B. Fretter、Charles Kittel、Walter D. Knight、Philip Morrison、Edward M. Purcell、Malvin A. Ruderman和Jerrold R. Zacharias组成. 1962年5月委员会第一次在伯克利开会，会上确定了一套全新的物理教程的临时大纲. 因为有几位委员工作繁忙，1964年1月委员会调整了部分成员，而现在的成员就是在本序言末签名的各位. 其他人的贡献则在各分卷的前言中致谢.

临时大纲及其体现的精神对最终编成的教程内容有重大影响. 大纲全面涵盖了我们认为既应该又可能教给刚进大学主修科学与工程的学生的具体内容以及应有的学习态度. 我们从未设想编一套专门面向优等生、尖子生的教材. 但我们着意以独具创新性的、统一的观点表达物理原理，因而教材的许多部分不仅对学生，恐怕对老师来说都一样是新的.

根据计划5卷教程包括：

Ⅰ. 力学（Kittel，Knight，Ruderman）

Ⅱ. 电磁学（Purcell）

Ⅲ. 波动学（Crawford）

Ⅳ. 量子物理学（Wichmann）

Ⅴ. 统计物理学（Reif）

每一卷都由作者自行选择以最适合其本人分支学科的风格和方法写作.

因为教材本身强调物理原理，令有的老师觉得实验物理不足. 使用教材初期的教学活动促使Alan M. Portis提出组建基础物理实验室，这就是现在所熟知的伯克利物理实验室．这所实验室里重要的实验相当完善，而且设计得与教材很匹配，相辅相成．

编写教材的财政资助来自国家科学基金会，加州大学也给予了巨大的间接支持．财务由教育服务公司（ESI）管理，这是一家非营利性组织，专门管理各项课程改进项目．我们特别感谢 Gilbert Oakley、James Aldrich 和 William Jones 积极而贴心的支持，他们全部来自 ESI．ESI 在伯克利设立了一个办公室以协助教材编写和实验室建设，办公室由 Mary R. Maloney 夫人负责，她极其称职．加州大学同我们的教材项目虽无正式的联系，但却在很多重要的方面帮助了我们．在这一方面我们特别感谢相继两任物理系主任 August C. Helmholz 和 Bulton J. Moyer、系里的全体教职员工、Donald Coney 以及大学里的许多其他人．在前期许多组织工作中，Abraham Olshen 也给了我们许多帮助．

欢迎各位提出更正和建议．

Eugene D. Commins
Frank S. Crawford，Jr.
Walter D. Knight
Philip Morrison
Alan M. Portis
Edward M. Purcell
Frederick Reif
Malvin A. Ruderman
Eyvind H. Wichmann
Charles Kittel，主席

1965 年 1 月
伯克利，加利福尼亚

“伯克利物理学教程”原序（二）

本科生教学是综合性大学现在所面临的紧迫问题之一. 随着研究工作对教师越来越具有吸引力，“教学过程的隐晦贬损”（摘引自哲学家悉尼·胡克 Sidney Hook）已太过常见了. 此外，在许多领域中，研究的进展所导致的知识内容和结构的日益变化使得课程修订的需求变得格外迫切. 自然，这对物理科学尤为真实.

因此，我很高兴为这套“伯克利物理学教程”作序，这是一项旨在反映过去百年来物理学巨大变革的本科阶段课程改革的大项目. 这套教程得益于许多在前沿研究领域工作的物理学家的努力，也有幸得到了国家科学基金会（National Science Foundation）通过对教育服务公司（Educational Services Incorporated）拨款的形式给予的资助. 这套教程已经在加州大学伯克利分校的低年级物理课上成功试用了好几个学期，它象征着教育方面的显著进展，我希望今后能被极广泛地采用.

加州大学乐于成为负责编写这套新教程和建立实验室的校际合作组的东道主，也很高兴有许多伯克利分校的学生志愿协助试用这套教程. 非常感谢国家科学基金会的资助以及教育服务公司的合作. 但也许最让人满意的是大量参与课程改革项目的加州大学的教职员工所表现出来的对本科生教学的盎然的兴趣. 学者型教师的传统是古老的，也是光荣的；而致力于这部新教程和实验室的工作也正展示了这一传统依旧在加州大学发扬光大.

克拉克·克尔（Clark Kerr）

注：Clark Kerr 系加州大学伯克利分校前校长.

出 版 说 明

为何要采用 SI（国际单位制）？

在印度次大陆所有的使用者都认为 SI（Système Internationale）单位更方便，也更受欢迎. 因此，为使这套经典的伯克利教材对读者更适用，有必要将原著中的单位改用 SI 单位.

致谢

我们要对承担将伯克利教材单位制更改为 SI 单位这一工作的德里大学圣·斯蒂芬学院（新德里）的退休副教授 D. L. Katyal 表示诚挚的谢忱.

同样必须提及的是巴罗达 M. S. 大学（古吉拉特邦瓦多达拉市）物理系的副教授 Surjit Mukherjee 的精准校核.

征求反馈和建议

Tata McGraw-Hill 公司欢迎读者的评论、建议和反馈. 请将邮件发送至 tmh. sciencemathsfeedback@ gmail. com，并请举报和侵权、盗版相关的问题.

前　　言

本书是“伯克利物理学教程”的最后一卷，专门研究由许多原子或分子组成的大型（即宏观）体系，因而它为统计力学、分子运动论、热力学及热学等学科提供了入门课程. 我所遵循的方法，既不是按照这些学科进展的历史顺序，也不是沿袭传统的方式. 我的目标是宁可采用现代的观点，用尽可能系统和简洁的方法阐明：原子论的基本概念如何导致明晰的理论框架，能够描述和预言宏观体系的性质.

在写作这本书的过程中，我心目中的读者是：他对这门学科没有任何先入之见，在第一次遇到这门学科时只是从他学过基础物理和原子性质的有利地位出发. 因此，我选择的叙述次序就是要对这样的读者有启发作用，他打算自己去发现如何获得宏观体系的知识. 在力求使叙述明晰和统一的过程中，我系统地阐述一个基本原理作为整个讨论的基础，这个原理指出，一个孤立体系有向最无规则状况接近的趋向. 尽管我限于集中阐述一些简单的体系，但处理这些体系的方法是能广泛应用并易于推广的. 尤其是，我在全书都试图强调物理洞察力，也就是迅速而直接地了解有重要意义的那些关系的能力. 因此我力求做到：详细地讨论物理概念，而不迷失于数学公式中；用简单的例证说明普遍的抽象概念；对一些重要的量做出数值估计；把理论与由观察和实验得出的真实世界联系起来.

我不得不极其细心地选择本卷中应包括的题材. 我的意图是要强调那些最基本的概念，它们不但对于物理学工作者有用，也对化学、生物学或工科的读者有用. “教学说明”概括说明了本书的结构和内容，并为教师和学生提供了若干指南. 本书采用非传统的讲述次序，目的在于强调宏观尺度的描述和原子尺度的描述之间的关系，然而却并不一定要牺牲那些传统的方法中所固有的优点. 具体地讲，值得提出下列几个特点：

(1) 读者学完第 7 章后（即便他略去了第 6 章），对于经典热力学的基本原理与重要应用的理解程度，就应像他按传统方式所学习到的一样好. 当然，关于熵的意义他将有更深入的理解，还会对统计物理学有相当深入的了解.

(2) 我在本书中曾特意强调，统计理论导出的某些结果，在内容上纯粹是宏观的，而且与我们对所研究体系的原子结构可能假定为什么样的模型完全无关. 这样，书中就十分明显地说明了经典热力学的普适性以及与模型的无关性.

(3) 虽然按历史叙述的方法极少能对某一学科提供最严格的或最有启发性的阐述，但是熟悉一些科学概念的演变，还是有意义的，并且是有教益的. 因此，本书中也包括若干中肯的评论、参考读物和杰出科学家的照片，使学生对本学科的历

史进展有某些理解.

学习本卷所需的前提，除了经典力学和电磁学的基本知识外，只需要懂得最简单的原子论以及下列最初步的量子论知识：量子态和能级的意义、海森伯测不准原理、德布罗意波长、自旋的概念以及箱中的自由粒子问题. 所需的数学工具不过是简单的微分、积分和泰勒级数. 掌握了“伯克利物理学教程”前几卷（特别是第4卷）主要内容的读者，自然就为学习本书打下了良好的基础. 本书也能很好地作为任何其他现代基础物理学教程的最后部分，就是说它适用于二年级或二年级以上大学生水平的任何同类课程.

正如我在前言的开头所指出的，我的目标是充分阐述一门复杂学科的基础，使它成为简洁的、明晰且易于为初学者所接受的教材. 虽然这个目标是值得追求的，但是达到它却是困难的. 对我来说，写这本书的确是一项艰巨而独特的工作，它耗费了我很多的时间，真的使我感到精疲力尽. 如果我知道自己已经足够好地达到了这个目的，那么本书就确实是有些用处的，也算是对我的些许补偿了.

F. 瑞夫

教 学 说 明

本书的结构

本书分为3个主要部分，我将依次叙述.

A. 预备性概念（第1、2章）

第1章：本章对本书所要探讨的最基本的物理概念做定性介绍，使学生懂得宏观体系的特点，并把学生的思考引向一条富有成效的路线.

第2章：本章在性质上更像数学，试图使学生熟悉概率论的基本概念（假定学生预先并没有概率的观念）. 全章始终强调了系综的概念，所举的例子全都是物理上很有意义的情况. 尽管本章是针对后面各章的应用而写的，但所讨论的概率概念当然期望在更广泛的范围内都可以应用.

这两章不必花太多时间. 实际上，有些学生很可能已有足够的基础，已经熟悉了这两章的部分内容. 虽然如此，我明确地建议这样的学生也不要跳过这两章，而是把这两章当作有益的复习.

B. 基本理论（第3、4、5章）

这部分是本书的核心. 实际上，本书主题逻辑上的及定量的发展是从第3章开始的（就这个意义上说，前两章可以略去，但从教学效果来看，那是不明智的）.

第3章：本章讨论如何用统计术语描述由许多粒子所组成的体系. 本章还引进了统计理论的基本假设. 学完这一章后，学生应当已经认识到：宏观体系的定量理解，本质上说，取决于对体系可到达的状态数的研究，但他还不可能看到这一认识具有多么有用的价值.

第4章：本章构成了实质上的核心内容. 这章很自然地从研究两个体系如何通过热传递发生相互作用入手. 但是，这一研究很快就导出了熵、绝对温度、正则分布（即玻耳兹曼因子）等一些基本概念. 到本章结束，学生就能处理一些很实际的问题了. 事实上，他已懂得了如何由基本原理计算物质的顺磁性质和理想气体的压强.

第5章：本章把理论的概念完全引到实际中来. 因而本章讨论如何把原子论与宏观测量联系起来，如何从实验上确定一些物理量，例如绝对温度、熵等.

授课时间十分紧迫的教师教完这5章就可结束，而不必感到惋惜. 到此为止，学生应当已十分清楚地懂得了绝对温度、熵和玻耳兹曼因子，即统计力学和热力学的最基本的概念.（的确，至此尚未讲到的唯一热力学结果只是准静态绝热过程中熵保持不变.）我认为到了这一步本课程的基本目的已经达到了.

C. 理论的详尽阐述（第 6、7、8 章）

这一部分由彼此独立的 3 章组成，在某种意义上，每一章都可以独立存在，而不必以另外两章为前提. 并且在读另一章之前只选用任一章的开头几节也是完全可行的. 因此，任何教师都可利用这一灵活性以适应他自己的爱好或学生的兴趣. 其中第 7 章又是整个理论中最重要、最基本的一章，因为它完成了热力学原理的讨论. 它也可能是对化学或生物学的学生最有用的一章.

第 6 章：这一章把近似经典概念引入统计描述中，从而讨论正则分布的某些特别重要的应用. 气体分子的麦克斯韦速度分布及能量均分定理是本章的主要论题. 作为例证的应用包括分子束、同位素分离及固体热容等.

第 7 章：本章一开头就证明在准静态绝热过程中熵保持不变. 这就完成了热力学定律的讨论，然后对这些定律又以最普遍的形式加以总结. 这一章还讨论了几个重要的应用：普遍平衡条件，包括吉布斯自由能的性质、相平衡，以及对热机和生物有机体的意义.

第 8 章：最后一章打算阐述体系的非平衡性质. 本章以最简单的平均自由程论证处理稀薄气体的输运过程，也阐述了黏性、热导率、自扩散及电导率等.

本书基本结构的阐述就到此为止. 在伯克利进行教学的过程中，大约用了基础物理学教学时间中最后 1/4 中的 8 周时间，完成了本书主要内容的教学任务.

上面的概述清楚地表明，尽管本书的叙述方式是新颖的，但仍有自己严密的逻辑结构. 对这一逻辑发展过程，学生可能比教师更感到自然和直接，因为学生接触这一课题时没有成见，而教师的头脑已受到教授这门课程的传统方法的影响. 我建议教师们重新考虑这门学科. 如果顽强的习惯势力会使教师不明智地掺进传统的观点，那么他可能会打乱本书的逻辑发展，这就不是使学生明白，而是使学生糊涂了.

本书的其他特点

附录：四节附录包括了若干有关的外围题材. 特别对高斯分布和泊松分布专门做了讨论，因为它们在许多领域中都是重要的，而且又与“伯克利物理学教程”的实验部分有关系.

数学注释：这些注释只是把正文中或某些习题中用得着的数学片断集中起来.

数学符号和数值常数：可在书末的表中（或在书末几页）查到.

定义摘要：为了便于引证和复习，在每章末尾列出了这些摘要.

习题：习题是本书的一个重要组成部分．为了提供丰富的启发性材料，我列入了大约160道题供选用，尽管不能期望学生都做完，但我鼓励他在读完每一章之后，应能解答章末习题的大部分；否则，他不能从本书得到什么好处．带“*”的习题稍许难一些．补充题主要涉及附录中所讨论的题材．

习题答案：绝大多数习题答案已列在书末．有了这些答案，自学本书就方便了．另外，尽管我赞成学生首先设法解出题目再看答案，但是我相信，如果在求出结果之后马上核对一下答案，在学习方法上是有益的．这样，学生可以及时发现自己的错误，促使他进一步思考，而不是被错误所蒙蔽，以至于无根据地自满．（尽管我力求使书后所列的答案正确无误，但是我不能担保这一点．如果读者把可能发现的任何错误告诉我，我将非常感谢．）

辅助材料：是由例证说明及各种注解组成的材料，用小字体排出，以使它们与逻辑发展的主要内容区别开来．这些材料第一次阅读时不要跳过去，但是以后复习时就不必再看．

方程（公式）编号：方程在每章之内按次序编号，一个简单的数字，如（3.8）指第3章的方程（3.8），（A.8）指附录A中的方程（A.8），（M.8）则指数学注释中的方程（M.8）．

对学生的忠告

学习是一个积极主动的过程，单纯阅读或死记硬背得不到什么真正效果．对待书中的内容要像你自己去力图发现它那样，教科书只是一种指导，你应当超过它．科学的任务在于学会思考的方法，这些方法对描述和预言所观察世界的特性来说是有效的．学会新的思考方法的唯一办法是具体思考．应努力去追求深入的知识，努力在前人还未发掘的地方去寻找新的关系和简单性．尤其不能死记公式，要学会推理的方式、方法．值得用心记忆的关系只是少数几个重要关系，我已经把它们明显地罗列在各章末尾了．如果这些关系式还不足以使你用大约20s或更短一些的时间就能联想起其他的重要公式，那就说明你还没有弄懂主要内容．

最后，掌握少数几个基本概念要比堆砌大量零乱的事实和公式重要得多．如果说，我在本书中对某些简单的特例（如自旋或理想气体体系）似乎讲得太多的话，这是有意而为．某些简单的陈述，往往会导出意想不到的普遍结论，这在统计物理学和热力学的研究中更是如此．相反，也发现许多问题很易导致概念上的佯谬，或者导致似乎是无法处理的计算工作．这就又一次表明，相当简单的例子常常能够解决概念上的困难，并指出新的计算步骤或近似方法．因此，我的最后建议是：首先努力彻底地理解简单的基本概念，然后再去做许多习题，包括书中给出的习题和你自己提出的问题．只有这样，你才能判断你理解的情况；也只有这样，才能懂得如何靠自己而成为一位独立的思考者．

致　谢

我很感谢阿伦 N. 考夫曼教授，他不但批判性地通读了最后的手稿，而且常常愿意与我分享他的好点子．查尔斯·基特尔教授和爱德华 M. 珀塞尔教授对前两章的初期写法作过很有价值的分析．在我的研究生中，要特别提到里查德·汉斯，他为本书的预备版做了很多有用的实验观测，伦纳德·许伦辛格做完了全部习题，并将解答结果附在本书末尾．我还要特别感谢杰伊·雷特勒，他只是一名本科生，却自学了本书的预备稿和最终稿的主要部分，从对学科完全陌生到熟练掌握，这一自学过程充分展示了他的天分，他还逐一指出了书稿中的晦涩难懂之处，并提出了建设性的修改建议．他也许是对书稿修正贡献最大的人．

计算机图片制作是一项耗时费力的事，因此我要热切地对伯尼 J. 爱尔特博士表示感谢，他帮助我完成了这项繁重的任务，这是金钱补偿不了的．没有他丰富的计算机经验，我的示范实验的构想就不可能实现．我还希望继续与他合作，完成计算机动画制作，以便更加生动地描述统计物理的概念．

伯弗兰·萨卡斯夫人，还有伯特丽西亚·肯尼迪夫人，在我编写本书的过程中，她们先后担任我的秘书多年，我要感谢她们辨别字体和打字的技巧．我还要感谢这期间的其他几位助手，她们是玛丽 R. 玛隆娜夫人，莉娜·萝威尔夫人，她们任劳任怨地帮我完成了大量琐碎的日常事务．弗里克·库伯先生，他负责本书的美术制图工作．最后，我要感谢教育服务公司的威廉 R. 琼斯先生，他帮我沟通了与国家科学基金会的联系．

本书得益于《统计和热物理基础》（Fundamentals of Statistical and Thermal Physics，缩写为 FSTP）一书很多很多，FSTP 是我编写的由 McGraw-Hill 出版公司于 1965 年出版的书，这也是难度较大的为高年级大学生编写的而且具有教育改革精神的教科书．那本书的创作经验以及许多阐述细节都移植到现在的教程中了[⊖]．因此我不但要对那本书中对我有所帮助的人表示感谢，也要对 McGraw-Hill 出版公司表示感谢，他们允许我随意引用那本书的内容，而不必顾及版权的约束．虽然我对那本书的演绎方式并无不满意之处，但我逐步认识到那里的阐述还可以进一步简化，还应说得更加透彻．这又使我想到，可以用现在这本教程的编写经验再去修改 FSTP．鉴于这两本书有许多共性，凡是对本书之外的更多课题感兴趣的读者，可以把 FSTP 作为补充读物，不过要注意，两本书的符号有些差别．

尽管本书是伯克利物理学教程之一，但必须指出，责任全归本人，如果本书有何瑕疵（我在读清样时已觉察到一些）必须由我独自承担．

⊖ 本书的有些内容已取得 FSTP 的版权许可．

目　　录

第 1 章　宏观体系的特性

第1章　宏观体系的特性

使我对于统一宇宙的核心，
有所分辨，
使我能观察一切活力和种原，
不再凭口舌卖弄虚玄。
——歌德《浮士德》㊀

我们从感官了解到的整个世界是由宏观物体所组成的，也就是说，这些物体与原子大小比较起来是很大的，因而它们包含大量的原子和分子. 这个世界变化多端，极为复杂，其中有气体、液体、固体以及具有极其多样形式和成分的生物机体. 因此，对这个世界的研究，就成为物理学、化学、生物学以及其他一些学科的课题. 在本书中，我们要承担的任务是：对所有宏观体系的基本性质作一些深入考察. 特别是，我们打算研究，为什么从原子论的几个统一概念出发就能理解宏观体系中所观察到的行为；描述这类体系的直接可观测性质的一些量又是如何相互关联的；以及如何从对原子特性的认识中推导出这些量.

20世纪前半叶所取得的科学进展，使我们对微观水平上的物质结构，也就是在原子大小（10^{-10} m）的微小数量级上的物质结构有了基本的知识. 原子论的定量研究已发展得相当细致，并为大量的实验证据所支持. 从而，我们知道所有物质都是由分子组成的，分子又是由原子组成的，而原子又是由核和电子所组成. 我们也知道微观物理的量子定律支配着原子粒子的行为. 因而，在讨论宏观物体的性质时，我们应当善于利用这些深入的知识.

的确，我们要更详尽地证明这种想法是合理的. 任何一个宏观体系都由非常多的原子所组成，描写原子粒子动力学行为的量子力学规律已完善地确立. 我们对原子粒子之间相互作用的电磁力也有了清楚的了解. 通常只有电磁力是唯一有关的力，因为原子粒子间的万有引力和电磁力比起来一般是微小到可以忽略. 此外，核

㊀ 这里德文的中文译文取自：董问樵译，《浮士德》，复旦大学出版社，1983年第1版，1992年7月第5次印刷的版本，第22页。（这是《浮士德》悲剧中第一幕浮士德独白中的几句话，浮士德钻研过哲学、医学、法律和神学才有这种认识，作者这里的引用意指深入研究才能得到准确的知识. ——译者注）作者F·瑞夫的英文译文为："That I may recognige what holds the world together in its inmost essence, behold the driving force and source of everything, and rummage no more in empty words."

力的知识一般也是不必要的，因为在绝大部分的宏观物理体系及所有化学和生物学体系中，原子核不会破裂㊀．因此可以说，关于微观物理规律，我们已有相当充分的知识，原则上足以使我们从任何一个宏观体系的微观组成的知识，推导出这个体系的性质．

不过，如果在这个乐观的见解上停顿下来，那将是十分错误的．日常生活中所遇到的典型宏观体系大约包含10^{25}个相互作用的原子．我们的具体科学目标就是以最少数目的基本概念为基础来了解和预测这样一个体系的性质．我们明确地知道，量子力学和电磁学的定律充分描述各种体系中的所有原子，不管该体系是固体、液体、还是一个人．但是，这种认识对达到我们科学的目标，即预见，显然是无用的，除非我们能够掌握有效的方法来应付这种体系中所固有的巨大复杂性．这里存在的困难并不是那种仅仅依靠更大和更好的电子计算机就可以解决的困难．10^{25}个相互作用的粒子问题甚至会使想象中的未来的计算机也无能为力．此外，除非问题提得恰当，否则，即使用大量的计算机输出纸带，也不可能对课题的本质提供任何了解．还需要强调的是：所说的复杂性远不只是定量上的细节问题，在许多情况下，这种复杂性可能导致意想不到的质的特征．例如，考虑由全同简单原子（譬如说，氦原子）组成的气体，这些原子间以已知的简单力相互作用．从这一微观信息决不能明显看出这种气体会非常骤然地凝结以致形成液体，但这确实是可以发生的．任何一个生物机体甚至都能提供更为动人的例证．仅仅从原子结构的知识出发，谁会猜想到几种简单的原子形成某种类型的分子后，就能产生具有生物生长和自我生殖能力的体系呢?

由此可见，对大量粒子所组成的宏观体系的理解，首先要求形成一些能够处理复杂事物的新概念．这些概念最终以微观物理的已知的基本定律为基础，它们应完成如下任务：把描述宏观体系最有用的一些参量弄清楚；使我们易于识别这种体系所呈现的本质特性和规律性；最后，为我们提供比较简单的方法，可以定量地预测这些体系的性质．

即使假定微观物理的基本定律是已知的，很明显，要发掘出能充分有效地来完成这些任务的概念也是一个重大的智力挑战．因而在物理学最前沿的研究中，由大量原子组成的复杂体系受到很大的重视是不足为奇的．再者，值得注意的是：在理解宏观体系的过程中，十分简单的推理就能导致显著的进展．以后我们会看到，基本原因在于：由于大量粒子的存在，使我们可以特别有效地使用统计方法．

我们应当如何达到理解宏观体系这一目标还是不清楚的．的确，它们表面上的复杂性似乎是令人生畏的．所以，当我们在前进的征途上开始迈步时，我们将遵循良好的科学程序，首先探讨几个简单的例子．在这一阶段，我们将不使自己的想象力因

㊀ 但是，在某些天体物理学问题中，万有引力相互作用和核相互作用可以变成重要的．

为力求严格或过分吹毛求疵而受到限制．本章中我们的目的在于认识宏观体系的基本特性，在定性的轮廓上看看主要的问题，并对典型的数量级获得一些感性认识．这种初步探讨应为我们系统而定量地解决宏观体系的问题提供一些适当的方法．

1.1　平衡中的涨落

由完全相同的分子所组成的气体［例如由氩（Ar）或氮（N_2）分子组成的气体］是大量粒子组成的体系的一个简单例子．如果气体是稀薄的（单位体积中的分子数很少），分子间的平均距离就很大，因而它们之间的相互作用也相应地小．如果气体足够稀薄以致分子间的相互作用几乎可以略去不计㊀，我们就说这种气体就是理想气体．因此，理想气体是特别简单的，理想气体的每一个分子在绝大部分时间内犹如自由粒子那样运动而不受其他分子或器壁的影响，它仅以极少的机会与其他分子或器壁靠得足够近以致和它们发生作用（碰撞）．此外，如果气体足够稀薄，分子间的平均距离比一个分子的德布罗意波长要大得多．在这种情况下，量子力学效应可以忽略．因而，可以把这些分子看作是沿着经典轨道运动的可区分的粒子㊁．

然后，我们考虑由装在一个容器或一个箱子中的 N 个分子所组成的理想气体．为了讨论最简单的可能情况，假设整个体系是孤立的（即不和任何其他体系发生相互作用），并且这个体系在很长时间内不受到任何扰动．现在设想用一部适当的摄影机拍摄该体系的电影，这样我们能观察到气体分子而不影响它们的运动．影片的相继画面表示出分子在一定时间的位置，这些时间相继按某一短段时间 τ_0 分隔开．这样，我们可以分别考察这些画面，或者换一种方式，用一部放映机把电影放映出来．

在后一种情况下，我们可从放映屏幕上观察到表示气体分子不断运动的图画：每一给定的分子都沿一直线运动直到它和其他分子或器壁碰撞时为止，然后它沿另一直线运动直到它再次碰撞，如此继续下去．每个分子严格地按照力学定律运动．不过，在整个箱子中运动的 N 个分子相互碰撞呈现出很复杂的情况，以至于屏幕上的图画颇为混乱（除非 N 非常小）．

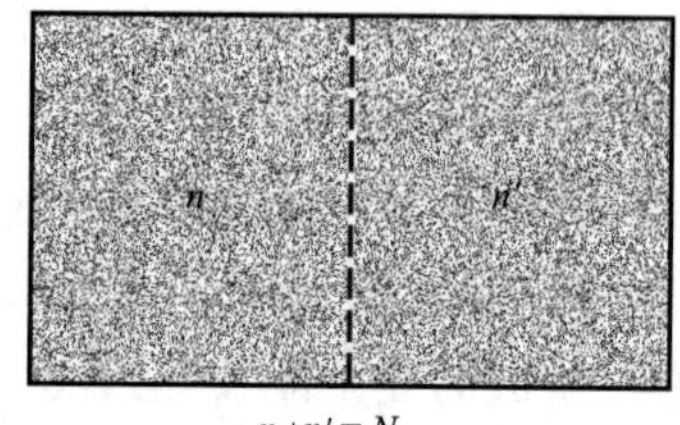

图1.1　含有 N 个理想气体分子的箱子．箱子被假想的隔板分成二等份，左半边的分子数用 n 表示，右半边的分子数用 n' 表示

㊀　如果分子之间相互作用的总势能要比它们的总动能小到可以忽略的话，就认为分子间的相互作用几乎可以忽略不计．

㊁　经典近似的有效性将在6.3节更广泛地论证．

现在我们集中注意分子的位置以及它们在空间的分布．为了明确起见，设想箱子被某个假想的隔板分隔成两个相等的部分（见图 1.1）．以 n 表示左半箱子中的分子数，以 n'表示右半箱子中的分子数．当然

$$n + n' = N, \tag{1.1}$$

即箱子中分子的总数．如果 N 很大，通常我们发现 $n \approx n'$，即大致说来分子的一半处在箱子的每一半中．不过我们强调这种说法只是近似正确．例如，当分子在整个箱子中运动时，由于相互碰撞或与箱壁碰撞，有些分子进入箱子的左半边，而另一些分子则从箱的左半边逸出．所以真正位于箱的左半边的分子数 n 随时间经常涨落（见图 1.3 ~ 图 1.6）．通常这些涨落足够地小，以致 n 与 $N/2$ 的差别不是很大．但是，没有什么原因会阻止所有分子都在箱子的左半边（因而 $n = N$，$n' = 0$）．的确，这种情况是可能发生的，但发生的可能性如何呢？

为了对这个问题有更深入的理解，我们要问分子在箱子的两半部分之间分布的方式有多少种？我们将把分子在箱子的两半部分之间分布的每一种不同方式称为一个组态．于是，箱子中每个分子可能在两个组态中被发现，即，它既可以在左半边，也可以在右半边．由于两半部分的体积相等，在其他方面也相同，因而分子在箱子的随便哪一半中被发现的可能性是相同的㊀．如果我们考虑两个分子，它们中的每一个都可能在箱子的任一半中找到．因而可能组态的总数（即，两个分子能分布在两半部分中的可能方式的总数）等于 $2 \times 2 = 2^2 = 4$，这是因为对应于第一个分子的每个可能组态，另一个分子有两个可能的组态（见图 1.2）．如果我们考虑 3 个分子，它们可能组态的总数等于 $2 \times 2 \times 2 = 2^3 = 8$，因为对应于前面 2 个分子的 2^2 个可能组态中的每一个，最后一个分子又有 2 个可能组态．相似地，如果我们考虑 N 个分子的普遍情况，可能组态的总数是 $2 \times 2 \times \cdots \times 2 = 2^N$，对于 $N = 4$ 的特例，这些组态清楚地罗列在表 1.1 中．

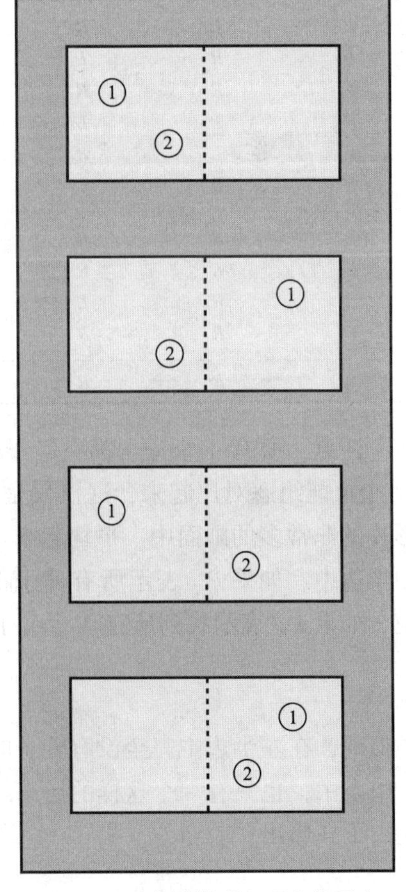

图 1.2　示意图说明：两个分子在一只箱子的两个半边之间可能分布的 4 种不同方式

㊀　假定在箱子的任何一半中找到某一特定分子的可能性不受那里存在的其他分子数目的影响．如果分子本身所占的体积和箱子的体积比较起来小到可忽略，这一假定就是正确的．

表1.1　4个分子（$N=4$ 用1，2，3，4标记）在一只箱子的两半部分中分布的16种可能的情况．字母 L 表示位于箱子左半边的各个分子，R 表示位于右半边的分子．在每一半之内的分子数分别用 n 和 n' 表示．符号 $C(n)$ 表示：当分子中有 n 个位于箱子左半边时分子的可能组态数目

1	2	3	4	n	n'	$C(n)$
L	L	L	L	4	0	1
L	L	L	R	3	1	4
L	L	R	L	3	1	
L	R	L	L	3	1	
R	L	L	L	3	1	
L	L	R	R	2	2	6
L	R	L	R	2	2	
L	R	R	L	2	2	
R	L	L	R	2	2	
R	L	R	L	2	2	
R	R	L	L	2	2	
L	R	R	R	1	3	4
R	L	R	R	1	3	
R	R	L	R	1	3	
R	R	R	L	1	3	
R	R	R	R	0	4	1

注意，所有 N 个分子都在箱子的左半边的分布方式只有一个．和这些分子的 2^N 个可能组态对比起来，这仅仅是分子的一个特殊组态．所以我们可以期望，在影片的非常多的画面中，平均起来每 2^N 个画面中只有一个会显示出所有分子都在左半边中．如果 P_N 表示所有分子都在箱子的左半边的画面所占的分数，也就是说，如果 P_N 表示找到所有 N 个分子都在左半边的相对频率或概率，那么

$$P_N=\frac{1}{2^N}. \tag{1.2}$$

类似地，在左半边中完全没有分子的情况也是非常特殊的，因为在 2^N 个可能的分子组态中，也只有一个这样的组态．因而，在左半边中完全没有分子的概率 P_0 也应由下式给出

$$P_0=\frac{1}{2^N}. \tag{1.3}$$

更普遍一些，考虑由 N 个分子组成的气体中有 n 个分子处于箱子的左半边的情况，以 $C(n)$ 表示这种情况下分子可能组态的数目［就是说，$C(n)$ 是把分子分配在箱子中，使 n 个分子处在箱子左半边的可能方式的数目］．因为分子的可能组态的数目是 2^N，我们可以想到，在影片的非常多的画面中，平均起来，2^N 个画面

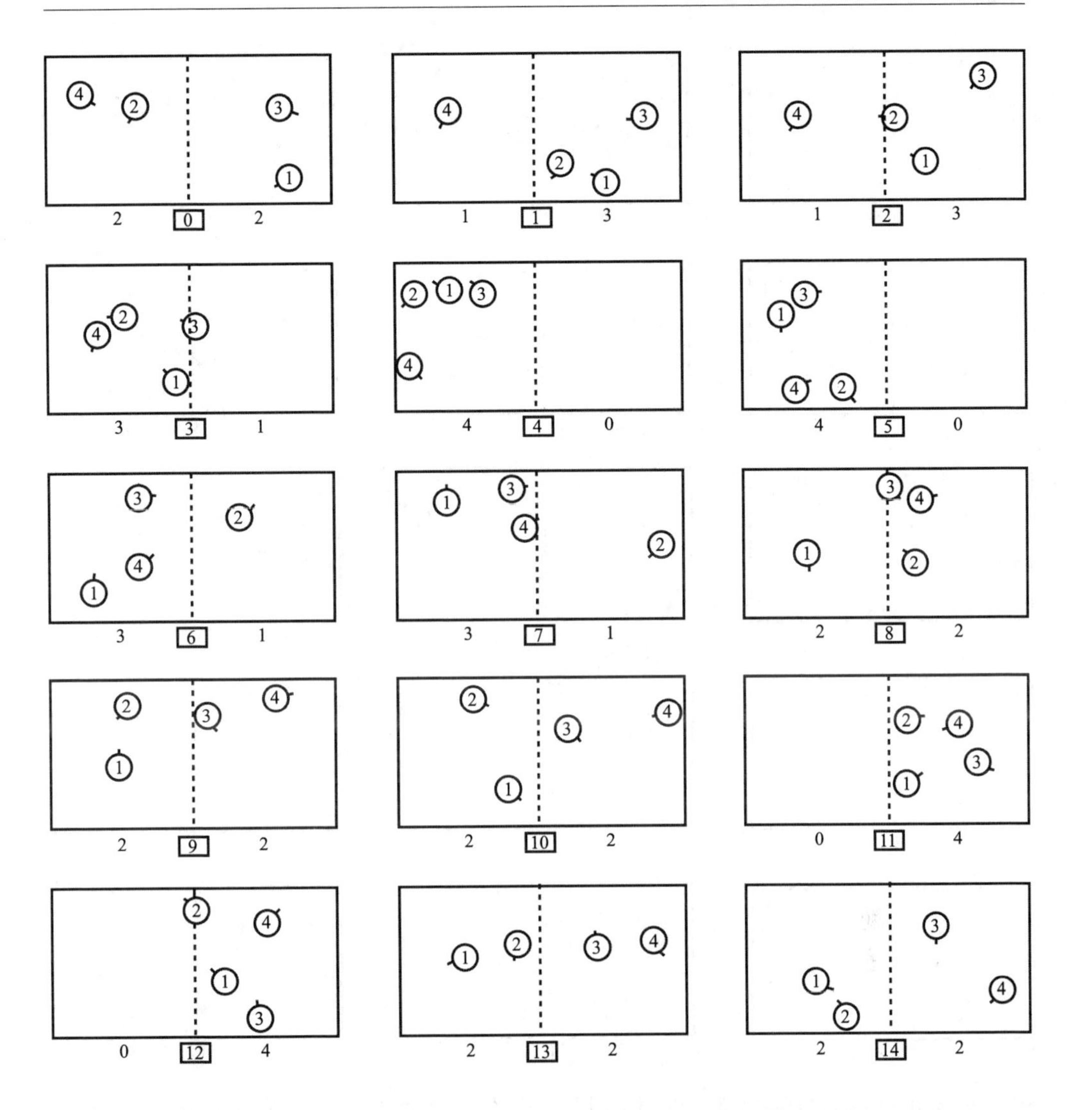

图 1.3　表示箱子中含有 4 个粒子的计算机制作的图片．15 幅连续的画面（用 $j=0$，1，2，…，14 标记）是根据假设的初始条件，计算一个很长的时间以后应当拍摄出的图片．居留于每半只箱子内的粒子数直接打印在那一半的下方．由每一粒子发出的短线段指示粒子速度的方向

中有 $C(n)$ 个将显示出有 n 个分子在箱子的左半边．以 P_n 表示有 n 个分子在箱子的左半边的画面所占的分数，即以 P_n 表示找到 n 个分子在左半边的相对频率，或概率，那么

$$P_n=\frac{C(n)}{2^N}. \tag{1.4}$$

【例】

考虑气体仅由 4 个分子组成的特例．每一类型的可能组态数 $C(n)$ 列在表 1.1

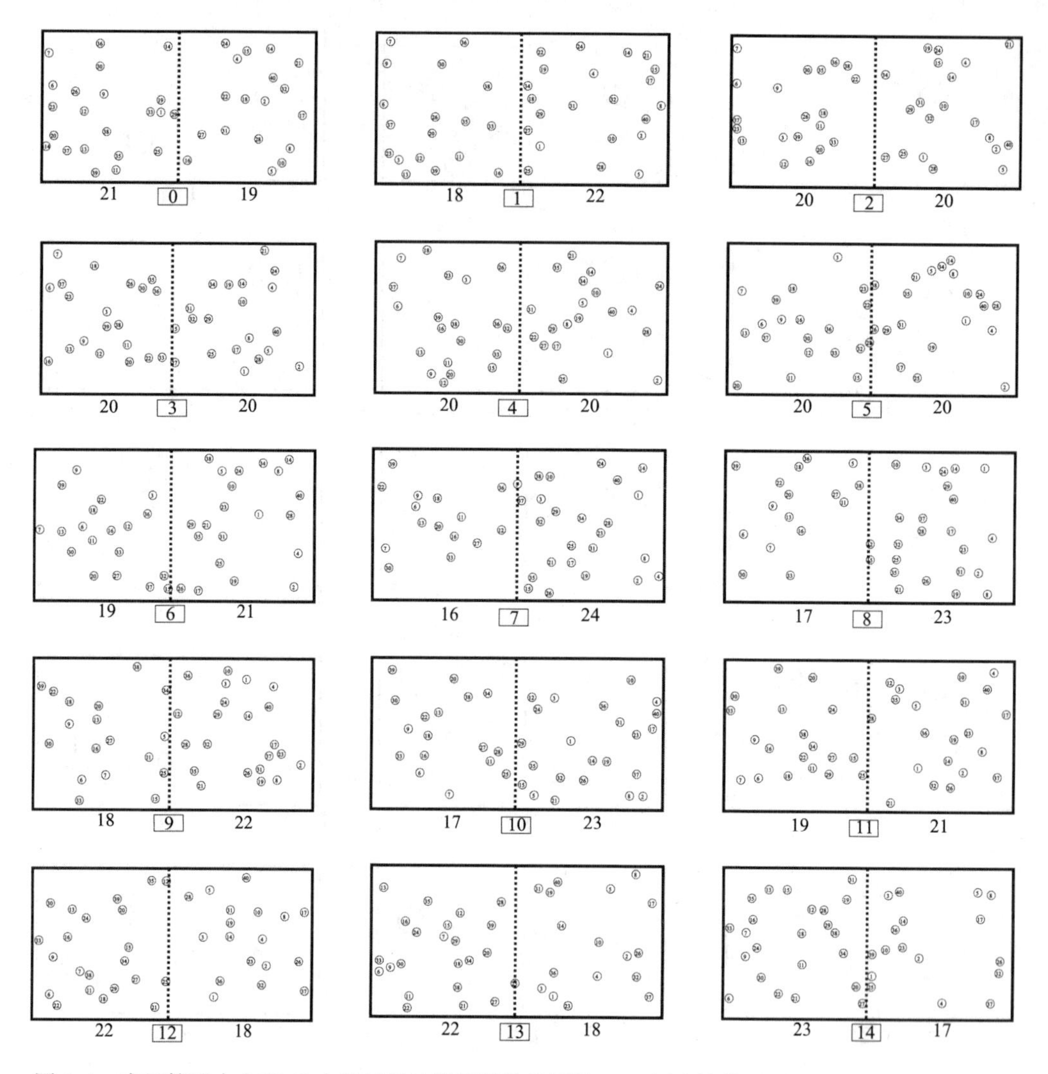

图 1.4　表示箱子中含有 40 个粒子的计算机制作的图片. 15 幅连续的画面（用 $j=0, 1, 2, \cdots, 14$ 标记）是根据假设的初始条件，计算一个很长的时间以后应拍摄出的图片. 居留于每半只箱子中的粒子数直接打印在那一半的下方. 粒子的速度并未指示出来

中. 假设该气体的电影由大量画面组成. 那么，我们预期在这些画面中显示出 n 个分子在左半边（相应地，$n'=N-n$ 个分子在右半边）所占的分数如下：

$$\begin{cases} P_4 = P_0 = \dfrac{1}{16}, \\ P_3 = P_1 = \dfrac{4}{16} = \dfrac{1}{4}, \\ P_2 = \dfrac{6}{16} = \dfrac{3}{8}. \end{cases} \tag{1.4a}$$

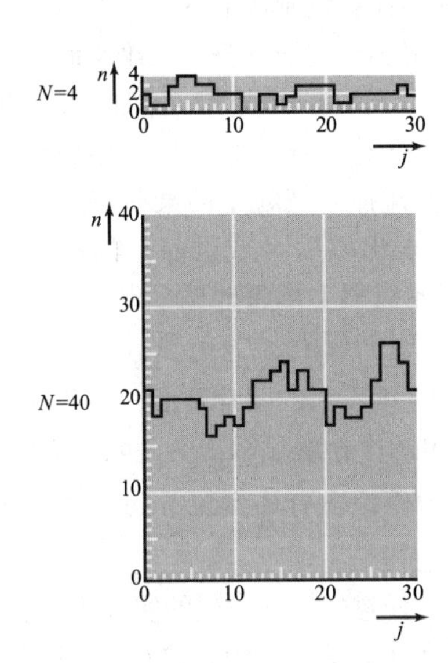

图1.5　左半边箱子中的粒子数 n 为画面帧标 j 或所经过的时间 $t=j\tau_0$ 的函数．第 j 幅画面的粒子数 n 用从 j 到 $j+1$ 的一条水平线来表示．这两个曲线图描绘了 $N=4$ 个粒子的图1.3及 $N=40$ 个粒子的图1.4，但包含的画面信息比那里更多

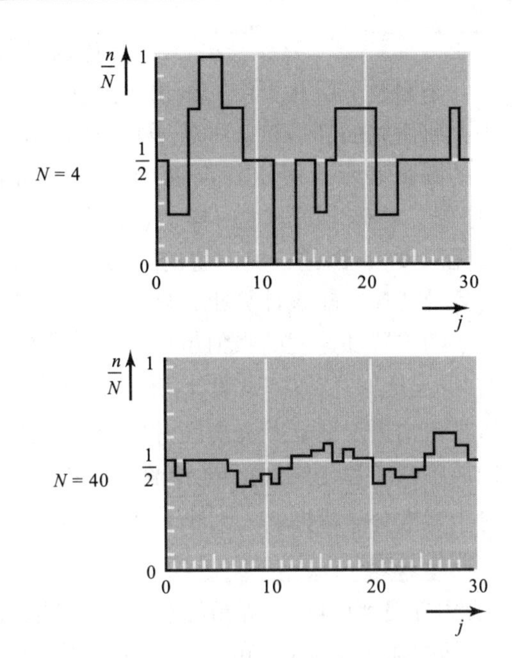

图1.6　左半边箱子中的相对粒子数 $\frac{n}{N}$ 为画面帧标 j 或所经过的时间 $t=j\tau_0$ 的函数．其他方面所代表的信息与图1.5相同

正如我们已经看到的，$n=N$（或 $n=0$）的情况仅对应于一个可能的分子组态．更普遍地，如果 N 很大，即使 n 只是一般地接近 N（或只是一般地接近0），也还会有 $C(n) \ll 2^N$．换句话说，像 $n \gg \frac{1}{2}N$（或者 $n \ll \frac{1}{2}N$）这样不均匀的分布情况只对应于相当少的组态．这类只能以相对少的方式得出的情况是很特殊的．因而被称为是相对非无规的，或者有序的；根据式（1.4），这种类型的情况不是经常发生的．另一方面，分子分布概率是均匀的，使得 $n \approx n'$ 的情况对应于许多可能的组态．的确，正如表1.1中所说明的，如果 $n=n'=\frac{1}{2}N$，$C(n)$ 就是最大的．这种可以用许多不同方式得到的情况，被称为是无规的，或无序的．根据式（1.4），这是经常发生的；简单地说，气体中分子的更无规的（或均匀的）分布比起无规程度较小的分布发生得更频繁．物理上的原因是很清楚的，如果所有分子要把它们的绝大部分集中到箱子的一部分，那么它们必须以一种非常特殊的方式运动．相似地，如果它们都处于箱子的一部分中，并且又要保持在那里，那么它们也必须以一种非常特殊的方式运动．

计算机制作的图片

下面及随后几页中，画出了由高速电子数字计算机制成的图片．在每一事例中，所研究的都是箱子中若干粒子经典运动的情况，粒子本身以二维空间中移动着的圆圈表示．假定任何两个粒子之间的力，或粒子与箱壁之间的力，都与“坚硬”物体之间的力一样，（就是说：当它们没有相遇时力为零；相遇时，力为无限大），因此，所产生的一切碰撞都是弹性碰撞．把粒子的某些特定的初始位置及初速度输入计算机，然后，从运动方程求出以后（或以前）的所有时刻粒子的位置和速度的数值解，并且在阴极射线示波器上形象地显示出分子在相继时刻 $t=j\tau_0$ 的位置．此处 τ_0 是一个短而固定的时间间隔，$j=0$，1，2，3…，然后再由拍摄示波器荧光屏图片的摄影机拍摄成连续不断的图片画面，这些画面复制成各幅图片（时间间隔 τ_0 选得足够长，使得图中相继显示出的两帧画面之间，发生多次分子碰撞）．从而计算机被用于详细地模拟含有许多粒子的动力学作用的假想实验．

用方程（1.4）计算箱的左半边分子数目 n 为任意的情况发生的实际概率，可以使上面的陈述成为定量的．我们将把普遍情况下如何计算分子组态数 $C(n)$ 推迟到下一章再来介绍．但是如果考虑一个极端的情况，求所有分子都在箱子的左半边的情况发生的次数是多大，这是很容易的，也是很说明问题的．的确，式（1.2）断言，在影片的每 2^N 个画面中，这种类型的涨落平均来说只被观察到一次．

为了对数值有所了解，我们考虑某些特例．如果气体仅由 4 个分子组成，平均来说，在影片的每 16 个画面中，发现这 4 个分子都在箱子左半边的只有一次；因此，这种类型的涨落有适当的机会发生．另一方面，如果气体由 80 个分子组成，平均地说，在影片的 $2^{80}\approx10^{24}$ 个画面中只有一个．这就表明，即使每秒拍摄一百万次照片，为了使我们有机会看到显示所有分子都在箱子的左半边的一个画面，我们必须把影片放映到比宇宙的年龄大得多的时间㊀．最后，作为一个真实的例子，设想一个体积为 1cm^3 的盒子在室温和大气压下装有空气．这盒子中大约有 2.5×10^{19} 个分子，[见本章后面的等式（1.27）]，平均地说，所有这些分子处在箱子的一半中的这种涨落仅在影片的

$$2^{2.5\times10^{19}}\approx10^{7.5\times10^{18}}$$

个画面中出现一个．（这个画面的数目是这样出奇地大，即使影片放映的时间比宇宙的年龄还要长得多，也不能积累到这个数目．）不是分子的全部，而是它的绝大部分出现在箱的一半中的涨落发生的次数将多一点．但是这个发生的机会仍然是非常小的．所以我们得到下面的普遍结论：如果分子的总数很大，那么对应于这些分子的一种明显不均匀分布的涨落几乎不会发生．

现在，让我们从对长时间未受干扰的孤立理想气体的总结中得出结论．位于箱的一

㊀ 一年大约有 $3.15\times10^7\text{s}$，而人们估计宇宙年龄为 10^{10} 年的数量级．

半中的分子数 n 随时间围绕恒定值 $N/2$ 涨落，这个恒定值出现得最频繁. n 与 $N/2$ 的差别越大，即差值 $|\Delta n|$ 越大，那么 n 的这个值发生的频率也就迅速地减小；这里

$$\Delta n = n - \frac{1}{2}N. \tag{1.5}$$

的确，如果 N 很大，只有 $|\Delta n| \ll N$ 的那些 n 值才会以显著的频率发生；Δn 的正值与负值以同样的概率出现，因此 n 随时间的变化，如图1.7所示.

通过详细说明气体在任一时刻的微观状态（微观态）；也就是说，详细说明关于气体分子在这一时刻的最大可能的信息（例如，每一分子的位置和速度），可以最详尽地描述气体. 从微观观点来看气体的假想影片显得非常复杂，因为一个分子在影片的每个画面中的位置都是不同的，由于每个分子总是不断地运动着，因而气体的微观状态就以极其复杂的方式变化着. 但是从大尺度的或宏观的观点来看，我们感兴趣的并不是每一个分子的行为，而是只对气体做比这粗略得多的描述. 因此，只需说明在任一时刻处于箱子的任一部分的分子数就能非常充分地描述气体在这一时刻的宏观状态（宏现态）[㊀]. 从这个观点来看，长时间不受干扰的孤立气体是一种最简单的情况，因为它的宏观状态在时间过程中没有改变的趋势. 的确，设想从某一时刻 t_1 开始，我们在适当的时间期限 τ 中拍摄气体的电影来观察它. 另一方面，设想从另一时刻 t_2 开始，我们在同一时间期限 τ 中拍摄该气体的电影再来观察它. 就宏观来看，这两部电影看起来常常是没有区别的. 在每一例中，箱的左半边的粒子数 n 通常将围绕同一值 $N/2$ 涨落. 而且观察到涨落的大小通常看起来也是相似的. 如果不考虑非常例外的事件（将在下节中讨论），那么气体的宏观态与我们所观察的起始时刻无关；也就是说，气体的宏观态在时间的过程中没有改变的趋势；尤其是，n 围绕其涨落的值（精确地说就是平均值）并不会随时间而变. 如果一个多粒子体系（例如我们的气体）的宏观态在时间过程中没有改变的趋势，就称这个体系处于平衡.

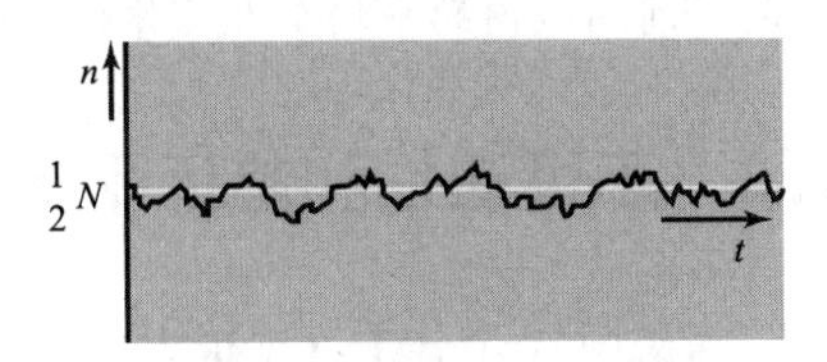

图1.7 图形表明位于半只箱子中的分子数 n 作为时间 t 的函数是如何涨落的. 总的分子数为 N

【注】

为了用准确的语言定义时间平均的概念，我们以 $n(t)$ 标记任意时刻 t 在箱子的左半边的分子数. 于是，在任意时刻 t，在时间间隔 τ 内所取的 n 的时间平均值以 $[\bar{n}(t)]_\tau$ 标记，并由下式定义：

$$[\bar{n}(t)]_\tau = \frac{1}{\tau}\int_t^{t+\tau} n(t')\,\mathrm{d}t'. \tag{1.6}$$

㊀ 为了明确起见，可以设想箱子被分为许多相等的小室，每个小室的体积大到足以包含通常意义下的许多分子. 于是，气体的宏观状态可以通过详细说明在每一个这样小室中的分子数来描述.

等价地，如果一条影片从时刻 t 开始延伸一段时间 τ 并包含在时间顺序 $t_1=t$，$t_2=t+\tau_0$，$t_3=t+2\tau_0$，…，$t_g=t+(g-1)\tau_0$，则出现 $g=\frac{\tau}{\tau_0}$ 个画面，式（1.6）变为

$$[\bar{n}(t)]_\tau=\frac{1}{g}[n(t_1)+n(t_2)+\cdots+n(t_g)].$$

如果我们略去所考虑的时间间隔 τ 的标记，$\bar{n}(t)$ 就意味着在某一适当选择的具有相当长的时间间隔内的平均．在气体处于平衡的情况下，$\bar{n}$ 趋向于恒定并等于 $N/2$.

1.2　不可逆性和趋近平衡

考虑由 N 个分子（N 很大）组成的孤立气体．如果在平衡时该气体中出现的涨落是这样：n 通常非常接近于它的最概然值 $N/2$，那么在什么条件下会发现 n 相当偏离 $N/2$ 呢？这种情况可能以两种不同的方式出现，这两种方式我们将依次讨论.

平衡时很少出现的大涨落

虽然在气体平衡时，n 通常总是接近 $N/2$，n 远离 $N/2$ 的值仍能出现，但它们出现得十分稀少．如果我们观察气体的时间足够长，就可以在某一特定时刻 t 观察到 n 的一个值、它与 $N/2$ 有一定的差别.

设想这样的一个大的自发涨落 $|\Delta n|$ 已经出现，例如，在某一特定时刻 t_1、n 取比 $N/2$ 大许多的一个值 n_1．那么随着时间的推移、关于 n 的可能行为我们能说些什么呢？在 $|n_1-N/2|$ 很大的范围内，特定值 n_1 对应于分子的一个高度不均匀分布，这样的值在平衡时极少出现．因而极可能 n_1 作为一个涨落的结果而出现，这个涨落用极大值在 n_1 附近的一个峰来表示（如图1.8中标以 X 的峰所指示）．理由如下：大到像 n_1 这样的值也许可以作为这样一个涨落的结果而出现，这个涨落以极大值大于 n_1 的峰来表示（就像图1.8中以 Y 标记的峰）；这样一个大的涨落的出现的可能性比起已经是难得出现的较小的涨落（如 X）还要小得多．因此，我们可以下结论：$n=n_1$ 的时刻 t_1 对应于 n 是极大的一个峰（如 X）的确是最有可能的．无论如何，n 作为时间函数的一般行为从图1.8就可以看出了．当时间前进时，n 必然趋向于减小（伴随着出现一些小的涨落）直到它恢复到通常的平衡情况为止，在那里它不再发生变化而只是围绕恒定平均值 $N/2$ 涨落．从大涨落（那里的 $n=n_1$）恢复到平衡情况（那里 $n\approx N/2$）所需要的大致时间称为这个涨落衰减的弛豫时间，应注意，在持续时间为 τ 的许多部影片中，显示出气体在时刻 t_1 附近有一个大涨落出现的一部影片是相当例外的．不仅这样一部影片极少出现，而且即使它会出现也是

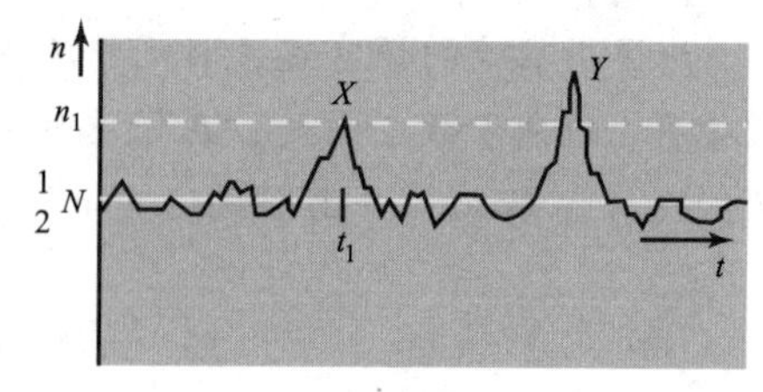

图1.8　图形表明箱子的一半中的分子数 n 围绕其平衡值 $N/2$ 大涨落的情况很少

和其他各部影片有区别的，因为它显示出一种在时间过程中趋向于改变的情况㊀.

因此，我们的说明可以总结如下：如果 n 取一个 n_1 的值，n_1 与其平衡平均值 $N/2$ 有一定的差别，那么 n 将几乎㊁总是朝着接近于平衡值 $N/2$ 的方向改变. 更加具体地说，n_1 值对应于分子的一个非常不均匀的分布；如果要保持这种不均匀性，分子势必按一种非常特殊的方式运动. 因此分子不停地运动几乎总是使它们混合得如此充分，以致它们可能以最无规（即最均匀）的方式分布于整个箱子中.（见本节末尾的图 1.15 ~ 图 1.20）

【注】

注意上一段的论断对于大的涨落（$n_1 - N/2$）为正或者为负是同样适用的. 如果它是正的，n_1 将几乎总是对应于 n 的一个涨落的极大值（正如图 1.8 中用峰 X 所指示的）. 如果是负的，它将几乎总是对应于 n 的一个涨落的极小值. 然而，得出这一结论的论点实质上仍然完全一样.

还须注意，不论在时间中的变化是沿前进的方向或者后退的方向（也就是讲，不论是气体的影片通过放映机是顺着放映还是倒退着放映），这段论断是同样有效的. 如果 n_1 对应于一极大值（如在 t_1 时刻所指示的峰 X 那样）那么 n 对于 $t > t_1$ 和 $t < t_1$ 两种情况都必须减小.

特殊制备的初始情况

虽然某一非无规情况（在这类情况中 n 与 $N/2$ 有显著差别）可能由于气体在平衡时的自发涨落而出现，但这样一个大的涨落极少出现以致它在实际中几乎观察不到［记住以式（1.2）或式（1.3）为基础的数字估计］. 然而我们所讨论的绝大多数宏观体系不一定在很长的期间都是一直孤立的、不受干扰的，因而并不处于平衡中. 于是非无规情况十分普通地出现，但并不是由于体系在平衡中的自发涨落，而是由于相互作用；这种相互作用在过去某一不太远的时刻影响了体系. 的确，通过外来的干扰，十分容易引起体系的非无规情况.

【例】

把一只箱的一壁做成是可动的，这就成为一个活塞. 我们可以用这种活塞（如图 1.9 所示）把气体压缩到箱的左半边. 在活塞突然恢复到它的初始位置后的极短时刻内，所有分子仍然在箱的左半边. 这样，就造成了分子在箱中的一个极端不均匀的分布.

等价地，考虑一个用隔板分成两相等部分的箱子（见图 1.10）. 它的左半边为

㊀ 这和下面的说法并不矛盾：气体最后处于平衡，也就是说，在一段非常长的时间内观测时，在这段时间内，大到像 n_1 这样的涨落可以出现几次.

㊁ 我们用限定词“几乎”，是因为 n_1 值可能不是对应于像 X 那样的峰的极大值，而是非常难得地处于像 Y 那样的峰上升的一边. 在这种情况下，n 开始时将增加，即改变到更远离它的平衡值 $N/2$.

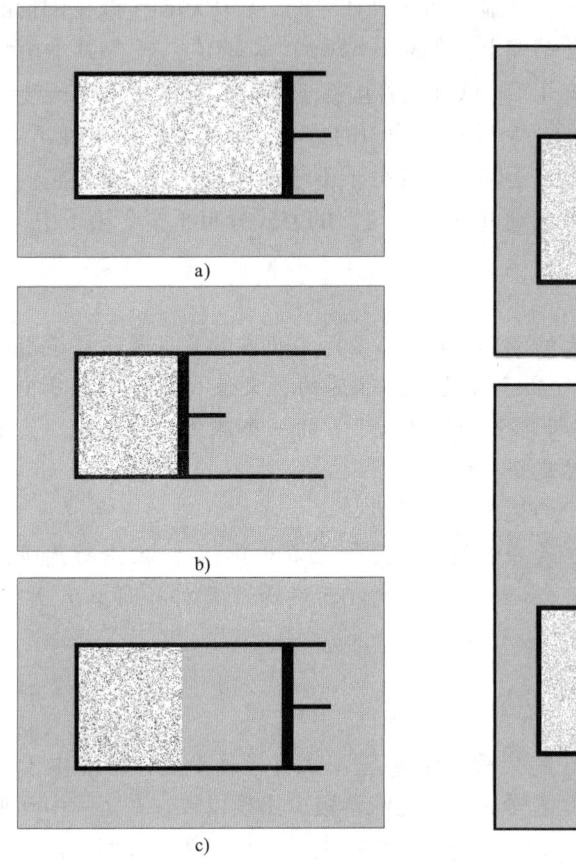

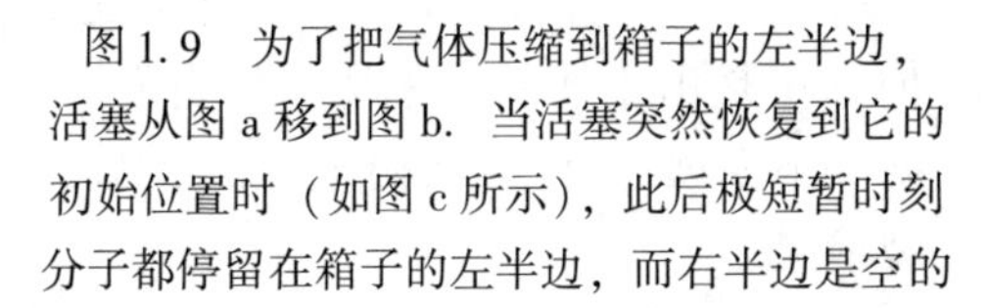
图1.9　为了把气体压缩到箱子的左半边，活塞从图a移到图b．当活塞突然恢复到它的初始位置时（如图c所示），此后极短暂时刻分子都停留在箱子的左半边，而右半边是空的

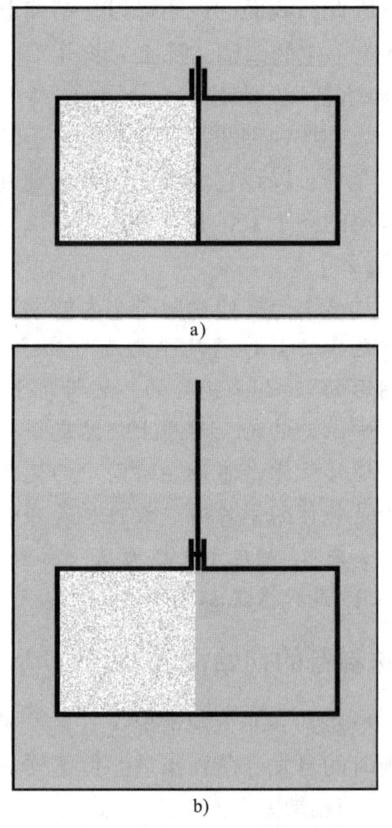

图1.10　当图a中的隔板突然抽掉时，在紧接着的时刻，所有分子都居留在箱子的左半边中，如图b所示

气体的 N 个分子所填充，右半边则是空的．如果气体在这种条件下处于平衡，那么气体分子在箱子的整个左半边的分布实质上是均匀的．设想现在隔板突然移去，在紧接着的极短时间内分子仍然均匀分布在箱的整个左半边．然而这个分布在新的条件下是高度不均匀的，这些新条件使得分子可以自由地在整个箱子中到处运动．

假设已知某一孤立体系处于高度非无规情况中，举例来说，假设已知气体中的全部分子是以压倒性的优势处于箱子的左半边并使 n 显著地不同于 $N/2$．那么体系达到这种状态究竟是由于平衡中非常稀有的自发涨落，还是由于先前有某种形式的外来干扰，实质上是没有关系的．不管体系的过去历史如何，它以后的行为将和我们前面考虑平衡中大涨落的衰减时所讨论的相似．简短地说，由于体系的分子运动以近乎于全部可能的方式来导致这些分子的更无规的分布，因此体系的情况几乎总

是趋向于随时间改变而成为尽可能无规．在最无规的状态已达到以后，它就不再呈现变化的趋势．也就是说，它表示体系达到了最后的平衡状况．例如，图1.11表示图1.10中的隔板突然移去后所发生的情况．左半边的分子数n将偏离它的初始值$n=N$（对应于分子在箱中高度的不均匀分布）直到达到最终的平衡情况时为止，这时$n\approx N/2$（对应于分子在箱中基本上均匀地分布）．（见图1.12和图1.18）。

因而我们在本节中所得到的重要结论可以总结如下：

> 如果一个孤立体系处于一种显然非无规的情况下，那么它将随时间变化（除了涨落外，这种涨落不会是很大的），使得它最后趋向于它的最无规情况，这时它处于平衡态．

(1.7)

注意：上面的叙述并没有对弛豫时间（即体系到达它的最终平衡情况所需要的大致时间）作任何断言．这个时间的真正大小敏感地取决于所讨论体系的细节；它可能是微秒的数量级，也可能是世纪的数量级．

【例】

参看图1.10，再考虑用隔板分成两相等部分的箱子．箱子的左半边有N个气体分子，箱子的右半边是空的．现在设想隔板突然被移开，但只是部分移开（如图1.13所示）而不是全部移开（如前面图1.10的实验中）．在这两个实验中，当隔板刚移开时（这时左半边的分子数n等于N）的非无规情况将随时间变化，直到分子

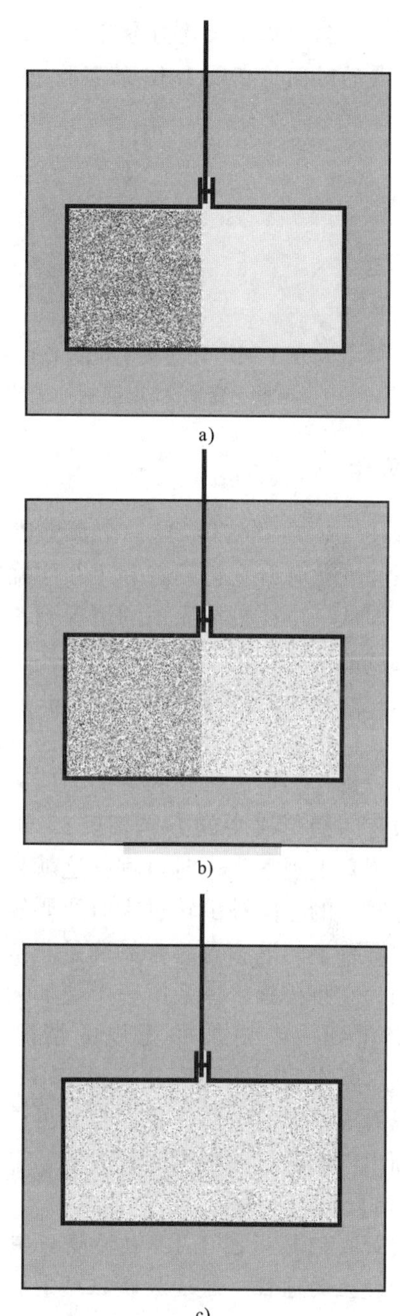

图1.11　这里表示图1.10的箱子在下列时刻的情况：
a）隔板抽掉后的一瞬间，
b）此后的一个很短时间，
c）长时间以后，反向放映的电影可把图片表示为逆次序c）、b）、a）

变成在整个箱中基本上均匀分布为止（使得 $n \approx N/2$）．但是到达最后平衡情况为止所需要的时间，在图 1.13 的实验中将比在图 1.10 实验中的要长些．

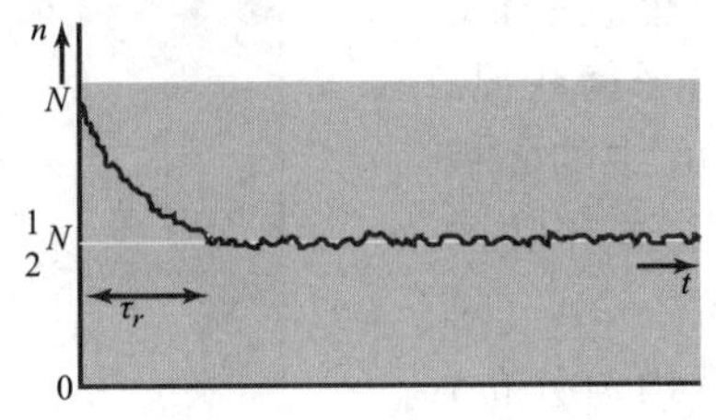

图 1.12　图形表明：图 1.11 中的左半箱子中的分子数 n 如何随时间 t 变化，t 以隔板抽去的瞬时为零点．弛豫时间用 τ_r 表示

不可逆性

叙述（1.7）断言：当一个孤立宏观体系随时间变化时，它将朝着一个很明确的方向——即从一个比较非无规的情况到一个比较更无规的情况变化．我们可以把体系拍成电影来观察变化的过程．现在假定我们通过一部放映机把电影倒着放（即我们通过放映机来播放影片，播放影片的方向与原来拍摄这个过程时摄影机中的方向相反）．于是我们将在屏幕上观察到逆时过程，这就是当我们设想时间的方向被倒转过来时所要发生的过程．屏幕上的电影看起来的确是非常奇怪的，因为它将描画出体系由一个更加无规的情况变化到一个更加非无规的情况的过程——这是在实际中我们几乎观察不到的事情．只看屏幕上的电影，我们几乎可以肯定地判断出电影通过放映机倒着放了．

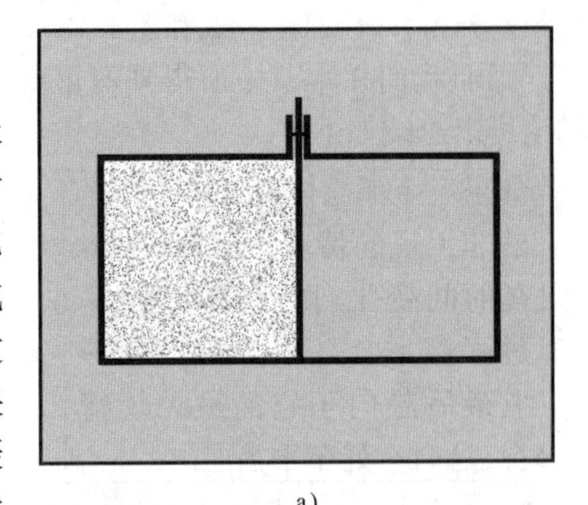

a)

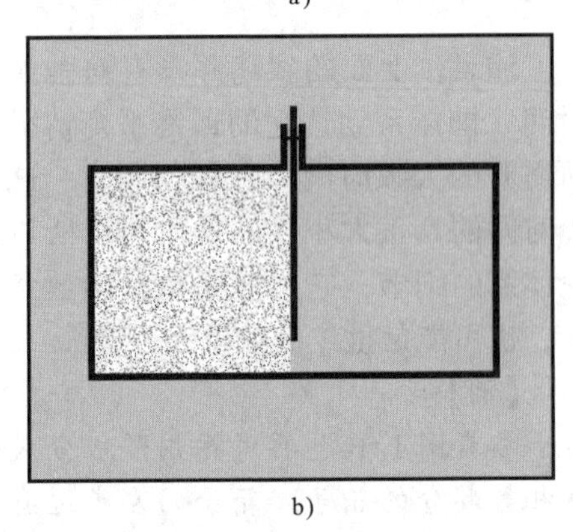

b)

图 1.13　隔板从位置图 a 突然移开一部分，如图 b 所示．

【例】

例如我们拍摄图 1.10 中的隔板突然移开后所发生的过程．通过放映机顺着放的电影将显示出气体扩散开来（如图 1.11 所示）直到它在整个箱子中基本上均匀分布为止．这种过程是十分熟悉的．另一方面，把影片倒着放将显示出原来在箱中均匀分布的气体会自动地集中到箱的左半边，使得箱的右半边空着．这种过程在现实中实际上是根本观察不到的，这并不意味着这个过程是不可能的，只不过意味着它是极难发生的．如果所有的分子都以一种极为特

殊的方式运动的话⊖，倒着放的电影所显示的，在现实中是可能发生的．但是所有分子会以这种特殊方式运动这件事是极端难以出现的．确实，这如同在 $n = N$ 处（当气体在整个箱中处于平衡的情况）发生一个涨落一样难以出现．

如果一个过程的逆时过程（在影片倒放时所观察到的过程）在现实中几乎不会发生，那么这个过程就称为不可逆的．但是，所有不处于平衡的宏观体系都将趋向于接近平衡，即具有最大无规性的情况．所以，我们看到的所有这类体系都具有不可逆的表现．由于在日常生活中，我们周围总有一些非平衡的体系，因而时间看来总有一个鲜明的方向，使我们能把过去和将来明确地区别开来，其原因就很清楚了．这样，我们可以预料人的出生，成长以至于死亡．但我们决不会看到其逆时过程［原则上是可能的，但是稀奇古怪到难以出现（见图 1.14）］，在这个过程中某人将从坟墓中爬出来，越长越年轻，并消失在他母亲的子宫中．

图 1.14　这幅漫画的幽默之处在于把一个不可逆过程画成了可逆的．所示事件的次序或许能出现，但是，即使它会出现，那也是非常非常少有的．（这里的引用取得詹姆斯・法兰克福和《周六晚报》的版权特许．版权属于 Curtis 出版公司．）

注意：在体系粒子的运动定律中并没有什么内在的性质给时间一个优先的方向．的确，假定我们拍摄处于平衡中的孤立气体的电影，如图 1.4 所示（或者考虑在箱的一半中分子数 n 与时间的关系，如图 1.5 所示）．看着投射到屏幕上的这部电影，我们将无法说出它是由放映机顺着放出的，还是倒着放出的．时间的优先方向只有在下述情况下才会出现，即当我们处理一个孤立的宏观体系时，这个体系以某种办法已知在一个特定时刻 t_1 是处于一个非常特殊的非无规情况中．如果体系在一个很长的时间中不受干扰，并且由于在平衡中非常少有的自发涨落的结果而到达这个非无规情况，那么关于时间的方向确实没有什么特殊的．正如前面谈到图 1.8 中的 X 峰曾指出的那样，当时间前进或后退时，（即当电影从时刻 t_1 开始顺着放映，和倒着放映）体系将朝最无规的情况变化．体系能在 t_1 时刻到达特殊的非无规情

⊖ 也就是说，让我们考虑分子在整个箱子中成为均匀分布以后 t_1 时刻的情况．现在假定，在以后某一时刻 t_2，每个分子将再处于 t_1 时刻完全一样的位置，并且将有同样大小的速度，速度方向则恰好相反．于是每个分子将随着时间重描它的轨道，这样，气体将集中到箱子的左半边．

况的唯一办法是靠以前某一时刻和其他体系相互作用. 但是在这个例子中，时间的一个特定方向已被这一知识挑选出来：即原来是不受干扰的体系，在 t_1 时刻前的某一时刻和另一体系发生了相互作用.

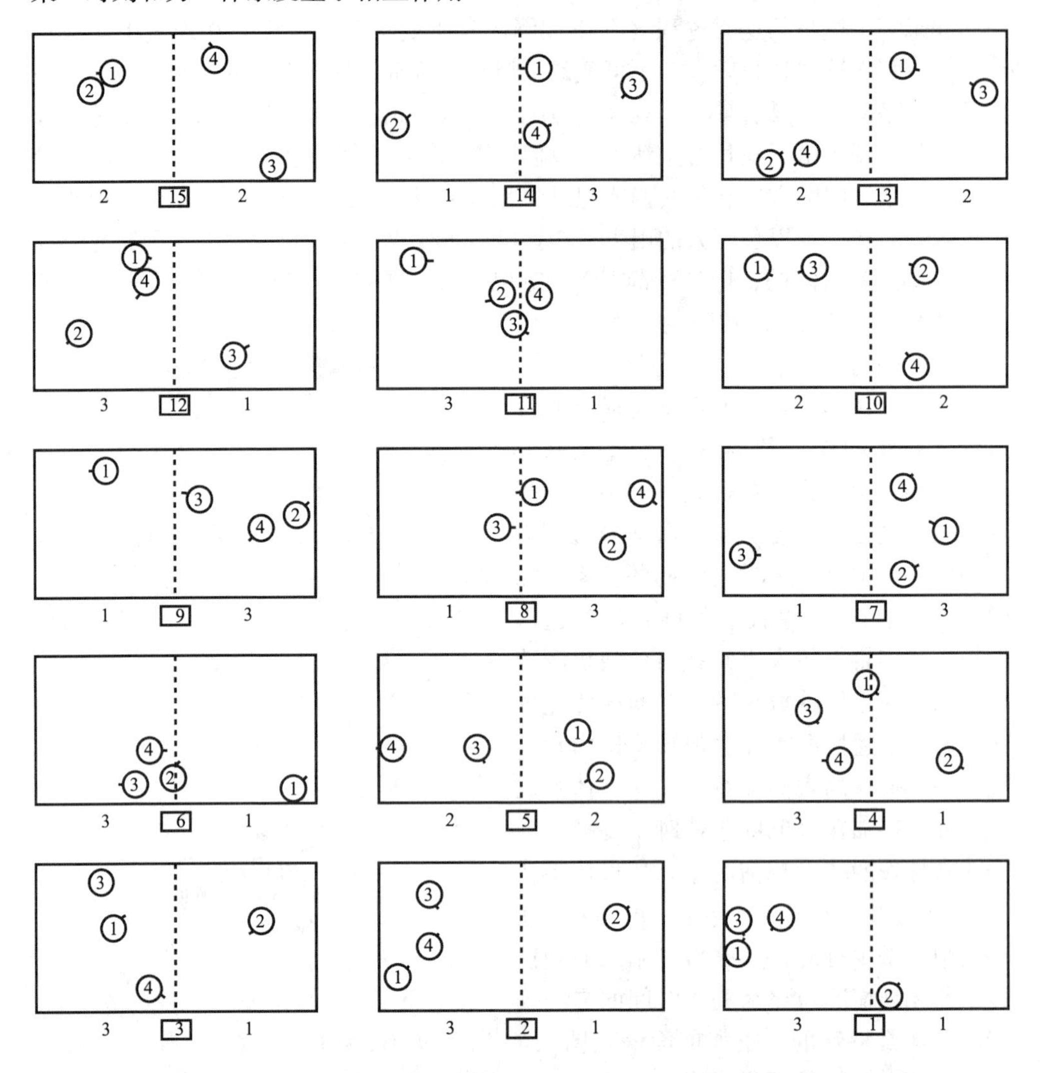

图 1.15　图 1.16 的一个可能的过去历史的结构. 这张图片是这样计算出来的：后面那一页画面帧标 $j=0$ 所表明的全部粒子都处于左半箱子中，并将两幅图片上的粒子都按假设速度反过来开始计算，那么体系最终随时间按图片 $j=0$，-1，-2，…，-15 的读数按序演变. 从每一粒子所发出的短线段指出这一例子中粒子的速度方向. 如果现在设想下页上的每一粒子的速度方向都反过来，那么图片次序 $j=-15$，-14，…，-1，0，1，2，…，14，（从上页扩展到下页）表示粒子按时序的一种可能的运动. 由于构成的方式，这一运动从 $j=-15$ 的那幅画面占主导地位的非常特殊的初始情况开始，最终导致一种涨落，即所有粒子都在左半箱中找到，即（$j=0$ 的那幅图片）的涨落

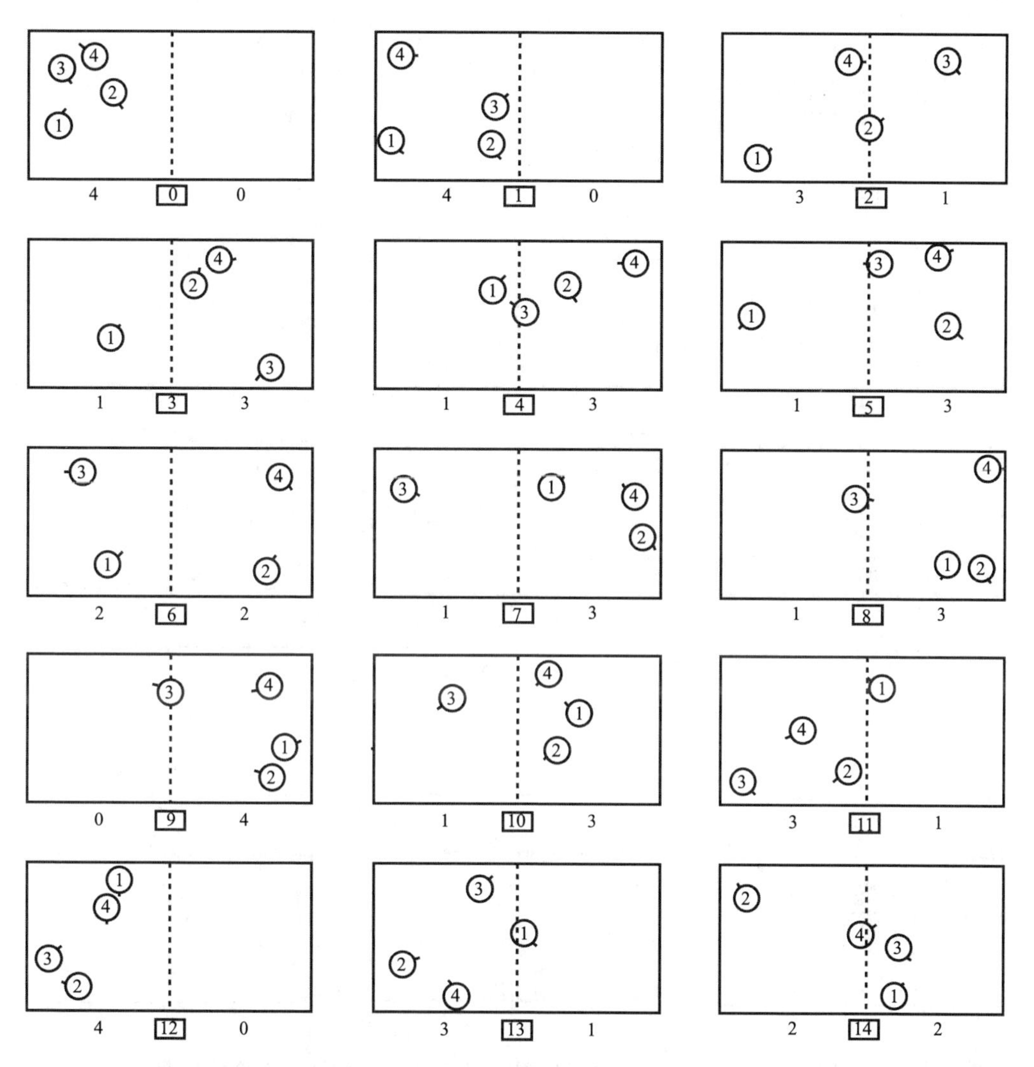

图 1.16　表明箱中有 4 个粒子的计算机制作的图片．这些图片是这样构成的：$j=0$ 的那帧图所表明的全部粒子处于左半箱中，并且给粒子以某些任意的假定速度，从这一特殊情况开始，那么体系随着时间的最终演变由帧标次序 $j=0$，1，2，…，14 所表示．位于每一半箱中的粒子数直接打印在这一半的下方．从每一粒子发出的短线段表示粒子的速度方向．

最后，值得指出的是，自发过程的不可逆性是一个程度的问题，体系包含大量粒子时不可逆性变得更加明显，因为这时一个有序情况发生的可能性比起一个无规情况发生的可能性要小得多．

【例】

考虑一只箱子中只有一个分子在运动，并和箱壁发生弹性碰撞．如果我们拍摄这个体系的电影，并将它在一张幕上放映，我们无法说出电影通过放映机是顺着放的还是倒着放的．

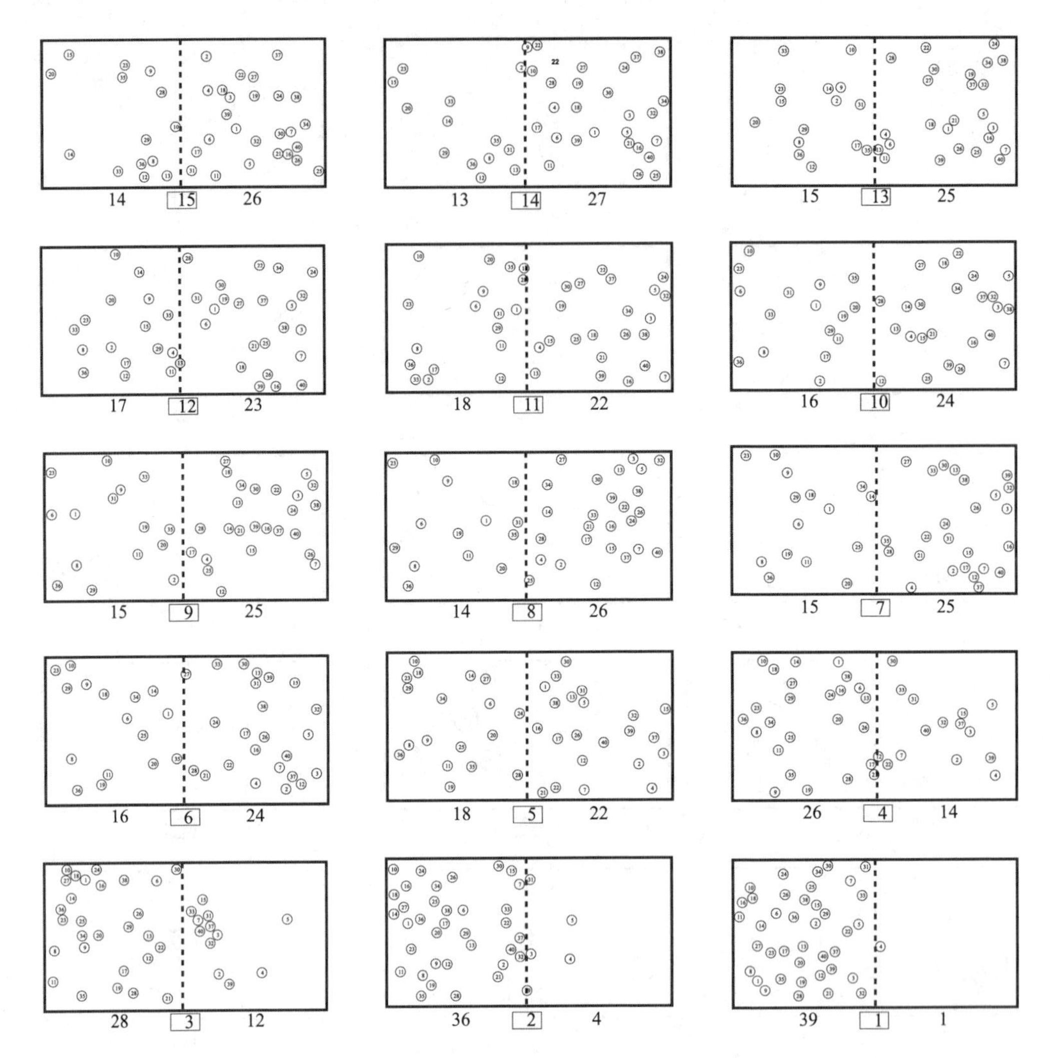

图 1.17　图 1.18 的一个可能的过去历史的结构. 这页上的图片是这样计算出来的：后面一页画面，$j=0$，所表明的全部粒子都处于左半箱子中，并将此幅图上的粒子都按假设速度反过来开始计算，那么，系统最终随时间按图片 $j=0$，-1，-2，…，-15 的读数次序演变. 没有指明速度，如果现在设本图每个粒子的速度方向都反过来，那么图片次序 $j=-15$，-14，…，-1，0，1，2，…，14（从本图扩展到下页）表示粒子按时序的一种可能的运动. 由于构成的方式，这一运动从 $j=-15$ 的那幅画面起主导地位的非常特殊的初始情况开始，然后导致所有粒子都在左半箱中找到的 $j=0$ 的那幅图片的涨落

现在考虑一只箱子中装有 N 个分子的理想气体，假定这一气体的电影被放映到一张幕上，它描绘出一个过程，在这个过程中，原来均匀分布在箱中的气体分子，全部都集中到箱的左半边. 从此我们能得出什么结论呢？如果 $N=4$，事实上，这种过程由于自发涨落的结果相对来说可能会经常发生。(平均起来，这个影片中

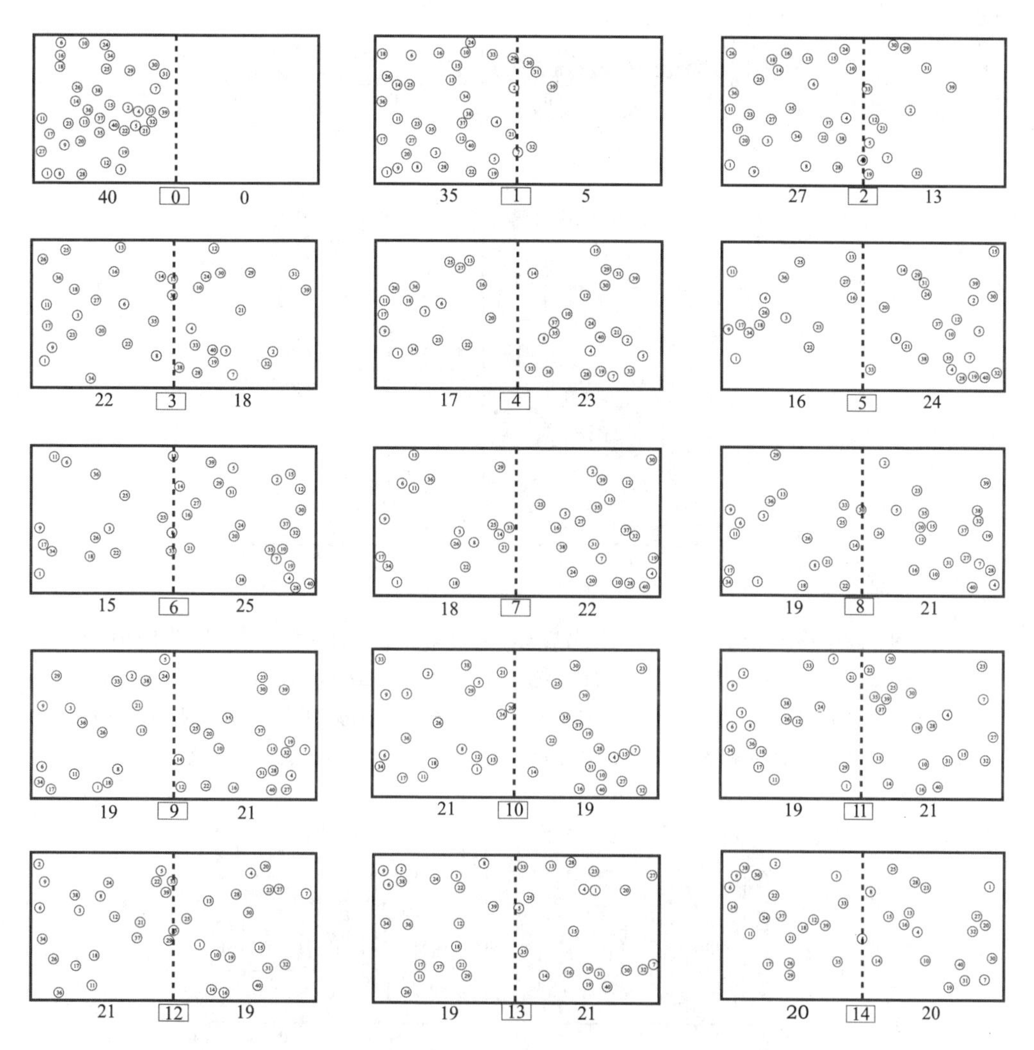

图1.18 表明箱子中有40个粒子的计算机制作的图片. 这些图片是这样构成的：$j=0$ 的那帧图所表明的全部粒子处于左半箱中，并且给粒子以某些任意假定速度的特殊情况开始计算. 那么，体系随时间的最终演变次序为 $j=0$, 1, 2, …, 14, 位于每半只箱中的粒子数直接打印在那一半的下方，粒子的速度未标出

每16个画面中就会有一个画面显示出所有分子都在箱子的左半边.）所以我们确实不能相当可靠地说出影片是顺着放的还是倒着放的（见图1.15）. 但是，如果 $N=40$，实际上，这种过程就很难由于自发涨落而发生了.（平均起来，在 $2^N=2^{40}\approx10^{12}$ 个画面中只有一个画面会显示出所有分子都在箱的左半边.）影片非常可能是倒着放的，它描绘出先前干扰的结果，例如移去原来把分子限制在箱子的左半边的隔板（见图1.17），对于通常的气体，$N\sim10^{20}$，在现实中，幕上所看到的那种类型的自发涨落几乎不会发生. 因而我们几乎可以肯定：影片是倒着放的.

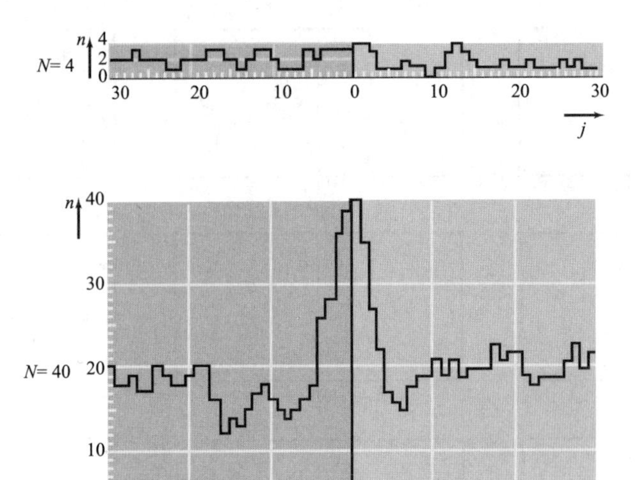

图 1.19　左半箱子中的粒子数 n 为图片帧标 j 或时间 $t=j\tau_0$ 的函数，第 j 帧图中的数 n 用 j 到 $j+1$ 的一条水平线表示，曲线图描绘了粒子数为 $N=4$ 的图 1.15 及图 1.16 和粒子数 $N=40$ 的图 1.17 及图 1.18．但所含信息比后者多．图形的后半部分表明体系接近平衡．每一幅图的整个范围表明平衡情况下可能出现的稀有的涨落

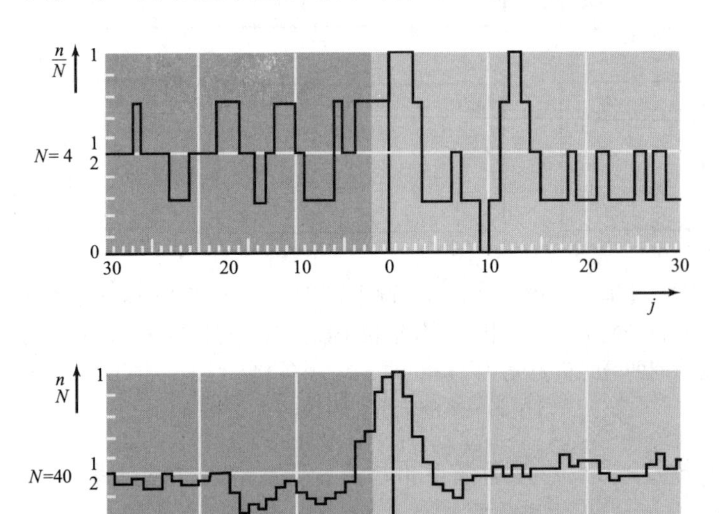

图 1.20　左半箱子中的相对粒子数 $\frac{n}{N}$ 作为图片帧标 j 或时间 $t=j\tau_0$ 的函数，除此之外，所表示的信息和图 1.19 的相同

1.3　其他例证

通过仔细考虑 N 个分子的理想气体的简单例子，我们已抓住了理解大量粒子所组成的体系有关的所有本质问题. 的确，本书后面的绝大部分内容，只是把我们讨论过的许多概念加以系统研究和改进. 首先，让我们扼要地讨论几个简单宏观体系的例子，以便说明我们已引进的基本观念是普遍适用的.

N 个自旋的理想体系

考虑 N 个粒子组成的体系，每个粒子的自旋为 1/2 并且具有大小为 μ_0 的磁矩. 这些粒子可以是电子也可以是含有一个未配对电子的原子或原子核，例如质子. 自旋的观念必须用量子概念来描述，一个粒子的自旋为 1/2 这种说法的意思是：测量粒子的自旋角动量沿一确定方向的分量只能有两个分立的可能结果，测量出的分量不是 $+\hbar/2$ 就是 $-\hbar/2$（$\hbar$ 表示普朗克常量被 2π 除）；也就是说自旋或者平行于或者反平行于这个确定方向. 相应地，粒子的磁矩沿这个确定方向的分量或者是 $+\mu_0$ 或者是 $-\mu_0$，即可以说磁矩或者平行或者反平行于这个确定方向. 为简单起见，我们分别用“向上”或“向下”来标记这两个可能的取向[1].

因此，自旋为 1/2 的 N 个粒子的体系就和 N 个磁棒的集合十分相似：其中每个磁棒的磁矩是 μ_0，它可以向上或者向下. 为简单计，我们可以把这些粒子看作是位置基本上固定的. 如果它们是位于固体格点上的原子，就会是这样[2]. 如果自旋之间的相互作用几乎是可以忽略的，我们就说这种自旋体系是理想的自旋体系.（当有自旋的粒子之间的平均距离相当大，足以使一个磁矩所产生的磁场在另一个磁矩的位置小到可以忽略时，就是这种情形.）

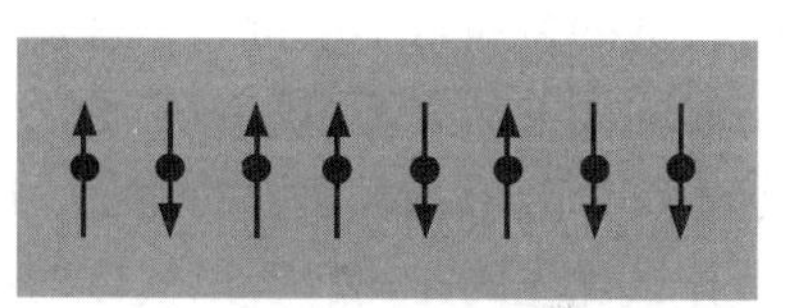

图 1.21　一个简单的自旋为 1/2 的粒子体系，每个自旋可能向上或向下

N 个自旋的理想体系是完全用量子力学描述的，但在其他方面它与 N 个分子的理想气体完全相似. 在气体的情况中，每个分子相对于别的分子运动，偶然和别的分子碰撞；所以它有时在箱的右半边，有时在箱的左半边. 在自旋体系的情况中，每个磁矩和别的磁矩微弱地相互作用，使它的取向有时改变；所以每个磁矩有时向上，有时向下. 在孤立理想气体处于平衡的情况中，每个分子处于箱的左半边或箱的右半边的机会是均等的. 同样，孤立自旋体系在没有任何外加磁场下处于平

---

[1] 粒子的磁矩可以与它的自旋角动量反平行（这是粒子带负电时的通常情况），在这种情况下，当自旋向上时，磁矩指向下，反之亦然.

[2] 如果粒子在空间是可以自由运动的，那么它们的平移运动通常可以和自旋的取向分开来讨论.

衡的情况中，每个磁矩向上或向下的机会是均等的，我们可以用 n 标记向上自旋的数目，n'标记向下自旋的数目，在平衡时，$n \approx n' \approx N/2$ 的最无规情况最常发生；而 n 显著偏离 $N/2$ 的非无规情况几乎总是孤立自旋体系事先和某个其他体系相互作用的结果.

理想气体中的能量分布

再考虑 N 个分子组成的孤立理想气体，我们得到了这样的普适结论：体系在足够长的时间以后到达与时间无关的平衡情况对应于分子的最无规分布. 在前面的讨论中，我们只集中注意分子的位置. 当时我们看到气体的平衡对应于分子在空间的最无规分布，即本质上对应于分子在箱的固定体积内的均匀分布. 但是关于分子的速度我们能说些什么呢？在这里回想一个力学基本原理是有用处的. 这个原理说，由于气体是孤立体系，气体的总能量 E 必须保持不变. 由于分子间相互作用的势能可以忽略，这个总能量就等于个别气体分子能量之和. 因而基本的问题变成：气体的固定总能量如何分配在它的各个个别分子上？（如果一个分子是单原子的，自然，它的能量 ϵ 仅仅是它的动能 $\epsilon = \frac{1}{2}m\boldsymbol{v}^2$，式中 m 是它的质量，$\boldsymbol{v}$ 是它的速度.）可能一群分子有很高的能量而另一群分子有很低的能量. 但是这种情况是十分特殊的，而且不会持久，这是因为分子相互碰撞因而交换能量. 因此，最后到达与时间无关的平衡情况对应于气体总能量在所有分子上最无规的分布. 于是，平均起来每个分子具有相同的能量，因而也具有相同的速率[⊖]. 此外，由于在空间中没有什么优先的方向，所以气体的最无规情况是这样：每个分子的速度指向任何方向的机会都是一样的.

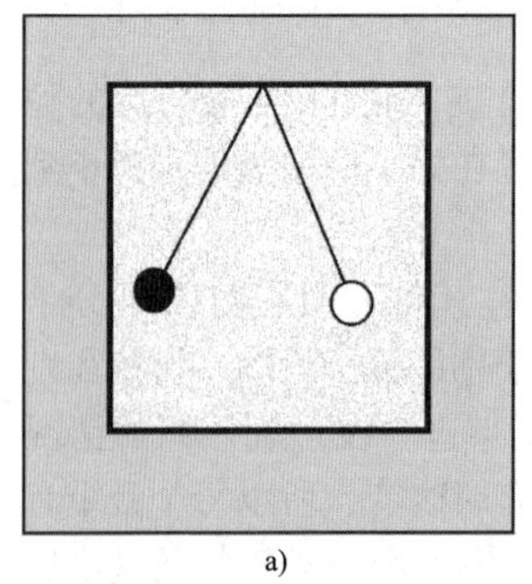
a)

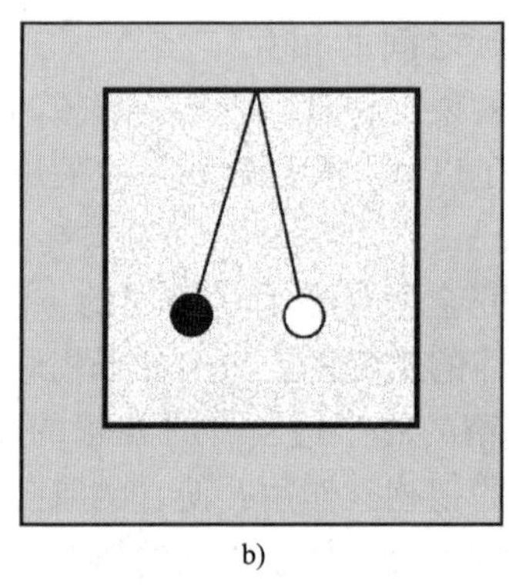
b)

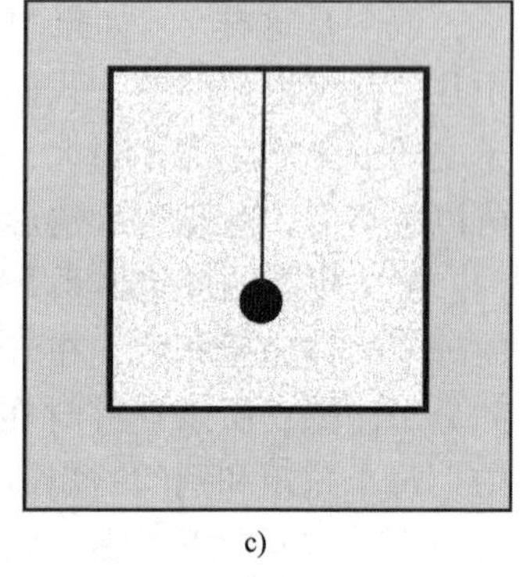
c)

图 1.22　气体中摆的振荡. a）摆振荡的初期；b）经过一段短时间；c）长时间之后. 一部倒转影片可以逆次序 c)、b)、a) 呈现图片

⊖ 这并不意味着每一分子在任何一个时刻都有相同的能量，由于和其他分子碰撞的结果，任何一个分子的能量在时间过程中涨落得都十分厉害. 但是当每个分子在一个足够长的时间间隔 τ 中被观察时，它在这个时间间隔中的平均能量和任何别的分子相同.

摆在气体中振荡

考虑被安放在含有理想气体的箱中振荡的摆，如果没有气体，摆会无限期地连续振荡并且振幅不变（我们略去可能在摆的支点出现的阻力效应）. 但有气体的情况是十分不同的，气体的分子接连不断地与摆锤碰撞. 在每次这种碰撞中，能量从摆锤转移到分子，或者反过来. 这些碰撞的净效应是什么呢？这个问题仍旧可以用我们熟悉的普遍论点来回答，而不必详细考虑这些碰撞㊀. 因为整个体系是孤立的（如果我们把提供重力吸引的地球也包括进去的话），摆锤的能量（动能加势能）E_b 与全部气体分子总能量 E_g 之和必须保持不变. 如果摆锤的能量被转移到气体分子，那么这个能量能以许多不同的方式分布到许多分子上，而不再是全部留在摆锤上. 这样，体系将会产生一种更加无规的情况. 由于一个孤立体系要趋近于它的最无规情况，摆就把它的几乎全部能量逐渐地转交给气体分子，因而不断缩小它的振荡振幅. 这又是一个典型的不可逆过程. 在最终的平衡状态到达以后，摆铅直地悬着，并绕此位置作非常小的振荡.

还有一点值得指出，在初始的非无规情况中，摆锤带有大量的能量，这个能量可以用来做宏观尺度上有用的功. 例如，可以使摆锤打一个钉子，把钉子打进木块内一定的距离（见图1.23）. 在达到最后的平衡后，摆锤的能量并没有消失掉，它仅仅又重新分布在气体许多分子上. 但是现在还没有简便的方法来利用这个能量，使其能做出把钉子敲进木块所需要的功. 事实上，要做到这一点就必须有某种方法，把无规地分布在沿许多方向运动的许多气体分子上的能量集中起来，使得它能在相当一段距离内仅沿一个特殊方向产生一净力。

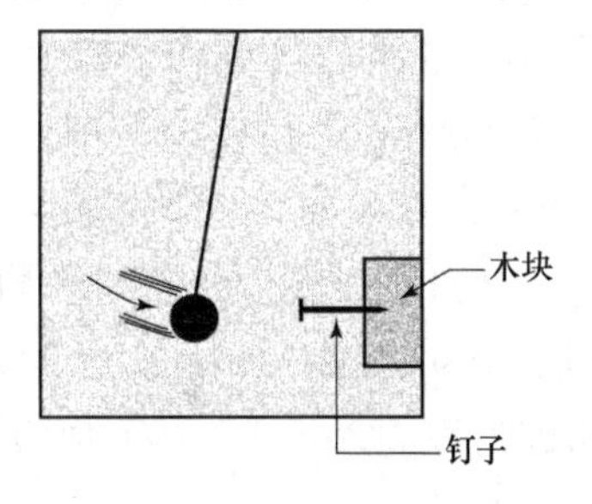

图1.23 摆锤敲打钉子，使钉子钉进木块而对钉子做功的装置

1.4 平衡情况的性质

平衡情况的简单性

前面几节的讨论表明宏观体系的平衡情况是特别简单的. 理由如下：

(i) 体系的宏观态在平衡时除了经常存在的涨落外都是与时间无关的. 体系的宏观态可以十分普遍地用某些特定宏观参量来描述，宏观参量就是表征体系在大尺

㊀ 经过细致的分析可能得出. 摆锤在单位时间内和它运动所向的那一边的分子碰撞的次数要比和另一边的分子碰撞的次数多些. 因此，摆锤把能量交给分子的碰撞的次数也要比摆锤从分子得到能量的碰撞次数多些.

度上的性质的参量.（例如，气体处于箱的左半边的分子数 n 就是这样的一个宏观参量.）当体系处于平衡时，它的全部宏观参量的平均值在时间中保持不变，尽管这些参量本身可以围绕着它们的平均值涨落（通常十分小）. 因而，处理体系的平衡情况要比处理更一般的非平衡情况简单得多，在非平衡情况中，体系的某些宏观参量将随时间变化.

（ii）平衡中体系的宏观状态，除了涨落外，都是体系在特定条件下最无规的宏观态. 因而，表示平衡中体系特征的方式是唯一的. 具体地讲，这一点的含义如下.

（a）一个体系的平衡宏观态是与它的过去历史无关的. 例如，考虑在箱中的 N 个分子所组成的孤立气体，这些分子通常可以被一个隔板限制在箱的一半或限制在箱的1/4（在每种情况中假定分子的总能量是一样的）. 但是在隔板被移去并且达到平衡后，气体的宏观态在两种情况中是一样的；它仅仅对应于所有分子在整个箱中的均匀分布.

（b）一个体系的平衡宏观态可以由非常少的几个宏观参量来确定. 例如，重新考虑箱子中 N 个全同分子组成的孤立气体. 设箱的体积为 V，全部分子的总能量恒为 E. 如果气体处在平衡中，因而我们知道它处在最无规情况，那么这些分子必须均匀分布在整个体积 V 中，并且按平均看，它们必定等量分配总能量 E. 所以知道宏观参量 V 和 E 就足以断定箱内任何一个部分体积 V_s 中分子平均数 $\bar{n}_s$ 是 $\bar{n}_s = N(V_s/V)$，以及每个分子的平均能量 $\bar{E}$ 是 $\bar{E} = E/N$. 如果气体不是处于平衡，那么情况当然要复杂得多. 分子的分布通常将是非常不均匀的，因而仅仅知道箱中分子的总数 N 完全不足以确定箱内任何一个部分体积 V_s 中的平均分子数 $\bar{n}_s$.

涨落的可观测性

考虑一个描述大量粒子组成的体系的宏观参量. 如果体系中的粒子数是很大的，那么参量所显示的涨落的相对大小通常是很小的. 的确，它常常小到和参量的平均值比较起来完全可以忽略. 因此，在我们讨论大的宏观体系时，我们通常并不知道涨落的存在. 而另一方面，如果所讨论的体系是相当小或者我们的观测方法十分灵敏，那么始终存在的涨落就可能很容易被观测出，并且可以变得有很大的实际重要性. 下面用几个例子来说明这些论点.

【气体中的密度涨落】

考虑一个处于平衡中的理想气体，它由 N（很大的数）个分于所组成，并装在体积为 V 的箱中。让我们集中注意箱内某个确定的部分体积 V_s 中的分子数 n_s，这个数 n_s 随时围绕着一个平均值

$$\bar{n}_s = \frac{V_s}{V}N$$

涨落，在任何一个时刻，它的涨落的大小由差值

$$\Delta n_s = n_s - \bar{n}_s$$

给出．如果我们把箱的左半边作为有关的部分，那么 $V_s = \frac{1}{2}V$，并且 $\bar{n}_s = \frac{1}{2}N$．当 V_s 很大时，分子的平均数 $\bar{n}_s$ 也很大，根据我们在 1.1 节的讨论，有一定机会发生的那些涨落仅仅是那些足够小以致 $|\Delta n_s| \ll \bar{n}_s$ 的涨落．

另一方面，假定我们研究光被一种物质散射，那么我们就要了解线度的数量级为光的波长的体积元 V_s 中发生了什么．［因为可见光的波长（约 5×10^{-5} cm）比原子的线度大得多，这样一个体积元尽管很小仍是宏观的．］如果在每一个这样的体积元中的分子数都是一样的（在固体中，例如在玻璃中，几乎是这种情况），那么所讨论的物质将是在空间中均匀的，并且仅仅折射一束光而不散射它．但是在理想气体的情况下，在一个小到像 V_s 这样的体积中，平均分于数 $\bar{n}_s$ 是十分小的，并且在 V_s 中的分子数 n_s 的涨落 Δn_s 和 n_s 比较不再是可忽略的．因此，可以预料气体将把光散射一个可观的程度．事实上，天空看起来不是黑的，就是由于太阳发出的光被大气中的气体分子所散射．这样，天空的蓝色就为涨落的重要性提供了看得见的证据．

【扭摆的涨落】

如图 1.24 所示，考虑一根伸张于两支点之间的细线（或者在重力作用下从一个支点上悬垂下来），线上缚有一面镜子．当镜子转动一个小角度时，扭转的线就提供一个恢复转矩．这样，镜子就能作小角度的振荡，因而组成一个扭摆．由于细线的转矩可以很小，又由于从镜面反射的一束光为探测镜子的小角度偏转提供了一个非常有效的办法，因而扭摆通常被用在非常精确地测量小转矩上．例如，可以回想起卡文迪许（Cavendish）用扭摆测量普适重力常数，以及库仑（Coulomb）用扭摆测量带电体之间的静电力．

当一个灵敏的扭摆处于平衡时，它的镜子并非完全静止，而是可以看到绕它的平均平衡取向作不规则的角振荡．（这种情况和 1.3 节讨论的普通摆的情况相似，普通摆在平衡时绕它的铅直位置显示出小的涨落．）这些涨落通常是由周围空气分子对镜子的无规碰撞造成的．

［即使周围气体的所有分子都去掉，镜子的涨落只会改变，但不会消失。在这种情况下，扭摆的全部能量仍旧由两部分组成，来自镜子整体运动的角速度的能量 E_ω，加上来自镜子和线的所有原子的内部运动的能量 E_i（这些原子可以绕它们在组成镜子和线的固体中的位置自由地微小振动）．虽然扭摆的总能量 $E_\omega + E_i$ 是常量，涨落确实会以这个能量分配于 E_ω 和 E_i 之间的方式发生，E_ω 从原子内部运动的耗费中获得能量的任何涨落使得镜子的角速度增加，反之亦然．］

【粒子的布朗运动】

如图 1.25 所示，大小约为 10^{-6}m 的小固体粒子可以放到一滴液体中去，然后在显微镜下观察，这样的粒子不是静止的，而是以一种高度不规则的方式不断地运动着．这个现象称为布朗运动，因为它是在 19 世纪首先被一个叫布朗（Brown）的英国植物学家所观察到的．布朗不了解这个现象的来源．一直到 1905 年，爱因斯坦才指出平衡体系中应有无规涨落从而对它给出了正确的解释．一个固体粒子受到一个涨落的净力，这个力来自粒子和液体分子的大量无规碰撞．由于粒子很小，单位时间内和它碰撞的分子数目相对地也小，因而涨落得很明显．同时，粒子的质量很小，因而任何碰撞对粒子都有显著的影响．就这样，所产生的粒子的无规运动就变得足够大，并可以被观察到了．

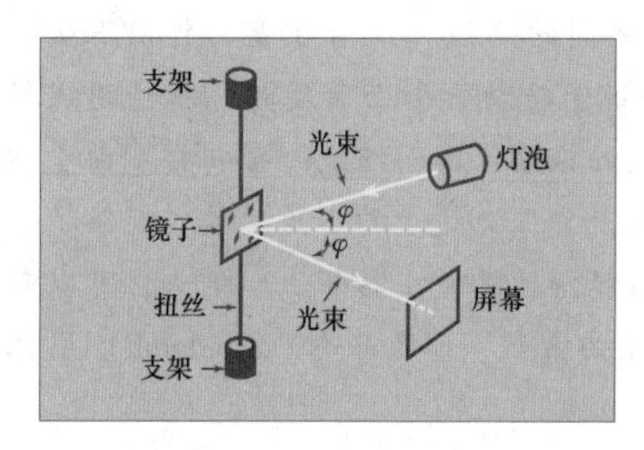

图 1.24　细线上装有镜子构成的扭摆．由镜子反射的一束光指示镜子的转动角 φ

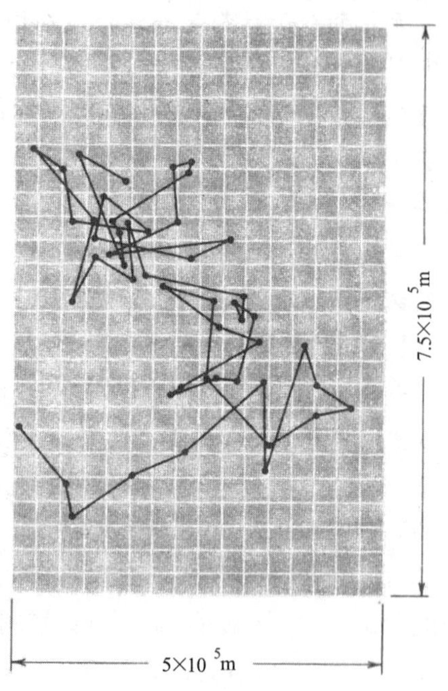

图 1.25　固体粒子的布朗运动．粒子直径为 10^{-6}m，悬浮于水中．用显微镜观察这样一个粒子的三维运动，把它投影到显微镜视野水平面上，在这幅图中示出，图中的线段把每隔 30s 观察到的粒子的相继位置连接起来

【电阻两端的电压涨落】

如图 1.26 所示，如果用一只电阻器把一台灵敏的电子放大器输入端的两个接头连接起来，可以观察到放大器的输出存在无规电压涨落．略去放大器本身的噪声，这种涨落的基本原因是电阻器中电子的无规布朗运动．例如，假设这个无规运

动导致这样的涨落，即电阻器的一半内的电子数比另一半内的大．于是，由此产生的电荷差将导致电阻器内有一个电场，因而电阻两端有一电势差．这个电势差的变化就会产生电压涨落，它可以被电子仪器加以放大．

涨落的存在可能有重要的实际后果．每当我们要去测量小效应或小信号时尤其如此，这是因为这些小效应或小信号可能被存在于测量仪器中的内在涨落弄得模糊不清．（于是我们说这些涨落组成噪声，因为它们的存在使测量困难．）例如，很难用一个扭摆去测量某些扭矩，如果这些扭矩小到使它所产生的角偏转比镜子所显示的角位置上的内在涨落的大小还要小的话．类似地，在连接放大器的电阻器的情形中（见图1.27），如果这个电压比通常存在于电阻器两端的内在电压涨落的大小还要小[⊖]，就很难测量加于这个电阻器上的外加电压．

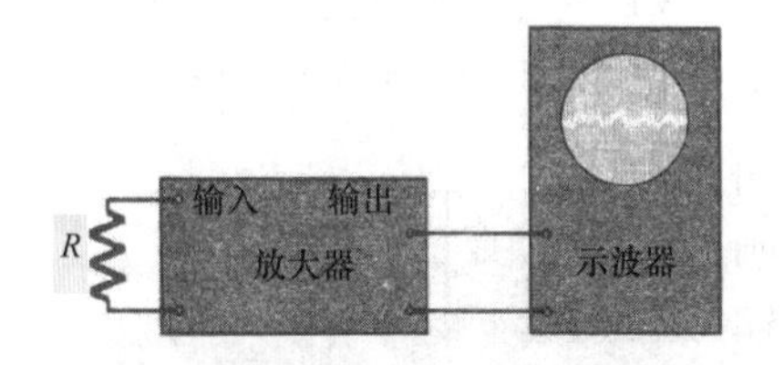

图1.26　电阻 R 接到灵敏放大器的输入端，放大器的输出用示波器显示

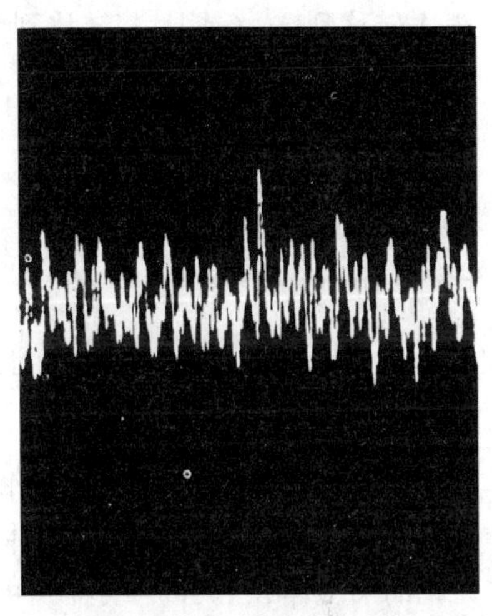

图1.27　图1.26实验装置中，示波器所显示的输出噪声电压的实际照片（照片承蒙加州大学伯克利分校的F. W. Wright博士惠允）

1.5　热与温度

某些非孤立的宏观体系可以相互作用从而交换能量．这种情况的一个明显方式是一体系对另一体系作宏观上看得出的功．例如，在图1.28中，被压缩的弹簧A′在限制气体A的活塞上产生一个净力．相似地，在图1.29中，被压缩的气体A′在限制气体A的活塞上产生一个净力．当活塞被放松并移动一宏观距离时，A′所产

⊖　典型的情况是，数量级为1μV或更小的电压是难以测量的．但是，把一个足够长的时间内进行的测量结果加以平均，我们可以把不随时间涨落的外加信号从无规涨落中区分出来．

生的力对体系 A 做一定的功[⊖].

但是，两个宏观体系在没有宏观功的情况下发生相互作用，也是很有可能的. 这种类型的相互作用我们将其称之为热相互作用，发生热相互作用的原因是能量能够在原子的尺度上从一个体系转移到另一个体系. 这样转移的能量称为热. 设想图 1.29 中活塞的位置被钳制住以致不能移动，在这情形下，尽管有力作用在活塞上，一个体系对另一体系却不能做宏观功. 另一方面，体系 A 的原子之间确实是几乎不断地相互作用（或碰撞），因而在它们之间交换能量[⊜]. 类似地，体系 A′的原子在它们内部交换能量. 在活塞（它形成气体 A 和 A′之间的边界）处，A 的原子和活塞的原子之间有相互作用，活塞的各原子间也有相互作用，活塞的原子和 A′的原子间又有相互作用. 所以，由于这些体系的原子间逐次相互作用的结果，能量可以从 A 转移到 A′（或从 A′转移到 A）.

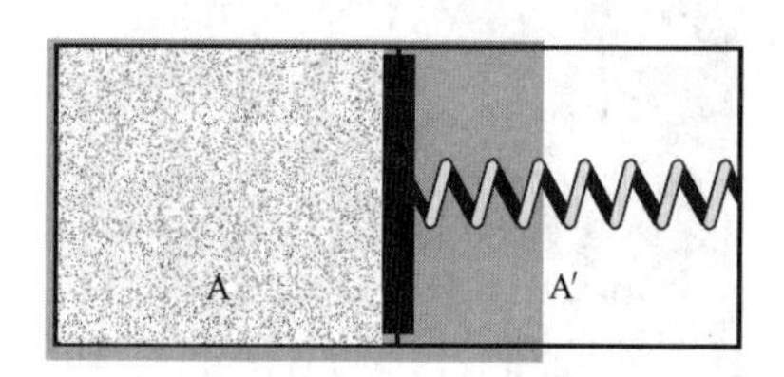

图 1.28　当活塞经过一个净宏观移动时，已压缩的弹簧 A′对气体 A 做功

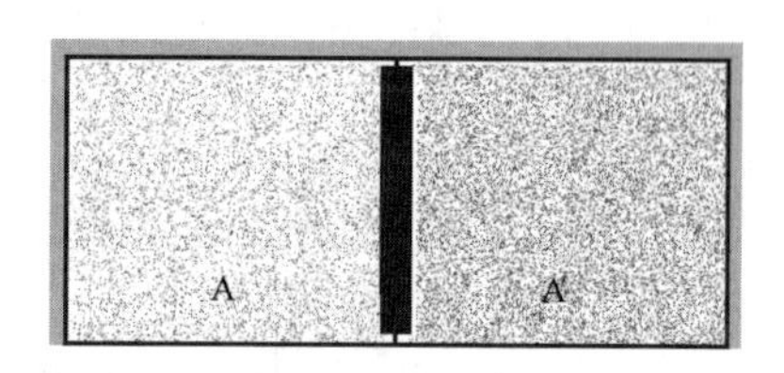

图 1.29　当活塞经过一净宏观移动时，已压缩的气体 A′对气体 A 做功

再来考虑彼此之间有热相互作用的任意两体系（见图 1.30）. 例如，这两体系可以是刚才讨论的两气体 A 和 A′. 或者 A 可以是一块铜块，A′为盛满水的容器所组成的体系，A 浸入 A′中. 以 E 标记体系 A 的能量（即 A 中所有原子的总能量，动能加势能）；相似地，以 E' 标记体系 A′的能量，由于由 A 和 A′组成的复合体系 $A^* \equiv A + A'$ 被假定是孤立的，因此总能量

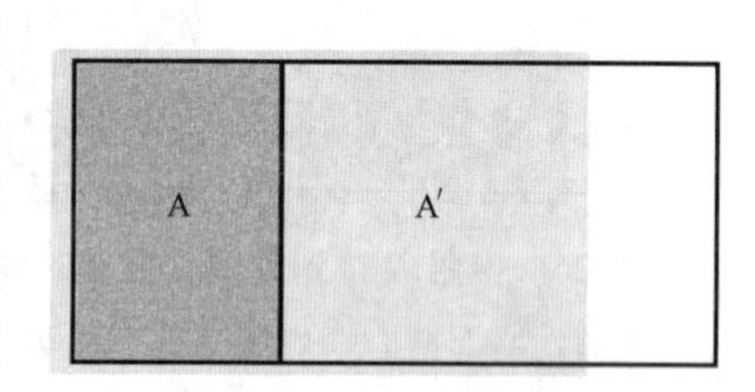

图 1.30　表示彼此热接触的两个正常系统 A 和 A′的示意图

$$E + E' = 常量^{⊜}. \tag{1.8}$$

但是，问题出现了；这个总能量实际上是如何在体系 A 和 A′之间分布的呢？特别是，假定体系 A 和 A′彼此间处于平衡，即复合体系 A^* 处于平衡中，于是除了

⊖ 在这里，功这一词是在力学中所熟悉的一般意义上使用的. 因而基本的定义为：力乘上在力作用下所移动的距离.

⊜ 如果每个分子都是由多于一个的原子所组成；那么不同分子通过相互碰撞可以交换能量，并且由于单个分子的组成原子间的相互作用，单个分子的能量也可以在它的组成原子之间进行交换.

⊜ 在图1.29 的情形中，为简单起见，我们假设器壁和活塞都是很薄的，以致它们的能量和气体的能量比较起来小到可以忽略不计.

小的涨落外，A* 的这个平衡情况必然和这个体系中能量的最无规分布相对应.

让我们首先讨论一个简单情况：体系 A 和 A′是同类分子组成的两个理想气体 [例如，A 和 A′两者都是由氮（N_2）分子组成的]. 在这种情形中，复合体系 A* 的最无规情况显然是：它的总能量 $E+E'$ 不加区分地分配于 A* 的所有相同分子中. 于是，A 和 A′的每个分子应有同样的平均能量. 特别是，气体 A 的一个分子的平均能量 $\bar{\epsilon}$ 应和气体 A′的一个分子的平均能量 $\bar{\epsilon}$ 相同，即平衡时

$$\bar{\epsilon}=\bar{\epsilon}'. \tag{1.9}$$

当然，如果气体 A 中有 N 个分子，气体 A′中有 N' 个分子，那么

$$\bar{\epsilon}=\frac{E}{N} \quad 和 \quad \bar{\epsilon}'=\frac{E'}{N'}. \tag{1.10}$$

所以，条件（1.9）也可以写成如下形式：

$$\frac{E}{N}=\frac{E'}{N'}.$$

假定气体 A 和 A′初始时是彼此分开的，并且各自处于平衡中. 在这种情况下我们以 E_i 和 E_i' 分别标记它们的能量；现在设想体系 A 和 A′被置于彼此接触，使它们可以通过热相互作用而自由交换能量. 有两种情形可能出现：

（ⅰ）通常，体系的初始能量 E_i 和 E_i' 是这样的：A 的一个分子的平均初始能量 $\bar{\epsilon}_i=E_i/N$ 和 A′的一个分子的平均初始能量 $\bar{\epsilon}_i'=E_i'/N'$ 不一样；即通常是

$$\bar{\epsilon}_i\neq\bar{\epsilon}_i'. \tag{1.11}$$

在这种情况下，复合体系 A* 中的初始能量分布是十分非无规的，因而要随时间变化，体系 A 和 A′将交换能量直到它们最后达到对应于能量的最无规分布的平衡情况时为止. 这时两个体系的每一分子平均能量都是一样的. 于是在最终的平衡情况中，体系 A 和 A′的能量 E_f 和 E'_f 必须是这样：

$$\bar{\epsilon}_f=\bar{\epsilon}'_f \quad 或 \quad \frac{E_f}{N}=\frac{E_f'}{N'}. \tag{1.12}$$

这样，在导致最终平衡情况的相互作用过程中，每个分子平均初始能量较小的体系就得到能量，而每个分子平均初始能量较大的体系就失掉能量. 当然，孤立的复合体系 A* 的总能量保持不变，使得

$$E_f'+E_f=E_i'+E_i.$$

因而

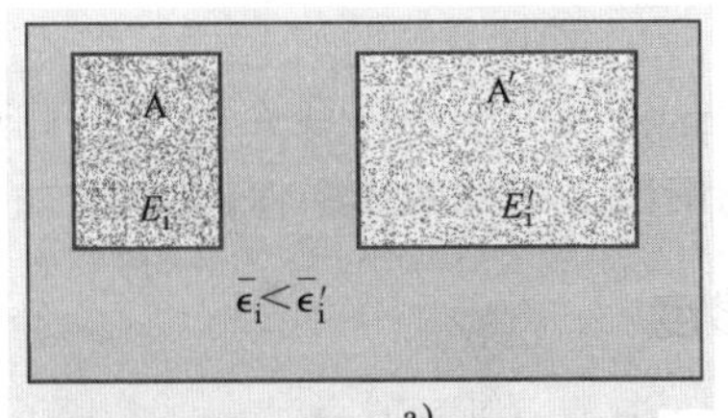

a)

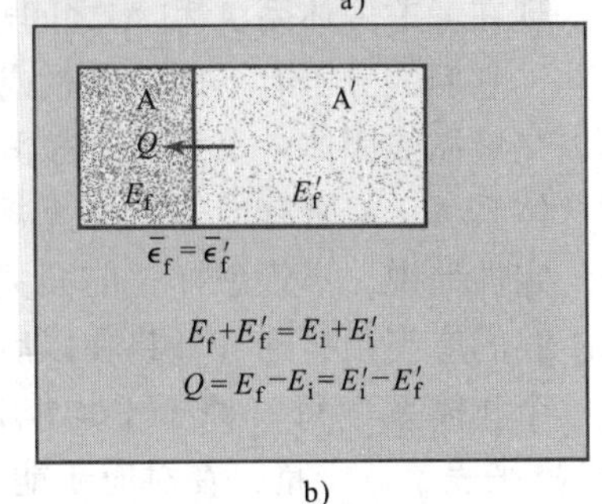

b)

图 1.31　同类分子所组成的两种气体 A 和 A′，原来是彼此分离的（见图 a），后来被导致彼此热接触（见图 b），因而可以交换能量直到它们达到平衡. 气体的能量用 E 表示，每个分子的平均能量为 $\bar{\epsilon}$.

$$\Delta E + \Delta E' = 0 \tag{1.13}$$

或

$$Q + Q' = 0, \tag{1.14}$$

这里我们用了

$$Q \equiv \Delta E \equiv E_{\mathrm{f}} - E_{\mathrm{i}}$$

和

$$Q' \equiv \Delta E' \equiv E'_{\mathrm{f}} - E'_{\mathrm{i}}. \tag{1.15}$$

Q 这个量被称为在此相互作用过程中 A 所吸收的热，定义为 A 在热相互作用过程中增加的能量．相似的定义适用于 A′所吸收的热 Q'.

注意：一个体系所吸收的热 $Q = \Delta E$ 既可以是正的也可以是负的．事实上，在两体系间的热相互作用中，一个体系失掉能量而另一个体系得到能量；即在式（1.14）中或者 Q 正 Q'负，或者反过来．按定义，由吸收正热量而得到能量的体系被称为较冷的体系：另一方面，由吸收负热量（即"放出"正的热量）而失掉能量的体系被称为较温暖或较热的体系.

（ⅱ）一个特殊情况也可能发生，在这情况中体系 A 和 A′的初始能量 E_{i} 和 E'_{i} 是这样的：A 的一个分子的平均能量和 A′的一个分子的平均能量是一样的；即可能发生这样的情况：

$$\bar{\epsilon}_{\mathrm{i}} = \bar{\epsilon}'_{\mathrm{i}}. \tag{1.16}$$

在这情况中，当体系 A 和 A′彼此热接触时，它们自动地使复合体系 A^* 出现最无规的情况．因此两体系保持平衡，在两体系之间没有净能量（热）转移.

温度

现在考虑两体系 A 和 A′之间热相互作用的一般情况．这些体系可以是不同的气体，它们的分子有不同的质量或者由不同原子组成，其中一个体系或两个体系也可以是液体或固体．虽然能量守恒即式（1.8）仍然有效，但要表示对应于能量在复合体系 A + A′所有原子上最无规分布的平衡情况的特征，现在就变得更加困难了．定性地说，不管怎样，前面关于两个相类似气体的情况的说明应该仍是适用的．我们应当预料到（并将在以后明显地说明）：每一体系（例如 A）的特征可以用一个和体系中每一原子平均能量有关的参量 T（照惯例称为体系的"绝对温度"）来表示．于是，在对应于能量最无规分布的平衡情况中，类似于式（1.9），我们预料应有形式为

$$T = T' \tag{1.17}$$

的条件.

在给无规的概念（适用于不同类型原子上的能量分布）以更确切的定义以前，不可能更确切地定义绝对温度的概念．不过，要引进一个用特殊温度计测量的温度（不是"绝对温度"）的概念是容易的．所谓温度计我们的意思是这样安排的任何

一个小宏观体系 M：当体系 M 吸热或放热时 M 只有一个宏观参量改变．这个参量称为温度计的测温参量，它将用希腊字母 θ 标记，例如，通常的水银温度计（见图 1.32）或酒精温度计就是其特例．在这里，当液体的能量因热量转移而发生改变时，温度计的玻璃毛细管中液柱的长度 L 将发生变化．于是，这种类型温度计的测温参量就是长度 L．如果把温度计 M 和另一体系 A 热接触，并让它到达平衡，它的测温参量 θ 就取某个值 θ_A，值 θ_A 被称为体系 A 相对于特殊温度计 M 的温度[⊖]．

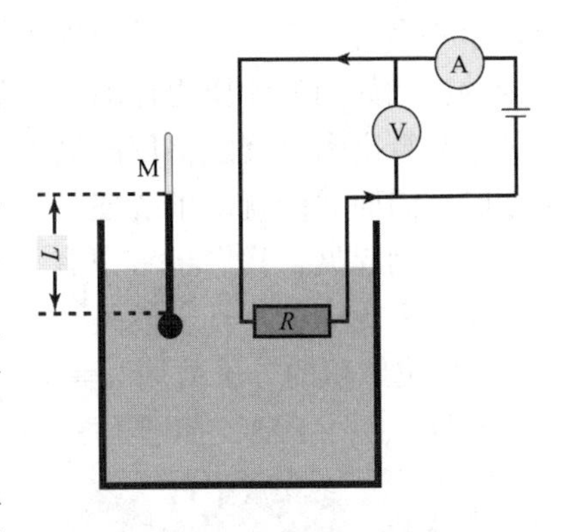

图 1.32　与盛放液体的容器所组成的体系热接触的两种不同类型的温度计．一只温度计为水银温度计，它的测温参量为玻璃毛细管中水银柱的长度，另一只是电阻温度计 R，例如 R 可由铂或碳制成，它的测温参量为电阻 R（用电阻上流过一个小电流 I．并测量电阻两端电压 U 来确定）

通过下面的讨论可以看清温度计的用处．假定温度计 M 首先和体系 A 热接触，然后再和体系 B 热接触．在每一情形中都让温度计到达平衡；于是它指出各自的温度 θ_A 和 θ_B．两种情形可能发生：或者 $\theta_A \neq \theta_B$，或者 $\theta_A = \theta_B$．如果 $\theta_A \neq \theta_B$，则体系 A 和 B 在彼此热接触时将交换热量．而当 $\theta_A = \theta_B$ 时，这两体系在热接触时不会交换热量．这是熟知的实验事实（以后将从理论上证明）．因此，相对于特殊温度计所测得的体系的温度 θ 是表征体系的一个非常有用的参量，因为知道了温度就可以作出如下预测：当两个体系热接触时，如果它们的温度不相等，它们将交换热量；如果它们的温度相等，它们将不交换热量．

1.6　典型的数值

前几节已简要地表明：宏观体系的行为如何通过它们的组成分子或原子来理解．不过，我们的讨论是完全定性的．为完成原先的约定，我们还要得出对有关数量级的一些看法．例如，一个典型分子的运动有多快或者它是如何频繁地和其他分子碰撞，这些都是值得知道的．为回答这样一些问题，我们可以再回到理想气体的简单情况中去．

理想气体的压强

当气体密闭在一个容器中时，气体分子与器壁的大量碰撞在器壁的每一面积元

⊖　假定体系 A 比温度计 M 大得多，因而它从温度计得到少量的能量或者失掉少量的能量给体系的干扰是可以忽略的．也要注意：按照我们的定义，用水银温度计测得的温度是一个长度，因而是以 cm（厘米）为单位测量的．

上产生一个力. 单位面积的力称为气体的压强 p，气体产生的平均压强 $\bar{p}$ 是很容易测量的，例如用流体压力计测量（见图 1.33），气体压强应当可以通过分子的某些有关量计算出来. 反之，用测量出的气体压强去推出分子的有关量的大小应当也是可能的. 因而我们就从求解理想气体所产生压强的近似计算开始.

为明确起见，我们将考虑有 N 个分子的理想气体，每个分子质量为 m. 假设气体处于平衡中，并且它被关闭在一只箱子中. 箱子形状是直角平行六面体，体积为 V. 单位体积的分子数用 $n \equiv N/V$ 来表示㊀. 可以假设箱子的边是平行于一组笛卡儿坐标 x，y，z 轴，如图 1.34 所示.

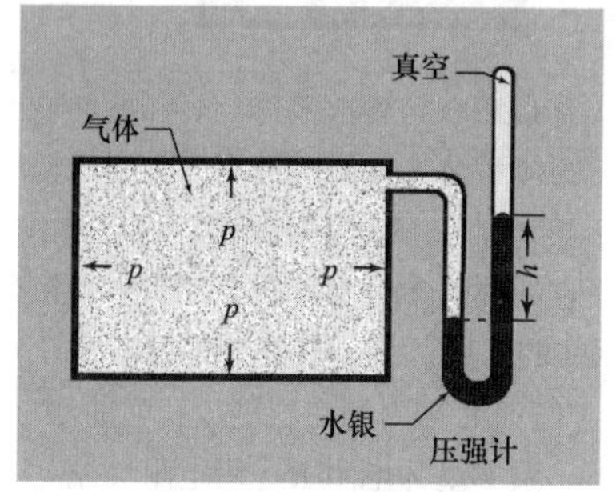

图 1.33　用充有水银的 U 型管压强计测量气体的平均压强 $\bar{p}$，为了达到力学平衡，水银面必须自身调节，使得高度为 h 的水银柱，每单位截面积的重量和气体所产生的压强相等

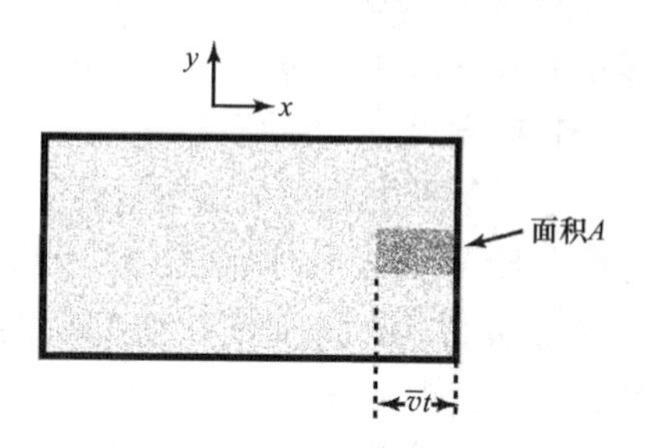

图 1.34　气体与器壁面积 A 碰撞的示意图（z 轴自纸面向外）

我们集中注意箱的一壁，例如垂直于 x 轴的右壁上. 首先要问在某个短时间间隔 t 中有多少分子和这个壁的一个面积 A 碰撞. 在任何一时刻，全部分子并不具有相同的速度. 但是，因为我们只要求近似结果，可以假定每个分子以相同的速率（等于其平均速率 $\bar{v}$）运动来简化我们的讨论. 不管怎样，分子沿无规方向运动. 因而，平均来看，其中有 1/3（每单位体积中 $n/3$ 个分子）主要是沿 x 轴运动，1/3沿 y 轴，1/3 沿 z 轴. 在单位体积内 $n/3$ 个主要沿 x 轴运动的分子中，一半（或每单位体积中 $n/6$ 个分子）沿 $+x$ 方向向着面积 A 运动，而其余一半沿 $-x$ 方向离开面积 A 运动. 任何具有主要是沿 $+x$ 方向的速度的分子，在短时刻 t 内沿 $+x$ 方向移动一个距离 $\bar{v}t$. 如果这样一个分子位于离器壁的面积 A 的距离为 $\bar{v}t$ 以内，它将在时刻 t 打到这个面积上. 但是如果它的位置离开面积 A 远于距离 $\bar{v}t$，它将到达不了这个面积，因而不会与它碰撞㊁. 所以在时间 t 中和面积 A 碰撞的平均分子数，就等于具有主要沿 $+x$ 方向的速度并且位于面积为 A、长度为 $\bar{v}t$ 的柱体内的分子的

㊀ 符号 n 在其他教材中曾用来表示一箱气体的一半中的分子数，这一事实不应引起混淆.

㊁ 因为时间间隔 t 可以看作是任意地短，比分子与分子相互撞碰之间的平均时间要短得多，在时间 t 内给定的分子和其他分子的碰撞极不可能发生，因而可以不考虑.

平均数．因此，用柱体的体积 $A\bar{v}t$ 乘 $n/6$（单位体积内，速度主要沿 $+x$ 方向的分子的平均数）就得到这个数目，即

$$\left(\frac{1}{6}n\right)(A\bar{v}t).$$

如果用面积 A 和时间 t 去除这个结果，我们得到单位时间内打到器壁的单位面积上的平均分子数（或称分子流密度）$\mathscr{F}_0$ 的近似表达式为

$$\boxed{\mathscr{F}_0 \approx \frac{1}{6}n\bar{v}.} \tag{1.18}$$

现在我们来计算分子碰撞在器壁单位面积上所产生的平均力．主要沿 $+x$ 方向运动的分子打到器壁上，它的动能 $\frac{1}{2}m\bar{v}^2$ 保持不变．（至少平均说来，这一点必须是正确的，因为气体处在平衡中．）于是，平均来说，分子动量的大小也保持不变；而以沿 $+x$ 方向的动量 $m\bar{v}$ 接近右壁的分子，在它从壁上弹回以后，必须有一个沿这个方向的动量 $-m\bar{v}$．于是，由于和壁碰撞的结果，分子动量的 $+x$ 分量改变了 $-m\bar{v}-m\bar{v}=-2m\bar{v}$．相应地，根据动量守恒原理，器壁在碰撞中获得了沿 $+x$ 方向的动量 $2m\bar{v}$．但是，根据牛顿第二定律，气体分子在壁上所产生的平均力等于由于分子碰撞，器壁所受到的动量的平均变化率．于是作用在壁的单位面积上的平均力（即在壁上的平均压强 $\bar{p}$）就直接由乘法得出，即

$$\bar{p} = \begin{pmatrix}\text{在一次分子碰撞}\\ \text{中器壁得到的平}\\ \text{均动量 } 2m\bar{v}\end{pmatrix} \times \begin{pmatrix}\text{单位时间内器壁}\\ \text{的单位面积所经}\\ \text{受的平均碰撞数}\end{pmatrix}.$$

因此

$$\bar{p} \approx (2m\bar{v})\mathscr{F}_0 = (2m\bar{v})\left(\frac{1}{6}n\bar{v}\right),$$

即

$$\boxed{\bar{p} \approx \frac{1}{3}nm\bar{v}^2.} \tag{1.19}$$

正如预料到的，压强 $\bar{p}$ 在下列两种情况下将增大，（i）如果使 n 加大从而有更多的分子和器壁碰撞；（ii）如果增大 $\bar{v}$ 以致分子和器壁碰撞得更加频繁并且每次碰撞会产生出更多的动量．

因为一个分子的平均动能近似地由下式给出[㊀]：

$$\overline{\epsilon^{(k)}} \approx \frac{1}{2}m\bar{v}^2, \tag{1.20}$$

式（1.19）也可以写成

$$\bar{p} \approx \frac{2}{3}n\overline{\epsilon^{(k)}}. \tag{1.21}$$

㊀ 这里我们略去 $\overline{v^2}$（平方的平均）和 $\bar{v}^2$（平均值的平方）之间的差别．

注意式（1.19）和式（1.21）仅与单位体积中的分子数有关，但并未涉及这些分子的性质．因而不论气体是由 He、Ne、O_2、N_2 或 CH_4 哪一种组成的，这些关系式都同样有效．这样一来，保存在一个有固定体积的容器内的任何理想气体的平均压强，为气体的一个分子的平均动能提供了一个非常直接的测量．

数值估计

在作出某些数值估计之前，重温一下某些重要的定义将是有益的．一个原子或分子的质量 m 习惯上用某一标准质量单位 m_0 来表示．按照国际规定，质量单位 m_0 是用特殊的碳同位素 ^{12}C 的一个原子的质量 m_c 通过下式来定义的[⊖]：

$$m_0 \equiv \frac{m_c}{12}. \tag{1.22}$$

因而一个 ^{12}C 原子的质量恰好等于 12 个质量单位．于是一个 H 原子的质量近似地等于一个质量单位．

一个原子（或分子）的质量与质量单位 m_0 之比称为这个原子的原子量（或这个分子的分子量），将用 μ 标记．因此

$$\mu \equiv \frac{m}{m_0}. \tag{1.23}$$

所以按定义 ^{12}C 的原子量等于 12．

原于（或分子）的一个方便的宏观数目是每个质量为 m_0 的原子在总质量为 1g 时应该有的原子数目 N_A，即数目 N_A 由下式定义：

$$N_A \equiv \frac{1}{m_0}. \tag{1.24}$$

换言之，这个定义关系可以写成以下形式：

$$N_A = \frac{m}{mm_0} = \frac{\mu}{m}, \tag{1.25}$$

这里我们用了式（1.23）．这就是说 N_A 也等于分子量为 μ 的分子在总质量为 μ(g) 时的分子数，数 N_A 称为阿伏伽德罗常数．

按定义，1mol 一定种类的分子（或原子）是由 N_A 个这种分子（或原子）所组成的量．因而分子量为 μ 的分子，1mol 的总质量就是 μ（g）．

实验得出阿伏伽德罗常数的数值是

$$N_A = (6.02252 \pm 0.0009) \times 10^{23} \text{分子/mol}. \tag{1.26}$$

（参看本书末尾常数表）．

⊖ 我们记得一种特殊同位素的定义是：具有一种唯一确定的核的原子 X；符号 ^nX 表明这个原子在它的核中有 n 个核子（质子＋中子）．具有不同数目的中子但质子的数目相同的核的原子，化学上是相似的，因为它们具有同样数目的核外电子．

我们现在用气体压强的关系即式（1.19）或式（1.21）来估计氮气（N_2）（空气的主要成分）的分子量值. 在室温和大气压强（$10^5 N/m^2$）下，实验上发现体积为1L（$10^{-3}m^3$）的容器中所含氮气的质量大约是1.15g. 因为氮（N）原子的原子量约为14，氮气（N_2）分子的分子量是$2\times14=28$，因而28g氮气含有阿伏伽德罗常数$N_A=6.02\times10^{23}$个N_2分子，所以在实验容器中分子的总数N是

$$N=(6.02\times10^{23})\frac{1.15}{28}=2.47\times10^{22}.$$

由此有

$$n\equiv\frac{N}{V}=\frac{2.47\times10^{22}}{10^3}\approx2.5\times10^{25}/m^3. \tag{1.27}$$

用式（1.21），就得到N_2分子的平均动能是

$$\overline{\epsilon^{(k)}}\approx\frac{3}{2}\frac{\bar{p}}{n}=\frac{3}{2}\left(\frac{10^5}{2.5\times10^{25}}\right)\approx6.0\times10^{-21}J. \tag{1.28}$$

因为N_A个氮分子（N_A是阿伏伽德罗常数）有28g的质量，所以一个N_2分子的质量m是

$$m=\frac{28}{6.02\times10^{23}}=4.65\times10^{-26}kg. \tag{1.29}$$

所以从式（1.20）得出

$$\overline{v^2}\approx\frac{2\overline{\epsilon^{(k)}}}{m}\approx\frac{2(6.0\times10^{-21})}{4.65\times10^{-26}}=2.6\times10^5$$

$$\bar{v}\approx5.1\times10^2m/s. \tag{1.30}$$

平均自由程

在任何一个时刻，集中注意气体的一个分子，我们要估计这个分子在和气体中其他分子碰撞前所走过的平均距离l. 这个距离l被称为分子的平均自由程. 为简单起见，我们可以设想每个分子是球形的，并且任何两个分子之间的力与两个半径为a的硬球之间的力相似. 这就是说只要两分子中心的间隔R大于$2a$时，它们相互间就没有力的作用，而如果$R<2a$，它们相互间就会产生极大的力（即它们相碰）. 图1.35说明两个这样的分子相遇. 这里的分子A′可以看作是静止的，分子A以某一相对速度$\boldsymbol{v}$接近A′，如果它们一直都不偏转，则这两分子的中心将接近到相互距离为b. 显然，如果$b>2a$，两分子将不相碰，但如果$b<2a$它们就将相

碰，表述这个几何关系的另一种方法是：设想分子 A 携带着一个半径为 $2a$ 的圆盘（这个圆盘以分子的中心为中心，且取向垂直于速度 $\boldsymbol{v}$）. 于是，只有当分子 A′的中心处在分子 A 所携带的圆盘扫过的体积内时，两分子间的碰撞才会发生（见图 1.36）.

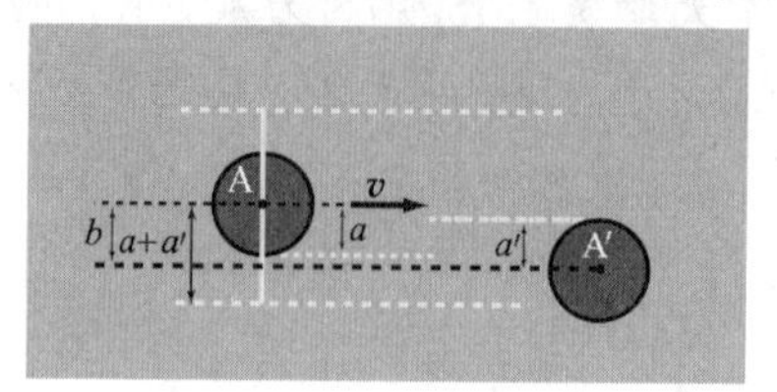

图 1.35　半径为 a 的两个硬球相遇的示意图

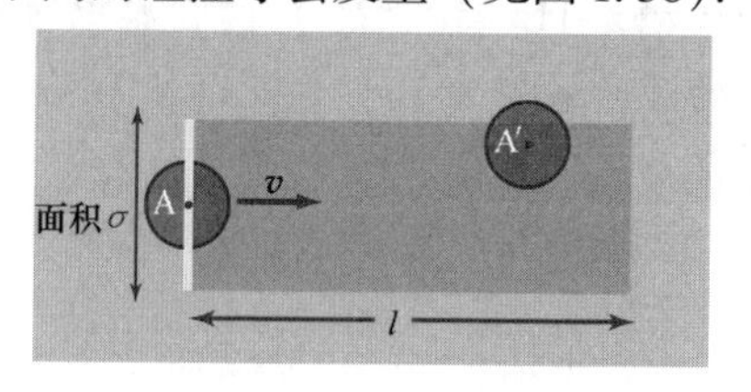

图 1.36　当分子 A 与 A′相遇时，分子 A′的中心位于分子 A 所携带的面积为 σ 的假想圆盘所掠过的体积之内，A 就受到碰撞. 这是示意图

一个分子所携带的假想圆盘的面积 σ 是

$$\sigma=\pi(2a)^2=4\pi a^2, \tag{1.31}$$

这个面积被称为分子与分子碰撞的总散射截面. 分子移动距离 l 时这个圆盘扫过的体积等于 σl. 设想这个体积，平均来说，包含一个别的分子，即

$$(\sigma l)n\approx 1,$$

其中 n 是单位体积中的分子数. 那么距离 l 就是分子在与其他分子碰撞前所走过的平均距离，也就是说，它就是所要求的平均自由程. 因而得到

$$\boxed{l\approx\frac{1}{n\sigma}.} \tag{1.32}$$

可以预料，平均自由程在下列条件下会变长：(i) 如果 n 小，以致只有少数几个分子能和一个给定的分子碰撞，(ii) 如果分子半径小，以致分子在碰撞前必须相互靠得十分近.

为了估计数量级，我们回到前面讨论过的氮气（N_2）在室温和大气压下的情况. 一个分子的半径是 10^{-10}m 的数量级，即

$$a\sim 10^{-10}\text{m}.$$

所以式（1.31）给出截面为

$$\sigma=4\pi a^2\sim 12\times 10^{-20}\text{m}^2.$$

用 n 的数值，即式（1.27），于是由式（1.32）得出估计

$$l\approx\frac{1}{n\sigma}\sim\frac{1}{(2.5\times 10^{25})(12\times 10^{-20})},$$

即

$$l\sim 3\times 10^{-7}\text{m}. \tag{1.33}$$

注意 $l\gg a$，即平均自由程比分子的半径大得多. 因而分子之间相互作用极少发生，以致把气体看作为理想的是一个合理的近似，另一方面，平均自由程与装有 1L 气体的容器相比，其线度是非常小的.

1.7　宏观物理的重要问题

尽管这一章的讨论是非常定性的，但它却揭示了宏观体系的最本质的特征. 因此，我们已得到充分广阔的前景来认识我们最终想要探讨和理解的某些问题.

基本概念

很清楚，我们首先必须把定性的认识转换成准确公式化的，能作定量预测的理论概念. 例如，我们已认识到一个宏观体系的某些情况比起其他情况来可能性更大（或更无规）. 但是准确地说，如何对一个体系的给定宏观态指定一个概率，又如何测量它的无规程度呢？这类问题是具有普遍重要性的. 我们也曾得出结论：一个孤立体系与时间无关的平衡情况的特征就是最无规的情况. 因而又发生了如何以准确而又普遍的方式来给无规下定义的问题. 的确，当我们设法讨论两个任意体系相互处于热接触的情况时，这类问题曾使我们感到麻烦，我们猜想最大无规性的平衡条件应当有这样的含义，即两个体系的某种参量 T（粗略地测定一个体系中每一个原子的平均能量）应是相同的. 但是，因为我们不知道怎样在普遍情况下给无规性下定义，所以我们还不能给这个参量 T（称之为"绝对温度"）以明确的定义；由此，我们可以提出下面的基本问题：怎样以一种系统的方式用概率的观点来描述宏观体系，以便给诸如无规性或绝对温度这些概念以定义？

在1.3节中讨论摆的例子时，我们看到：如何将无规地分布在许多分子上的能量转变为无规程度较小的形式，在这种形式中摆可以在一个宏观距离内产生一个宏观力而做功，这点是很不清楚的. 这个例子说明了一些非常重要的问题. 的确，把蕴藏在一种物质（例如煤或汽油）的许多分子中无规地分布的能量取出，并把它转变为一种无规性较小的形式，在这种形式中它能用来克服相反的力而移动活塞. 这在什么限度内是可能的呢？换句话说，建造那些引起工业革命的蒸汽机或内燃机，在什么限度内是可能的呢？同样，把无规地分布在某些化合物的许多分子上的能量取出并把它变成一种无规性较小的形式，在这形式中它可以用来产生肌肉收缩或合成高度有序的高分子（如蛋白质），这在什么限度内是可能的呢？也就是说，在什么限度内，化学能可以用来使生物过程成为可能呢？很好地理解无规性这个概念，应当使我们对所有这些问题作出有意义的陈述.

平衡体系的性质

因为宏观体系在平衡时特别简单，它们的性质应该最容易作定量的讨论. 的确，有许多平衡情况很有意思且很重要，我们这里提出若干值得研究的问题.

均匀物质是最简单的体系之一，人们可能希望计算这种体系的平衡性质. 例如，设想某种特殊流体（气体或液体）在一定温度下处于平衡中，它们所产生的

压强与它的温度和体积有什么关系？或者设想某种物质含有一定浓度的铁原子，每个铁原子有确定的磁矩. 如果这种物质是处于一定温度下并且被放在一定的磁场中，它的磁化强度的数值，即单位体积内的净磁矩是多少？这个磁化强度与温度和磁场有什么关系呢？或者设想把少量的热加到某种特定物质（它可以是液体、固体或气体），它的温度会增加多少呢？

我们不仅可以问关于体系处于平衡中的宏观参量的问题；也可以提出关于组成体系的原子的行为问题. 例如一容器的气体保持在某一给定温度，并不是所有的分子都具有相同的速率，我们可以问，速率在任一确定范围内的分子占多大比例，如果我们在容器壁上作一小孔，某些气体分子将穿过小孔逃到周围的真空中去，在这个真空里它们的速率是可以直接测量的，因而理论就可以直接和实验结果比较（见图1.37）. 或者考虑一个空容器，它的器壁保持在某一高温下，因为器壁的原子发射出电磁辐射，于是容器本身充满与器壁处于平衡的辐射（或光子）. 在任一给定的频率范围内集中了这个电磁辐射的多少能量？如果在这容器上作一小孔，某些辐射可以穿过该小孔逃出，用一台分光计就可以很容易测量出任一窄频谱内的辐射的总和，因而可以把预测和实验结果进行比较，而后一问题对于了解任何热物体所发出的辐射实在是非常重要的，不管这个热物体是太阳还是灯泡的灯丝.

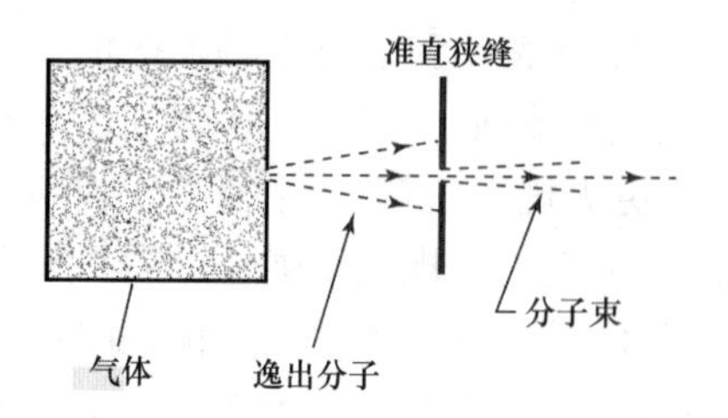

图1.37　充满气体的器皿有一小孔，分子通过小孔飞溅到周围的真空中，利用一条或几条狭缝使飞出的分子成为分得很明确的分子束. 这一束分子中的速度分布与器皿中的分子的速度密切相关. 这种分子束是研究近于孤立的原子或分子的一种强有力的手段，并且也已经应用于若干现代物理的最基本的实验中

能够在不同种类的分子间发生化学反应的情况是另一类重要的情况. 作为一个明确的例子，考虑一个体积为 V 的充满二氧化碳（CO_2）气体的容器，按照化学反应

$$2CO_2 \rightleftharpoons 2CO + O_2 \tag{1.34}$$

可能把 CO_2 分子转变为一氧化碳（CO）和氧（O_2）分子，反之亦然. 当容器的温度升高时，某些 CO_2 分子将分解为 CO 和 O_2 分子. 于是容器将包含有相互处于平衡的 CO_2，CO 和 O_2 几种气体的混合物. 我们想要知道：在任一确定温度下，这些处于平衡的 CO_2，CO 和 O_2 分子的相对数目，如何通过基本原理计算出来.

但是，即使只由一种分子组成的简单物质，也会引起一些有意义的问题. 这种物质可以典型地呈现出几种不同形态，或者说几种相，例如气相、液相和固相. 一个明确的例子是水，它可以为水蒸气、液态水或冰等形式. 这些相每一种都是由相同的分子（在水的情况下就是 H_2O）组成，但是分子的排列不同. 在气相中，分子与分子相互离开得很远，因而以无规的方式相互无关地运动. 另一方面，在固相中，分子以非常有序的方式排列着，它们在一个规则的晶格中处于一些特定的位置附近，并且仅能自由地围绕这些位置作微小振动. 在液相中的情况介于这两种之间，既不像固相中那样有序，也不像气相中那样无规. 在这里分子之间靠得很近，并且经常处于相互的强烈影响中，但它们仍在长距离内自由地相互跑过，在各种相中这些分子安排的证据主要来自 X 射线散射的研究.

大家知道，一种物质是在一个非常明确的温度下从一个相变化到另一个相的(在过程中吸收或者放出热量). 例如水在 0℃ 从固态冰的形式变到液态水的形式，并且又在 100℃（在 1 大气压强下）由液态水的形式变到气态蒸气的形式. 平衡体系的正确理论应能使我们讲出关于两种相可以在平衡中共存的温度和压强的条件，它也应使我们能预测到在什么温度下一种特定的固态物质熔解成为液体，并且在什么温度下液体蒸发成为气体.

这些的确都是非常困难也非常吸引人的问题. 无规程度或有序的观念仍然是关键性的，当一种物质的绝对温度（或每个原子的平均能量）增大时，它首先从最有序（或无规性最小）的固态形式变到有序程度处于中间状态的液态形式；当温度进一步增加时，它从这种液态形式变到几乎是最无规或最无序的气态形式. 但是，极为引人注目的是：这种从一个有序度到次一个有序度的变化是非常突然地在极端明确的温度下发生的. 根本原因是一种涉及物质的所有分子的临界不稳定性. 例如，设想一个固体的绝对温度足够高，使得它的分子由于平均能量相对地大，能绕其有规则的晶格位置振荡，振荡的位移大到足以和分子间距离相当. 然后设想发生了一个涨落，有几个相邻的分子同时跑出了它们的有规则的晶格位置，这使得稍稍离得远一点的邻近的分子也较容易地跑出它们的有规则的位置，这样继续下去，于是最后的结果就有些像一堆骨牌倒塌了，即固体的高有序度开始突然瓦解，固体变为液体. 这种由固体溶解而来的不稳定性同时涉及固体的全部分子，所以被称为是一种合作现象. 因为要求对同时相互作用着的全部分子进行分析，所以从一个详尽的微观观点来讨论诸如溶解或蒸发之类的任何合作现象的理论问题都是非常困难和非常费劲的.

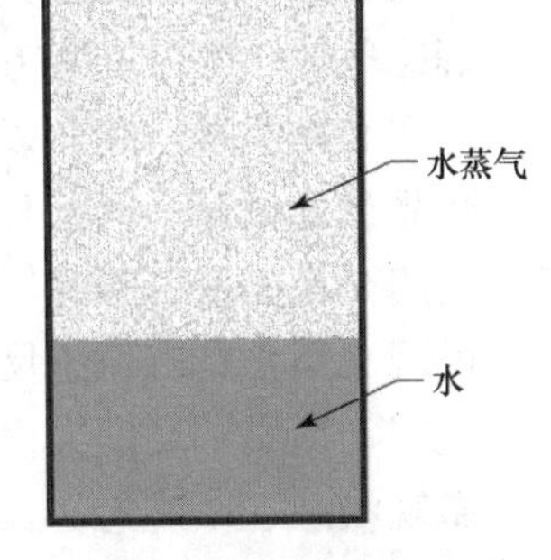

图 1.38　这里表示液态的水及其气态形式（水蒸气）在某一特定温度下达到平衡

非平衡体系

讨论非平衡体系通常要比讨论处于平衡的体系困难得多. 这里必须研究随时间变化的过程，并且要特别注意它们变化得多快或者多慢. 这类问题的讨论要求对分子间相互作用的有效程度作详细分析. 除了相对简单的情况（例如稀薄气体）外，这种分析可能变得十分复杂.

我们再提一提几个有意义的典型问题. 例如，考虑化学反应，即式（1.34），设想把一些 CO_2 气体送进给定的高温容器中. 需要多长时间才能达到CO的平衡浓度呢？为此就得计算化学反应，即式（1.34）从左到右进行的速率.

作为另一个例证（见图1.39），考虑用一根棒连接起来的两个物体，它们处于不同的温度 T_1 和 T_2，因为这不是平衡情况，热量将通过连接棒由一个物体流到另一个物体. 但能量沿着棒传输的有效程度如何呢？也就是说，一定量的热量从一个物体流到另一个物体需要多少时间呢？这决定于棒的一个内在性质（它的"热导率"）. 例如，一根铜棒比起一根不锈钢制成的棒来，热流就容易得多. 也就是说铜比不锈钢热导率高得多. 理论的工作是给"热导率"以准确的定义并且从基本原理出发去计算这个参量.

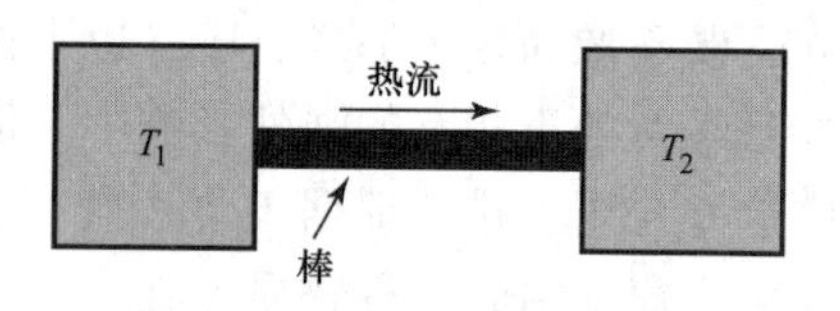

图1.39　两个温度不同的物体用一根传热的棒连接起来

结语

前面对一些问题的概述在某种程度上指明了宏观自然现象的范围，我们想根据基本的微观考虑来定量地讨论这些宏观自然现象. 我们并不想在本书的其余部分，对所有这类问题全都加以讨论. 的确，我们已提出的某些疑问（例如，计算溶解或蒸发之类的相变），引起一些现在仍然没有充分解决的问题；因而它们是研究工作活跃的领域. 另一方面，我们现在已有准备，可以把这一章的定性讨论转到宏观体系性质的更系统的定量讨论了. 为了能回答我们已提出的最基本的问题，这一讨论将会持续很久.

定 义 摘 要

孤立体系　不与任何其他体系相互作用的体系.

理想气体　分子间相互作用几乎可以忽略的气体（即相互作用大到足以保证分子之间交换能量，除此以外，就是可以忽略的）.

理想自旋体系　相互作用几乎可以忽略的自旋体系（即相互作用大到足以保证自旋间交换能量，除此以外，就是可以忽略的）.

微观　小，具有原子尺度的数量级或更小.

宏观　比原子尺度大很多.

微观状态（微观态）　体系的状态，按微观细节描述，即对体系中的全部原子，按照力学定律，作最完全的详细规定.

宏观状态（宏观态）　体系的状态，不考虑微观的细节描述，而仅仅对那些能由宏观测量得出的参量作出规定，从而描述这些态.

宏观参量　由宏观测量可以确定的量，它描述体系的宏观态.

平衡　不随时间变化的宏观态，只有无规涨落.

弛豫时间　一个体系从远离平衡情况出发，到达平衡所需的大致时间.

不可逆过程　一个过程，如果其时间反演过程（即电影倒放中看到的过程）实际上几乎不可能发生，就叫不可逆过程.

热相互作用　不涉及宏观规模上做功的相互作用.

热　与宏观做功无联系的能量转移，也是只出现在原子尺度中的能量转移.

温度计　一个小的宏观体系，安徘得使它吸热或放热时其参量只有一个有变化.

测温参量　温度计的唯一可变宏观参量.

体系相对于给定温度计的温度　当温度计放在与体系热接触并与体系达到平衡时，测温参量的值.

平均自由程　气体中一个分子在与其他分子碰撞前所走过的距离的平均值.

建议的补充读物

F. J. Dyson. "What is Heat?" *Sci American* 191, 58 (Sept , 1954)

R. Furth. "The limits of Measurement," *Sci*, *American* 183, 48 (July, 1950). 讨论布朗运动和其他涨落现象.

B. J. Alder and T. E. Wainwright, "Molecular Motions," *Sci American* 201, 113 (Oct , 1959)。本文讨论采用现代高速计算机来研究各类宏观体系分子运动.

习　　题

1.1　自旋体系的涨落

在没有外磁场存在的情况下，考虑 5 个自旋组成的理想体系，设我们拍摄一部该自旋体系平衡时的电影. 电影画面中表示 n 个自旋向上所占的分数是多少？考虑所有的可能性 $n=0$，1，2，3，4，5.

1.2　液体的扩散

假使一滴染料（与水具有同样的密度）被投入一杯水中，整个体系的温度不变，并且不受机械扰动. 倘若我们拍摄了一部这滴染料被投入水中之后发生的过程的电影，在这部电影放映的屏幕上，我们会看到什么呢？如果影片被放映机倒放了，我们会看到什么呢？这个过程是可逆还是不可逆？用染料分子运动来描述这一过程.

1.3　摩擦的微观解释

推动一下木块，它就在地板上滑行，慢慢成为静止．这一过程是可逆或是不可逆？描述倒放的电影上呈现的过程，从原子和分子的微观尺度讨论这一过程中发生了什么？

1.4　趋向热平衡的过程

考虑分开的两容器中的气体 A 和 A′，原先气体 A 的每个分子的平均能量与气体 A′的每个分子的平均能量差别很大．然后，两个容器被放置于彼此接触，使得能量以热的形式从气体 A 传递给器壁的分子，然后再传给气体 A′，这一持续的过程是可逆的还是不可逆的？如果我们摄制了这一情况并且通过放映机把影片倒放出亲，在微观的细节上，描述所呈现的过程．

1.5　气体压强随体积变化

容器被隔板分成两部分，其中一个部分的体积为 v_i 并且充有稀薄气体；另一部分为真空．移开隔板并且一直到达气体分子均匀地分布在体积为 V_f 的整个容器中的平衡条件为止，

（a）气体的总能量变化了没有？利用这一结果，比较在隔板移开前后的平衡情况中每一分子的平均能量和平均速度．

（b）末态情况的气体所产生的压强与初态情况气体所产生的压强的比值是什么？

1.6　投射到一面积上的气体分子数

考虑在室温和一大气压下的氮气（N_2），利用课文中给定的数值，计算 1s 内撞击到 $1m^2$ 的器壁上的 N_2 分子的平均数．

1.7　泄漏速率

在室温和一个大气压下，1L 玻璃泡充有 N_2，玻璃泡与其他某一实验部件相接，玻璃泡本身被密封在一个大真空泡中，不幸，实验员并未发觉这只玻璃泡有一半径大约为 10^{-7}m 的小针孔．为了评价这个小孔的重要性，估计一下 1% 的 N_2 分子从玻璃泡漏到周围真空中所需的时间．

1.8　分子间碰撞的平均时间

考虑在室温和 1 个大气压下的氮气，利用课文中给出的数值，求出一个 N_2 分子在与另一个分子相碰前行走的平均时间．

*1.9 不同质量的原子之间的平衡

考虑具有质量为 m_1 和 m_2 的两种不同原子之间的碰撞，在碰撞之前这些原子的速度分别用 $\boldsymbol{v}_1$，$\boldsymbol{v}_2$ 表示，碰撞之后分别用 $\boldsymbol{v}_1'$ 和 $\boldsymbol{v}_2'$ 表示，研究由于碰撞结果，能量从一种原子转移到另一原子是有意义的.

(a) 引进相对速度 $\boldsymbol{V} \equiv \boldsymbol{v}_1 - \boldsymbol{v}_2$ 及质心速度 $\boldsymbol{c} \equiv (m_1\boldsymbol{v}_1 + m_2\boldsymbol{v}_2)/(m_1 + m_2)$，则碰撞之后的相对速度 $\boldsymbol{V}' = \boldsymbol{v}_1' - \boldsymbol{v}_2'$，由于动量守恒，在碰撞中，$\boldsymbol{c}$ 保持不变，同时由能量守恒 $|\boldsymbol{V}'| = |\boldsymbol{V}|$，证明在碰撞过程中，原子1获得的能量 $\Delta\epsilon_1$ 由下式给出：

$$\Delta\epsilon_1 = \frac{1}{2}m_1(v_1'^2 - v_1^2) = m_1m_2(m_1 + m_2)^{-1}\boldsymbol{c} \cdot (\boldsymbol{V}' - \boldsymbol{V}). \qquad (\text{i})$$

(b) 用 θ 表示 $\boldsymbol{V}'$ 和 $\boldsymbol{V}$ 之间的角，用 φ 表示 $V'V$ 平面和含 $\boldsymbol{c}$，$\boldsymbol{V}$ 平面之间的角，用 ψ 表示 $\boldsymbol{c}$ 和 $\boldsymbol{V}$ 之间的角，那么证明（i）变成为

$$\Delta\epsilon_1 = m_1m_2(m_1 + m_2)^{-1}cV[(\cos\theta - 1)\cos\psi + \sin\theta \cdot \sin\psi \cdot \cos\varphi], \qquad (\text{ii})$$

其中

$$\boldsymbol{c}\boldsymbol{V}\cos\psi = \boldsymbol{c} \cdot \boldsymbol{V},$$

$$(m_1 + m_2)^{-1}[m_1v_1^2 + (m_2 - m_1)\boldsymbol{v}_1 \cdot \boldsymbol{v}_2 - m_2v_2^2].$$

(c) 考虑在气体中出现了许多次碰撞的两个这类原子，平均来说方位角 φ 是负是正出现的次数一样多，以致 $\overline{\cos\varphi} = 0$，同样，因为 $\boldsymbol{v}_1$ 和 $\boldsymbol{v}_2$ 的方向是无规的，两者夹角的余弦也是正负的次数一样的，因此，平均来说 $\overline{\boldsymbol{v}_1 \cdot \boldsymbol{v}_2} = 0$，证明（ii）成为

$$\overline{\Delta\epsilon_1} = \frac{2m_1m_2}{(m_1 + m_2)^2}\overline{(1 - \cos\theta)}(\bar{\epsilon}_2 - \bar{\epsilon}_1), \qquad (\text{iii})$$

此处 $\epsilon_1 = \frac{1}{2}m_1v_1^2$ 和 $\epsilon_2 = \frac{1}{2}m_2v_2^2$.

特别是在平衡的情况下，平均而言，一个原子的能量必须不变，使 $\overline{\Delta\epsilon_1} = 0$，那么，证明（iii）意味着平衡时

$$\bar{\epsilon}_2 = \bar{\epsilon}_1. \qquad (\text{iv})$$

因此，即使原子的质量不同，平衡时相互作用的原子的平均能量是相等的.

1.10 混合气体中分子速率的比较

考虑密闭于容器中的混合气体，气体由两种质量为 m_1 和 m_2 的单原子分子所组成.

(a) 设这一混合气体处在平衡中，利用上一个问题的结果，求质量 m_1 的一个分子的平均速率 $\bar{v}_1$ 与质量为 m_2 的一个分子的平均速率 $\bar{v}_2$ 的近似比值.

(b) 设这两类分子为 He（氦）和 Ar（氩），原子量分别等于4和40. 一个氦原子的平均速率对一个氩原子的平均速率的比值是什么？

1.11　混合气体的压强

考虑由两种原子组成的理想气体，为明确起见，假设单位体积内有 n_1 个原子质量为 m_1，有 n_2 个原子质量为 m_2．假定气体是平衡的，因此每个原子的平均能量 $\bar{\epsilon}$ 对两种原子都是相同的．求混合气体所产生的平均压强$\bar{p}$的近似表达式，将你的结果用$\bar{\varepsilon}$表示．

1.12　两种气体的混合

考虑一容器被隔板分成两个相等的部分，其中一部分含 1mol 的氦（He）气，另一部分含 1mol 的氩（Ar）气．能量能以热的形式通过隔板从一种气体传到另一气体．足够长时间之后，两种气体因此达到彼此平衡．氦气的平均压强为$\bar{p}_1$，氩气的平均压强为$\bar{p}_2$．

（a）比较两种气体的压强$\bar{p}_1$ 和$\bar{p}_2$．

（b）当隔板移开时发生了什么情况，描述倒放的影片上呈现的过程，这是可逆的还是不可逆的？

（c）达到最后平衡时气体所产生的平均压强是什么？

1.13　半透隔板效应（“渗透作用”）

一玻璃泡含有室温和一个大气压下的氩（Ar）气，该玻璃泡被置于含有氦（He）气的、同样处于室温和一个大气压下的一个大容器中．泡是由玻璃制成的，玻璃对小的 He 原子是可渗透的，但是对大的 Ar 原子是不可渗透的．

（a）描述相继发生的过程．

（b）达到最后平衡情况的分子的最无规分布是什么？

（c）当达到最后平衡情况时，玻璃泡内部气体的平均压强是多少？

1.14　固体中原子的热振动

考虑氮气（N_2）在室温的箱内平衡．根据习题 1.9 的结果，可以合理地假定气体分子的平均动能大约等于容器的固体壁中的原子的平均动能．固体中每个原子位于差不多固定的地方．不过在该点附近可自由振荡，假定它在该点附近作简谐运动是一种好的近似．那么它的势能，平均起来，等于它的动能．

设器壁由密度为 8.9×10^3 kg/m^3、原子量为 63.5 的铜组成．

（a）估计铜原子在它的平衡位置附近振动的平均速率．

（b）粗略估计固体铜原子间的平均间距．（可假定它们位于正立方点阵的角上）

（c）当有力 F 作用于截面积为 A，长度为 L 的铜棒上，棒增长量 ΔL 由关系式

给出：

$$\frac{F}{A}=Y\frac{\Delta L}{L},$$

这里常数 Y 叫作弹性模量（也叫杨氏模量），铜的测量值是 $Y=1.28\times10^{11}\,\mathrm{N/m^2}$，当铜原子从固体的平衡位置移动某一小量 x 时，利用这一信息，估计作用在一个铜原子上的回复力.

（d）当原子从它的平衡位置被移动一个小量 x 之后，一个原子的势能是什么？

利用这一结果，估计铜原子绕平衡位置振动的振幅的平均值 $|x|$，并将 $|x|$ 与固体中铜原子间距作比较.

第 2 章　基本的概率概念

第 2 章　基本的概率概念

前一章的讨论已经表明，为理解由非常多粒子组成的宏观体系，概率的论点具有十分重要的意义．因而重温概率的一些最基本的概念并考察如何将它们用到一些简单的、但是重要的问题中，将是有益的．实际上，这种讨论在很广泛的各种领域中都有价值，它的应用范围看来远远超出与我们直接有关的领域．例如，在所有碰运气取胜的游戏中，在保险业中（由于需要估计顾客的死亡或疾病发生的概率），以及在民意测验那样的取样过程中，概率的概念都是必不可少的．在生物学中，这些概念在遗传学的研究中也是极端重要的．在物理学中，处理放射性衰变的发生，地球表面上宇宙射线的到达，或是电子从真空管热丝极的无规发射，等等，都需要概率；而且，在原子和分子的量子力学描述中，概率的概念处于十分重要的地位．对我们来说，最重要的是：它们将成为我们关于宏观体系的全部讨论的基础．

2.1　统计系综

考虑一个体系 A，我们可以对它做实验或进行观察[㊀]．在许多情况中，从做一次实验所得出的某一特定结果是不可能有把握地预测的，这或者是由于内在地不可能[㊁]，或者是因为可以得到的关于体系的信息还不足以作出这种唯一的预测．虽然关于一次实验的结果不可能说明什么，但关于大量相似实验的结果还是可能作出有意义的陈述的．这样，我们就转到体系的统计描述，也就是用概率来描述．为了实现这种描述，我们按下面的方式进行：

我们不是把注意力集中在所研究的单个体系 A 上，而是设想由某一非常大数目 $\mathscr{N}$ 个“相似”的体系组成的一个集合（或者，用更习惯的述语：一个系综）．原则上，$\mathscr{N}$ 被想象为任意地大（即 $\mathscr{N}\to\infty$）．假设体系在下面的意义上是“相似”的：每个体系满足 A 体系所要满足的相同条件．这意味着每个体系被想象为用制备 A 的相同方式制备成的，并且将接受 A 所要接受的一切实验．于是我们可以问，在几分之几的情况中实验会出现一个特殊结果．准确地说，这样安排事情使得我们能以某种便利的方式数出所有可能的互相排斥的实验结果．（这种可能结果的总数可以是有限的，也可以是无限的）．然后，假设实验的一个特殊结果以 r 标记，并且在系综的 $\mathscr{N}$ 个体系中有 $\mathscr{N}_r$ 个体系显示出这个结果．那么，分数

㊀　可以把一个观察的操作看作为一个实验，观察的结果就是实验的结果．所以我们不需要把实验和观察加以区别．

㊁　例如，在量子力学中，对微观体系的一次测量的结果通常是不能有把握地预测的，就是这种情况．

$$P_r \equiv \frac{\mathscr{N}_r}{\mathscr{N}} \quad (\mathscr{N} \to \infty) \tag{2.1}$$

就被称为结果 r 出现的概率．使 $\mathscr{N}$ 值不断变为非常大，对系综作相同的实验，可以预期，得到相同的比值 $\mathscr{N}_r/\mathscr{N}$ 的重复性将不断增加．这样，在使 $\mathscr{N}$ 任意地大的极限下，式（2.1）的意义也就可以确定了．

以上讨论指出，对一个体系进行实验的任何可能的结果出现的概率，可以在为数众多的 $\mathscr{N}$ 个相似体系上重复这个实验而测量出㊀．虽然对一个体系的实验结果不能预测，然而统计理论的任务是预测实验的每一可能结果出现的概率．然后，可以将预测出的概率和对相似体系的系综的实际测量的概率相比较．

有几个例子可以说明在许多具体情况中的这种统计描述．

【掷硬币或骰子】

考虑掷一枚硬币的实验（见图2.1），这样一个实验只有两种可能的结果，要么是“正面”要么就是“反面”，取决于硬币停在桌上时是刻着正面的一面朝上，还是另外一面朝上㊁．原则上，如果我们能准确地知道硬币是怎样投掷的以及它和桌子的相互作用力，那么只需以经典力学为基础，作出必要的复杂计算，实验的结果应当是可以完全预测出来的．但是，实际上，关于投掷硬币的这样详细的信息是得不到的．所以对于特殊的一掷的结果不可能作出唯一的预测．（的确，即使假定所有必要的信息都能得到，所有必要的计算都能完成；费这样大的工夫作出准确的预测，通常我们也不会感兴趣．）可是实验的统计表述却是非常容易的，也是大家非常熟悉的．我们只要考虑由很大数目，$\mathscr{N}$ 枚相似的硬币组成的一个系综，当这些硬币以同样的方式掷出，我们可以数出结果中有几分之几是正面，有几分之几是反面㊂）．于是这些分数依次给出被测量的得出正面的概率 p 和得出反面的概率 q．统计理论企图预测这些概率．例如，如果硬币的质心和它的几何中心重合，理论就可以用如下对称性论点为基础：即根据力学的定律，无法区分正面和反面，在这种情况下，一半结果应是正面，一半是反面，因而 $p=q=\frac{1}{2}$．与实验相比较，可能证实这个理论是对的，

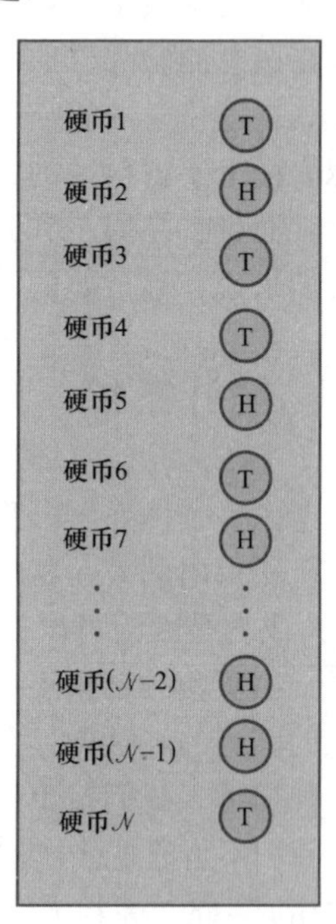

图2.1　为了阐述投掷一枚硬币的概率，我们考虑由 $\mathscr{N}$ 枚同样的硬币组成的系综．（$\mathscr{N}$ 是一个很大的数字．）在每一枚硬币被投掷后，系综的面貌在图上形象地被表示了出来

㊀　如果设想情况是与时间无关的，我们同样可以对讨论中的一个特殊体系接连重复同一实验 $\mathscr{N}$ 次．（当心每次开始实验时体系要在同一个初始条件下）

㊁　我们略去硬币竖着停下来的这种极小的可能性．

㊂　换个方式，我们可以取同一枚硬币，接连掷它 $\mathscr{N}$ 次，数一数几分之几的情况出现正面或反面．

也可能证明这个理论不对. 例如，如果观察到正面出现得比反面更频繁，我们就可能得出结论：这个理论中假定硬币的质心与其几何中心重合，这一点已被证明是不正确的.

现在考虑稍微复杂点的掷 N 枚硬币的实验，由于掷任何一枚硬币都有两个可能的结果，那么掷 N 枚硬币就可以出现 $2\times2\times2\times\cdots\times2=2^N$ 个可能结果中的任何一个㊀. 用统计公式表示实验再次要求：不是讨论单单一组 N 枚硬币，而是设想 $\mathscr{N}$ 个这样的组（每组有 N 枚硬币）所组成的系综，每组都以相似的方式掷出，可能有意义的一个问题是 2^N 个可能结果中任何一个特殊的结果在系综中出现的概率为多大. 一个有兴趣的但较为粗略的问题是：只关心在系综中找到任何 n 枚硬币显示正面，其余的（$N-n$）枚硬币显示反面的结果的概率.

当然，掷一组 N 只骰子的问题是类似的. 唯一的差别是掷任何一只骰子有 6 个可能的结果，每一结果取决于立方体骰子的 6 个面中哪一个面朝上.

用一个简单的述语“事件”来表示一个实验或一次观察的结果常常是方便的. 注意一个事件出现的概率决定性地取决于对所讨论体系的可能得到的信息. 的确，这个信息决定了所要考虑的统计系综的类型，因为组成这个系综的体系，全都应满足所讨论的特殊体系所满足的全部条件.

【例】

假定我们考虑下列问题；一个生活在美国的人年龄在 23 和 24 岁之间的某个时候住医院治病的概率是多少？于是我们必须考虑由大量在美国的人组成的一个系综，并且还必须调查这些人中有几分之几曾在年龄为 23 与 24 岁之间的某个时候住院治疗过. 可是假定现在我们被告知这些人是女性，那么问题的答案要发生变化，因为我们现在必须构思一个由生活在美国的妇女组成的系综，还必须调查这些妇女中有多少曾在年龄在 23 与 24 岁之间的某个时间住院治疗过.（事实上，这个年龄的妇女往往由于生育而进医院，这种情况在男性中是没有的 .）

对多粒子体系的应用

考虑由多粒子组成的宏观体系，例如体系可能是由 N 个分子组成的理想气体、N 个自旋的体系、一份液体或者一块铜. 在这些例子中都不可能对体系中每一粒子的行为作出唯一的预测㊁，对此我们也不感兴趣. 因此，我们借助于所讨论的体系 A 的统计描述. 我们不讨论单一的体系 A，而是考虑由数目众多的 $\mathscr{N}$ 个与 A 相似的体系所组成的系综（见图 2.2）. 为了作出关于体系在时刻 t 的统计描述，我们在时刻 t 对 $\mathscr{N}$ 个体系进行观察. 这样，我们就能确定在时刻 t 观察到一特殊结果 r

㊀ 如果把 L 解释为正面，R 解释为反面的话，在 $N=4$ 的特例中，$2^4=16$ 个结果清楚地列在表 1.1 中.

㊁ 在体系的正确量子力学描述中，即使在原则上，非统计的预测也是不可能的. 在经典描述中，对于一个体系的唯一预测将要求知道同一时刻每个粒子的位置和速度，这种信息我们也是得不到的.

的概率 $P_r(t)$. 设想我们拍摄系综中每一体系的电影，就最容易使这个程序具体化. 最后我们得到含有对系综中各体系的全部观察结果的 $\mathscr{N}$ 个电影胶片. 系综中任何一个体系，譬如说第 k 个体系的行为作为时间的函数就可以通过看第 k 片电影胶片得出（例如，通过沿着图 2.3 中的一特殊水平线看）. 另一方面，关于体系在任一时刻 t 的概率描述，看一下在特殊时刻 t 所拍的全部镜头便可得出（即通过沿着图 2.3 中一特殊竖直线看，并数出在这一时刻有几分之几的体系呈现出给定的结果）.

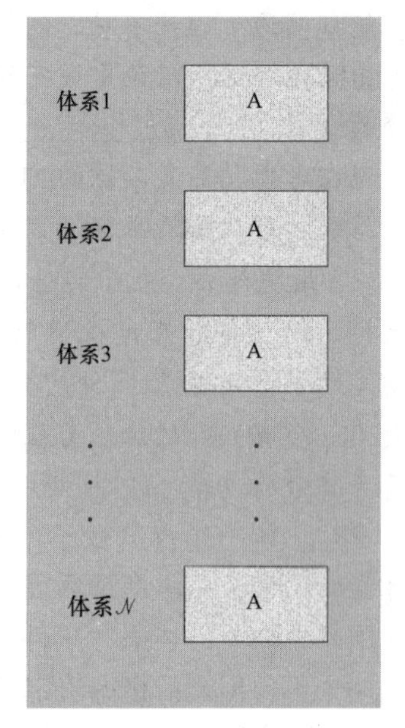

图 2.2 箱中气体组成的体系 A 的统计描述. 与所考虑的体系 A 相似的 $\mathscr{N}$ 个体系的统计系综，图中作了示意性阐述

如果每一时刻体系的统计系综中呈现任一特殊事件的体系数目是一样的（或等价地，如果这个系综中任一特殊事件出现的概率与时间无关），这个系综就称为与时间无关的. 这时统计描述就为平衡提供一个非常清楚的定义：如果孤立宏观体系的一个统计系综是与时间无关的，那么这样一个体系就称为处于平衡.

【例】

考察由 N 个分子组成的理想气体. 紧接在隔板移去后的某一初始时刻 t_0，已知该气体的全部分子都在箱子的左半边. 我们将怎样着手对随后所有时刻发生的事情作一个统计描述呢？我们只需要考虑由某一数目 $\mathscr{N}$ 个相似的装有气体的箱子所组成的系综. 在时刻 t_0，在每一只这种箱子中，气体都集中在左半边. 这样的一个系综在图 2.3 中用图形表示出来. 于是我们可以在 $t>t_0$ 的任何时刻来考察这个系综并询问各种有趣的问题. 例如，集中注意任一分子，这个分子在容器的左半边的概率 $p(t)$ 是多少？或者它在容器的右半边的概率 $q(t)$ 是多少？或者在任何时刻 t，N 个分子中的 n 个处于容器的左半边的概率是多少？在初始时刻 t_0，我们知道 $p(t_0)=1$ 而 $q(t_0)=0$，[相似地，$P(N,\ t_0)=1$，而对于 $n\neq N$，$P(n,\ t_0)=0$.] 随着时间推移，所有这些概率都变化，直到分子在整个箱子内均匀分布从而 $p=q=\frac{1}{2}$ 为止. 此后，概率不再随时间变化，即系综已变成与时间无关，体系已达到平衡（参阅图（2.4）[㊀]. 当然，这种与时间无关的情况是特别简单的. 的确，N 个分子

㊀ 注意，无论单个体系中随着时间的进展所出现的反常涨落如何，由于系综中体系的数目 $\mathscr{N}$ 是任意地大，在任一时刻系综中的概率总有唯一的确定值. 这个注解说明，用系综考虑问题比用单个体系概念要简单得多.

的气体问题这时就和前面讨论过的 N 枚硬币的问题相像. 特别是，在箱子的左半边找到一个分子的概率 p 和一枚被掷的硬币出现正面的概率 p 相像；同样，在箱子的右半边找到一个分子的概率和一枚硬币出现反面的概率 q 相像. 并且，正如在硬币的例子中那样，这些概率是与时间无关的，因而 $p=q=\frac{1}{2}$.

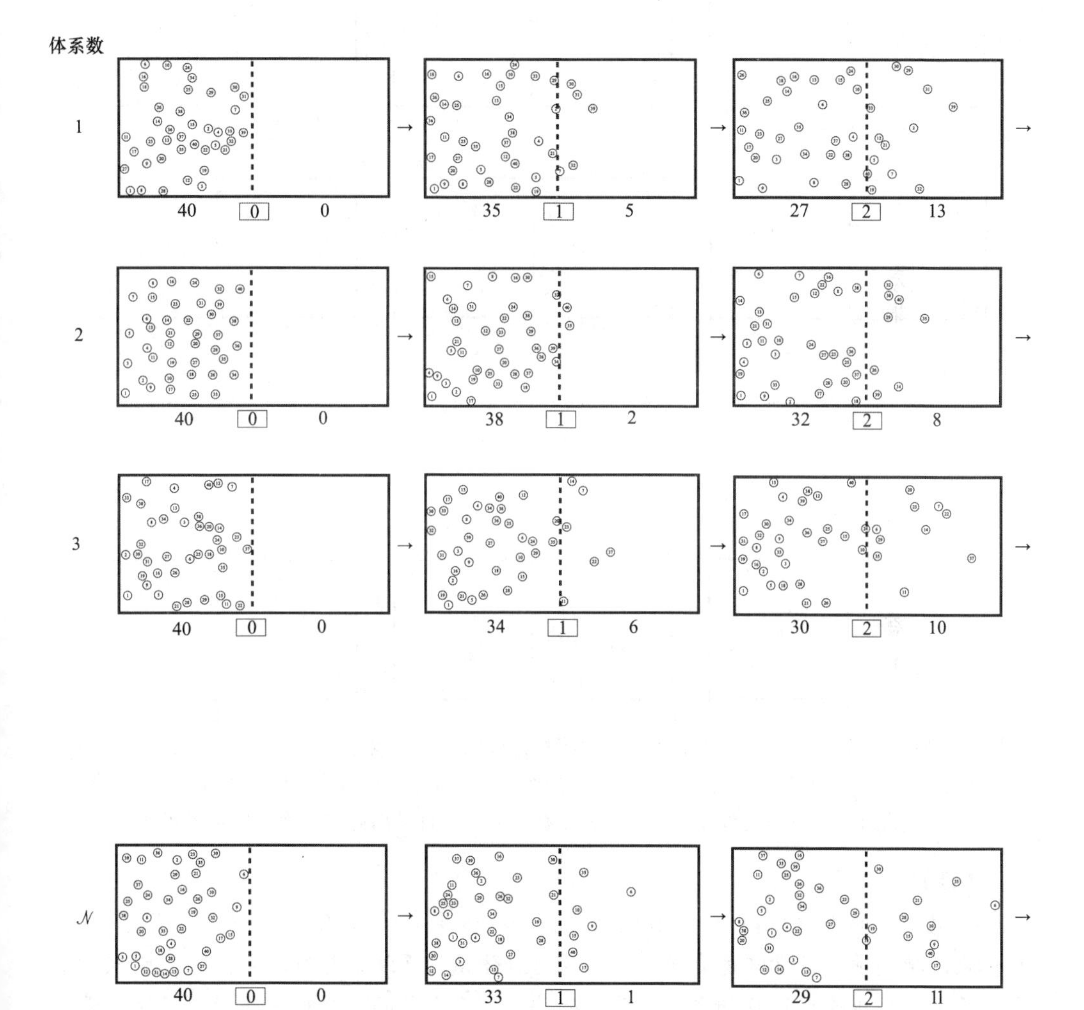

图 2.3　计算机制作的表示体系的统计系统的图片，构造这一系统是为了描述一个箱中由 40 个粒子所组成的体系. 关于这个体系可得到的信息如下：已知所有粒子在某一相当于足标 $j=0$ 的初始时刻，都位于箱的左半边，此外关于它们的位置与速度则一无所知

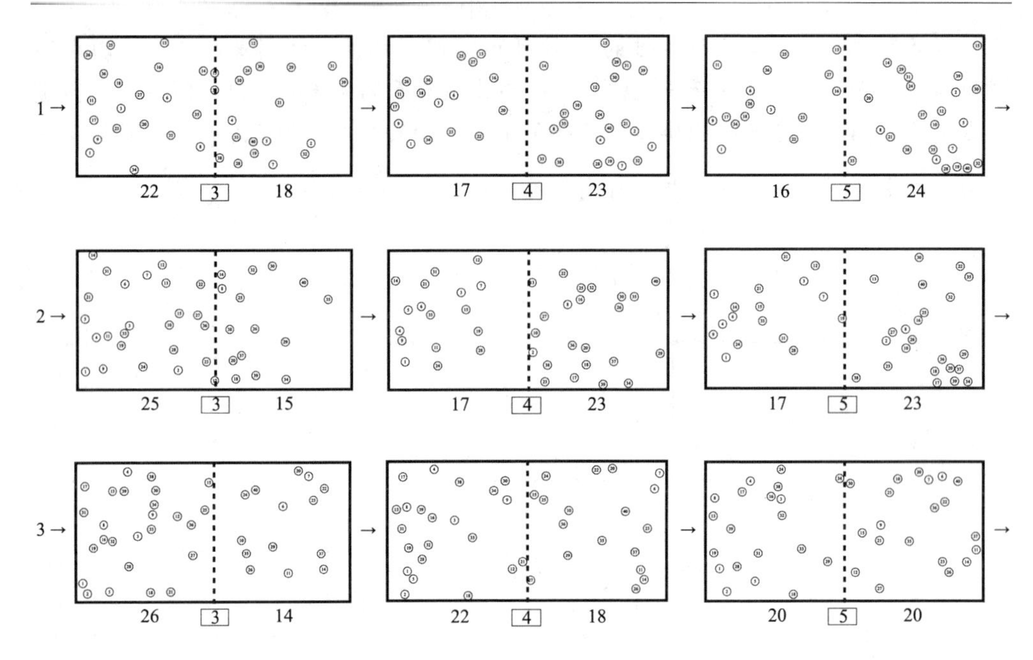

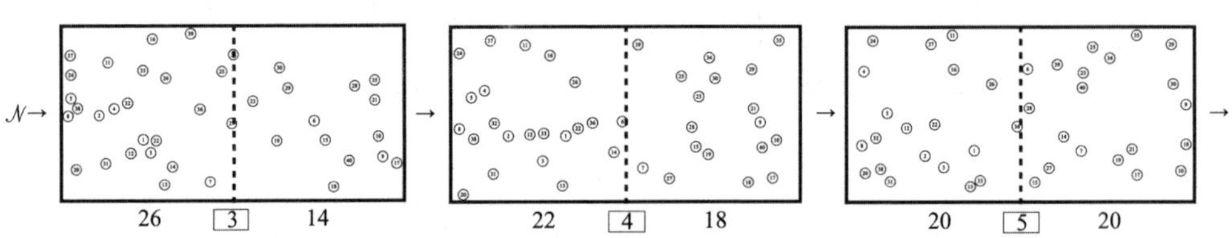

图 2-3（续）　系统中第 k 个体系随时间的演变，可以沿水平线把该体系的 $j=0$，1，2，…的各帧图逐一看下去而得到．关于体系与第 j 幅画面相当的任一时刻的统计描述可以这样来做：沿竖直方向，把所有体系的第 j 帧画面看下来，并且求出确定概率所必需的计数

【注】

在第 1 章的式（1.4）中，我们只考虑一个体系来计算概率．在处于平衡中的一个体系的特例中，这常常是有效的．因为这种体系的系综是与时间无关的，所以对单个体系大量的接连观察就相当于对系综的许多体系大量的同时观察．换句话说，设想在时间 τ 中拍摄某一单个体系的电影胶片并把它剪成 $\mathscr{N}$ 长段，每一段的持续时间 $\tau_1 \equiv \tau/\mathscr{N}$（这里的 τ_1 足够地长，使得在一段中体系的行为和它在相邻的一段中的行为无关）．于是一个体系的这 $\mathscr{N}$ 段电影胶片，就和在持续时间为 τ_1 的任何时间间隔中所拍摄的系综中所有体系的 $\mathscr{N}$ 个电影胶片的集合区分不开了．

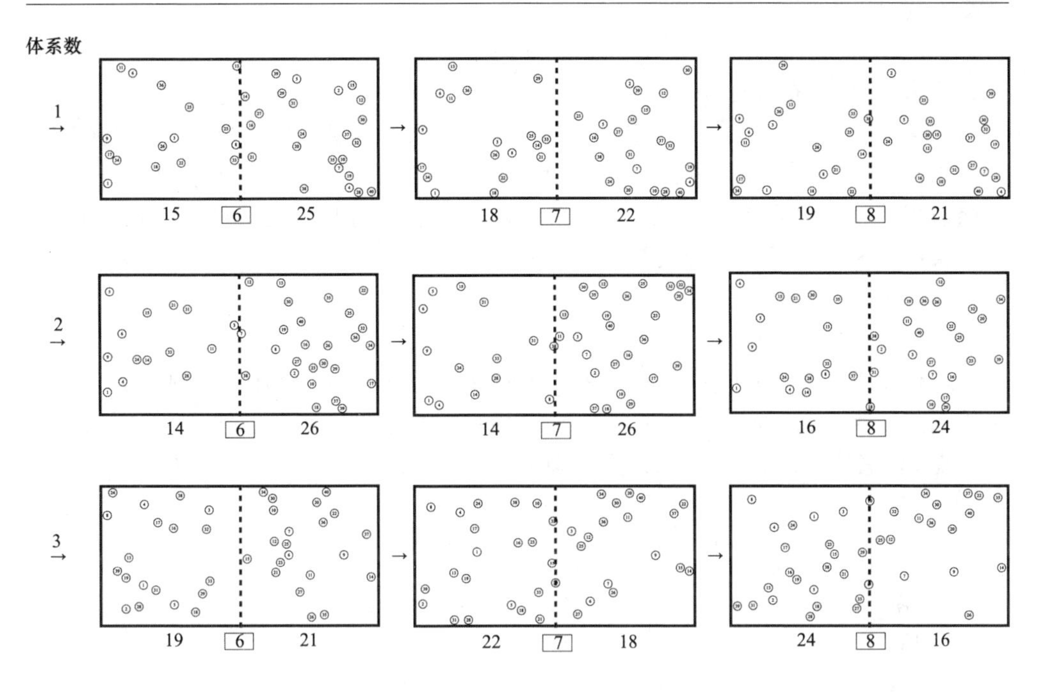

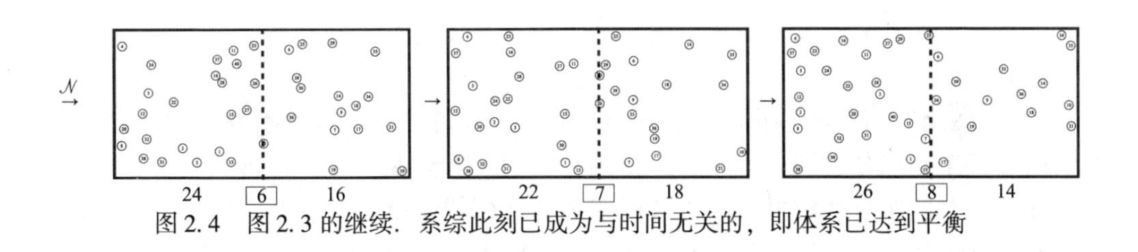

图 2.4　图 2.3 的继续. 系综此刻已成为与时间无关的，即体系已达到平衡

2.2　概率之间的基本关系

概率满足某些简单的关系，这些关系几乎是不言而喻的，然而却又十分重要，直接从概率的定义即式（2.1）出发来推导这些关系将是有益的. 在下面的整个讨论中，总是把系综中的体系数目 $\mathcal{N}$ 理解为非常大的大数.

假设对某个体系 A 的实验能得出 α 个相互排斥的结果中的任何一个. 让我们把每一个这种结果或事件用指标 r 来标记，于是指标 r 可以取 α 个数目的任一个 $r=1, 2, 3, \cdots$ 或 α. 在相似体系的一个系综中，这些体系中的 $\mathcal{N}_1$ 个将被发现呈现事件 1，$\mathcal{N}_2$ 个呈现事件 2…，其中的 $\mathcal{N}_\alpha$ 个呈现事件 α. 因为这 α 个事件是相互排斥的，并且包括了所有的可能性，因此

$$\mathcal{N}_1+\mathcal{N}_2+\cdots+\mathcal{N}_\alpha=\mathcal{N}.$$

用$\mathcal{N}$一除，这个关系变为

$$P_1+P_2+\cdots+P_\alpha=1. \tag{2.2}$$

根据式（2.1），式中$P_r\equiv\mathcal{N}_r/\mathcal{N}$表示事件$r$出现的概率．式（2.2）仅仅陈述了所有可能概率之和等于1，这个关系被称之为概率的归一化条件．用式（M.1）中定义的求和符号$\sum$，这个关系也可以更简洁地写为

$$\sum_{r=1}^{\alpha}P_r=1. \tag{2.3}$$

事件r或事件s出现的概率是多少呢？在系综内有$\mathcal{N}_r$个体系呈现事件r，$\mathcal{N}_s$个体系呈现事件s．所以有（$\mathcal{N}_r+\mathcal{N}_s$）个体系呈现事件$r$或者事件$s$．相应地，事件$r$或$s$两者中出现任一个的概率简单地由下式给出：

$$P(r\text{或}s)=\frac{\mathcal{N}_r+\mathcal{N}_s}{\mathcal{N}}.$$

因而

$$\boxed{P(r\text{或}s)=P_r+P_s.} \tag{2.4}$$

【例】

假定我们考虑掷骰子．由于对称性，骰子落地时它的6个面中任何一个朝上的概率相同，都是1/6，于是骰子显出数目1的概率和显出数目2的概率一样，都是1/6，由式（2.4），骰子显出数目1或者数目2的概率就是$\frac{1}{6}+\frac{1}{6}=\frac{1}{3}$．当然，这是一个显而易见的结果，因为1或2朝上的事件是全部6种可能事件1，2，3，4，5或6的1/3．

式（2.4）可以立刻推广到多于两个可挑选的事件．几个事件中的任一个出现的概率等于它们各自的概率之和．特别是，我们看到归一化条件即式（2.2）不过叙述了如下的明显的结果：左边各概率之和（即或者事件1或者事件2…或者事件α出现的概率之和）就应等于1（即相当于必然），这是因为在所列举的α个可能的挑选中把所有可能的事件都包括进去了．

联合概率

假定所讨论的体系能显示出两种不同类型的事件，即α个以r标记的类型的可能事件（指标$r=1, 2, 3, \cdots, \alpha$），以及$\beta$个以$s$标记的类型的可能事件（指标$s=1, 2, 3, 4, \cdots, \beta$），我们将以$P_{rs}$表示事件$r$和事件$s$两者同时出现的概率．即，在由大数目$\mathcal{N}$个相似体系组成的系综中，有$\mathcal{N}_{rs}$个是以一个第一类事件$r$和一个第二类事件$s$同时出现为特征的．于是$P_{rs}\equiv\mathcal{N}_{rs}/\mathcal{N}$．像通常一样，我们用$P_r$来表示一个事件$r$出现的概率（不管$s$类事件出现什么）．也就是说，如果在前面的系综中，不注意s类事件，数出系综中显示事件r的$\mathcal{N}_r$个体系，那么$P_r\equiv\mathcal{N}_s/\mathcal{N}$．相似地，我们用$P_s$表示一个事件$s$出现的概率（不管$r$类事件出现什么）．

一个特殊的，但是重要的情况是：s 类的一个事件出现的概率不受 r 类的一个事件出现与否的影响．这时 r 类和 s 类事件被称为是统计独立的或无关联的．现在考虑系综中显示出任何特殊事件 r 的 $\mathscr{N}_r$ 个体系．不论 r 的特殊值，这些体系的一个分数 P_s 这时也显示出事件 s．这样，同时显示 r 和 s 两者的体系的数目 $\mathscr{N}_{rs}$ 就是

$$\mathscr{N}_{rs}=\mathscr{N}_r P_s.$$

相应地，r 和 s 两者同时出现的概率由下式给出：

$$P_{rs}\equiv\frac{\mathscr{N}_{rs}}{\mathscr{N}}=\frac{\mathscr{N}_r P_s}{\mathscr{N}}=P_r P_s.$$

所以我们得出结论

$$\boxed{\text{如果事件 } r \text{ 和 } s \text{ 是统计独立的，则 } P_{rs}=P_r P_s.} \tag{2.5}$$

注意如果事件 r 和 s 不是统计独立的，式（2.5）就不正确．式（2.5）可以立刻加以推广，因而多于两个统计独立事件的联合概率就是它们各自的概率的乘积．

【例】

假设所讨论的体系 A 由两个骰子 A_1 和 A_2 所组成．r 类的一个事件可以是骰子 A_1 的 6 个面中任何一个朝上；相似地，s 类的一个事件可以是骰子 A_2 的 6 个面中任何一个朝上．于是体系 A 的一个事件通过说明骰子 A_1 的哪个面朝上以及骰子 A_2 的哪个面朝上来确定．这样，掷两个骰子的实验将有 $6\times6=36$ 个可能的结果．可以作出关于大数目 $\mathscr{N}$ 个相似的骰子对所组成的系综的概率陈述．我们假设每个骰子是对称的，因而它落地时 6 个面中任何一个朝上是等可能的．于是每个骰子以任一特殊面 r 朝上的概率 P_r 就是 1/6．如果骰子之间不发生相互作用（例如，如果它们不是都被磁化，从而不致受到使彼此定向排列的力），并且不是以完全相同的方式掷出，那么它们可以看作是统计无关的．在这种情况下，骰子 A_1 的某一特殊面 r 朝上，骰子 A_2 的某一特殊面 s 也朝上的联合概率就是

$$P_{rs}=P_r P_s=\frac{1}{6}\times\frac{1}{6}=\frac{1}{36}.$$

自然，由于所期待的事件表示 $6\times6=36$ 个可能结果中的一个，这个结果是十分明显的．

2.3　二项式分布

我们现在已熟悉统计方法，足以对某些重要物理问题作出定量的讨论．例如，考虑 N 个自旋 1/2 的理想体系（见图 2.5），每个自旋都带有磁矩 μ_0．这个体系特别引人注意，因为它是易于用量子力学描述的最简单的体系；把它作为更复杂体系的一个样板常常是有用的．为了普遍起见，我们假设自旋体系位于一个外磁场 $\boldsymbol{B}$ 中．于是每个磁矩既可以“向上”（即平行于磁场 $\boldsymbol{B}$），也可以“向下”（即反平行于磁场 $\boldsymbol{B}$）．假定自旋体系处于平衡．因而由 N 个这样的自旋体系组成的一个统

计系综是与时间无关的. 集中注意任一个自旋，我们将用 p 表示这个自旋的磁矩向上的概率，而用 q 表示它向下的概率. 因为这两种取向包括了全部可能性，所以归一化条件即式（2.3）就有明显的结果

$$p+q=1 \tag{2.6}$$

或 $q=1-p$. 在没有磁场时（$\boldsymbol{B}=0$），在空间中没有优先的方向，因而 $p=q=\frac{1}{2}$. 但是在有磁场时，磁矩指向沿磁场的方向的机会将多于指向相反方向的机会，因而 $p>q$ ㊀. 因为自旋体系是理想的，自旋之间的相互作用几乎可以忽略，所以它们的取向可以看作是统计独立的. 因而，任何一个已知的磁矩向上的概率不受体系中任何其他磁矩是向上还是向下的影响.

在自旋体系的 N 个磁矩中，我们用 n 表示向上的磁矩数，用 n' 表示向下的磁矩数. 当然，

$$n+n'=N, \tag{2.7}$$

因而 $n'=N-n$. 然后考虑统计系综中的自旋体系. 在每个体系中向上的磁矩数 n 不是一样的，而是可以取可能值 $n=0, 1, 2\cdots, N$ 中的任何一个. 我们关心的问题如下：对于 n 的每一可能值，N 个磁矩中向上的数目为 n 的概率 $P(n)$ 是多少？

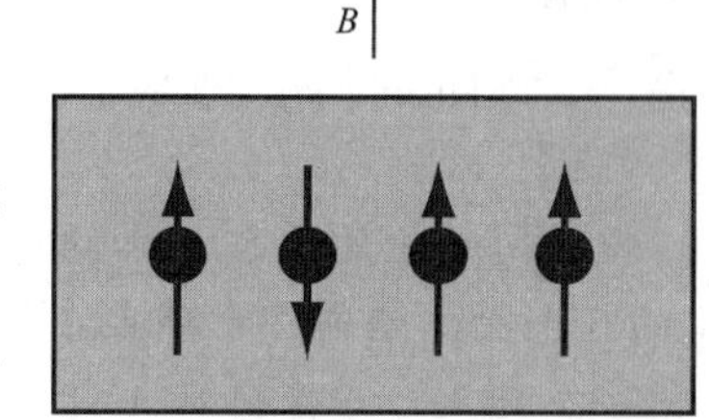

图 2.5　处在 $N=4$ 的特例中的 N 个自旋 1/2 组成的体系. 箭头表示自旋磁矩的方向，外磁场用 B 表示

求概率 $P(n)$ 的问题用下面的论点很容易解决. 任一磁矩向上的概率是 p，它向下的概率是 $q=1-p$. 由于所有磁矩是统计独立的，普遍关系，即式（2.5）使我们立刻说出

$$\begin{pmatrix}n\text{ 个磁矩向上其余 }n'\\ \text{个磁矩向下的一个特}\\ \text{殊组态出现的概率}\end{pmatrix}=\underbrace{pp\cdots p}_{n\text{个因子}}\quad\underbrace{qq\cdots q}_{n'\text{个因子}}=p^{n}q^{n'}. \tag{2.8}$$

但是任何 n 个磁矩向上的情况通常可用许多种可供选择的方式来实现，如表 2.1 中说明的. 所以我们引进记号

$$\mathrm{C}_N^n \equiv N\text{ 个磁矩的不同组态数，这些磁矩中有任意 }n\text{ 个向上（其余 }n'\text{个向下）}㊁. \tag{2.9}$$

所求的 N 个磁矩中 n 个向上的概率等于 C_N^n 个供挑选的可能性中或者第一个，或者第二个，…，或者最后一个实现的概率. 根据普遍关系（2.4）概率 $P(n)$ 就是把概率（2.8）对 C_N^n 个有 n 个磁矩向上的组态求和，也就是把概率（2.8）用 C_N^n

㊀ 我们将把 p 和 q 看作是由实验决定的已知量. 在第 4 章中我们会学到，如果已知自旋体系的温度，对于 B 的任意值如何计算 p 和 q.

㊁ 数目 C_N^n 有时称为 N 个物体一次取 n 个的组合数.

乘. 由此我们得到

$$P(n) = C_N^n p^n q^{N-n}, \tag{2.10}$$

式中已代入 $n' = N - n$.

现在只剩下要在任意 N 和 n 的普遍情况中去计算组态数 C_N^n. 假定我们考虑和表 2.1 相似的表 T, 在这个表中我们列出 N 个磁矩的全部可能组态, 用 U 标记每一个向上的矩, 用 D 标记每一个向下的矩. 于是数目 C_N^n 就是字母 U 出现 n 次的项目数. 为了考察这种项目有多少, 我们考虑 n 个向上的磁矩, 用字母 U_1, U_2, …, U_n 来标记它们. 我们可以用多少种方式把它们列在另一个表 T′ (就像表 2.2 对 $N=4$, $n=2$ 的特例所示) 中呢?

字母 U_1 可以在 N 个不同位置中的任一个列入表的一行中;

表 2.1　表中列出了在 $N=4$ 的特例中 N 个磁矩的取向. 字母 U 表示朝上的磁矩, D 表示朝下的磁矩. 朝上的磁矩数目用 n 标记, 朝下的用 n' 标记. N 个磁矩中 n 个朝上的可能组态数 C_N^n 在表的最后一列中指出. (注意此表与表 1.1 相似)

1	2	3	4	n	n'	C_N^n
U	U	U	U	4	0	1
U	U	U	D	3	1	4
U	U	D	U	3	1	
U	D	U	U	3	1	
D	U	U	U	3	1	
U	U	D	D	2	2	6
U	D	U	D	2	2	
U	D	D	U	2	2	
D	U	U	D	2	2	
D	U	D	U	2	2	
D	D	U	U	2	2	
U	D	D	D	1	3	4
D	U	D	D	1	3	
D	D	U	D	1	3	
D	D	D	U	1	3	
D	D	D	D	0	4	1

对于 U_1 的每一可能定位, 字母 U_2 于是可以列在剩下的 $(N-1)$ 个位置中的任一个; 对于 U_1 和 U_2 的每一可能定位, 字母 U_3 于是可以列在剩下的 $(N-2)$ 个位置中的任一个; …

对于 U_1, U_2, …, U_{n-1} 个可能定位, 最后一个字母 U_n 就可以列在剩下的 $(N-n+1)$ 个位置中的任一个.

表 T′ (见表 2.2) 中各种项目的可能数目 J_N^n 就是把字母 U_1, U_2, …,

表 2.2　列出了 $N=4$ 个全同磁矩，其中朝上磁矩 $n=2$ 的所有可能的安排的表 T′．为了计数的方便，这两个磁矩分别用 U_1 和 U_2 标记，虽然它们在物理上是不能区别的．因此，仅仅下标不同的那些项目是等价的．这些等价的项目在最后一行中用统一的字母指示，因此，如果我们只对物理上可以区别的项目感兴趣，表 T′多包含了 $n!=2$倍的项目

1	2	3	4	
U_1	U_2	D	D	a
U_1	D	U_2	D	b
U_1	D	D	U_2	c
U_2	U_1	D	D	a
D	U_1	U_2	D	d
D	U_1	D	U_2	e
U_2	D	U_1	D	b
D	U_2	U_1	D	d
D	D	U_1	U_2	f
U_2	D	D	U_1	c
D	U_2	D	U_1	e
D	D	U_2	U_1	f

U_n 的可能定位数乘在一起而得出；即

$$\mathrm{J}_N^n = N(N-1)(N-2)\cdots(N-n+1). \tag{2.11}$$

这可用阶乘更简洁地写出．因此[1]

$$\mathrm{J}_N^n = \frac{N(N-1)(N-2)\cdots(N-n+1)(N-n)\cdots(1)}{(N-n)\cdots(1)}$$

$$= \frac{N!}{(N-n)!}. \tag{2.12}$$

在前面的计数中我们把记号 U_1，U_2，…，U_n 看作是不同的，其实下标是没有关系的，因为所有向上的矩是等效的；也就是说，任何 U_i 表示一个向上的矩，不论 i 如何．所以，在表 T′中，那些仅是下标排列不同的项目对应于物理上不能区分的情况（例如，参阅表 2.2）．因为 n 个下标的可能排列数是 $n!$[2]，如果只考虑不同的、不等效的项目，那么表 T′多包含了 $n!$ 倍的项目．于是所求的向上和向下磁矩的不同组态数由 J_N^n 除以 $n!$ 给出，因此

[1] 按定义 $N!\equiv N(N-1)(N-2)\cdots(1)$；此外 $0!\equiv1$．

[2] 第一个下标能假定为 n 个可能值中的任何一个，第二个下标是留下的 $(n-1)$ 个可能值中的任何一个…第 n 个下标为最后留下的值．因此下标能以 $n(n-1)\cdots(1)\equiv n!$种可能的方式排列．

$$\mathrm{C}_N^n = \frac{\mathrm{J}_N^n}{n!} = \frac{N!}{n!\ (N-n)!}. \tag{2.13}$$

所求的概率，即式（2.10）变为

$$\boxed{P(n) = \frac{N!}{n!\ (N-n)!} p^n q^{N-n}.} \tag{2.14}$$

或者，写成更对称的形式

$$P(n) = \frac{N!}{n!\ n'!} p^n q^{n'}，\text{其中}\ n' \equiv N-n. \tag{2.15}$$

在 $p=q=1/2$ 的特例中，

$$P(n) = \frac{N!}{n!\ n'!}\left(\frac{1}{2}\right)^N. \tag{2.16}$$

对于给定的数目 N，概率 $P(n)$ 是 n 的一个函数，称为二项式分布.

注

在展开形式为 $(p+q)^N$ 的二项式中，$p^n q^{N-n}$项的系数就等于包含因子 p 恰好 n 次，因子 q 恰好 $N-n$ 次的可能项的数目 C_N^n. 所以我们得到称为二项式定理的纯粹数学结果：

$$(p+q)^N = \sum_{n=0}^{N} \frac{N!}{n!(N-n)!} p^n q^{N-n}. \tag{2.17}$$

和式（2.14）比较，得出右边的每一项恰恰是概率 $P(n)$. 这就是命名为"二项式分布"的原因. 附带提一下，因为当 p 和 q 是有关的概率时，$p+q=1$，方程（2.17）等效于

$$1 = \sum_{n=0}^{N} P(n).$$

这证实了：对于 n 的所有可能值的概率之和恰好等于 1，正如归一化条件（2.3）所要求的.

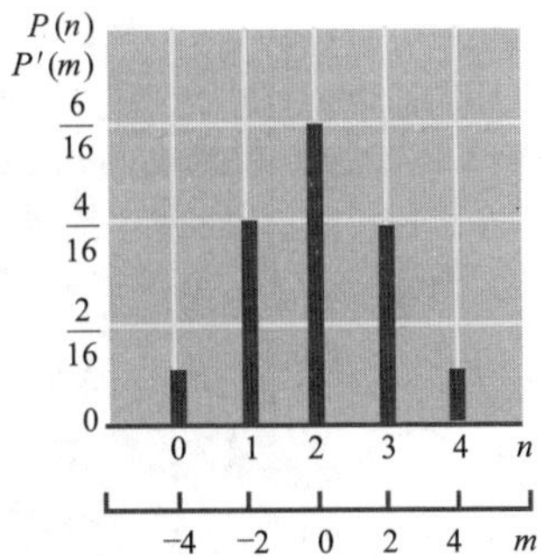

图 2.6　当 $p=q=\frac{1}{2}$时，磁矩数 $N=4$ 的二项式分布. 图中标出了 n 个磁矩朝上的概率 $P(n)$，或者等价地，方向朝上的总磁矩等于 m 的概率 $P'(m)$（当以 μ_0 为计量单位时）.

讨论

为了考查 $P(n)$ 与 n 的关系，我们首先研究由式（2.13）给出的系数 C_N^n 的行为. 首先注意 C_N^n 在交换 n 与 $N-n=n'$时是对称的. 因而

$$\mathrm{C}_N^{n'} = \mathrm{C}_N^n. \tag{2.18}$$

此外，

$$\mathrm{C}_N^0 = \mathrm{C}_N^N = 1. \tag{2.19}$$

我们还注意到

$$\frac{C_N^{n+1}}{C_N^n}=\frac{n!\ (N-n)!}{(n+1)!(N-n-1)!}=\frac{N-n}{n+1}. \tag{2.20}$$

从 $n=0$ 开始，相继的两系数 C_N^n 之比开始时很大，数量级为 N. 然后它随 n 单调减小，当 $n<\frac{1}{2}N$ 时，它始终大于（最大时变为等于）1. 而当 $n\geqslant\frac{1}{2}N$ 时，变得小于1. 这个行为与式（2.19）联在一起指明 C_N^n 在 $n=\frac{1}{2}N$ 附近有一极大，并且在 N 很大的条件下，此值比1大得多.

于是概率 $P(n)$ 的行为就显而易见. 由式（2.16）得出，

$$\text{如果 } p=q=\frac{1}{2},\qquad P(n')=P(n). \tag{2.21}$$

当然，根据对称性，这个结果必须是对的，因为如果 $p=q$（即没有外加磁场 $\boldsymbol{B}$ 时），就没有优先的空间取向. 在这种情况下，概率 $P(n)$ 在 $n=\frac{1}{2}N$ 附近有一极大㊀. 另一方面，如果 $p>q$，系数 C_N^n 仍然要产生 $P(n)$ 的一个极大；但是这个极大现在移到 $n>\frac{1}{2}N$ 的某一值. 图2.6和图2.7说明在某些简单例子中概率 $P(n)$ 的行为.

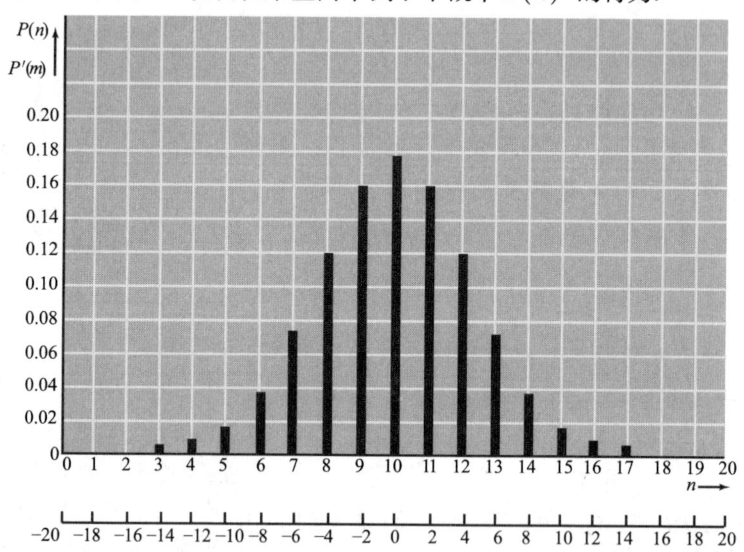

图2.7　当 $p=q=\frac{1}{2}$ 时，$N=20$ 个磁矩的二项式分布. 图形指出了 n 个磁矩向上的概率 $P(n)$，或等价地，向上的总磁矩等于 m 的概率 $P'(m)$（当计量单位为 μ_0 时）.

㊀ 当 N 是偶数时，极大值在 $\frac{1}{2}N$ 处；当 N 是奇数时，极大值在 $\frac{1}{2}(N+1)$ 与 $\frac{1}{2}(N-1)$ 两处.

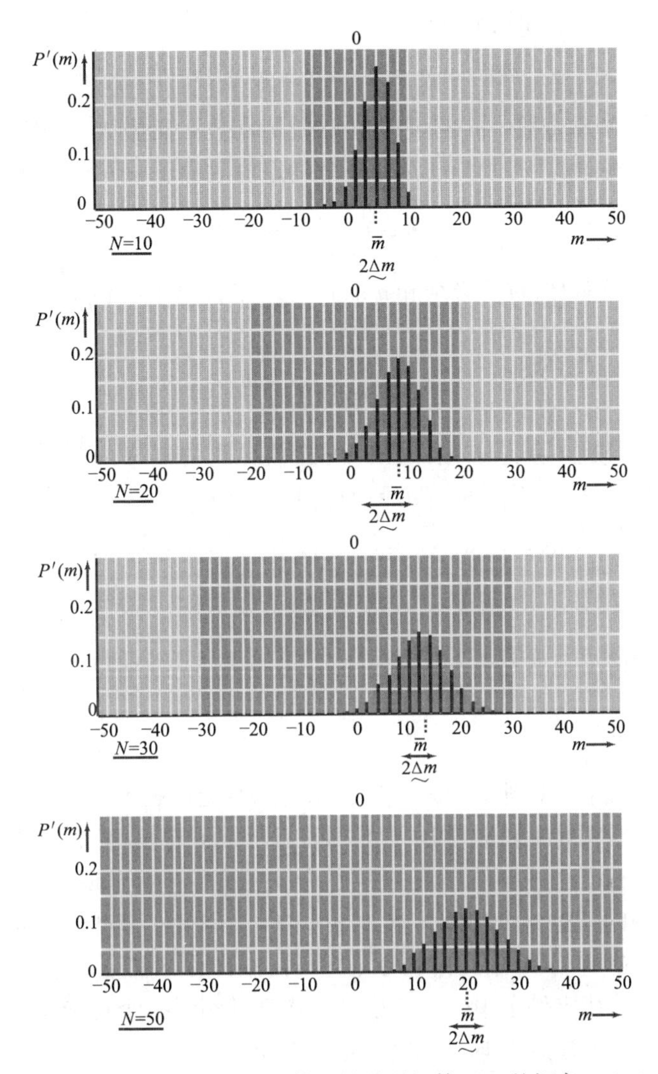

图 2.8　N 个自旋为 1/2 的体系的总磁矩等于 m 的概率 $P'(m)$（计量单位为 μ_0）．由于外磁场的存在，$p=0.7$，$q=0.3$．图中标出了相应于 $N=10$，$N=20$，$N=30$ 及 $N=50$ 的 4 种不同情况下的概率 $P'(m)$

自旋体系的总磁矩是实验上容易测量的量．用 M 表示沿着“向上”方向的总磁矩．因为 M 就等于全部 N 个自旋的磁矩沿“向上”方向分量的代数和，所以

$$M = n\mu_0 - n'\mu_0 = (n - n')\mu_0$$

或

$$M = m\mu_0, \tag{2.22}$$

式中

$$m \equiv n - n'. \tag{2.23}$$

这里 μ_0 表示一个自旋磁矩的大小．由式（2.22），$m = M/\mu_0$，就是以 μ_0 为单位的

总磁矩，式（2.23）也可以写为

$$m = n - n' = n - (N - n) = 2n - N. \tag{2.24}$$

这表明如果 N 是奇数，m 的可能值必须是奇数；而当 N 是偶数时，m 的可能值必须是偶数. 按照式（2.24），n 的一个确定值对应于 m 的一个唯一值，反之

$$n = \frac{1}{2}(N + m). \tag{2.25}$$

m 取一定值时的概率 $P'(m)$ 必须和 n 取式（2.25）给出的相应值时的概率 $P(n)$ 相同. 因此

$$P'(m) = P\left(\frac{N + m}{2}\right). \tag{2.26}$$

这个表示式给出自旋体系总磁矩的任何可能值出现的概率. 在 $p = q = 1/2$ 的特例中，由式（2.16）和式（2.26）明显地得出

$$P'(m) = \frac{N!}{\left(\frac{N+m}{2}\right)!\ \left(\frac{N-m}{2}\right)!}\left(\frac{1}{2}\right)^N.$$

由此，最可能的情况显然在 $m = 0$（或在 $m = 0$ 附近），在那里 $M = 0$.

二项式分布的推广

虽然我们的讨论所处理的只是自旋体系这一特定问题，但我们能把它讲得更抽象一些. 这样我们实际上就是解决了下列普遍问题：已知 N 个事件，它们是统计独立的. 假设每一个这种事件出现的概率为 p；因而它不出现的概率是 $q = 1 - p$. 那么 N 个事件中的任意 n 个出现（其他 $n' = N - n$ 个事件不出现）的概率 $P(n)$ 是多少呢？这个问题由二项式分布即式（2.14）立即作出答复. 的确，在我们的 N 个独立自旋体系的特定例子中，一个事件的出现就表示一个自旋向上，而一个事件不出现则表示为一个自旋不向上，也就是向下.

下面将用另外一些例子来说明某些共同问题，二项式分布可以立即回答这些问题.

N 个分子的理想气体

考虑 N 个分子的理想气体，装在体积为 V_0 的箱中. 由于理想气体的分子相互作用几乎可以略去，所以它们的运动是统计无关的. 设想箱被分为体积 V 和 V' 的两部分，其中

$$V + V' = V_0. \tag{2.27}$$

考虑许多这种气体的箱子组成的一个系综，以 p 表示一个给定分子在体积 V 中的概率，q 表示这个分子在剩下的体积 V' 中的概率. 如果气体在平衡中，每个分子趋向于在整个箱中均匀分布，因而

$$p=\frac{V}{V_0}\quad \text{以及}\quad q=\frac{V'}{V_0}. \tag{2.28}$$

由此 $p+q=1$，正如式（2.6）一样．那么 N 个分子中的 n 个在体积 V 中（其余 $n'=N-n$ 个分子在体积 V' 中）的概率是多少？答案由二项式分布即式（2.14）给出．特别是，如果 $V=V'$，因而 $p=q=1/2$，这样就明确地解出了1.1节中的问题．在1.1节中我们要找出 N 个分子中有 n 个在箱的左半边的概率．

【掷硬币和骰子】

考虑投掷一组 N 个硬币，这些硬币的行为可以看作是统计无关的．以 p 表示任一给定硬币显示出正面的概率，q 表示它显示出反面的概率．根据对称性，我们可以假定 $p=q=1/2$．那么 N 个硬币中的 n 个显示出正面的概率 $P(n)$ 是多少？

掷一组 N 只骰子的情况是类似的．这些骰子也可以看作是统计无关的，以 p 表示任一给定的骰子以“6”朝上落地的概率，$q=1-p$ 表示它不是这样的概率．因为一只骰子有6面，我们可以根据对称性假定 $p=\frac{1}{6}$ 而 $q=1-p=\frac{5}{6}$．那么 N 只骰子中的 n 只显示出“6”朝上的概率是多少？这个问题仍旧由二项式分布回答．

2.4　平均值

假定某体系的一个变量 u 可取 α 个可能不同的值

$$u_1, u_2\cdots, u_\alpha$$

中的任一个，其概率分别为

$$P_1, P_2\cdots, P_\alpha.$$

这也就是说，$\mathcal{N}$个相似体系的系综中（这里 $\mathcal{N}\to\infty$），变量 u 取特殊值 u_r 的体系有 $\mathcal{N}_r=\mathcal{N}P_r$ 个．

明确地将变量 u 的所有 α 个可能值 u_r 的概率 P_r 罗列出来，就构成了体系的最完全的统计描述．不过，有时定义一些参量是方便的，这些参量能把系综中 u 的可能值的分布特征比较粗略地表示出来，这些参量是某些平均值．这个概念是大家十分熟悉的．例如，对一组学生进行一次考试的结果，可以将这次考试中获得每种可能分数的学生人数罗列出来就能最完整地（如果不要求举出各个学生的名字的话）描述．但是也可以用较为粗略的方法，用学生的平均分数来表示这次考试结果的特征．在习惯上这是把每种可能的分数乘以获得这个分数的学生数，再把所有这样得来的乘积加起来，然后用学生总数来除．u 在系综中的平均值用相似的方法来定义，即把每一可能值 u_r 乘以系综中得出这个值的体系数目 $\mathcal{N}_r$，再把对变量 u 的所有 α 个可能值的这些乘积加起来，然后用系综中体系的总数 $\mathcal{N}$去除这个和．我们将用 $\bar{u}$ 表示 u 的平均值（或称 u 的系综平均）．因而，它的定义就是

$$\bar{u} \equiv \frac{\mathcal{N}_1 u_1 + \mathcal{N}_2 u_2 + \cdots + \mathcal{N}_\alpha u_\alpha}{\mathcal{N}}$$

$$= \frac{\sum_{r=1}^{\alpha} \mathcal{N}_r u_r}{\mathcal{N}}. \tag{2.29}$$

但是，因为 $\mathcal{N}_r/\mathcal{N} \equiv P_r$ 是值 u_r 出现的概率，定义（2.29）就变为㊀

$$\boxed{\bar{u} \equiv \sum_{r=1}^{\alpha} P_r u_r.} \tag{2.30}$$

类似地，如果 $f(u)$ 是 u 的任意函数，f 的平均值（系综平均）由下式定义：

$$\boxed{\bar{f}(u) \equiv \sum_{r=1}^{\alpha} P_r f(u_r).} \tag{2.31}$$

由这个定义可推得平均值有某些非常简单的性质. 例如，如果 $f(u)$ 和 $g(u)$ 是 u 的两个任意函数，

$$\overline{f+g} \equiv \sum_{r=1}^{\alpha} P_r [f(u_r) + g(u_r)]$$

$$= \sum_{r=1}^{\alpha} P_r f(u_r) + \sum_{r=1}^{\alpha} P_r g(u_r),$$

即

$$\boxed{\overline{f+g} = \bar{f} + \bar{g}.} \tag{2.32}$$

这个结果十分普遍地表明：诸项之和的平均值等于这些项的平均值之和. 因此，求和与取平均的运算无论它们的顺序如何都将得出相同的结果㊁. 类似地，如果 c 是任意常数，

$$\overline{cf} = \sum_{r=1}^{\alpha} P_r [cf(u_r)] = c \sum_{r=1}^{\alpha} P_r f(u_r),$$

即

$$\boxed{\overline{cf} = c\bar{f}.} \tag{2.33}$$

所以乘以一个常数和取平均这两种运算也可以按任一种顺序进行而不影响结果. 如果 $f=1$，由式（2.33）就可以推出一个明显的论断：一个常数的平均值就等于这个常数.

【例】

考虑当 $p=q=\frac{1}{2}$ 时的4个自旋体系. 于是向上磁矩的数目可以是 $n=0$，1，2，3，4. 由式（2.16）立刻得出这些数目以概率 $P(n)$ 出现，并且已在式（1.4a）

㊀ 如果系综与时间有关，即如果某些概率 P_r 与时间有关，那么平均值 $\bar{u}$ 也与时间有关. 还要注意平均值即系综平均 $\bar{u}$ 是在一个特殊时刻对系综中所有体系的平均. 通常它和式（1.6）中定义的对一个体系的时间平均有差别；与时间无关的系综是个特例应除外，这个特例是在一个非常长的时间间隔中取时间平均.

㊁ 在数学术语中，称这样的运算是“对易的”.

中很简单地算出. 正如图 2.6 中指出的, 这些概率分别是

$$P(n)=\frac{1}{16},\frac{4}{16},\frac{6}{16},\frac{4}{16},\frac{1}{16}.$$

于是向上磁矩的平均数是

$$\bar{n}=\sum_{n=0}^{4}P(n)n=\left(\frac{1}{16}\times 0\right)+\left(\frac{4}{16}\times 1\right)+\left(\frac{6}{16}\times 2\right)+\left(\frac{4}{16}\times 3\right)+\left(\frac{1}{16}\times 4\right)=2.$$

注意这个结果简单地等于 $N_p=4\times\frac{1}{2}$.

因为 $p=q$, 所以在空间中没有优先方向. 因此向下磁矩的平均数必须等于向上磁矩的平均数, 即

$$\overline{n'}=\bar{n}=2.$$

从式 (2.32) 也能得出这个结果, 式 (2.32) 允许我们写出

$$\overline{n'}=\overline{N-n}=\bar{N}-\bar{n}=4-2=2.$$

因为空间中没有优先方向, 显然平均磁矩必须为零. 的确, 我们有

$$\bar{m}=\overline{n-n'}=\bar{n}-\overline{n'}=2-2=0.$$

自然, $\bar{m}$ 也可用概率 $P'(m)$ 直接算出, m 取它的可能值 $m=-4$, -2, 0, 2, 4. 于是, 按定义有

$$\begin{aligned}\bar{m}&=\sum_{m}P'(m)m\\&=\left[\frac{1}{16}\times(-4)\right]+\left[\frac{4}{16}\times(-2)\right]+\left(\frac{6}{16}\times 0\right)+\\&\quad\left(\frac{4}{16}\times 2\right)+\left(\frac{1}{16}\times 4\right)=0.\end{aligned}$$

平均值的最后一个性质常常是很重要的. 假设我们讨论两个变量 u 和 v, 它们可以分别取值

$$u_1,u_2,\cdots,u_\alpha$$

和

$$v_1,v_2,\cdots,v_\beta.$$

我们以 P_r 表示 u 取值 u_r 的概率, 以 P_s 表示 v 取值 v_s 的概率. 如果 u 取它的任何一个值的概率与 v 所取的值无关 (即, 如果变量 u 和 v 是统计独立的), 由式 (2.5), u 取值 u_r 和 v 取值 v_r 的联合概率简单地等于

$$P_{rs}=P_rP_s. \tag{2.34}$$

现在假设 $f(u)$ 是 u 的任意函数, $g(v)$ 是 v 的任意函数. 那么按式 (2.31), 乘积 fg 的平均值十分普遍地由下式给出:

$$\overline{f(u)g(v)}\equiv\sum_{r=1}^{\alpha}\sum_{s=1}^{\beta}P_{rs}f(u_r)g(v_s), \tag{2.35}$$

式中是对变量的所有可能值 u_r 和 v_s 求和. 由于变量是统计独立的, 因而式 (2.34) 有效. 等式 (2.35) 变为

$$\overline{fg} = \sum_r \sum_s P_r P_s f(u_r) g(v_s)$$
$$= \sum_r \sum_s [P_r f(u_r)][P_s g(v_s)]$$
$$= [\sum_r P_r f(u_r)][\sum_s P_s g(v_s)].$$

但是右边第一个因子就是 f 的平均值，而第二个因子就是 g 的平均值．所以我们得到结果

$$\boxed{\text{如果 } u \text{ 和 } v \text{ 是统计独立的，则} \overline{fg} = \bar{f}\,\bar{g};} \tag{2.36}$$

即，这时乘积的平均值等于平均值的乘积．

弥散

假设一变量 u 取它的各个可能值 u_r 的概率分别为 P_r．这时概率分布的某些一般特性可以由几个有用的参量来表征．u 的平均值本身，即式（2.30）中所定义的量 $\bar{u}$，就是这些参量之一．该参量指出 u 的中心值，各种值 u_r 分布在此中心值周围．于是令

$$\Delta u = u - \bar{u}, \tag{2.37}$$

相对于平均值 $\bar{u}$ 来量度 u 的可能值常常是很方便的，式中 Δu 是 u 离开平均值 $\bar{u}$ 的偏差．注意这个偏差的平均值等于零．事实上，利用性质（2.32）有

$$\Delta \bar{u} = \overline{(u - \bar{u})} = \bar{u} - \bar{u} = 0. \tag{2.38}$$

定义一个参量来量度 u 的可能值在平均值左右铺开的范围也是有用的．Δu 的平均值本身不提供这种量度，因为在平均上，Δu 为正的次数和为负的次数是一样的，所以根据式（2.38），它的平均值为零．另一方面，量 $(\Delta u)^2$ 不会为负．它的平均值定义如下：

$$\overline{(\Delta u)^2} = \sum_{r=1}^{\alpha} P_r (\Delta u_r)^2 \equiv \sum_{r=1}^{\alpha} P_r (u_r - \bar{u})^2, \tag{2.39}$$

这个量被称为 u 的弥散（或变异）；它绝不会是负的，因为式（2.39）的求和项中每一项都不为负㊀，所以

$$\overline{(\Delta u)^2} \geqslant 0. \tag{2.40}$$

只有当所有出现的值 u_r 都等于 $\bar{u}$ 时，弥散才会等于零；当这些值出现于远离 $\bar{u}$ 处的概率有一定数值时，弥散就逐渐变大．所以，弥散的确为 u 所取值的分散程度提供了一个方便的量度．

弥散 $\overline{(\Delta u)^2}$ 是具有 u 的平方量纲的量，弥散的平方根，即

$$\boxed{\underset{\sim}{\Delta} u = [\overline{(\Delta u)^2}]^{1/2}} \tag{2.41}$$

㊀ 注意 $\overline{(\Delta u)^2}$ 和量 $(\overline{\Delta u})^2$ 不同，即：是先取平方再求平均，还是以相反的顺序来进行这些运算，会造成很大的差别．

为 u 的可能值的铺展提供了一个线性量度，这个量和 u 本身有相同的量纲，被称为 u 的标准偏差. 式 (2.39) 表明，即使只有 u 的不多几个值以可观的概率出现于远离 $\bar{u}$ 处，也对 $\underset{\sim}{\Delta} u$ 有一个大的贡献. 所以 u 的大多数数值必须出现在平均值 $\bar{u}$ 周围数量级为 $\underset{\sim}{\Delta} u$ 的范围内.

【例】

让我们回到前面当 $p=q=\frac{1}{2}$ 时的 4 个自旋的例子. 因为 $\bar{n}=2$，按定义，n 的弥散是

$$\overline{(\Delta n)^2} = \sum_n P(n)(n-2)^2$$

$$= \left[\frac{1}{16}\times(-2)^2\right] + \left[\frac{4}{16}\times(-1)^2\right] + \left[\frac{6}{10}\times(0)^2\right] + \left[\frac{4}{16}\times(1)^2\right] + \left[\frac{1}{16}\times(2)^2\right] = 1.$$

所以 n 的标准偏差是

$$\underset{\sim}{\Delta} n = \sqrt{1} = 1.$$

类似地，我们可以计算磁矩的弥散，因为 $\bar{m}=0$，按定义有

$$\overline{(\Delta m)^2} \equiv \sum_m P'(m)(m-0)^2$$

$$= \left[\frac{1}{16}\times(-4)^2\right] + \left[\frac{4}{16}\times(-2)^2\right] + \left[\frac{6}{16}\times(0)^2\right] + \left[\frac{4}{16}\times(2)^2\right] + \left[\frac{1}{16}\times(4)^2\right] = 4,$$

因而

$$\underset{\sim}{\Delta} m = \sqrt{4} = 2.$$

让我们验证一下上面的结果是否一致. 因为，$\bar{m}=0$，而 $\bar{n}=\overline{n'}=2$，所以对 m 和 n 的所有值有

$$\Delta m = m = n - n' = n' - (4-n)$$

$$= 2n - 4 = 2(n-2)$$

或

$$\Delta m = 2(n-\bar{n}) = 2\Delta n.$$

所以

$$\overline{(\Delta m)^2} = 4\,\overline{(\Delta n)^2},$$

与我们通过明确计算所得到的相符合.

了解了所有值 u_r 的概率，P_r 就是得出关于系综中 u 值分布的完全统计信息. 另一方面，对几个平均值（例如 $\bar{u}$ 和 $\overline{(\Delta \bar{u})^2}$ 的）了解只提供出这个分布的特性的部分知识，不足以明确地确定概率 P_r. 但是，即使在这些概率实际上难以计算的情况下，这样的平均值常能非常简单地计算出，而不必明确知道这些概率. 我们将在下一节中举例说明这种情况.

2.5　自旋体系平均值的计算

考虑 N 个自旋 1/2 的理想体系．这些自旋是统计独立的．这使我们可在普遍情况下十分简单地计算各种平均值．这种计算并不需要算出任何概率［例如在式（2.14）中得到的概率 $P(n)$］，就能完成．

让我们从头开始来研究这个自旋体系的一个有物理意义的量，即沿向上方向的总磁矩 M．以 μ_i 表示第 i 个自旋沿向上方向的分量．于是总磁矩 M 就等于所有自旋磁矩之和，因而

$$M = \mu_1 + \mu_2 + \cdots + \mu_N,$$

或用更简短的符号表示

$$M = \sum_{i=1}^{N} \mu_i. \tag{2.42}$$

我们想计算这个总磁矩的平均值及其弥散．

为了计算 M 的平均值，只需将式（2.42）两边取平均．由一般性质（2.32），可以交换求平均及求和的顺序，立刻得到结果

$$\overline{M} = \overline{\sum_{i=1}^{N} \mu_i} = \sum_{i=1}^{N} \overline{\mu}_i. \tag{2.43}$$

可是任何磁矩有一给定取向（向上或向下）的概率对于每个磁矩是相同的．所以每个自旋的平均磁矩是一样的（即 $\overline{\mu}_1 = \overline{\mu}_2 = \cdots = \overline{\mu}_N$），因而可以简单地用 $\overline{\mu}$ 表示．所以式（2.43）中的求和由 N 个相等的项组成，于是式（2.43）就变为

$$\boxed{\overline{M} = N\overline{\mu}.} \tag{2.44}$$

这个结果几乎是不言而喻的，它只是说，N 个自旋的平均总磁矩为一个自旋的平均磁矩的 N 倍．

现在我们来计算 M 的弥散，即 $\overline{(\Delta M)^2}$，这里

$$\Delta M \equiv M - \overline{M}. \tag{2.45}$$

由式（2.42）减去式（2.43）得到

$$M - \overline{M} = \sum_{i=1}^{N} (\mu_i - \overline{\mu})$$

或

$$\Delta M = \sum_{i=1}^{N} \Delta\mu_j, \tag{2.46}$$

式中

$$\Delta\mu_i \equiv \mu_i - \overline{\mu}. \tag{2.47}$$

为了求 $(\Delta M)^2$，我们只需将式（2.46）中的求和自乘，由此有

$$(\Delta M)^2 = (\Delta\mu_1 + \Delta\mu_2 + \cdots + \Delta\mu_N)(\Delta\mu_1 + \Delta\mu_2 + \cdots + \Delta\mu_N)$$

$$= [(\Delta\mu_1)^2 + (\Delta\mu_2)^2 + (\Delta\mu_3)^2 + \cdots + (\Delta\mu_N)^2] + [\Delta\mu_1\Delta\mu_2 + \Delta\mu_1\Delta\mu_3 + \cdots + \Delta\mu_1\Delta\mu_N + \Delta\mu_2\Delta\mu_1 + \Delta\mu_2\Delta\mu_3 + \cdots + \Delta\mu_N\Delta\mu_{N-1}]$$

或

$$(\Delta M)^2 = \sum_{i=1}^{N} (\Delta\mu_i)^2 + \sum_{i=1}^{N} \sum_{\substack{j=1 \\ i\neq j}}^{N} (\Delta\mu_i)(\Delta\mu_j). \tag{2.48}$$

右边第一项表示来自求和，即式（2.46）中各项自乘的所有平方项；第二项表示来自求和，即式（2.46）中不同项的乘积的所有交叉项. 取式（2.48）的平均值再用性质（2.32）交换求平均与求和的次序，于是我们得到

$$\overline{(\Delta M)^2} = \sum_{i=1}^{N} \overline{(\Delta\mu_i)^2} + \sum_{\substack{i=1 \\ i\neq j}}^{N} \sum_{j=1}^{N} \overline{(\Delta\mu_i)(\Delta\mu_j)}. \tag{2.49}$$

第二个求和中所有的乘积（$i\neq j$）涉及不同的自旋. 但是因为不同的自旋是统计独立的，由性质（2.36）可知：每个这种乘积的平均值就等于它的因子的平均值的乘积. 因而，对于 $i\neq j$

$$\overline{(\Delta\mu_i)(\Delta\mu_j)} = \overline{(\Delta\mu_i)}\ \overline{(\Delta\mu_j)} = 0,$$

这是因为

$$\overline{\Delta\mu_i} = \bar{\mu}_i - \bar{\mu} = 0. \tag{2.50}$$

简单地说，式（2.49）中每个交叉项在平均上都等于零，因为它为正为负的机会一样. 所以式（2.50）就简化为平方项（每一项都不为负）之和：

$$\overline{(\Delta M)^2} = \sum_{i=1}^{N} \overline{(\Delta\mu_i)^2}. \tag{2.51}$$

现在的论证与接在式（2.43）后面的完全一样. 任何矩有任意给定取向的概率对于每个矩都一样，所以对于每个自旋，弥散$\overline{(\Delta\mu_i)^2}$都相同［即$\overline{(\Delta\mu_1)^2} = \overline{(\Delta\mu_2)^2} = \cdots = \overline{(\Delta\mu_N)^2}$］并且可以简单地用$\overline{(\Delta\mu)^2}$表示. 于是式（2.51）中的求和由 N 个相等的项组成并简化为

$$\boxed{\overline{(\Delta M)^2} = N\,\overline{(\Delta\mu)^2}.} \tag{2.52}$$

这个关系说明：总磁矩的弥散和个别自旋磁矩弥散的 N 倍一样大. 相应地，从式（2.52）也可推得

$$\boxed{\underset{\sim}{\Delta} M = \sqrt{N}\,\underset{\sim}{\Delta}\mu,} \tag{2.53}$$

式中

$$\underset{\sim}{\Delta} M \equiv [\overline{(\Delta M)^2}]^{1/2} \quad 及 \quad \underset{\sim}{\Delta}\mu \equiv [\overline{(\Delta\mu)^2}]^{1/2},$$

按照普遍定义，即式（2.41），它们分别是总磁矩和每一自旋磁矩的标准偏差.

式（2.44）和式（2.53）明显地指出 $\overline{M}$ 和 $\underset{\sim}{\Delta} M$ 如何取决于体系中自旋的总数 N. 当 $\bar{\mu}\neq 0$ 时，平均总磁矩 $\overline{M}$ 与 N 成比例地增加. 标准偏差 $\underset{\sim}{\Delta} M$（它度量 M 的值围绕平均值 $\overline{M}$ 分布的宽度）也随 N 增加而增加，但仅仅只和 $N^{1/2}$ 成比例. 所以 $\underset{\sim}{\Delta} M$ 与 $\overline{M}$ 比较的相对大小与 $N^{-1/2}$ 成比例地减小. 实际上从式（2.44）和式（2.53）可推出：对于 $\bar{\mu}\neq 0$，

$$\frac{\underset{\sim}{\Delta} M}{\overline{M}} = \frac{1}{\sqrt{N}} \left(\frac{\underset{\sim}{\Delta}\mu}{\bar{\mu}} \right). \tag{2.54}$$

图2.8是说明这些特征趋向的例证.

注意式（2.44）和式（2.53）是非常普遍的，它们只是由于可相加关系，即式（2.43）和自旋是统计独立的这个事实. 因而即使当每个磁矩的分量μ_i可以取许多可能值时，我们的所有讨论仍保持同样有效.（如果每个粒子的自旋大于1/2，因而它在空间能够显示出多于两个可能的取向时，就是这种情况.）

自旋1/2的粒子组成的体系

前面的结果很容易应用到每个粒子有自旋1/2的一般熟悉的特例中去，像通常一样，我们假定它的磁矩向上（$\mu_i=\mu_0$）的概率为p，向下的（$\mu_i=-\mu_0$）概率为$q=1-p$，由此，它沿向上方向的平均矩是

$$\begin{aligned}\bar{\mu} &= p\mu_0+q(-\mu_0)=(p-q)\mu_0\\ &= (2p-1)\mu_0.\end{aligned}\tag{2.55}$$

作为验证，我们注意，在对称情况下$p=q$，$\bar{\mu}=0$，正如所预料的.

一个自旋磁矩的弥散由下式给出：

$$\begin{aligned}\overline{(\Delta\mu)^2} &\equiv \overline{(\mu-\bar{\mu})^2}\\ &\equiv p(\mu_0-\bar{\mu})^2+q(-\mu_0-\bar{\mu})^2.\end{aligned}\tag{2.56}$$

但是
$$\mu_0-\bar{\mu}=\mu_0-(2p-1)\mu_0=2\mu_0(1-p)=2\mu_0 q,$$
及
$$\mu_0+\bar{\mu}=\mu_0+(2p-1)\mu_0=2\mu_0 p.$$
于是式（2.56）变为
$$\overline{(\Delta\mu)^2}=p(2\mu_0 q)^2+q(2\mu_0 p)^2=4\mu_0^2 pq(q+p);$$
或
$$\overline{(\Delta\mu)^2}=4pq\mu_0^2,\tag{2.57}$$
这是因为$p+q=1$.

所以由式（2.44）和式（2.52）得出结果

$$\boxed{\overline{M}=N(p-q)\mu_0}\tag{2.58}$$

及

$$\boxed{\overline{(\Delta M)^2}=4Npq\mu_0^2.}\tag{2.59}$$

由此，M的标准偏差是

$$\boxed{\underset{\sim}{\Delta} M=2\sqrt{Npq}\mu_0.}\tag{2.60}$$

如果写出$M=m\mu_0$，因而整数$m=M/\mu_0$表示以μ_0为单位的总磁矩，则式(2.58)～式（2.60）也可以写为如下形式：

$$\bar{m}=N(p-q)=N(2p-1),\tag{2.61}$$

$$\overline{(\Delta m)^2}=4Npq,\tag{2.62}$$

$$\underset{\sim}{\Delta} m=2\sqrt{Npq}.\tag{2.63}$$

在自旋体系的系综中这些关系含有关于M或m可能值分布的不少的信息. 由此我

们知道 m 的值中只有靠近 $\overline{m}$ 且与 $\overline{m}$ 差别不比 $\underset{\sim}{\Delta} m$ 大很多的那些值时才有可观的概率出现．图 2.8 提供了一个明确的说明．

【例】

假设处在一定的外加磁场 B 中，每个自旋磁矩指向平行于 B 的概率为 $p=0.51$，指向反平行于 B 的概率为 $q=1-p=0.49$，于是 N 个自旋体系的平均总磁矩为

$$\overline{M}=0.02N\mu_0.$$

总磁矩的标准偏差由式（2.60）给出，因而

$$\underset{\sim}{\Delta} M=2\sqrt{Npq}\mu_0\approx\sqrt{N}\mu_0.$$

所以

$$\frac{\underset{\sim}{\Delta} M}{\overline{M}}\approx\frac{\sqrt{N}\mu_0}{0.02N\mu_0}=\frac{50}{\sqrt{N}}.$$

首先考虑粒子非常少的情况，例如，假设 $N=100$．于是

$$\frac{\underset{\sim}{\Delta} M}{\overline{M}}\approx\frac{50}{\sqrt{100}}=5,$$

因此 $\underset{\sim}{\Delta} M>\overline{M}$．这时 M 的可能值散开得非常明显．的确，出现与 $\overline{M}$ 差别很大甚至是负号的 M 值是十分可能的（见图 2.9）．

另一方面，考虑一个宏观自旋体系的情况，其中 N 是阿伏伽德罗常量的量级，比如说 $N=10^{24}$，于是

$$\frac{\underset{\sim}{\Delta} M}{\overline{M}}\approx\frac{50}{\sqrt{10^{24}}}=5\times10^{-11},$$

因此 $\underset{\sim}{\Delta} M\ll\overline{M}$．这时，相对于平均总磁矩来说，$M$ 可能值散开得非常小．如果我们测量体系的总磁矩，我们就几乎总是测出一个非常靠近 $\overline{M}$ 的值．的确，除非我们的测量方法精确到足以测出小于约 10^{10} 分之一的磁矩差别，实际上总是测出一个等于 $\overline{M}$ 的磁矩而不会察觉出有绕这个值的涨落．这个例子具体地说明了这样的普遍结论：在一个由非常多粒子组成的体系中涨落的相对大小会变得非常小．

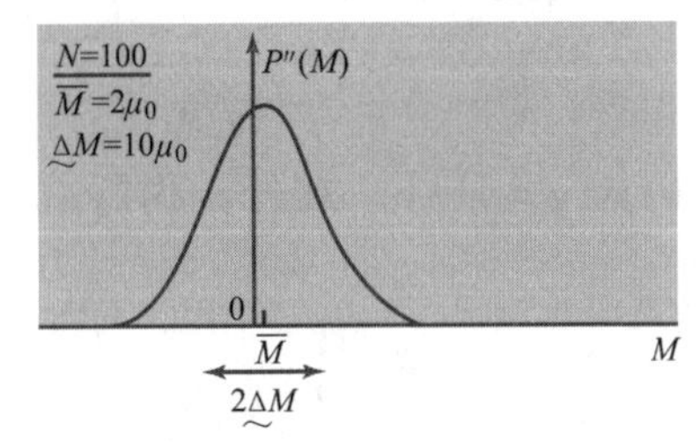

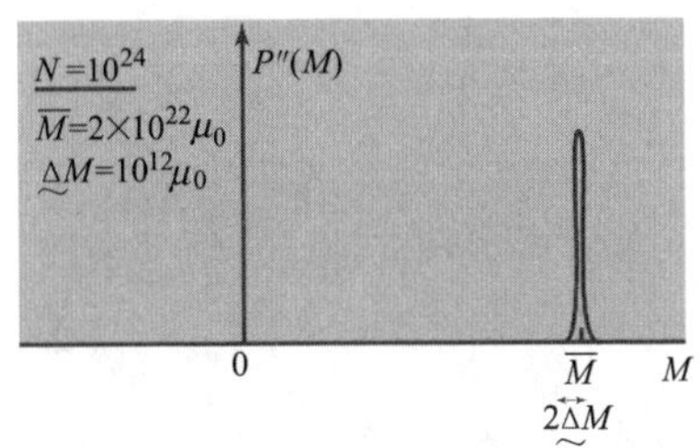

图 2.9　当 $N=100$ 和 $N=10^{24}$ 时，自旋体系总磁矩之值为 M 的概率 $P''(M)$．磁场使得 $p=0.51$，$q=0.49$．图中画了 $P''(M)$ 的可能值的包络，两个图的比例不同

理想气体中分子的分布

考虑装在体积为 V_0 的箱中有 N 个分子的理想气体．我们所关心的是在这只箱

子的任一确定部分体积 V 中的分子数 n（见图 2.10）. 如果气体处于平衡中，那么正如前面式（2.28）中所指出的，在这部分体积 V 中找到一个分子的概率 p 等于

$$p = \frac{V}{V_0}. \tag{2.64}$$

很容易计算 n 的平均值以及它的弥散. 在 2.3 节末尾，我们已指出理想气体的问题和自旋体系的问题相似.（两个问题都导致二项式分布的类型.）所以，我们可以应用式（2.61）和式（2.62）以求出所期待的关于 n 的信息. 以 n' 表示剩下的体积 $V_0 - V$ 中的分子数，并令 $m \equiv n - n'$. 如式（2.25）所示，于是得出

$$n = \frac{1}{2}(N + m). \tag{2.65}$$

用 $\overline{m}$ 的结果，即式（2.61），我们得到

$$\overline{n} = \frac{1}{2}(N + \overline{m}) = \frac{1}{2}N(1 + p - q)$$

或

$$\boxed{\overline{n} = Np,} \tag{2.66}$$

这是因为 $q = 1 - p$. 此外，我们由式（2.65）得到关系

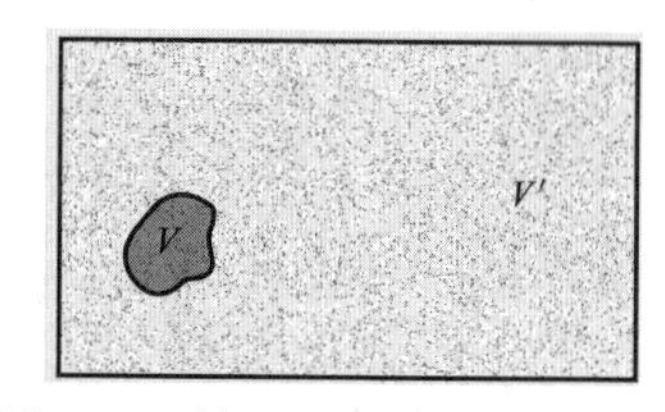

图 2.10　体积 V_0 的箱子含有 N 个理想气体分子. 在任何给定时刻，部分体积 V 中保留有 n 个分子，而剩下的 $n' = N - n$ 个分子则留在箱子剩下的体积 $V' = V_0 - V$ 中

$$\Delta n \equiv n - \overline{n} = \frac{1}{2}(N + m) - \frac{1}{2}(N + \overline{m})$$

$$= \frac{1}{2}(m - \overline{m})$$

或

$$\Delta n = \frac{1}{2}\Delta m.$$

因而

$$\overline{(\Delta n)^2} = \frac{1}{4}\overline{(\Delta m)^2}.$$

并且由式（2.62）有[㊀]

$$\boxed{\overline{(\Delta n)^2} = Npq.} \tag{2.67}$$

于是 n 的标准偏差为

$$\boxed{\underset{\sim}{\Delta} n = \sqrt{Npq}.} \tag{2.68}$$

从而

$$\boxed{\frac{\underset{\sim}{\Delta} n}{\overline{n}} = \frac{\sqrt{Npq}}{Np} = \left(\frac{q}{p}\right)^{1/2}\frac{1}{\sqrt{N}}.} \tag{2.69}$$

这些关系再一次表明标准偏差 $\underset{\sim}{\Delta} n$ 与 $N^{1/2}$ 成比例地增加. 相应地，标准偏差的相对值 $\underset{\sim}{\Delta} n/\overline{n}$ 与 $N^{-1/2}$ 成比例地减小，因而当 N 大时变得非常小. 第 1 章

㊀ 式(2.66) 和式（2.67）也可以用本节的方法直接导出，而不用 m 的相应结果（参看习题 2.14）.

的特例对于这些论断作了很好的说明，在那里我们考虑了箱的一半中所含的分子数 n. 在这一特例中，由式（2.64）可推得 $p = q = 1/2$，因而式（2.66）化为显然的结果

$$\bar{n} = \frac{1}{2}N.$$

而

$$\frac{\underset{\sim}{\Delta} n}{\bar{n}} = \frac{1}{\sqrt{N}}.$$

这些关系把 1.1 节中涨落的讨论置于定量的基础上. 涨落的绝对大小（由 $\underset{\sim}{\Delta} n$ 量度）随 N 的增加而增加，但涨落的相对大小（由$\frac{\underset{\sim}{\Delta} n}{\bar{n}}$量度）随 N 的增加而减小. 可以分别用 $N = 4$ 和 $N = 40$ 的图 1.5 和图 1.6 为例清楚地说明这些论断. 当箱中装有大约 1mol 气体时，N 是阿伏伽德罗常数的量级，因而 $N \sim 10^{24}$. 在此情况下，涨落的相对大小 $\underset{\sim}{\Delta} n/\bar{n} \sim 10^{-12}$变得很小，以致几乎可以略去.

2.6　连续的概率分布

我们考虑由大数目 N 个自旋 1/2 组成的一个理想自旋体系. 于是这个体系的总磁矩有许多可能值. 的确，由式（2.22）和式（2.24），有

$$M = m\mu_0 = (2n - N)\mu_0, \tag{2.70}$$

因而 M 可以取（$N+1$）个可能值：

$$M = -N\mu_0, -(N-2)\mu_0 - (N-4)\mu_0, \cdots, (N-2)\mu_0, N\mu_0 \tag{2.71}$$

中的任何一个. 总磁矩取一特殊值 M 的概率 $P''(M)$ 等于 m 或 n 的相应值出现的概率，也就是等于式（2.26）给出的 $P'(m)$ 或式（2.14）给出的 $P(n)$.

因此

$$P''(M) = P'(m) = P(n), \tag{2.72}$$

式中

$$m = M/\mu_0, \; n = \frac{1}{2}(N + m).$$

除了当 M 靠近它的最极端的可能值 $\pm N\mu_0$［在这里 $P''(M)$ 小得可以略去］外，M 从一个可能值变到一个邻近值时，概率 $P''(M)$ 没有显著变化. 也就是说

$$|P''(M + 2\mu_0) - P''(M)| \ll P''(M).$$

这时 $P''(M)$ 的可能值的包络形成一光滑曲线，如图 2.11 所示. 因而把 $P''(M)$ 看作连续变量 M 的光滑变化函数是讲得通的，尽管它只与 M 的分立值，即式（2.71）有关.

假设 μ_0 与任何宏观测量中有意义的最小磁矩相比小得可以略去. 那么在所观察的精度范围内是观察不到 M 只能取相差为 $2\mu_0$ 的一些分立值这一事实的. 因而 M 确实可以看作是连续变量. 此外，我们可以有意义地谈到一个范围 dM,

它是“宏观上无限小的”；也就是说，这个量在宏观上非常小，尽管在微观上它是很大的.（换句话说，假定 dM 与宏观讨论中有意义的最小磁矩相比是小到可以忽略的，但是它比 μ_0 要大得多.）[㊀] 于是，下面的问题是有意义的：体系的总磁矩在一特殊的小范围 M 到 $M+\mathrm{d}M$ 之间的概率是多少？显然这个概率的大小与范围 dM 的大小有关，而且让 dM 小到可忽略时，这个概率必定小到变为零. 所以，可以预料这个概率就和 dM 成比例，因而它可以写成如下形式[㊁]：

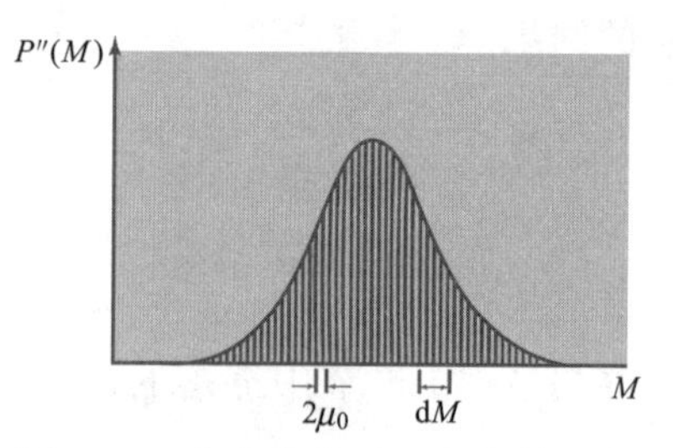

图 2.11　在自旋数目 N 很大并且自旋磁矩 μ_0 相对很小的情况下，自旋体系总磁矩为 M 的概率 $P''(M)$

$$\begin{pmatrix}\text{总磁矩在 } M \text{ 和 } M+\mathrm{d}M \\ \text{之间的概率}\end{pmatrix} = \mathscr{P}(M)\,\mathrm{d}M, \tag{2.73}$$

式中 $\mathscr{P}(M)$ 与 dM 的大小无关，量 $\mathscr{P}(M)$ 称为概率密度，当它乘以无限小范围 dM 时就得出真正的概率.

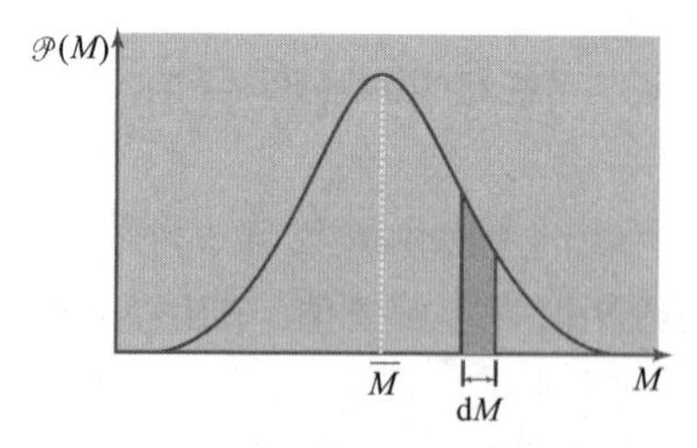

图 2.12　所示的概率分布用概率密度 $\mathscr{P}(M)$ 来表达. 这里 $\mathscr{P}(M)$ dM（等于 M 和 $M+\mathrm{d}M$ 的小范围内曲线下面的面积）是总磁矩在 M 和 $M+\mathrm{d}M$ 范围内的概率

概率（2.73）很容易明显地用总磁矩取特殊分立值 M 的概率 $P''(M)$ 来表示. 因为式（2.71）表明 M 的可能值之间的相差量为 $2\mu_0$，并且因为 $\mathrm{d}M \gg 2\mu_0$，所以 M 和 $M+\mathrm{d}M$ 之间的范围含有 $\mathrm{d}M/(2\mu_0)$ 个 M 的可能值. 所有这些值几乎以同样的概率 $P''(M)$ 出现，这是因为在小范围 dM 内，概率的变化非常慢，所以总磁矩在 M 和 $M+\mathrm{d}M$ 的范围内的概率就直接由 $P''(M)$ 在这个范围内的所有 M 的值加起来而得出，也就是把几乎是常量的 $P''(M)$ 乘以 $\mathrm{d}M/(2\mu_0)$ 而得出. 因而这个概率就与 dM 成比例，并且明显地由下式给出：

㊀ 值得注意，在物理学中所用的许多微分都是宏观无限小：例如，在电学中，我们常谈到一个物体上的电荷 Q 以及一个电荷增量 dQ，只有把 dQ 理解为比单个电子电荷 e 大得多，同时它又被假定为和 Q 本身比起来是小到可以忽略，那么这种微分描述才是有效的.

㊁ 由于概率是 dM 的某种光滑函数，所以当 dM 小时，它在 M 的任何值附近可以表示为 dM 的泰勒级数. 因此它应有如下形式：

$$\text{概率} = a_0 + a_1\mathrm{d}M + a_2(\mathrm{d}M)^2 + \cdots$$

式中系数 a_0，a_1，…与 M 有关. 这里 $a_0=0$，这是因为当 dM 非常小时概率必须接近于零；而且，含 dM 较高幂次的项和与 dM 成比例的首项相比，都小到可以略去，所以我们得到结果（2.73）.

$$\mathscr{P}(M)\,\mathrm{d}M = P''(M)\frac{\mathrm{d}M}{2\mu_0}. \tag{2.74}$$

实际上，如果 M/μ_0 很大，具体计算 $P''(M)$ 可能是麻烦的. 因为这时二项式分布，即式（2.14）要求算出一些大的阶乘的值. 不过，这些困难可以用附录 A.1 的高斯近似来解决.

有许多问题，其中有关变量（称它为 u）本来就是连续的. 例如，u 可以表示平面上某一矢量和一固定方向之间的夹角，这时这个角可以取 0 与 2π 之间的任何值. 在一般情况下，u 可以取某种范围 $a_1 \leqslant u \leqslant a_2$ 内的任何值.（这个范围可以是无限的，即 $a_1 \to -\infty$，或 $a_2 \to \infty$，或两者都有.）关于这样一个变量的概率，可以用在 M 的情况中已讨论的完全相似的方式来阐述. 因此我们可以把注意力集中在任一无限小范围 u 和 $u+\mathrm{d}u$ 之间，并求变量在这范围中的概率. 当 $\mathrm{d}u$ 足够小时（见图 2.13），这个概率必定又和 $\mathrm{d}u$ 成比例，因而可以写成 $\mathscr{P}(u)\mathrm{d}u$ 的形式,这里的量 $\mathscr{P}(u)$ 是和 $\mathrm{d}u$ 无关的一个概率密度.

涉及一个连续变量 u 的概率的讨论可以容易地化为比较简单的情况：使其中的变量的可能值是分立的，因而是可数的. 这只需把 u 的可能值的范围细分为许多具有固定大小 δu 的任意小的相等区间. 于是每一这种区间可以用某种指标 r 来标记. u 在这个区间的值可以用 u_r 表示，u 处在这个区间的概率可以用 P_r 或 $P(u_r)$ 表示. 这个程序使我们可以处理变量 u 的值的一个可数的集合. 每个这种值对应于无限小区间 $r=1, 2, 3, \cdots$ 中的一个. 很清楚，含有分立变量的概率的诸关系对于连续变量的概率同样保持有效. 例如，如果 u 是一个连续变量，平均值的简单性质（2.32）和（2.33）也是可以成立的.

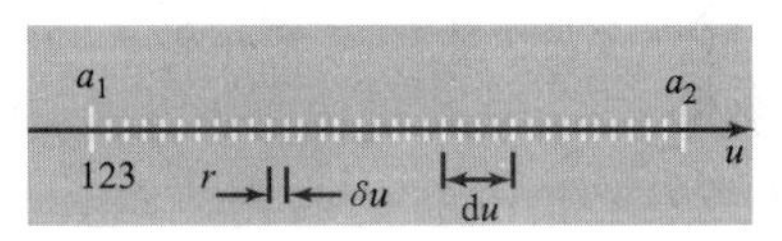

图 2.13　连续变量 u 细分为可数数目的大小 δu 固定的非常小的等间隔，每一间隔用指标 j 标记，假定 r 的值为 1，2，3，4…. 宏观无限小的范围 $\mathrm{d}u$ 也表示在图上

应注意，如果变量是连续的，那么计算归一化条件或平均值中的求和项可以表示为积分. 例如，归一化条件断言：概率对变量的所有可能值求和必定等于一，用符号表示：

$$\sum_r P(u_r) = 1. \tag{2.75}$$

但是，如果变量是连续的，我们可以首先对所有这样的分立区间 r 求和. 在这些区间中 u_r 处在 u 和 $u+\mathrm{d}u$ 之间，这就给出变量处在这个范围内的概率 $\mathscr{P}(u)\mathrm{d}u$[㊀]. 于是我们可以通过对所有这种可能的范围 $\mathrm{d}u$ 求和（即积分）来得出式（2.75）. 因此式（2.75）和下式等价：

㊀　在这里,范围 $\mathrm{d}u$ 被认为比任意小的区间 δu 要大（因而 $\mathrm{d}u \gg \delta u$），但又是足够地小使得 $P(u_r)$ 在范围 $\mathrm{d}u$ 内没有明显变化.

$$\int_{a_1}^{a_2} \mathscr{P}(u)\,\mathrm{d}u = 1. \tag{2.76}$$

这个式子用概率密度$\mathscr{P}(u)$表示归一化条件．类似地，分立变量的函数$f(u)$的平均值，它的一般定义即式（2.31）由下式给出：

$$\overline{f(u)} \equiv \sum_r P(u_r) f(u_r). \tag{2.77}$$

在连续描述中，我们可以先对所有这样的区间r求和，在这些区间u_r在u和$u+\mathrm{d}u$之间，对求和的贡献是$\mathscr{P}(u)\mathrm{d}uf(u)$；再对所有可能范围$\mathrm{d}u$积分来求出和值．所以式（2.77）与下列关系等价[⊖]：

$$\overline{f(u)} = \int_{a_1}^{a_2} \mathscr{P}(u) f(u)\,\mathrm{d}u. \tag{2.78}$$

【推广到几个变量的情况】

把上面的说明推广到一个以上变量的情况是立即可以办到的．作为例子，假设我们讨论两个连续变量u和v．这时变量u处于u和$u+\mathrm{d}u$之间的小范围内，变量v处于v和$v+\mathrm{d}v$之间的小范围内的联合概率与$\mathrm{d}u$和$\mathrm{d}v$两者成比例，并且可以写为$\mathscr{P}(u,v)\mathrm{d}u\mathrm{d}v$的形式；其中$\mathscr{P}(u,v)$是与$\mathrm{d}u$或$\mathrm{d}v$的大小无关的概率密度．如果需要的话，这种情况还可以通过以下步骤简化为分立概率之一，即把变量u细分为非常小的固定区间δu，每个这种区间可以用指标r标记．并且把变量v细分为非常小的固定区间δv，每个这种区间可以用另一种指标s标记．于是本情况可以指明两变量的值处在用指标r和s标记的任何给定单元中的概率P_{rs}来描述（见图2.14）．

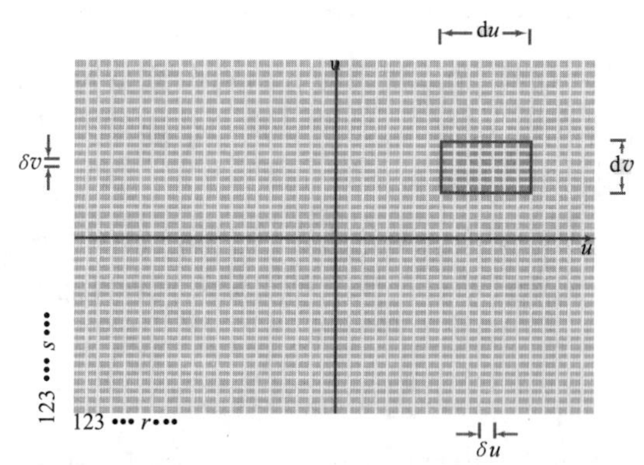

图2.14　连续变量u和v分别细分成用r和s标记的大小为δu和δv的相等小间隔，因此，uv平面被细分为小单元，每一小单元用一对指标r和s标记

⊖ 注意：概率密度$\mathscr{P}(u)$对于u的某些值可能是无限大．但只要任何积分$\int_{c_1}^{c_2}\mathscr{P}(u)\mathrm{d}u$（它给出$u$的值处在一个任意范围$c_1$和$c_2$之间的概率）保持有限，就不会导致任何困难．

定义摘要

统计系综　极大数量的相互间无作用的体系的集合，每个体系所满足的条件与所讨论的特殊体系所满足的已知条件相同.

与时间无关的系综　系综中呈现任何特殊性质的体系数目在任何时刻都一样.

事件　一次实验的结果或一次观察的结果.

概率　一个体系中出现一个事件 r 的概率 P_r，是按 $\mathscr{N}$ 个这样的体系组成的统计系综来定义的，如果在该系综中 $\mathscr{N}_r$ 个体系呈现事件 r，那么

$$p_r \equiv \frac{\mathscr{N}_r}{\mathscr{N}} \quad （其中\ \mathscr{N}\to\infty）.$$

统计独立　如果一个事件的发生与另一事件发生与否无关，那么这两个事件是统计独立的.

平均值（或者系综平均）　u 的平均值用 $\bar{u}$ 表示，并定义为

$$\bar{u} \equiv \sum_r P_r u_r,$$

这里是对变量 u 的所有可能值求和，式中 P_r 表示特殊值 u_r 出现的概率.

弥散（或变异）　u 的弥散定义为

$$\overline{(\Delta u)^2} \equiv \sum_r P_r (u_r - \bar{u})^2.$$

标准偏差　u 的标准偏差定义为

$$\underset{\sim}{\Delta} u \equiv [\overline{(\Delta u)^2}]^{1/2}.$$

概率密度　概率密度 $\mathscr{P}(u)$ 按以下性质来定义：$\mathscr{P}(u)\mathrm{d}u$ 给出在 u 和 $u+\mathrm{d}u$ 之间的范围内找到连续变量 u 的概率.

重要关系式

给定 N 个统计独立的事件，每一事件出现的概率为 p（不出现的概率为 $q=1-p$）. 这 N 个事件中有 n 个出现的概率为（二项式分布）：

$$P(n) = \frac{N!}{n!\ (N-n)!} p^n q^{N-n}. \tag{i}$$

出现事件的平均数为

$$\bar{n} = Np. \tag{ii}$$

n 的标准偏差：

$$\underset{\sim}{\Delta} n = \sqrt{Npq}. \tag{iii}$$

建议的补充读物

W. Weaver, *lady Luck* (Anchor Books, Doubleday & Company, Inc., Garden City, N. Y., 1963). 概率概念的初级导论.

F. Mosteller, R. E. K. Rourke, and G. B. Thomas, *Probability and Statistics* (Addison-Wesley Publishing Company, Reading, Mass., 1961).

F. Reif, *Fundamentals of Statistical and Thermal Physics*, chap. 1 (McGraw-Hill Book Company, New York, 1965). 本书讨论的随机行走问题与理想自旋系统的问题相似，但更详细.

H. D Young, *Statistical Treatment of Experimental Data* (McGraw-Hill Book Company, New York, 1962). 统计方法的初级介绍，特别是用于实验测量问题的介绍.

W. Feller, *An Introduction to Probability Theory and its Applications*, 2nd ed. (John Wiley and Sons, New York, 1959). 本书关于概率论的阐述比之前各书深入得多，但讨论很多具体的实例.

习　　题

2.1　一个初等的掷骰子问题

用3个骰子掷出的总点子是6点或6点以下的概率是多少？

2.2　随机数

在0和1之间随便选取一个数. 在它的前10位小数恰好有5位是由小于5的数字组成的概率是多少？

2.3　掷骰子

假设一个骰子的每一面在落地时朝上的可能性是相同的. 考虑一种掷5个骰子的游戏. 求以下的概率：

(a) 恰好只有一个骰子“6”朝上，

(b) 至少有一个骰子“6”朝上，

(c) 恰好是两个骰子“6”朝上.

2.4　残存的概率

在“死的跳舞”游戏（作者并不推荐）中，一人把一颗子弹塞入左轮手枪旋转的6个弹膛中的一个里去，旋转弹膛的其他5个弹膛空着. 然后这人转动旋转弹

膛，瞄准自己的头，并扣扳机，在玩这游戏如下次数后仍然活着的概率是多少？

（a）1 次；

（b）2 次；

（c）N 次.

（d）在玩这游戏第 N 次时被射着的概率是多少？

2.5　随机行走问题

一人在一条街中间从一个路灯柱出发，以相同长度 l 的步伐开始行走. 他的任意一步向右的概率是 p，向左的概率是 $q = 1 - p$. 这人喝醉了酒以至于他走任何一步时一点也不记得他前一步是怎样走的. 因此他的前后各步伐是统计独立的. 假设这人已走了 N 步.

（a）这些步子中 n 步向右而其余 $n' = N - n$ 步向左的概率 $P(n)$ 是多少？

（b）这人从路灯柱开始位移等于 ml 的概率 $P'(m)$ 是多少？式中 $m = n - n'$ 是一个整数.

2.6　回到出发点的概率

在前一问题中，假设 $p = q$，因而每一步是向右还是向左的可能性是相同的. 这个人在走了 N 步之后又回到路灯柱的概率是多少？

（a）如果 N 是偶数？

（b）如果 N 是奇数？

2.7　一个原子的一维扩散

考虑一根沿 x 轴拉直的细铜线. 靠近 $x = 0$ 处有几个铜原子被快速粒子轰击而变成放射性的. 当铜线温度升高时，原子变得更活跃. 于是每个原子可以跳到一个相邻的点阵座，可能是跳到它的右座（即在 $+x$ 方向）也可能是跳到它的左座（即在 $-x$ 方向）. 可能的点阵座之间分开的距离为 l. 假设在一给定原子跳到一个相邻点阵座之前必须等候一段时间 τ. 这个时间 τ 是铜线绝对温度的一个快速递增函数. 原子通过逐次跳跃到邻座的运动过程称为扩散.

假设铜线在某一时刻 $t = 0$ 很快升到某一高温，这以后就保持在这个温度.

（a）以 $\mathscr{P}(x)\mathrm{d}x$ 表示一个放射性原子在时间 t 后在 x 和 $x + \mathrm{d}x$ 的位置之间被发现的概率. [我们假定对于物理上有意义的 t 都有 $t \gg \tau$，这是因为当铜线温度高时 τ 是十分短的.]

在下面三种情况下，试作一草图表明 $\mathscr{P}(x)$ 作为 x 的函数的行为：

（1）紧接在时刻 $t = 0$ 后；

（2）过了一个中等长的时间 t 后；

（3）过了一个极其长的时间 t 后；

（b）在时间 t 后，放射性原子距离原点的平均位移 $\bar{x}$ 是多少？

（c）求在时间 t 后一个放射性原子位移的标准偏差 $\underset{\sim}{\Delta x}$ 的明显表达式.

2.8　弥散的计算

利用平均值的一般性质证明 u 的弥散可以由一般关系式

$$\overline{(\Delta u)^2} \equiv \overline{(u-\bar{u})^2} = \overline{u^2} - \bar{u}^2 \qquad (\text{i})$$

算出. 右边最后的表示式提供出计算弥散的一个简单方法.

并证明（i）可推出普遍不等式

$$\overline{u^2} \geqslant \bar{u}^2. \qquad (\text{ii})$$

2.9　单个自旋的平均值

一个自旋 1/2 的磁矩是这样的磁矩：它向上的分量 μ 等于 μ_0 的概率为 p，等于 $-\mu_0$ 的概率为 $q=1-p$.

（a）计算 $\bar{\mu}$ 和 $\overline{\mu^2}$

（b）用习题 2.8 的表达式（i）计算 $\overline{(\Delta\mu)^2}$. 证明你的结果和书中式（2.57）所给出的一致.

2.10　不等式 $\overline{u^2} \geqslant \bar{u}^2$

假设变量 u 取可能值 u_r 的相应概率为 P_r.

（a）用 $\bar{u}$ 和 $\overline{u^2}$ 的定义，并记住归一化要求 $\sum\limits_r P_r = 1$.

证明

$$\overline{u^2} - \bar{u}^2 = \frac{1}{2}\sum_r\sum_s P_r P_s (u_r - u_s)^2, \qquad (\text{i})$$

式中每个求和都是对变量 u 的所有可能值进行.

（b）因为求和（i）中没有一项可能为负，证明

$$\overline{u^2} \geqslant \bar{u}^2, \qquad (\text{ii})$$

式中等号仅用在 u 只有一个值出现的概率不为零的情况. 结果（ii）与习题 2.8 中推导出的一致.

2.11　不等式 $\overline{(u^n)^2} \leqslant \overline{u^{n+1}}\ \ \overline{u^{n-1}}$

上一习题中的结果（i）提示出一个直接推广. 因此考虑表示式

$$\sum_r\sum_s P_r P_s u_r^m u_s^m (u_r - u_s)^2, \qquad (\text{i})$$

式中 m 是任何整数. 当 m 是偶数时，这个表示式决不能为负；当 m 是奇数时，如果 u 的可能值都不是负的（或者都不是正的），则这个表示式也决不能为负.

（a）完成（ⅰ）中所指示的乘法来证明下列结果：

$$\overline{(u^n)^2} \leqslant \overline{u^{n+1}}\ \ \overline{u^{n-1}}, \tag{ii}$$

式中 $n \equiv m+1$. 如果 n 是奇数，这个不等式总是对的；如果 n 是偶数，在 u 的可能值都不为负（或都不为正）时，它是对的.（ⅱ）中的等号仅用在 u 只有一个可能值的出现概率不为零的情况中.

（b）证明作为特例（ⅱ）包含着不等式

$$\overline{\left(\frac{1}{u}\right)} \geqslant \frac{1}{\bar{u}}, \tag{iii}$$

在 u 的可能值都为正（或都为负）时有效. 等号用在 u 只有一个可能值的出现概率不为零的特例中.

2.12　最佳投资法

下面的实际情况说明以不同的方法对同一个量求平均可以导致显然不同的结果. 假设某人希望通过每月初在一家公司中购买一定数量的股票来投资. 当然每张股票的价格 c_r 与月份 r 有关并且以一种完全不能预料的方式逐月变化. 有规律的投资有两种可供选择的方法：方法 A，每月购买同样数目 s 的股票；方法 B，每月购买同样金额为 m 的股票. 那么 N 个月之后，某人得到了总数 S 股股票并为这些股票付出了总金额为 M 的代价. 很清楚，最好的投资法是以最少数额的钱获得最大数目的股票，即获得最大比值 S/M.

（a）在方法 A 的情况下，求比值 S/M 的表示式.

（b）在方法 B 的情况下，求比值 S/M 的表示式.

（c）证明，不管股票的价格逐月怎么涨落，方法 B 是比方法 A 好的投资法.

[提示：利用上题的不等式（ⅲ）]

2.13　自旋为 1 的核组成的体系

考虑自旋为 1 的一个原子核（即自旋角动量为 $\hbar$）. 那么，沿着给定方向的磁矩的分量 μ 有三个可能的值，即 $+\mu_0$，0，或 $-\mu_0$，假设原子核并不是球对称的，而是椭球形的. 结果，原子核倾向这样的优势方向，使得它的主轴与原子核所处的结晶固体中的特定方向平行，这样，$\mu=\mu_0$ 的概率为 p，$\mu=-\mu_0$ 的概率也是 p，而 $\mu=0$ 的概率则等于 $1-2p$.

（a）计算 $\bar{u}$ 及 $\overline{u^2}$；

（b）计算 $\overline{(\Delta u)^2}$；

（c）假设所考虑的固体由 N 个原子核组成，原子核之间的相互作用小到可以忽略的程度. 用 M 表示所有这些核的总磁矩沿特定方向的分量，用 N、p 及 μ_0 计算 $\overline{M}$ 及其标准偏差 $\underset{\sim}{\Delta} M$.

2.14　$\bar{n}$ 和 $\overline{(\Delta n)^2}$ 的直接计算

考虑 N 个全同自旋 1/2 的理想体系．则朝上指向的磁矩数 n 可以写成这样的形式：

$$n = u_1 + u_2 + \cdots + u_N. \tag{i}$$

如果第 i 个磁矩向上，则 $u_i = 1$；第 i 个磁矩向下，则 $u_i = 0$．利用表示式（i）及自旋是统计独立的事实，建立以下结果：

（a）证明 $\bar{n} = N\bar{u}$.

（b）证明 $\overline{(\Delta n)^2} = N\overline{(\Delta u)^2}$.

（c）假设一个磁矩向上的概率为 p，向下的概率为 $q = 1 - p$，$\bar{u}$ 和 $\overline{(\Delta u)^2}$ 是多少？

（d）计算 $\bar{n}$ 及 $\overline{(\Delta n)^2}$ 并且证明你的结果与书中用稍为间接的方法建立的式（2.66）、式（2.67）一致.

2.15　气体密度的涨落

考虑体积 V_0 的容器的任一支体积 V 内的分子数，那么一个给定分子处于这一部分体积 V 内的概率由 $p = V/V_0$ 给出.

（a）在部分体积 V 内的分子的平均数 $\bar{n}$ 是多少？将答案用 N、V_0 和 V 表示.

（b）求位于支体积 V 内分子数的标准偏差 $\underset{\sim}{\Delta} n$，从而计算 $\underset{\sim}{\Delta} n/\bar{n}$．将答案用 N、V_0 及 V 表示.

（c）当 $V \ll V_0$ 时，（b）的答案有什么变化？

（d）当 $V \to V_0$ 时，标准偏差 $\underset{\sim}{\Delta} n$ 会是什么样的值？（b）的结果与这里估计的一致吗？

2.16　散粒效应

电荷为 e 的电子无规地从真空管的热丝极上发射出来．在一个合理的近似范围内，任何一个电子的发射都不会影响任何其他电子发射的可能性．考虑任意一个非常短的时间间隔 Δt，那么，在此期间内，一个电子从热丝极发射的概率为 p（电子不被发射的概率为 $q = 1 - p$），因为 Δt 很短，这段时间内发射的概率 p 是很小的（即 $p \ll 1$）并且在这段时间内一个以上的电子同时被发射的概率可以忽略．考虑比 Δt 大得多的任意时间 t，那么，在此时间内就有 $N = \dfrac{t}{\Delta t}$ 个可能的间隔 Δt．Δt 期间内可能有一个电子被发射．则在时间 t 中发射的总电荷可以写成

$$Q = q_1 + q_2 + q_3 + \cdots + q_N,$$

式中 q_i 表示在第 i 个间隔 Δt 内发射的电荷．因此如果发射了一个电子，$q_i = e$；如果没有电子发射，$q_i = 0$.

（a）在时间 t 内，从丝极发射的平均电荷 $\overline{Q}$ 是什么？

（b）在时间 t 内，从丝极发射电荷的弥散$\overline{(\Delta Q)^2}$是什么？利用 $p \ll 1$ 的事实简化此题的答案.

（c）在时间 t 内，发射的电流由 Q/t 给出. 因此，电流的弥散$\overline{(\Delta I)^2}$与其平均值 $\overline{I}$ 发生关系，证明

$$\overline{(\Delta I)^2} = \frac{e}{t}\overline{I}.$$

（d）在任何时间 t 内，测得的电流表现出涨落不定的事实（时间间隔越短，涨落越明显，即发射过程中包含的单个电子数目越少涨落越明显）被称为**散粒效应**. 如果平均电流 $I = 1\mu A$. 测量时间为 1s，计算电流的标准弥散 $\underset{\sim}{\Delta} I$.

2.17　均方值的计算

总电动势为 V 的电池被接到电阻 R 上. 结果，一定量的功率 $P = V^2/R$ 在这一电阻上散失了. 电池本身是由 N 节单位电池串联成的，因此 V 正好是电池电动势的和. 不过电池旧了，以致不是所有电池都处于良好状态. 因此，任何一节电池具有电动势为正常值 v 的概率为 p. 由于内部短路，因而电动势为零的概率为 $(1 - p)$，每节电池都是彼此统计独立的，在这些条件下，计算电阻中耗散的**平均**功率 P. 将结果用 N、v、p、R 表示.

2.18　测量误差的估计

某人打算用一根米尺测量一个 50m 的距离，他把尺尾接尾地相继测 50 次. 这一过程必然带有某种误差. 因此他不能保证他每次把米尺放在地上所做两个记号之内的距离正好是 1m. 但是，他知道，不论何处，两个记号间的距离在 0.998m 和 1.002m 之间的可能性处处一样. 的确，重复 50 次之后他就测得平均距离为 50m. 为了估计一下他的总误差，计算他所测量的距离的标准偏差.

2.19　气体中分子的扩散

气体中的分子能在三维空间自由运动，用 $\boldsymbol{s}$ 表示一个分子与其他分子两次接连碰撞之间的位移. 在一个好的近似内，分子两次接连碰撞之间的位移是统计独立的；而且，由于不存在空间的优先取向，一个分子在一定方向的运动与沿相反方向的运动是完全同样可能的. 因而平均位移 $\overline{\boldsymbol{s}} = 0$（就是说，位移的每一分量在平均中都是零，即 $\overline{s}_x = \overline{s}_y = \overline{s}_z = 0$）.

那么，经 N 次接连的位移之后，分子的总位移 $\boldsymbol{R}$ 可以写成

$$\boldsymbol{R} = \boldsymbol{s}_1 + \boldsymbol{s}_2 + \boldsymbol{s}_3 + \cdots + \boldsymbol{s}_N,$$

式中 $\boldsymbol{s}_i$ 表示分子的第 i 次位移，利用 2.5 节类似的理由，回答下列问题：（a）N 次位移之后，分子的平均位移 $\overline{\boldsymbol{R}}$ 是什么？（b）N 次位移之后，位移的标准偏差 $\underset{\sim}{\Delta} R \equiv (\boldsymbol{R} - \overline{\boldsymbol{R}})^2$

是什么？尤其是，如果每次位移 s 的大小都是同一长度 l，那么 $\underset{\sim}{\Delta R}$ 是什么？

2.20　随机振荡的位移分布

经典简谐振子的位移 x 作为时间 t 的函数，由下式给出：

$$x = A\cos(\omega t + \varphi),$$

式中 ω 是振动的角频率，A 是振幅，φ 是在 $0 \leqslant \varphi \leqslant 2\pi$ 之内的任意常数. 假使我们设想一个这类振子的系综，所有体系都有同样的频率 ω 和振幅 A，但相位关系是随机的，使得 φ 在 φ 到 $\varphi + \mathrm{d}\varphi$ 之内的概率简单地由 $\dfrac{\mathrm{d}\varphi}{2\pi}$ 给出，求：在任何时刻 t，振子位移处在 x 到 $x + \mathrm{d}x$ 范围内的概率 $\mathscr{P}(x)\,\mathrm{d}x$.

第 3 章　多粒子体系的统计描述

第 3 章　多粒子体系的统计描述

上一章我们复习了基本的概率概念，现在就有条件从第 1 章中的定性讨论，转到用系统的定量理论来讨论大量粒子组成的体系了. 我们的目的是把统计描述与关于粒子的力学知识结合起来，正是这些粒子组成了宏观体系. 因此，所得出的理论就称为统计力学. 这个理论的推理都很简单，只用到了一些力学与概率的基本概念. 这一课题的好处正是在于：它的极其简单而显见的论证，能得出一些结果，这些结果具有深刻的普遍性与预测能力.

实际上，讨论宏观体系所用的论证，完全类似于讨论有关投掷硬币的熟知实验中所用的论证. 该实验的基本要点如下：

（ⅰ）指定体系状态

我们必须有一个方法，用来指明体系每一次实验的任意可能的结果. 例如，一组硬币的状态可以用指定每个硬币哪一面朝上的办法来加以描述.

（ⅱ）统计系综

我们对投掷硬币的精确方式了解得太少，远不能用力学定律对任意一次特定实验的结果做出唯一的预测. 因此我们对这种情况要采用统计描述. 我们不是要考察某一有关的特定硬币组，而是集中注意极大量类似的硬币组构成的系综，这些硬币组经受着同样的实验. 这样，我们就可以去寻求任意一个实验结果出现的概率. 这个概率是能测量的，办法是观察这一系综，并测定出现这个特定结果的体系在系综中占多大比例，我们理论的目的就是预测所有这样的概率.

（ⅲ）统计假设

为了推进理论，必须引入某些假设. 通常硬币密度是均匀的，在这种情况下，力学定律中没有任何内在的规律能推出硬币着地时有一个面比另一个面朝上的机会更多. 因此，我们引进一个“先验的”假设（其根据是我们的先验见解，而尚未为观察结果证实的）：认定硬币的两个面着地的概率是相等的. 这个假设显然是可以理解的，而且肯定不与任何力学定律抵触. 然而，要确定这一假设是正确的唯一办法是，用它做出一些理论预测，然后用实验观察来验证这些预测结果. 在这些预测一致被证实的限度内，我们就能满怀信心地承认这些假设的正确性了.

（ⅳ）计算概率

采用了基本假定，我们就能计算出所考虑的硬币组出现一些特定结果的概率. 我们也能算出各种有关的平均值. 于是就可以回答统计理论中所提出的有意义的全

部问题。

研究大量粒子组成的体系时，我们的考虑类似于上述解决硬币组问题的方式. 在下面的 4 节中，我们将把这一类似性讲得更清楚.

3.1　指定体系状态

对原子粒子的研究表明，这些粒子形成的任何体系都由量子力学定律描述. 这些定律的正确性已为不可胜数的实验事实所证实，因而将成为我们整个讨论的理论基础.

在量子力学的描述中，对一个体系作可能最精确的测量总是表明，它是处于一组分立量子态的某个态中，这组分立量子态是这个体系的特征. 因此，体系的微观状态就可以由确定体系所处的特定量子态来描述.

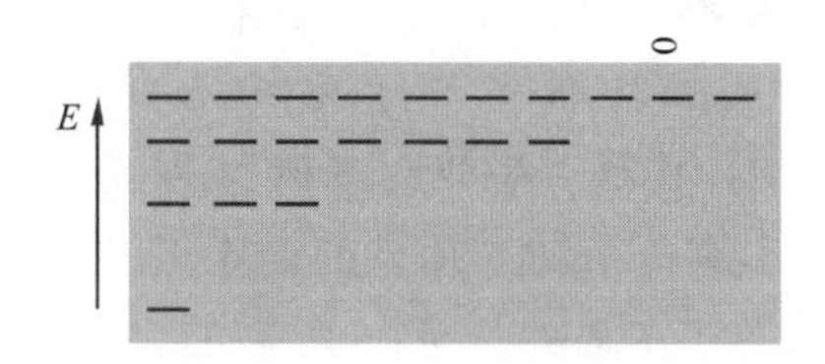

图 3.1　说明任意一个体系前几个能级的高度简化的能级图. 每条线表示体系的一个可能量子态，线的竖直位置表示体系处于这个状态的能量 E. 注意有许多个态具有相同的能量

孤立体系的每一个量子态都和体系能量的一个确定值联系，称为一个能级㊀（见图 3.1）. 体系的同一个能量，可以有多个量子态与之相应（这时我们就说这些量子态是简并的）. 每一个体系都有一个可能的最低能量，相应于这个最低能量，一般只存在一个可能的量子态；这个态称为体系的基态㊁. 此外，当然有许多（通常的确是无限多的）具有较高能量的许可态，这些态称为体系的激发态.

以上的叙述是完全普遍的，适用于任何体系，不管这些体系如何复杂. 可以用几个很有实际意义的简单例子来得到最好的说明.

【(i) 单个自旋】

考虑一个粒子，如果位置固定，自旋为 1/2，并具有磁矩为 μ_0. 按照 1.3 节所做的讨论，对任意特定方向来说，这个磁矩的取向要么“向上”，要么“向下”（即平行或反平行于特定方向）. 因此这个由自旋组成的体系只有两个量子态，我们将用量子数 σ 来标记它们. 于是，我们可用 $\sigma=+1$ 表示粒子磁矩向上的态，$\sigma=-1$ 表示磁矩向下的态（见图 3.2）.

㊀ 用分立能级来描述一个体系，氢原子可能是一个熟悉的例子. 这种原子在不同能量状态间的跃迁就引起原子所发射的锐谱线. 当然，用能级描述状态，同样适用于任何原子、分子或许多原子组成的体系.

㊁ 在有些情况下，也许有少量的几个量子态，其能量都等于体系的最低许可能量，那时就说体系的基态是简并的.

表3.1　单个自旋1/2，具有磁矩为μ_0，位于磁场B中的量子态．体系的每个态可以用指标r或用量子数σ标记．磁矩（沿着磁场所指的“向上”的方向）用M表示；体系总能量用E表示

r	σ	M	E
1	+1	μ_0	$-\mu_0 B$
2	−1	$-\mu_0$	$\mu_0 B$

如果粒子处在磁场B中，这个磁场就确定了这个问题中有物理意义的方向．磁矩平行于磁场取向时体系的能量将比反向平行时为低．这与磁棒处于外磁场中的情况类似．于是，磁矩向上时（即平行于磁场B），磁能就等于$-\mu_0 B$；反之，磁矩向下时（即反平行于场B）磁能就等于$\mu_0 B$．体系的两个量子态（或能级）就对应于不同的能量（见表3.1）．

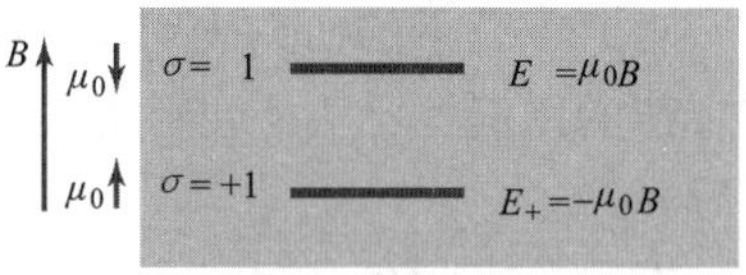

B　$\mu_0\downarrow$　$\sigma=\ 1$　$E\ =\mu_0 B$

$\mu_0\uparrow$　$\sigma=+1$　$E_+=-\mu_0 B$

图3.2　本图表示一个自旋1/2，具有磁矩μ_0，处在磁场$\boldsymbol{B}$中的两个能级．磁矩向上的态，即方向平行于$\boldsymbol{B}$，以$\sigma=+1$表示（或简单地用+表示）；磁矩向下的态用$\sigma=-1$（或简单地用−）表示

【(ⅱ) N个自旋的理想体系】

考虑N个粒子组成的体系，假定这些粒子的位置固定，每个粒子自旋为1/2并有磁矩μ_0，体系处于某一外加磁场B中．假定粒子间的相互作用几乎可忽略㊀．

每个粒子的磁矩对于磁场B来说，不是向上就是向下．则第i个磁矩取向可以用量子数σ_i的数值来确定，因而磁矩向上时$\sigma_i=+1$，磁矩向下时$\sigma_i=-1$．说明N个磁矩中每一个的取向，即逐一指明一组量子数$\{\sigma_1, \sigma_2, \cdots, \sigma_N\}$所取的数值，就可以确定整个体系的一个特定状态．因此我们可以逐一列举整个体系的所有可能的量子态，并用某个指标r加以标记．表3.2列出了$N=4$的特殊情况．体系的总磁矩就等于每个自旋的磁矩之和．因为这些自旋间的相互作用几乎可以忽略，体系的总能量也就等于各个自旋的能量之和．

【(ⅲ) 一维箱子中的粒子】

考虑一个质量为m的粒子，做一维自由运动．假定粒子被限制在长度为L的箱子中，从而粒子的位置坐标必须在$0\leqslant x\leqslant L$的范围内．在箱子内，粒子不受力的作用．

在量子力学描述中，每个粒子有伴随着它的波动性．因此，装在箱子里并在箱壁之间往复反射的粒子由驻波形式的波函数ψ来描述．这个波函数在箱子边界上的振幅必须等于零（因为ψ在箱子之外必须为零）㊁．于是波函数必有如下形式：

$$\psi(x)=A\sin Kx \tag{3.1}$$

㊀　这一假定表示，在任意一个粒子处，由其余粒子的磁矩产生的磁场实际上可以忽略．

㊁　波函数的物理意义是：$|\psi(x)|^2\mathrm{d}x$表示在x到$x+\mathrm{d}x$区域内有粒子的概率．

(其中 A 和 K 是常数) 并满足边界条件:

表 3.2　4 个自旋 1/2 组成的理想体系的量子态. 每个自旋的磁矩为 μ_0, 并处在磁场 B 中. 整个体系的每个量子态以指标 r 标记, 或等价地用 4 个数的集合 $\{\sigma_1, \sigma_2, \sigma_3, \sigma_4\}$ 来标记. 为简单起见, 符号 + 表示 $\sigma=+1$; 符号 − 表示 $\sigma=-1$, 总磁矩 (沿 B 所确定的"向上"方向) 以 M 表示; 体系总能量以 E 表示

r	σ_1	σ_2	σ_3	σ_4	M	E
1	+	+	+	+	$4\mu_0$	$-4\mu_0 B$
2	+	+	+	−	$2\mu_0$	$-2\mu_0 B$
3	+	+	−	+	$2\mu_0$	$-2\mu_0 B$
4	+	−	+	+	$2\mu_0$	$-2\mu_0 B$
5	−	+	+	+	$2\mu_0$	$-2\mu_0 B$
6	+	+	−	−	0	0
7	+	−	+	−	0	0
8	+	−	−	+	0	0
9	−	+	+	−	0	0
10	−	+	−	+	0	0
11	−	−	+	+	0	0
12	+	−	−	−	$-2\mu_0$	$2\mu_0 B$
13	−	+	−	−	$-2\mu_0$	$2\mu_0 B$
14	−	−	+	−	$-2\mu_0$	$2\mu_0 B$
15	−	−	−	+	$-2\mu_0$	$2\mu_0 B$
16	−	−	−	−	$-4\mu_0$	$4\mu_0 B$

$$\psi(0)=0,\ \psi(L)=0. \tag{3.2}$$

式 (3.1) 显然满足条件 $\psi(0)=0$. 为了使它再满足条件 $\psi(L)=0$, 常数 K 应当满足

$$KL=\pi n$$

或

$$K=\frac{\pi}{L}n, \tag{3.3}$$

其中 n 可取任意整数[⊖]

$$n=1,2,3,4\cdots. \tag{3.4}$$

式 (3.1) 中常数 K 是伴随着粒子的波数; 它通过下式与波长 λ (伴随着粒子的所谓的德布罗意波长) 有关:

$$K=\frac{2\pi}{\lambda}. \tag{3.5}$$

因此式 (3.3) 等价于

⊖ $n=0$ 的值是不恰当的, 因为它导致 $\psi=0$, 即箱子内不存在波函数 (或没有粒子). 从 n 的负整数值得不出特殊的新波函数, 因为 n 变号, K 也变号, 仅使式 (3.1) 中 ψ 变号, 而概率 $|\psi|^2\mathrm{d}x$ 保持不变. 因此由 n 的正整数值得出所有可区别的, 有形式 (3.1) 的波函数. 物理上, 这表示只有粒子动量的大小 $\hbar K$ 与讨论的问题有关, 由于粒子由器壁多次相继反射的结果, 这个动量取正取负的机会是相等的.

$$L = n\frac{\lambda}{2},$$

这就是熟知的驻波条件．即当箱子的长度等于半波长的整数倍时就得出驻波．

粒子的动量 p 通过著名的德布罗意关系式与 K（或 λ）有关：

$$p = \hbar K = \frac{h}{\lambda}, \tag{3.6}$$

其中 $\hbar \equiv h/2\pi$，h 是普朗克常量．粒子的能量 E 是它的动能，因为不存在外场引起的势能．因此 E 可以用粒子的速度 v 或动量 $p = mv$ 表示为

$$E = \frac{1}{2}mv^2 = \frac{1}{2}\frac{p^2}{m} = \frac{\hbar^2 K^2}{2m}. \tag{3.7}$$

K 取式（3.7）的各种许可值，就给出相应的能量

$$E = \frac{\hbar^2}{2m}\left(\frac{\pi}{L}n\right)^2 = \frac{\pi^2\hbar^2}{2m}\frac{n^2}{L^2}. \tag{3.8}$$

等效地，我们可以从波函数 ψ 的基本方程——薛定谔方程出发，以更加数学化的观点讨论整个问题．对于一维自由粒子，这个方程是

$$-\frac{\hbar^2}{2m}\frac{\partial^2\psi}{\partial x^2} = E\psi.$$

倘若能量 E 与 K 的关系为式（3.7），式（3.1）的函数就满足这个方程．波函数在箱子边界上必须为零的条件（3.2）又导致式（3.3），这样也导出能量表示式（3.8）．

因此，可用量子数 n 的许可值（3.4）确定箱子中粒子的可能量子态．这些态对应的分立能量即粒子的相应的能级由式（3.8）给出．

关系式（3.8）说明，只要箱子的长度 L 有宏观的大小，粒子相邻量子态之间的能量间隔就非常小．粒子最低许可能量，即基态能量相当于 $n = 1$ 的能量．注意这个基态能量不等于零[㊀]．

【(ⅳ) 三维箱子中的粒子】

很容易把前面的问题推广到一个粒子在三维箱子里作自由运动的情况．假设粒子被装在直角平行六面体形状的箱子里，箱子边长为 L_x，L_y 和 L_z．粒子的位置坐标 x，y，z 就可认为分别处于以下各范围内：

$$0 \leqslant x \leqslant L_x,\quad 0 \leqslant y \leqslant L_y,\quad 0 \leqslant z \leqslant L_z.$$

粒子质量为 m，在箱子里不受力的作用．

现在粒子的波函数表示一个三维空间的驻波．因而它的形式为

$$\psi = A\sin(K_x x)\sin(K_y y)\sin(K_z z), \tag{3.9}$$

㊀ 这个结论与海森伯测不准原理（$\Delta x \Delta p > \hbar$）一致．按照这个原理，限制在长度为 L 的线段内的粒子（从而 $\Delta x \sim L$），必有一个数量级为 $p \sim \hbar/L$ 的最小动量 p 与之相联系．因此箱子内粒子的最低许可能量是数量级为 $\frac{p^2}{2m} = \hbar^2/2mL^2$ 的动能．

其中常数K_x，K_y，K_z可以看作为某个矢量$\boldsymbol{K}$的三个分量，这个矢量K就是粒子的波矢量．按照德布罗意关系，粒子动量由

$$\boldsymbol{p}=\hbar\boldsymbol{K} \tag{3.10}$$

给出．因而p与$\boldsymbol{K}$（或波长λ）数值之间的关系与式（3.6）相同．因此粒子的能量由下式给出：

$$E=\frac{\boldsymbol{p}^2}{2m}=\frac{\hbar^2\boldsymbol{K}^2}{2m}=\frac{\hbar^2}{2m}(K_x^2+K_y^2+K_z^2). \tag{3.11}$$

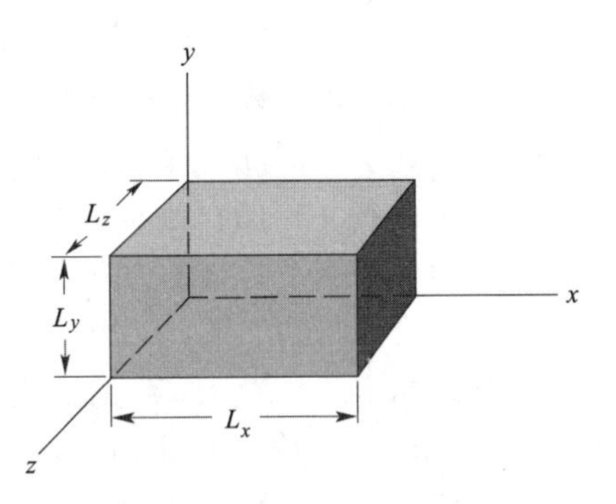

图3.3　边长为L_x，L_y和L_z的直角平行六面体状箱子

等价地，可以直接验证：倘使E与$\boldsymbol{K}$的关系由式（3.11）相联系，则式（3.9）中的ψ确实是三维自由粒子的与时间无关的薛定谔方程

$$-\frac{\hbar^2}{2m}\left(\frac{\partial^2\psi}{\partial x^2}+\frac{\partial^2\psi}{\partial y^2}+\frac{\partial^2\psi}{\partial z^2}\right)=E\psi$$

的解．

由ψ在箱子边界上必须为零的事实得出以下条件，即在平面

$$\begin{cases}x=0,\ y=0,\ z=0\\ x=L_x,\ y=L_y,\ z=L_z\end{cases} \tag{3.12}$$

上

$$\psi=0.$$

当$x=0$，$y=0$或$z=0$时，式（3.9）本来就等于零．为了使它在$x=L_x$，$y=L_y$或$z=L_z$时等于零，常数K_x，K_y，K_z必须分别满足条件：

$$K_x=\frac{\pi}{L_x}n_x,\ K_y=\frac{\pi}{L_y}n_y,\ K_z=\frac{\pi}{L_z}n_z; \tag{3.13}$$

其中每个n_x，n_y，n_z都可取任意正整数：

$$n_x,n_y,n_z=1,2,3,4,\cdots. \tag{3.14}$$

因此粒子的任一特定的量子态就可以由一组量子数$\{n_x,\ n_y,\ n_z\}$所取的数值来标定．相应的能量，按式（3.11）和式（3.13），等于

$$\boxed{E=\frac{\pi^2\hbar^2}{2m}\left(\frac{n_x^2}{L_x^2}+\frac{n_y^2}{L_y^2}+\frac{n_z^2}{L_z^2}\right).} \tag{3.15}$$

【(v) 箱中N个粒子的理想气体】

考虑N个粒子组成的体系，每个粒子的质量为m，装在前一例子所述的箱子里．假定粒子间的相互作用几乎可忽略，从而这些粒子组成理想气体．因此气体的总能量就等于各个粒子能量之和，即

$$E=\epsilon_1+\epsilon_2+\cdots+\epsilon_N, \tag{3.16}$$

其中ϵ_i表示第i个粒子的能量．和前一例子的情况一样，每个粒子的状态可用3个

量子数 n_{ix}，n_{iy}，n_{iz} 的数值来确定；其能量 ϵ_i 由类似于式（3.15）的表示式给出. 因此整个气体的每个许可量子态取决于 $3N$ 个量子数

$$\{n_{1x},n_{1y},n_{1z};n_{2x},n_{2y},n_{2z};\cdots n_{Nx},n_{Ny},n_{Nz}\}.$$

相应的能量由式（3.16）给出，求和中的每一项都有式（3.15）所示的形式.

前面的几个例子是量子力学描述的典型，用来说明本节开头所作的一般叙述. 我们的讨论可以归纳如下：一个体系的每一个可能的量子态都可以用 f 个量子数的某个集合来标定. f 称为体系的自由度数目，它等于描述体系所需要的独立坐标（包括自旋坐标）数[⊖]. 取定所有量子数的特定数值，体系的某个量子态就确定了. 为简单起见，每个这样的量子态可用某一个指标 r 来标记，从而各许可量子态就可按适当的次序 $r=1$，2，3，4，…来罗列和查点. 于是，关于体系的最详细的量子力学描述问题就用下面的表述来回答：

一个体系的微观状态可由说明体系所处的特殊量子态 r 来描述.

要完全精确地描述多粒子的孤立体系，必须考虑这些粒子间的全部相互作用，并应确定这个体系严格精确的量子态. 这个体系一旦处于某个精确的状态，以后它就应当永远停留在这个状态. 但是实际上没有一个体系真是这样绝对孤立而完全不与周围环境相互作用的；再者，力求这样精确地把粒子间的全部相互作用都严格地考虑进去，既不可能，又无实际用处. 因此，真正用于描述一个体系的量子态实际上总是它的近似量子态；我们在确定这些态时，只考虑粒子的全部重要力学性质，而忽略一些微小的次要相互作用. 已知初始时刻处在某一近似量子状态的体系，并不永远停留在这个态. 随着时间的推移，在微小的相互作用影响下，它将跃迁到其他的量子态（除掉那些按照力学定律所附加的已知限制不能跃迁到的态）.

氢原子为以上叙述提供了一个熟悉的例证. 通常用于描述这种原子的量子态就是只考虑原子核与电子间的库仑相互作用所确定的那些量子态. 于是原子和周围电磁场的次要相互作用会引起这些态之间的跃迁. 因而就发射或吸收电磁辐射，这就是观察到的光谱线.

孤立理想自旋体系或孤立理想气体为我们提供了更为恰当的例证. 如果这种体系中的粒子彼此完全不发生作用，那么本节例（ⅱ）或（ⅴ）中计算的量子态就是精确的，因而不发生跃迁. 但是这种情况不符合事实. 的确，我们曾谨慎地强调过，即使自旋体系或气体是理想的，构成体系的粒子间的相互作用只被认为几乎可以忽略，而不是完全可以忽略. 例如，在自旋体系中就存在微小的相互作用，因为每个磁矩都在它的相邻磁矩的位置上产生一个微小的磁场. 同样，气体中也存在微小的相互作用，因为每当气体的分子彼此充分靠近（因此彼此“碰撞”）时，一个粒子施加于另一个粒子的力就起作用了. 如果把这些相互作用考虑进去，则例

⊖　例如，在 N 个无自旋粒子的例子中，自由度数 $f=3N$.

（ⅱ）和（ⅴ）中计算的量子态就成为近似的量子态．那么相互作用效应就会引起这些态之间偶然发生的跃迁（这些相互作用的数值越小，这种跃迁就越少发生）．作为例子，考虑4个自旋的体系，其量子态列于表3.2中．假设已知这个体系原来处于状态｛＋－＋＋｝．由于自旋间微小相互作用的结果，在以后某一时刻，体系就以一个不等于零的概率出现于其他的状态，即不违背能量守恒条件而能达到的态，例如态｛＋＋－＋｝．

因为组成任何体系的原子和分子都由量子力学定律描述，因此确定体系状态的讨论就可以用量子概念给出．在适当的条件下，用经典力学描述体系有时是一种方便的近似．这种近似的用处与正确性将在第6章讨论．

3.2　统计系综

准确地知道了多粒子体系在某一时刻所处的特定微观状态后，原则上我们就可以应用力学定律尽可能详细地计算出这个体系在任一时刻的全部性质．不过，关于宏观体系通常我们并没有如此精确的微观知识可用，而且对这种过分细致的描述也不感兴趣．因而我们就用概率概念来讨论这种体系．我们将不研究有关的单个宏观体系，而是集中注意由大量这种体系所组成的系综，所有这些体系都满足同样的条件，这也就是我们研究的特定体系应满足的已知条件．于是我们可以就这个系综对体系作各种概率的陈述．

一个多粒子体系的完备的宏观描述，定义为体系的宏观状态，或宏观态．由于这种描述完全根据只需宏观测量就容易确定的物理量，因此关于体系中的粒子，这种描述只提供非常有限的信息．下面就是这些典型的信息：

（ⅰ）关于体系外参量的信息

体系的某些参量是宏观上可测量的，它们影响体系中粒子的运动．这些参量称为体系的外参量．例如，体系可能处于一个给定的外磁场 $\boldsymbol{B}$ 或一给定的外电场$\mathscr{E}$之中．由于这些场的存在也会影响体系中粒子的运动，$\boldsymbol{B}$ 或$\mathscr{E}$就是体系的外参量．类似地，假设某气体被装在边长各为 L_x，L_y 和 L_z 的箱子中，这样，气体的每个分子都必须在箱子的范围内运动．因此边长 L_x，L_y，L_z 就是该气体的外参量．

因为外参量影响体系中粒子的运动方程，它们必定也会影响这些粒子的能级．所以体系每个量子态的能量通常是体系外参量的函数．例如，在自旋体系的情况下，表3.1明显地表示出：量子态的能量与外磁场 $\boldsymbol{B}$ 的数值有关．类似地，在粒子被装在一只箱子里的情况中，式（3.15）明显地表示出，由量子数 $\{n_x, n_y, n_z\}$ 确定的任意一个量子态所具有的能量与箱子的边长 L_x，L_y，L_z 有关．

因此，关于体系所有外参量的知识可用于决定体系量子态的实际能量．

（ⅱ）关于体系初始制备的信息

鉴于力学中的一些守恒定律，一个体系的初始制备就意味着对体系中粒子以后运动的某些限制．例如，假定我们处理这样的一个体系：它是孤立的，因而不与其他体系相互作用；力学定律就要求这个体系的总能量（即体系所有粒子的总动能和势能）保持为常数．原来为了观察而制备时，这个体系必定有某个总能量，这个总能量可以在某个有限的精度内确定，即可以知道这个能量在 E 和 $E+\delta E$ 的某个小区域内．这样，能量守恒可以推出体系的总能量必须总是处在 E 和 $E+\delta E$ 之间．由于这一限制，体系就只能出现在能量位于此范围之内的量子状态㊀.

当体系处于某些量子态中时，不会违反关于体系的信息所加的任何条件；我们就称这些量子态为体系的可到达态．因此，按照关于体系的信息选取的统计系综，所包含的体系都必须处于它们的可到达态中．正如前面所说，确定大量粒子组成体系的宏观态，只给体系提供极有限的信息．如果知道某体系处在一个给定的宏观态中，那么体系的可到达量子态的数目一般是非常大的（因为体系中的粒子数非常大)。例如，对于一个只知道能量在 E 和 $E+\delta E$ 之间的孤立体系，所有能量在这个范围内的量子态都是体系的可到达态.

就不和其他体系相互作用以交换能量的意义上说，讨论孤立体系的情况在概念上是最简单的㊁．假设这样一个孤立体系的宏观量是由它的外参量数值和已知能量所在的特定的小范围所确定的．那么，这些信息就分别决定了体系各种量子态的能量和体系实际上可到达的量子态的子集合.

以上论述的基本内容，可以用包含极少量粒子的一些体系为例，作最简单的说明：

【例（ⅰ）】

考虑某一体系有4个自旋1/2（每个自旋的磁矩为 μ_0），处在外磁场 $\boldsymbol{B}$ 中．可能的量子态及与之相关联的能量如表3.2所列．假定这个体系是孤立的，并且知道它的总能量等于 $-2\mu_0 B$．于是体系就处于下列4个可到达态的任一态中：

$$\{++\,+-\},\{++-+\},\{+-++\},\{-+++\}.$$

【例（ⅱ）】

考虑一体系 A^*，它由两个子系 A 和 A'组成，A 和 A'可以微弱地相互作用因而彼此交换能量．体系 A 由3个自旋1/2组成，每个自旋的磁矩为 μ_0．体系 A'由2个自旋1/2组成，每个自旋的磁矩为 $2\mu_0$．体系 A^* 处于外磁场 $\boldsymbol{B}$ 中．体系 A 沿

㊀ 在某些情况下，也许还要考虑其他的限制，如总动量守恒所加的限制．尽管如此，但由于下述理由，这种限制通常并不重要：在大多数实验室里做实验的情况下，可以想象，我们所考察的体系总是在某个“容器”内，这个容器是固定在实验室的地板上的，因而也就是固定在质量巨大的地球上．虽然地球在获得可忽略的能量的同时可以从体系吸收任意数量的动量．但体系中粒子和容器的任何碰撞仅对地球的速度产生几乎可忽略的变化．（这和皮球从地球上反跳起来的情况类似．）在这些情况下，尽管能量保持为常数，但对体系可能有的动量就没有限制．因此这样的体系从能量转换来看可以认为是孤立的，而对于动量转换则不是孤立的.

㊁ 任何一个不孤立的体系可以作为一个更大的孤立体系的一部分来处理.

磁场 $\boldsymbol{B}$ 方向的总磁矩用 M 表示，A′在这个方向的总磁矩用 M' 表示. 自旋间的相互作用被认为是几乎可以忽略的，因而整个体系 A^* 的总能量 E^* 由下式给出

$$E^* = -(M+M')B.$$

体系 A^* 由5个自旋组成，因此，总共有 $2^5=32$ 个可能的量子态. 其中每一个都可以用5个量子数来标记，3个量子数 σ_1，σ_2，σ_3 说明体系A的3个磁矩的取向，两个量子数 σ_1'，σ_2' 说明体系A′两个磁矩的取向. 假定已知孤立体系 A^* 的总能量 E^* 等于 $-3\mu_0 B$. 于是 A^* 必须处于表3.3所列的5个可到达态的任一个态中，这些态不违背总能量为 $-3\mu_0 B$ 的条件.

表3.3　当体系 A^* 在磁场 B 中的总能量为 $-3\mu_0 B$ 时所有可到达态，按某一指标 r 标号列举如上. 体系 A^* 由子系A（有3个自旋1/2，每个自旋的磁矩为 μ_0）和子系A′（有两个自旋1/2，每个自旋的磁矩为 $2\mu_0$）所组成.

r	σ_1	σ_2	σ_3	σ_1'	σ_2'	M	M'
1	+	+	+	+	−	$3\mu_0$	0
2	+	+	+	−	+	$3\mu_0$	0
3	+	−	−	+	+	$-\mu_0$	$4\mu_0$
4	−	+	−	+	+	$-\mu_0$	$4\mu_0$
5	−	−	+	+	+	$-\mu_0$	$4\mu_0$

给一个宏观体系以统计描述的任务，现在可以非常准确地加以陈述. 在这种体系的统计系综中，已知每个体系都处于它的一个可到达的量子态中. 因此，我们就想预言体系处于某一给定可到达态的概率. 特别是体系的各种宏观参量（例如它的总磁矩或它所产生的压强）所具有的数值取决于这个体系的特定量子态. 知道了体系处于任意一个可到达态中的概率，我们应能回答下列物理上有意义的问题：体系的任意一个参量取某一特定值的概率是多少？这样一个参量的平均值是多少？它的标准偏差又是多少？

3.3　统计假设

为了做出有关各种概率和平均值的理论预测，我们必须引进若干统计假设. 因此让我们考察一下孤立体系（有给定的外参量）的简单情况. 已知体系的能量处于 E 和 $E+\delta E$ 之间的小范围内，正如早已说过那样，这个体系可处于大量可到达态的任一态中. 集中注意这些体系的统计系综，关于在任意一个可到达态中找到体系的概率我们能说些什么呢？

为了说明这个问题，我们要利用一些类似于1.1节和1.2节中所用的简单物理论证. 那里我们考虑过理想气体的例子，讨论箱子里的分子在空间可能位置上的分布. 类似地，现在我们将用更加抽象的普遍论证处理系综中的体系在可到达态之间的分布. 因此我们的讨论就容易导出作为统计理论基础的普遍假设的公式.

首先让我们研究一下这样一种简单的情况：已知所考虑的体系在某一时刻以相等的概率处于每一可到达态中．换句话说，我们考虑的是这样一种情况，即已知统计系综中的体系于某一时刻在所有可到达态上的均匀分布．此后，随着时间的推移将会发生什么情况呢？处于某一给定态的体系当然不会永远停留在这个态；如我们在3.1节末尾所期望的，它将在各种可到达态间不断地跃迁．因此这个情况是一个动力学的问题．但是在力学规律上没有什么本质的东西使得一个体系的某一可到达态比另一其他的态更为优越．因此随着时间的推移，当我们注视这个体系的系综时，我们不能期望可到达态的某一特殊子集合中的体系数目会变小而另一可到达态子集合中的数目会变大㊀．的确，把力学定律应用于孤立体系的系综，就能清楚地表明，如果体系初始时刻在所有可到达态上均匀地分布，以后它们将永远保持均匀分布在这些态上㊁．因此这样一个均匀分布就保持着而不随时间变化．

【例】

为了作一个极为简单的说明，可以回顾一下3.2节中的例（ⅰ）．那里我们处理过总能量为 $-2\mu_0 B$ 的4个自旋组成的体系．假定在某一时刻这个体系以相等的概率处于它的4个可到达态中的一个

$$\{+++-\},\{++-+\},$$
$$\{+-++\},\{-+++\}.$$

按前面的论证，在力学规律中没有什么本质上的东西能使得这4个态中某一个态比任何别的态更为优越．因此，我们不能期望在后来的某一时刻体系更可能处于4个可到达态的一个特殊态中，[比如说 $\{+++-\}$]，而不是处于任一其他态．因此，我们所注意的状况，不会随时间变化．于是体系继续以相等的概率处于4个可到达态的每一个态中．

于是前面的论证就导出下述关于孤立体系系综的结论：如果这一系综的体系在其可到达态间均匀地分布，那么这个系综就与时间无关．用概率的术语，可陈述如下：如果一孤立体系以相等的概率处于它的每一可到达态中，则每一个态中找到体系的概率就与时间无关．

一个孤立体系，如果在每一可到达态中找到它的概率与时间无关，按定义，就说它处于平衡．在这种情况下，体系每一个可观测的宏观量的平均值当然也与时间无关㊂．依照这一平衡的定义，前节的结论就可以用下面的表述来概括：

㊀　这种论证，只不过是1.1节中讨论理想气体所用证论的一种更普遍的说法而已．若初始时刻气体分子在整个箱子里均匀分布，气体不会随时间的推移而有选择地把自己集中到箱子的一部分，因为在力学规律上没有什么理由使得箱子的一部分比另一部分更为优先．

㊁　这个结果是所谓"刘维尔定理"的推论．刘维尔定理的证明要求高深的力学知识，已超出本书的水平．可参考R. C. Tolman，*The Principles of Statistical Mechanics* 第3章和第9章（Oxford University Press，Oxford，1938）．

㊂　的确，为了从实验上确定体系处于平衡，就要证实所有可测量的宏观参量平均值都与时间无关．然后推断在任意态中找到体系的概率与时间无关，因而体系处于平衡．

如果一个孤立体系等概率地处于每一个可到达态中,则这个体系就处于平衡. (3.17)

下面我们来研究普遍的情况，已知所考虑的体系在某一初始时刻处在实际可到达态的某一子集合中，这时体系的统计系综就将包括可到达态的某一子集合中的许许多多体系，而不包括其余可到达态中的体系，随着时间的推移会出现什么情况呢？如前所述，在力学规律上没有什么本质上的东西会使一些态比另外一些态更有优越性. 按照定义，可到达态也就是这样一些态：力学定律不施加任何限制，阻止体系处于这些态. 所以系综中的体系极不可能避开其他同等可以到达的状态而长久地停留在初始时刻所处的态的子集合中㊀. 的确，由于组成体系的粒子间的微小相互作用，随着时间的推移，体系将不断地在所有的可到达态之间跃迁. 结果，系综中每个体系最后将基本上经过所有可能处于其中的状态. 这些不断跃迁的总效果与对一付扑克牌反复洗牌的效果类似. 如果洗牌继续足够长的时间，纸牌就会混杂到这样的程度，使每张牌以同等的可能性占据扑克牌中任意一个位置，而与扑克牌最初如何排列无关. 类似地，对体系的系综来说，我们预期体系最后将均匀地（即无规地）在所有可到达态间分布㊁. 一旦达到这样一种状况，按照表述（3.17），分布就将继续保持其均匀性. 最后这一状况就对应于和时间无关的平衡状况.

因此上述论证所得的结论可概括如下：

如果孤立体系不是等概率地处于每一可到达态中，则这个体系就不处于平衡. 因此它就随时间变化，直至最后到达以相等概率处于每一可到达态的平衡状况. (3.18)

注意这个结论类似于第 1 章的表述（1.7）. 只不过这里是用更准确和更一般的术语把一个独立体系的趋向明确地表达了出来而已.

【例】

上述讨论可以再用前面的 4 个自旋的独立体系的例子来说明. 假设这个体系已经这样制备，即最初明确地处于 {+ + + −} 态. 因而体系的总能量就是 $-2\mu_0B$ 并在数值上保持恒定. 然而另外的 3 个态 {+ + − +}，{+ − + +}，{− + + +} 也具有这个能量，因此同样是体系的可到达态. 的确，由于磁矩间微小相互作用的结果，会发生一个磁矩从“向上”的方向跳到“向下”的方向，而另一个磁矩产生相反的过程（当然总能量保持不变）. 由于任意一个这样的过程，体系就从某一个初始的可到达态过渡到另一个可到达态. 在多次重复这类跃迁过程后，体系最终将以相等的概率处在 4 个可到达态

㊀ 现在用量子态间跃迁进行的讨论只是 1.2 节对理想气体情况所用论证的一个推广. 当所有气体分子都处于箱子左边时，所产生的情况就极为不同，分子会很快地分布到整个箱子中.

㊁ 借助于统计描述中所固有的若干假设，这个预期可以作为所谓的“H 定理”的结果而从力学定律推出。H 定理的简单证明和进一步的引证可查阅 F. Reif, *Fundamentals of Statistical and Thermal Physics*. Appendix A. 12（McGraw-Hill Book Company, New York, 1965）.

{ + + + − }，{ + + − + }，{ + − + + }，{ − + + + }

的任一态中.

我们将采用表述（3.17）和（3.18）作为统计理论的基本假设. 表述（3.17）和（3.18）确实都可以从力学定律推演出来，表述（3.17）是严格的，而表述（3.18）则要借助于某些假设的帮助. 表述（3.18）特别重要，因为由它可导出下面的论断：

如果一孤立体系处于平衡，它就等概率地出现在每一个可到达态中.	(3.19)

这个表述是表述（3.17）的逆表述. 表述（3.19）的正确性直接由表述（3.18）而来. 的确，如果表述（3.19）的结论是错误的，从表述（3.18）就可以推断表述（3.19）的前提已被破坏.

最简单的统计状况显然是与时间无关的状况，即处于平衡的孤立体系的状况. 在这种情况下，关于在每一个可到达态中找到体系的概率，表述（3.19）做出了明确的论断. 因此表述（3.19）是一个我们可以赖以建立整个宏观体系平衡理论的基本假设，平衡统计力学理论的这一基本假设有时称为先验概率相等假设. 注意这个假设极为简单. 的确，它完全类似于投掷硬币实验中所用的简单假设（指定正反两面有相等的概率）. 当然，假设表述（3.19）的正确性最终只能通过由它给出的预期结果与实验观察的比较来确定. 由于根据这一假设计算的大量结果与实验符合得很好，可以很有把握地承认这个假设的正确性.

当我们处理确实随时间变化的统计状况，即不处于平衡的体系时，理论问题就变得复杂得多. 这种情况下，我们做过的唯一普遍论述包含在表述（3.18）中. 这个假设对体系变化的方向做了判断（即这个方向是体系趋向于在所有可到达态上均匀统计分布的平衡状况）. 然而，关于体系到达其最终平衡情况所需的实际时间（所谓弛豫时间），这个假设没有提供任何信息。这个时间可以短于1μs，也可以长于1个世纪，这取决于体系粒子间相互作用的具体性质以及体系在可到达态间由于相互作用而真实发生跃迁的频率. 因此，非平衡状况的定量描述就变得很困难，因为它要求详细分析每个态中找到体系的概率如何随时间变化. 相反，涉及体系处于平衡的问题只要求使用先验概率相等的简单假设即表述（3.19）.

【关于平衡论证适用性的附注】

应该指出，实际上理想的平衡概念是相对的. 需要进行比较的总是在弛豫时间 τ_r（体系从最初不处于平衡到趋向平衡所需要的特征时间）和所讨论的实验中有意义的时间 τ_e。

例如，设想图3.4中的活塞突然向右拉，到达平衡并且全部气体在整个箱子范围内均匀分布，大约要用 10^{-3}s 的时间. 因此 $\tau_t \sim 10^{-3}$s. 现在假定更改上述实验，

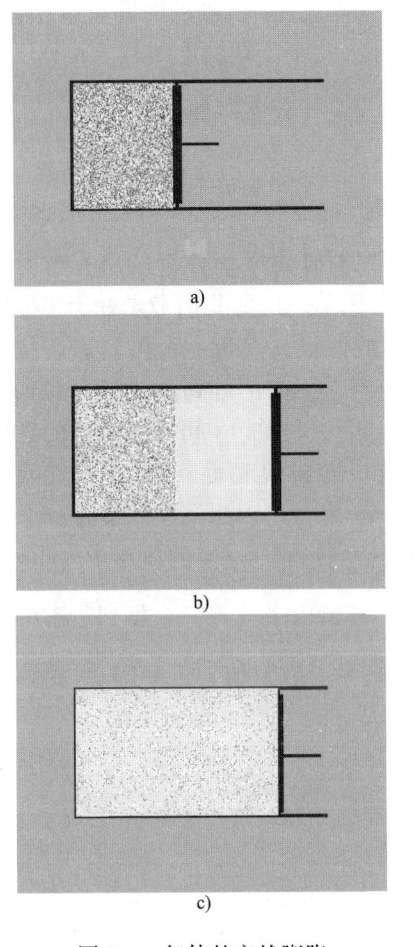

a)

b)

c)

图 3.4　气体的突然膨胀

a）初始状况　b）活塞移动后瞬间的状况　c）最终状况

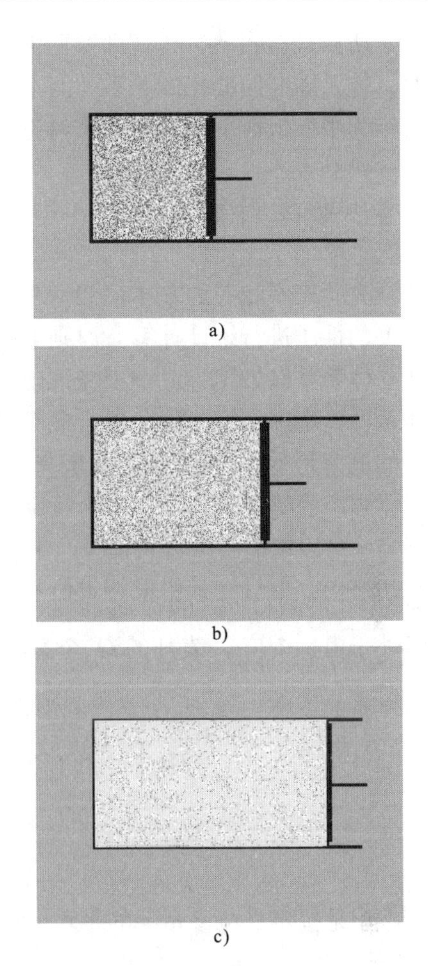

a)

b)

c)

图 3.5　气体的缓慢（准静态）膨胀

a）初始状况　b）中间状况　c）最终状况

如图 3.5 所示，我们缓慢地将活塞移向右边，以致用 $\tau_e = 100\text{s}$ 的时间才移完. 严格地说在这段时间内气体不处于平衡，因为它的体积在变化. 但因 $\tau_e >> \tau_r$，在任一瞬间分子都有足够的时间能够变为基本上均匀地分布于该时刻的整个可到达的体积内. 如果假想活塞真的在任一瞬间停下来，这时气体中的状况实际上就保持不变. 因此，气体实际上可以看作是始终处于平衡.

作为另一极端 $\tau_e << \tau_r$ 的例子，考虑一缓慢生锈的铁片. 它将在 $\tau_r = 100$ 年的时间内完全变成氧化铁. 严格地讲，这又不是一个平衡的情况. 但在实验观察 τ_e 的范围内，比如说 $\tau_e = 2$ 天；如果假设在这段时间内生锈被阻止，（例如去掉周围氧气），这个情况将实际上不变. 因此铁片就处于严格的平衡中. 这样，铁片实际上又可以用平衡的论点来讨论.

所以只有当$\tau_e \sim \tau_r$（即实验上有意义的时间与到达平衡所需的时间可以相比）时，体系随时间变化的关系才有本质上的意义. 那么这个问题就更困难，并且不能归结为平衡或准平衡的状况来讨论.

3.4 概率计算

先验概率相等的基本假设（3.19）使我们可以对任意平衡体系的所有与时间无关的性质进行统计计算. 原则上，这样的计算很简单. 例如我们考虑处于平衡的孤立体系并以Ω表示可到达态的总数. 按照我们的假设，在每一个可到达态找到体系的概率都相等，因此这个概率就等于$1/\Omega$.（当然，在不可到达状态中找到体系的概率是零）. 现在假定我们关心体系的某个参量y，例如，y可以是体系的磁矩或压强. 当体系处于任意一个特定的状态时，参量y相应地取某一确定值. 让我们列出y可以取的各种许可值㊀，并以y_1，y_2，…，y_n表示. 因此，在体系的Ω个可到达态中，参量在其中取特定值y_i的就有Ω_i个态. 参量取y_i值的概率P_i就是体系处于由这个值y_i表征的Ω_i个态的概率. 于是，P_i就由$\frac{1}{\Omega}$（在一个可到达态中找到体系的概率）对Ω_i个态求和而得，在这Ω_i个态中y取数值y_i；亦即P_i就等于Ω_i乘上在每一个可到达态中找到体系的概率$\frac{1}{\Omega}$. 因此㊁

$$\boxed{P_i = \frac{\Omega_i}{\Omega}.} \tag{3.20}$$

于是按定义，参量y的平均值由下式给出：

$$\bar{y} \equiv \sum_{i=1}^{n} P_i y_i = \frac{1}{\Omega}\sum_{i=1}^{n} \Omega_i y_i, \tag{3.21}$$

其中求和运算对y的所有许可值进行. y的弥散可用类似的方法计算. 这样一来，所有的统计计算基本上就像讨论投掷一组钱币中的那样简单.

【例（i）】

再考虑4个自旋的体系，其状态列于表3.2中. 假定已知这个体系总能量为$-2\mu_0 B$. 如果体系处于平衡，它就以相等概率处于4个态的每一个态中，

$$\{++\,+-\},\{++-+\},\{+-++\},\{-+++\}.$$

㊀ 如果参量的许可值不是分立，而是连续的，我们总可以像2.6节那样把y许可值的范围细分为许多个有固定大小δy的极小间隔，因为这些间隔可数，并可用某一个指标i来标记，因此我们可以简单地用y_i表示参量在第i个间隔所取的值. 这样，就化为y的许可值是分立和可数的问题.

㊁ 式（3.20）之所以这么简单是因为我们的基本假设断定体系以相等的概率出现于每一个可到达态中. 在有$\mathcal{N}$个体系的系综中，$y=y_i$的体系数目为$\mathcal{N}_i$，因此就正比于$y=y_i$的体系的可到达态数Ω_i，因此$P_i \equiv \mathcal{N}_i/\mathcal{N} \doteq \Omega_i/\Omega$.

集中注意这些自旋中的任意一个，比如说第一个．其磁矩向上的概率 P_+ 是什么？因为整个体系的 4 个等概率可到达态中有 3 个磁矩向上，这个概率就是 $P_+ = 3/4$.

这个自旋在外磁场 $\boldsymbol{B}$ 方向的平均磁矩是什么？因为在 3 个可到达态中磁矩是 μ_0，在一个可到达态中是 $-\mu_0$，平均值即为

$$\overline{M} = \frac{3\mu_0 + (-\mu_0)}{4} = \frac{1}{2}\mu_0.$$

顺便指出，在这个体系中一个给定自旋，其磁矩向上或向下并不是等概率的；即它并不以相等概率处于它的两个可能态中的每一个．当然，这个结果并不与基本的统计假设矛盾，因为这样一个个别的自旋并不是孤立的而是一个较大体系的一部分，在这个体系中它自由地与其他自旋相互作用并交换能量.

【例（ⅱ）】

考虑表 3.3 中所讨论的自旋体系．已知这个体系总能量为 $-3\mu_0 B$，假定它处于平衡中．因此体系就以相同的可能性处于 5 个可到达态的每一个中．作为例子，让我们集中注意由 3 个自旋组成的子系，并以 M 表示沿磁场 $\boldsymbol{B}$ 方向的总磁矩．应看到 M 可以取两个可能值 $3\mu_0$ 或 $-\mu_0$，因此它取每个值的概率 $P(M)$ 可直接由表查到．于是有

$$P(3\mu_0) = \frac{2}{5}$$

和

$$P(-\mu_0) = \frac{3}{5}.$$

M 的平均值就由下式给出：

$$\overline{M} = \frac{2(3\mu_0) + 3(-\mu_0)}{5} = \frac{3}{5}\mu_0.$$

上述几个例子是极其简单的，因为它们处理很少几个粒子组成的体系．然而它们说明了对于任何处于平衡的体系的概率和平均值的一般计算程序，不管这个体系有多么复杂；差别只是在宏观体系由极为大量粒子组成的情况下，用一个参量特殊数值表征的可到达态的计数，可能成为一个更困难的任务．因此，实际上的计算也许相应地要复杂些.

3.5　宏观体系的可到达状态数

前 4 节包含了平衡宏观体系的定量统计理论及体系向平衡态趋近的定性讨论所必需的所有基本概念．本章余下的几节，我们将用来熟悉这些概念的意义，说明它们如何给第 1 章中引入的若干定性观念以准确的描述．这些预备知识将为我们做好准备，以便在本书余下的部分系统而详尽阐述这些概念.

正如我们所注意到的，一个平衡体系的性质可以通过各种条件下体系可到达状

态数目的计算来推算．虽然这个计算问题可能变得很困难，实际上通常还是可以设法解决问题的．物理学中常常有这样的情况，如果我们力求获得理解而不去盲目地尝试计算，这就容易取得进展．尤其是在现在的情况下，主要的是认识任何大量粒子组成体系的可到达态的数目所显示的若干普遍性质．由于这些性质的定性处理和某些近似估计就完全足够了，因而相当粗糙的论证就足以达到我们的目的．

考虑一个宏观体系，其外参量是给定的，从而它的能级是确定的．我们用 E 表示这个体系的能量．为便于数出状态的数目，我们将能量的标度细分为许多有固定数值 δE 的微小间隔，并按此将状态分组．假定按照宏观尺度，δE 是极为微小的（即与体系的总能量相比是极为微小的，并且与其能量的任何宏观测量的预期精度相比也是微小的）．另一方面，按照微观尺度，δE 又很大（即远大于体系中单个粒子的能量，因此也远大于体系相邻能级间的能量间隔）．因此任意一个能量间隔 δE 都包含着体系非常多的可能量子态．引进符号

$$\Omega(E) \equiv \text{能量在 } E \text{ 和 } E+\delta E \text{ 间隔内的状态总数.} \tag{3.22}$$

状态数 $\Omega(E)$ 取决于在讨论问题时取作细分间隔 δE 的数值．因为 δE 宏观上是极微小的，$Q(E)$ 必定正比于 δE，也就是说，可将它记为[⊖]

$$\Omega(E) = \rho(E)\delta E, \tag{3.23}$$

其中 $\rho(E)$ 与 δE 的大小无关．［量 $\rho(E)$ 称为态密度，因为它等于在给定能量 E 处单位能量范围内的状态数．］因为间隔 δE 包含非常多的态，在从一个能量间隔进入相邻的间隔时 $\Omega(E)$ 仅改变它本身的微小的一部分．因此 $\Omega(E)$ 可以看作能量 E 的光滑变化的函数．我们关心的是要考察 $\Omega(E)$ 随宏观体系能量 E 变化的灵敏程度．

顺便指出，如果我们知道

$$\Phi(E) \equiv \text{能量小于 } E \text{ 的状态总数,} \tag{3.24}$$

就可以求出 $\Omega(E)$．能量在 $E+\delta E$ 之间的状态数 $\Omega(E)$ 于是就简单地由下式给出：

$$\Omega(E) = \Phi(E+\delta E) - \Phi(E) = \frac{\mathrm{d}\Phi}{\mathrm{d}E}\delta E. \tag{3.25}$$

在讨论宏观体系的情况中 $\Omega(E)$ 的普遍性质之前，以单个粒子组成的极为简单的体系为例说明状态数 $\Omega(E)$ 如何计算，将是有益的．

【例（ⅰ）一维箱子里的单粒子】

考虑一个质量为 m 的自由粒子，在长度为 L 的一维箱子里运动．按照式(3.8)，这个体系的许可能级为

⊖ 当我们讨论连续的概率分布时，这里的情况就和2.6节所遇到的相似．状态数 $\Omega(E)$ 必须在 δE 趋向于零时等于零，并必须可按 δE 的幂表示为泰勒级数．当 δE 足够小时，这个级数简化为式（3.23），因为那时 δE 的高次幂项可以忽略．

$$E = \frac{\hbar^2}{2m}\frac{\pi^2}{L^2}n^2 \tag{3.26}$$

其中 $n=1, 2, 3, 4\cdots$，如果 L 有宏观的大小，n^2 的系数就极微小．因此，对于通常有意义的能量，量子数 n 就非常大㊀．由式（3.26），对给定的能量 E，有 n 的值为

$$n = \frac{L}{\pi\hbar}(2mE)^{1/2}. \tag{3.27}$$

因为相邻的量子态相应于 n 的数值差 1，因此能量小于 E 或量子数小于 n 的量子态总数 $\Phi(E)$ 就等于 $(n/1)=n$．于是

$$\Phi(E) = n = \frac{L}{\pi\hbar}(2mE)^{1/2}. \tag{3.28}$$

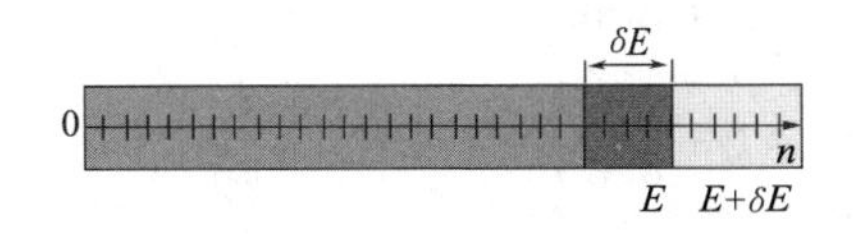

图 3.6　线上的点表示在一维箱子里单粒子态的量子数 n 的各种可能值 $n=1, 2, 3, 4\cdots$．能量 E 和 $E+\delta E$ 所对应的 n 值由竖直线表示．浅色区域包含所有粒子能量小于 E 的 n 值．深色区域包含所有能量在 E 和 $E+\delta E$ 之间的所有 n 值

相应地，式（3.25）给出㊁：

$$\Omega(E) = \frac{L}{2\pi\hbar}(2m)^{1/2}E^{-1/2}\delta E. \tag{3.29}$$

【例（ii）在三维箱子里的单粒子】

考虑一个单粒子，质量为 m，在三维箱子里自由运动的．为简单起见，假定箱子是边长为 L 的正立方体，于是该体系的许可能级就由式（3.15）给出，其中 $L_x = L_y = L_z = L$；因而

$$E = \frac{\hbar^2}{2m}\frac{\pi^2}{L^2}(n_x^2 + n_y^2 + n_z^2), \tag{3.30}$$

其中 $n_x, n_y, n_z = 1, 2, 3, \cdots$．以 n_x, n_y, n_z 为 3 个垂直坐标轴确定的“数空间”中，这 3 个量子数的许可值用图来表示就落在边长为 1 的立方体中心，如图 3.7 所示．和前一例子一样，对于处在宏观箱子里的分子，这些量子数通常是非常大的，由式（3.30）得出：

$$n_x^2 + n_y^2 + n_z^2 = \left(\frac{L}{\pi\hbar}\right)^2(2mE) \equiv R^2.$$

对于给定的一个 E 值，满足这一方程的 n_x, n_y, n_z 的数值处于图 3.7 中半径为 R 的球面上，其中

㊀ 例如：设 $L=1\text{cm}$，一个氮分子的质量 m 由式（1.29）给出，$m \sim 5\times10^{-23}\text{g}$，这个系数约为 10^{-39}J．但是，室温时这样一个分子的平均能量按式（1.28）为 10^{-21}J 的数量级．因此式（3.26）为 n 得出了 10^9 数量级的一个典型值．

㊁ 因为 n 很大，n 改变 1 仅对 n 或 E 产生可忽略的微小改变．因此，n 或 E 仅取分立值的事实就显得不重要，从而这些变量可以当作连续的处理．所不同的只是必须考虑到 n 的任何期待值的改变与 1 相比总是很大，从而 $dn>1$，但在 $dn \ll n$ 的意义上又是很微小的．

$$R = \frac{L}{\pi \hbar}(2mE)^{1/2}.$$

于是能量小于 E 的状态数 $\Phi(E)$ 就等于这个球面内具有正 n_x，n_y 和 n_z 值的单位立方体数目；即它正好等于半径为 R 的球体的 1/8 体积．因此

$$\Phi(E) = \frac{1}{8}\left(\frac{4}{3}\pi R^3\right) = \frac{\pi}{6}\left(\frac{L}{\pi \hbar}\right)^3 (2mE)^{3/2}. \tag{3.31}$$

按照式（3.25），于是能量在 E 和 $E+\delta E$ 之间的状态数就为

$$\Omega(E) = \frac{V}{4\pi^2 \hbar^3}(2m)^{3/2} E^{1/2} \delta E, \tag{3.32}$$

其中 $V = L^3$ 是箱子的体积．

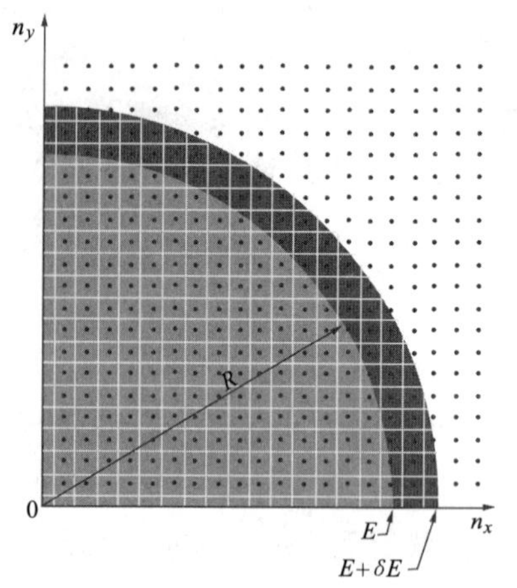

图 3.7　二维图上的点表示确定三维单粒子态的量子数的各种可能值 n_x，n_y，n_z = 1，2，3，4⋯．（n_z 轴离开纸面朝外）．相应于能量 E 和 $E+\delta E$ 的 n_x，n_y，n_z 值位于被指明的球面上．浅色区域包含粒子能量小于 E 的所有 n 值．深色区域包含能量处于 E 和 $E+\delta E$ 之间的所有 n 值

现在让我们做一个大致的数量级估计，以便求出状态数 $\Omega(E)$［或与之相当的 $\Phi(E)$］与多粒子宏观体系能量 E 的粗略关系．任何这样的体系都可以用某一组 f 个量子数来描述，f 是体系的自由度数，它有阿伏伽德罗常量的量级．每一个量子数，都对体系的总能量 E 有一定的贡献 ϵ．我们用 $\varphi(E)$ 表示当一个量子数的伴随能量小于 ϵ 时，这个量子数许可值的总数．因此当 ϵ 取它的最低许可值 ϵ_0 时，φ 等于 1（或数量级为 1）且必定随 ϵ 的增加而显著地增加（虽然在特殊情况下它可以趋向恒定值）㊀．通常我们期望 φ 大致与能量（$\epsilon - \epsilon_0$）成正比．因此可以写出近似关系，

$$\text{正常情况}\ \varphi(\epsilon) \propto (\epsilon - \epsilon_0)^{\alpha},\ \text{其中}\ \alpha \sim 1. \tag{3.33}$$

亦即 α 是某一个数量级为 1 的数㊁．

现在考虑整个体系有 f 个自由度．它的总能量 E（这个体系所包含的全部粒子的动能和势能之总和）是伴随它的所有自由度的能量之总和．因此能量 E 的数值（减去最低许可值 E_0 的剩余部分）应大致是每个自由度的平均能量 ϵ（减去最低许可值 ϵ_0 的剩余部分）的 f 倍．因此

㊀ 如果一个体系具有总数有限的许可态，从而许可能量也有一个上限，就出现这种特殊情况．（这只有在忽略体系中粒子的动能只考虑自旋时才能发生．）所以，在这种情况下，在量 φ 开始时作为（$\epsilon - \epsilon_0$）的函数增加，后来必定为常数．

㊁ 例如，在用量子数描述单个粒子一维运动的情况下，由式（3.28）得出 $\varphi \propto \epsilon^{1/2}$．（最低的许可能量 ϵ_0 与 ϵ 比较可以忽略，因此基本上为零．）

$$E - E_0 \sim f(\epsilon - \epsilon_0). \tag{3.34}$$

这个体系的总能量小于或等于 E 时，其第一个量子数可近似地取 $\varphi(\epsilon)$ 个许可值，第二量子数可取 $\varphi(\epsilon)$ 个许可值……第 f 个量子数也可取 $\varphi(\epsilon)$ 个许可值. 这些量子数可能组合的总数，即总能量小于 E 的状态总数 $\Phi(E)$ 就是这样的乘积：由{第一个量子数的许可值数目}乘{第二个量子数的许可值数目}再乘{第三个量子数的许可值数目}，直至最后乘以{第 f 个量子数许可值数目}. 因此

$$\Phi(E) \sim [\varphi(\epsilon)]^f, \tag{3.35}$$

其中 ϵ 由式（3.34）与 E 相联系. 能量在 E 和 $E+\delta E$ 之间的状态数 $\Omega(E)$ 就由式（3.25）给出. 因此

$$\Omega(E) = \frac{d\Phi}{dE}\delta E - f\varphi^{f-1}\frac{d\varphi}{dE}\delta E = \varphi^{f-1}\frac{d\varphi}{d\epsilon}\delta E, \tag{3.36}$$

这是因为按式（3.34）

$$\frac{d\varphi}{dE} = f^{-1}\left(\frac{d\varphi}{d\epsilon}\right).$$

鉴于 f 实际上是一个很大的数，前面的近似考虑完全足以导出一些值得注意的结论. 的确，因为我们是处理一个宏观本系，f 有阿伏伽德罗常数的数量级，即 $f \sim 10^{24}$. 这个数目大得惊人，因而其特有性质与日常经验中所熟悉的完全不同.

随着体系能量 E 的增加，每个自由度的能量 ϵ 也增加［见式（3.34）］. 与此对应，相对来说，每个自由度的状态数 $\varphi(\epsilon)$ 增加较慢. 但是因为式（3.35）或式（3.36）中的指数达到 f 的数量级，因而是非常巨大的，所以有 f 个自由度的体系，其状态数 $\Phi(E)$ 或 $\Omega(E)$ 以大得难以置信的速率增加. 因此我们得到下列结论：

> 任意一个正常宏观体系的可到达状态数 $\Omega(E)$ 是随其能量 E 极为迅速地增加的函数.　　（3.37）

的确，将式（3.36）与式（3.33）和式（3.34）结合起来，我们得到 Ω 与 E 的近似关系为

$$\Omega(E) \propto (\epsilon - \epsilon_0)^{\alpha f-1} \propto \left(\frac{E-E_0}{f}\right)^{\alpha f-1}.$$

这样，我们可以断定：

> 对于任何正常体系[⊖]，近似地有
> $$\Omega(E) \propto (E-E_0)^f.$$　　（3.38）

⊖ 这里我们用了限制性的措辞“对任何正常体系”是为了排除体系中粒子的动能可以忽略而自旋却有足够大的磁能这类例外的情况.（如果粒子的平移运动对自旋的取向只有微小的影响，只考察自旋就是一个恰当的近似. 粒子的自旋取向和平移运动就可以分开来处理.）

这里与f比较我们忽略了1，并简单地令$\alpha=1$. 因为式（3.38）只打算用以指出Ω和E间十分粗略的关系. 为此目的，式（3.38）中的指数是f，$\frac{1}{2}f$或任意其他与f同数量级的数，都是无关紧要的.

关于$\ln\Omega$的数值，我们也可以做一些陈述，由式（3.36）得出结果：

$$\ln\Omega(E)=(f-1)\ln\varphi+\ln\left(\frac{\mathrm{d}\varphi}{\mathrm{d}\varepsilon}\delta E\right). \tag{3.39}$$

现在让我们作一个一般性的观察结果，如果我们处理任意大的数，如f，其对数大致总是1的数量级，因此与该数本身相比，其对数完全可以忽略. 例如$f=10^{24}$，$\ln f=55$；因此$\ln f \ll f$，这样再考察一下式（3.39）右边的这些项. 第一项是f的数量级㊀. 量$\left(\frac{\mathrm{d}\varphi}{\mathrm{d}\epsilon}\right)\delta E$（其中$\delta E$是比体系能级之间的空隙更大的任意间隔）表示在$\delta E$区域内一个量子数的许可值数目，它与$\delta E$的大小有关. 但不管怎样选择$\delta E$的大小，即使最保守的估计，我们推测这个量$\left(\frac{\mathrm{d}\varphi}{\mathrm{d}\epsilon}\right)\delta E$在1和$10^{100}$之间. 而它的对数则在0和230之间. 因此它与数量级为10^{24}的f相比就完全可以忽略. 于是我们得到这样的结论：

> 对于一个宏观体系，作为一个很好的近似，能量在E和$E+\delta E$之间的状态数$\Omega(E)$为
>
> $E\not\approx E_0$时，
>
> $\ln\Omega(E)$与δE无关；　　(3.40)
>
> $\ln\Omega(E)\sim f$.　　(3.41)

这就是说，式（3.40）和式（3.41）断定，只要能量不太接近基态值，$\ln\Omega$就与选择用来细分的间隔δE的数值无关，并且具有体系自由度的数量级.

3.6　约束、平衡和不可逆性

现在让我们总结一下已经讲过的一般观点，我们将反复地用这些观点去讨论各种宏观体系的任何有关状况. 我们讨论的全部出发点都是孤立体系㊁. 这样的体系满足一些已知条件，在宏观尺度上这些条件可以用确定体系的某宏观参量y的数值来描述（或用几个这样的参量来描述）. 这些条件起着约束的作用，它限制体系只

㊀　除非体系的能量E非常接近于基态能量E_0，那么对所有自由度都有$\varphi\sim1$，这总是正确的. 的确，我们从3.1节开始时所作的一般性论述中知道，当体系趋近于基态能量时，可到达量子态数的数量级为1，从而$\Omega\sim1$.

㊁　任何不孤立的体系总可以作为一个更大的孤立体系的一部分来处理.

能处于与某些条件相容的状态．即处于某些我们称为体系可到达态的状态．因此，这些可到达态数 Ω 取决于已知的体系所受的约束，从而 $\Omega=\Omega(y)$ 是体系某个特定宏观参量的函数．

【例】

为了记住一个特殊的说明，考虑如图 3.8a 所示的熟知的体系．它由装在箱子左边的体积为 V_i 的理想气体所组成．箱子的右边是空的．在这里，将箱子分隔为两个部分的隔板起着约束作用，它将气体的可到达态限制在那些所有分子都处于箱子左边的状态．因此，气体的可到达态数与这个左边部分的体积 V_i 有关，即 $\Omega=\Omega(V_i)$．

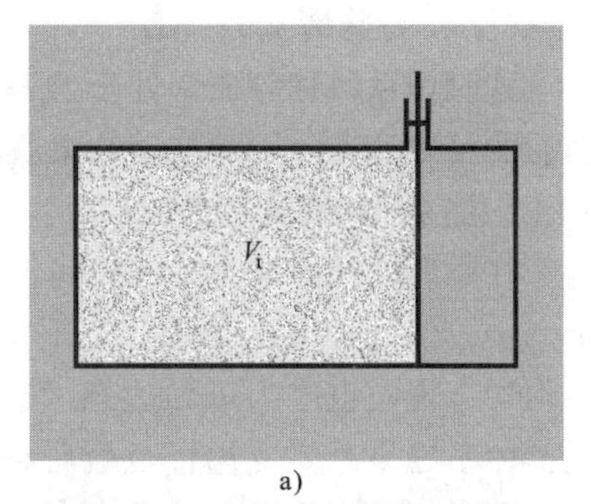

a)

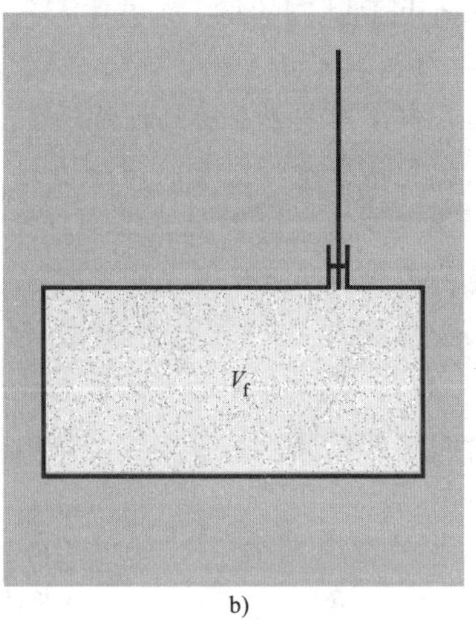

b)

图 3.8　装在一只箱子里的理想气体
a）初始状况，气体被隔板限制在箱子左半体积 V_i 内　b）最后状况，隔板抽去经长时间后，气体充满箱子的整个体积 V_f 内

体系的统计描述就是关于这样一些体系组成的系综的概率陈述，这些体系都受着相同的特定约束．如果体系处于平衡，则它以相等概率处于 Ω 个可到达态的每一个态中，反之亦然．如果体系不是等概率地处于 Ω 个可到达态的每一态中，那么统计状况就不是与时间无关的㊀．于是体系必趋于变化，直至最后到达平衡的状况，那时体系以相等概率处于每个可到达态中．当然，前面的陈述只是说明基本假设（3.18）和（3.19）的内容．

考虑一个初始时刻处于平衡的孤立体系，Ω_i 个态是其可到达态数．这时体系以等概率处于这些态的每一个态中．假使体系原来的约束现在被取消了．（例如在图 3.8 的例子中隔板被抽去．）那么，因为体系比以前受到较少的限制，后来体系的可到达数肯定不可能比以前少；事实上一般将大得多．以 Ω_f 表示存在新约束的情况下这个最后的状态数，于是可写出

$$\Omega_f \geqslant \Omega_i. \tag{3.42}$$

在原有的约束被取消后的瞬间，在它的任一态中找到体系的概率是和以前相同的．因为体系最初是以相等概率处于 Ω_i 个可到达态的每一个态中，因而在原有的约束取消后的瞬间，它还是以相等概率处于这些 Ω_i 个态的每一个态中．此后可能出现两种情况：

㊀ 换句话说，在体系的系综中，发现体系在一个给定态中的概率随时间变化，至少对于某些态是这样．

（ⅰ）特殊情况 $\Omega_f = \Omega_i$

这时体系以相等概率处于 $\Omega_f = \Omega_i$ 个可到达态的每一个态中，Ω_f 是原始约束取消后的可到达态．因而取消约束后的平衡状态保持不动．

（ⅱ）常见情况 $\Omega_f > \Omega_i$

在原有的约束取消后的瞬间，体系以相等的概率处于它的原始 Ω_i 个态的每一个态中，但处于（$\Omega_f - \Omega_i$）个附加态的任意一个态中的几乎为零．这（$\Omega_f - \Omega_i$）个附加态现在也成为可到达态．这个不均匀的概率分布与平衡状态不相对应．因此，体系迟早总要变化直至最后到达平衡状态，这时它以相等的概率处于现在的 Ω_f 个可到达态的每一个态中．

【例】

假设图 3.8 中的隔板被抽去．但是气体的总能量仍然保持不变，只是取消了原来把气体分子与空着的箱子右边部分隔开来的约束．在特殊情况下，箱子的体积 V_f 满足 $V_f = V_i$（即隔板和箱子右壁相重合），抽去隔板气体可到达体积仍保留不变，因此实际上什么也没有发生，气体的平衡保持不动．在一般情况下，$V_f > V_i$，抽去隔板后每个理想气体分子可到达体积按照 V_f/V_i 的比例增加．因为按式(3.32)，每个分子的可到达态数正比于可到达空间的体积，从而每个分子可到达态的数目也增加 V_f/V_i 倍．因此，气体的所有 N 个分子的可到达态数按下面的比例增加：

$$\underbrace{\left(\frac{V_f}{V_i}\right)\left(\frac{V_f}{V_i}\right)\cdots\left(\frac{V_f}{V_i}\right)}_{N\text{个因子}} = \left(\frac{V_f}{V_i}\right)^N.$$

因而抽去隔板后气体最终的可到达态数 Ω_f 通过下式与初始可到达数 $\Omega_i = \Omega\ (V_i)$ 相联系，即

$$\Omega_f = \left(\frac{V_f}{V_i}\right)^N \Omega_i. \tag{3.43}$$

如果 N 是一个有阿伏伽德罗常量数量级的大数目，即使 V_f 比 V_i 大不了一点点，仍有 $\Omega_f >> \Omega_i$．在隔板被抽去后的瞬间，所有的分子还在箱子的左边部分．但在没有隔板的情况下，这不再是一个平衡状态．因此状态将随时间变化直至最后到达平衡状态，这时气体以相等概率处于 Ω_f 个最终的可到达态的每一个态中，即每个分子等可能地处于体积为 V_f 的箱子里的任何地方．

假定已经到达最终的平衡状态．如果 $\Omega_f > \Omega_i$，这个系综中体系的最终分布就截然不同于初始分布．特别要注意，体系系综的初始状态不可能在保持体系孤立的同时（即不使体系与任何其他可以与之交换能量的体系相互作用），单靠重新安置原有的约束来恢复．

当然，如果我们集中注意系综的某一单个体系，只要我们等上足够长的时间，等到发生某种合适的自发涨落，初始状态似乎就可以恢复．如果一个涨落使体系在

某一特定时刻只处于原来的 Ω_i 个可到达态中，于是在这个时刻重新安放原来的约束，体系因而就恢复到初始状态．但是这种涨落发生的概率通常是极微小的．实际上在约束取消后处于平衡的体系的系综中遇到体系仅处于 Ω_i 个态中的概率是

$$P_i = \frac{\Omega_i}{\Omega_f}, \tag{3.44}$$

这是因为体系有 Ω_f 个可到达态．于是，在对某一单个体系作反复观察时遇到与所要求的涨落相对应的观察结果的概率也由式（3.44）给出．但在一般情况下，$\Omega_f >> \Omega_i$（从而体系最终的系综与其初始系综有极大差别）．式（3.44）说明允许某一个体系恢复到初始状况的自发涨落出现的机会是极端少的．

如果一个孤立体系经历某一个过程之后，其系综的初始状况不可能用简单地安放约束来恢复，我们就说这个过程是不可逆的．按照这个定义，一个孤立体系在某一个约束取消之后（于是可到达态数从 Ω_i 变到 Ω_f）到达一个新平衡状态，如果 $\Omega_f > \Omega_i$，这个过程是不可逆的．等价地，这一定义表明，如果一孤立体系经历某一过程之后处于初始宏观态的概率小于 1，那么这过程就是不可逆的．在通常的情况下（$\Omega_f >> \Omega_i$），这个概率实在是完全可以忽略的．这样，我们现在关于不可逆性的定义，只不过是 1.2 节所给的更加精确些的一种表述方式．那里我们用单个孤立体系随时间的涨落来定义．

现在我们也可以使第 1 章所引进的无规性的观念更定量些．我们可以用这个体系的系综中实际占据的可到达态数作为一个体系无规程度的统计量度．某孤立体系的一个约束取消之后，如果 $\Omega_f > \Omega_i$，到达新平衡态的过程，就引起体系无规性的增加；因此这个过程就是不可逆的．

【例】

在前面的例子中，一旦气体到达最终的平衡状态，从而分子基本上在整个箱子里均匀分布．单纯把隔板放回原位的动作就不能恢复到该箱子系综的初始状态．这时位于箱子右半部分的分子将继续留在那里．因此，当隔板被抽去后随之产生的过程就是不可逆的．

为了估计也许能使系综内某箱子里的气体恢复到初始状态的可能涨落，让我们计算概率 P_i，即此箱子气体到达最终平衡态之后其所有分子全部位于箱子左边的概率．利用式（3.43）和式（3.44），这个概率由下式给出：

$$P_i = \frac{\Omega_i}{\Omega_f} = \left(\frac{V_i}{V_f}\right)^N, \tag{3.45}$$

只要 $V_f > V_i$ 且 N 很大，这个概率就极其微小[㊀]．因此抽去隔板说明了一个典型的不可逆过程，在这个过程中，气体的无规性增加．

㊀ 注意在箱子最初被隔板分成两个对半的特殊情况下 $V_f = 2V_i$ 从而 $P_i = 2^{-N}$．这就是第 1 章中初级的论证所得的结果（1.1）．

本节这些普遍性的观点可以用另外两个例子来有效地说明，这两个例子是解释宏观体系间相互作用的典型.

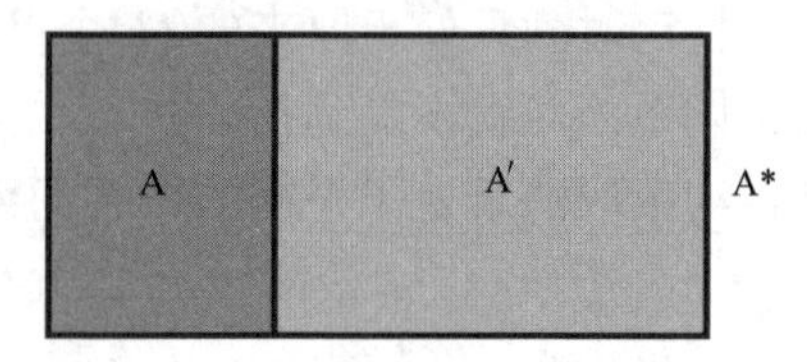

图3.9　两个体系A和A′具有固定外参量并自由地交换能量. 由A和A′组成的复合体系A^*是孤立的

【例（ⅰ）】

如图3.9所示，考虑一孤立体系A^*，它由两个具有固定外参量的子系A和A′组成.（作为例子，A和A′可以分别是一块铜片和一块冰.）假使A和A′在空间彼此分开从而不可能互相交换能量. 于是体系A^*就受到一个约束，要求A的能量E和A′的能量E'必须分别保持为常数. 相应地，总体系A^*的可到达态只是符合这样一些条件的态，这些条件是A有某一确定的恒定能量E_i，A′有某一确定能量E'_i. 如果A^*有Ω^*个这样的可到达态，且A^*处于平衡，则A^*就以相等概率处于这些态的每一个态中.

假想现在使体系A和A′彼此接触，使它们自由地交换能量. 于是，原来的约束就取消了，因为A或A′的能量不再需要分别保持为常数；而只需它们的能量之和（$E+E'$）保持为常数，即复合体系A^*的总能量必须保持为常数. 由于撤除约束的结果，A^*的可到达状态通常要变得大得多，比如说等于Ω_f^*. 因此除非$\Omega_f^*=\Omega_i^*$，体系A^*在A和A′彼此接触后将不立即处于平衡. 所以体系A和A′的能量就要变化（能量以热的形式从一个体系传递给另一个体系），直至A^*到达其最终的平衡态；它以相等概率处于新的Ω_f^*个可到达态的每一个态中.

假定现在体系A和A′又被彼此分开，从而它们不再能交换能量，虽然以前的约束已经恢复，但A^*的初始状态却不能恢复（除非$\Omega_f^*=\Omega_i^*$）. 尤其是系综中A和A′的平均能量现在将不同于初始值E_i和E'_i. 因而上述两体系间热交换的过程就是不可逆的.

【例（ⅱ）】

考虑一孤立体系A^*，它由被一个夹住不动的活塞所分开的两部分气体A和A′组成. 因此这一活塞就起着约束的作用，它要求A^*的可到达态只是符合这样一些条件的那些态：气体A的分子处于某一固定的体积V_i之内，而气体A′的分子处于某一固定的体积V'_i之内. 如果A^*有Ω^*个这样的可到达态，且处于平衡，那么A^*就以相等概率处于它的每一可到达态中.

现在假想活塞不再被夹住而能自由移动（见图3.10）. 于是气体A和A′各自的体积就不再必须分别恒定. 因而A^*的可到达态数一般就变得大得多，设它等于Ω_f^*. 除非$\Omega_f^*=\Omega_i^*$，体系A^*在活塞不再夹住后就不处于平衡. 因此活塞就会移动，而A和A′的体积将相应地变化，直至A^*到达其最终平衡态，这时它以相等的

概率处于现在的 Ω_f^* 个可到达态的每一态中. 和我们所预料的一样,(在第6章将要清楚地说明.)气体A和A′的最终体积就会使它们的平均压强相等. 从而保证活塞处于最终位置时确实处于力学上的平衡中.

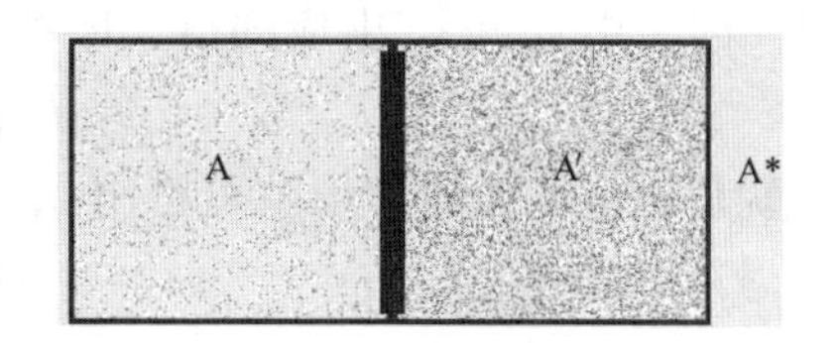

图3.10 被一可移动的活塞隔开的两部分气体A和A′. 由A和A′组成的复合体系A*是孤立的

如果 $\Omega_f^* > \Omega_i^*$,上述过程显然又是不可逆的. 保持A*孤立,同时简单地重新夹住活塞使其不能自由移动,并不能恢复气体的初始体积.

3.7 体系间的相互作用

前面两个例子说明了宏观体系彼此相互作用的特殊情况. 鉴于这样一些相互作用的研究极为重要[⊖],我们将通过明晰地考察宏观体系能够相互作用的各种方式来结束这一章.

考虑两个宏观体系A和A′,它们可以相互作用并因而彼此交换能量. 于是由A和A′组成的复合体系A*是一个孤立体系,它的总能量必须保持为常数. 为了用统计术语来描述A和A′之间的相互作用,我们考察由极大量类似于A*的体系组成的系综,它的每个体系都由一对相互作用的体系A和A′组成(见图3.11). A和A′之间的相互作用过程,一般讲并不引起系综中每个这样一对体系A和A′之间精确相等的能量交换. 然而,我们可以有意识地讨论由相互作用过程引起的任一特定数值的能量转换的概率;或者更简单地,我们可以仅仅求出相互作用过程引起的平均能量转换. 于是,在所考察体系的系综中,让我们分别以 $\overline{E}_i$ 和 $\overline{E}'_i$ 表示相互作用过程发生以前A和A′的初始平均能量;而分别以 $\overline{E}_f$ 和 $\overline{E}'_f$ 表示相互作用后A和A′的最终平均能

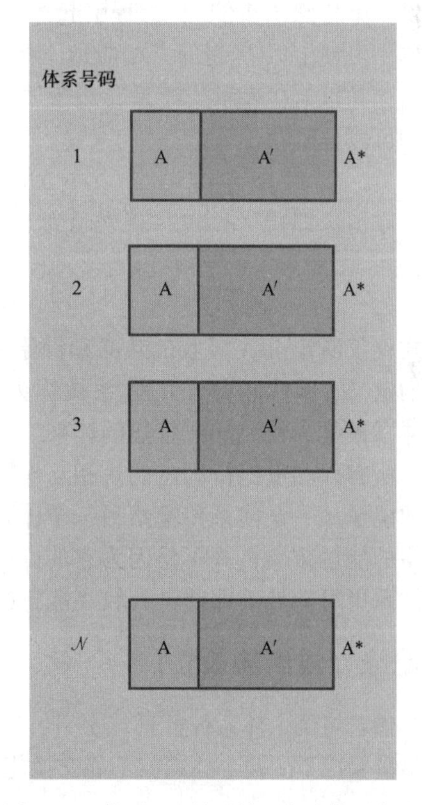

图3.11 体系A*的系综,每个体系都由两个能彼此相互作用的体系A和A′组成

⊖ 的确,热力学的宗旨,顾名思义就是处理热和力学相互作用的宏观分析以及由此可得的宏观结论.

量. 因为由 A 和 A′组成的孤立体系 A* 的总能量保持为常数，其结果为

$$\overline{E}_f+\overline{E}'_f=\overline{E}_i+\overline{E}'_i. \tag{3.46}$$

也就是说，从能量守恒就可得出

$$\Delta\overline{E}+\Delta\overline{E}'=0, \tag{3.47}$$

其中

$$\Delta\overline{E}\equiv\overline{E}_f-\overline{E}_i \quad 及 \quad \Delta\overline{E}'\equiv\overline{E}'_f-\overline{E}'_i \tag{3.48}$$

表示两个体系 A 和 A′中每一体系平均能量的变化.

现在，我们要系统地考察两个宏观体系 A 和 A′相互作用的各种可能方式，借此可以改进 1.5 节中的讨论. 为此目的，我们将研究在相互作用发生时体系的外参量发生怎样的变化㊀.

热相互作用

如果各体系所有的外参量都保持固定，从而能级维持不变，这时体系间相互作用就特别简单. 我们称这样一种相互作用过程为热相互作用. ［前节末的例（ⅰ）提供一个特殊的实例.］过程引起体系平均能量的增加（正或负）称为体系所吸收的热，习惯上以 Q 表示. 相应地，体系平均能量的减少（正或负）称为体系放出的热，并以 $-Q$ 表示. 于是，对于体系 A 吸收的热量 Q 和体系 A′吸收的热量 Q'，我们可以分别写出㊁

$$Q\equiv\Delta\overline{E} \quad 和 \quad Q'=\Delta\overline{E}' \tag{3.49}$$

能量守恒，即式（3.47）就表示为

$$Q+Q'=0 \tag{3.50}$$

或

$$Q=-Q'.$$

上式仅仅断定由 A 吸收的热必须等于由 A′放出的热. 按照联系于式（1.15）而引进的定义，吸收正热量的体系被称为较冷的体系；而吸收负热量（放出正热量）的体系被称为较温的或较热的体系.

所有外参量保持固定的热相互作用的特征，使体系的能级维持不变而原子尺度上的能量从一个体系传输给另一个体系. 因此一个体系的平均能量增加就有另一个体系的能量减少，并不是因为它的许可量子态的能量有变化，而是由于相互作用之后体系更可能处于那些具有较高能量的状态.

热绝缘（或绝热孤立）

倘若将两个体系彼此适当分开，就可以阻止它们之间的热相互作用. 如果只要外参量保持不变两个体系就不能交换能量，那么这两个体系就称为彼此热绝缘或绝热

㊀ 如 3.2 节开头所阐明的，一个体系的外参量是影响体系中粒子的运动，因而也影响这个体系能级的宏观参量（例如外磁场 $\boldsymbol{B}$ 或体积 V）. 于是体系每一量子态 r 的能量 E_r 一般就与体系的所有外参量有关.

㊁ 注意，由于在使用统计概念上，这里已经比 1.5 节更为仔细了，我们现在已用体系的平均能量来定义热了.

孤立的[一]. 将两个体系在空间分得足够远，就可以达到热绝缘. 或者凭借以适当材料（例如石棉或玻璃纤维）构成足够厚的隔板将它们隔离开来而近似地实现. 如果任意两个用某一隔板隔开的体系彼此处于热绝缘的状态；也就是说，初始时刻处于平衡的这样隔开的任意两个体系，只要外参量保持不变就继续处于平衡的话，我们就说这样的隔板是热绝缘的或绝热的隔板[二]. 当一个体系与所有其他体系热绝缘时，它所发生的过程就称为这个体系的绝热过程。

绝热相互作用

在两个体系 A 和 A′是彼此热绝缘的情况下，如果它们的外参量至少有一两个在过程中有所变化，那么它们还是有可能相互作用并彼此交换能量的. 我们称这样的相互作用过程为绝热相互作用. [3.6 节末的例（ii）提供了一个特殊的例证，只要活塞是由绝热材料组成就行.] 一个绝热孤立体系平均能量的增加（正或负），称为对体系所做的宏观功[三]，并以 W 表示. 相应地，一个体系平均能量的减少（正或负）称为体系所做的宏观功并给它一个符号 $-W$. 因此对体系 A 所做的功和对体系 A′所做的功可分别记作

$$W=\Delta\bar{E} \quad 及 \quad W'=\Delta\bar{E}'. \tag{3.51}$$

如果总体系 A + A′是孤立的，能量守恒（3.47）就意味着

$$W+W'=0 \tag{3.52}$$

或

$$W=-W'.$$

最后这一关系式不过断定：对一个体系所做的功必须等于由另一个体系所做的功.

因为绝热相互作用包含着体系某些外参量的改变，在这种过程中体系的能级至少有一些改变了，因而相互作用体系的平均能量，一般说来既因每个状态能量的变化而变化，也因体系处在这些态中的任意态的概率变化而变化[四].

一般相互作用

在最一般的情况下，相互作用体系既不是绝热孤立的，也不是保持其外参量固定. 这时，将一个相互作用体系（比如说是 A）的总平均能量变化写成和的形式是有益的：

$$\boxed{\Delta\bar{E}=W+Q,} \tag{3.53}$$

㊀ 绝热这个词的意思是“热不能通过”，英文 *adiabatic* 来源于希腊语 adiabatikos. 我们总是在这个意义上使用这个词，尽管在物理上有时用于不同的概念.

㊁ 如果隔板不是热绝缘的，就说它是导热隔板.

㊂ 用平均能量差来定义的宏观功是一个统计的量，它等于对系综中每一个体系所做的功的平均值. 在不可能引起混淆的地方，我们将因而简单地用功表示这样定义的宏观功.

㊃ 值得注意一种特殊情况. 如果体系处于一个严格的量子态，其能量取决于某一外参量，只要这个外参量足够缓慢地变化，体系就将留在这个态，它的能量有相应的变化.

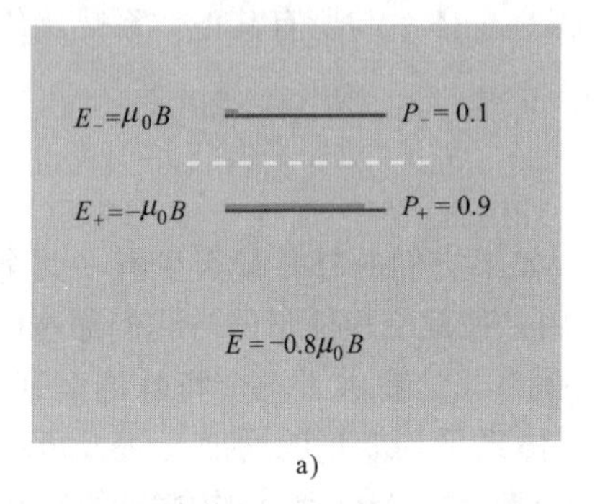

a)

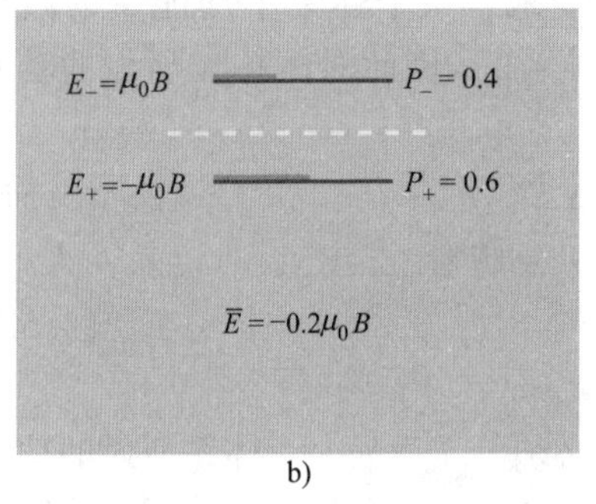

b)

图3.12　热相互作用在一极简单体系A上的效应. A由一个有磁矩μ_0并处于外磁场B中的自旋1/2组成. 这个图说明了A的两个许可能级. 这两个量子态用+和-来标记，其相应的能量分别用E_+和E_-表示. 在给定态中找到体系的概率分别以P_+和P_-表示，其数值在图上以粗黑线的长度表示. 因为假定外磁场（体系的一个外参量）是固定的，能级保持不变. 初始平衡状态（见图a）是自旋被嵌在某一固体中的态. 然后这个固体和它所包含的自旋一起浸入某种液体中，直至到达最后的平衡态（见图b）. 在这个过程中自旋体系吸热，这个热来自固体和液体组成的体系A′. 如果概率变化，如图所示，A吸收的热量Q就等于$Q=0.6\mu_0 B$

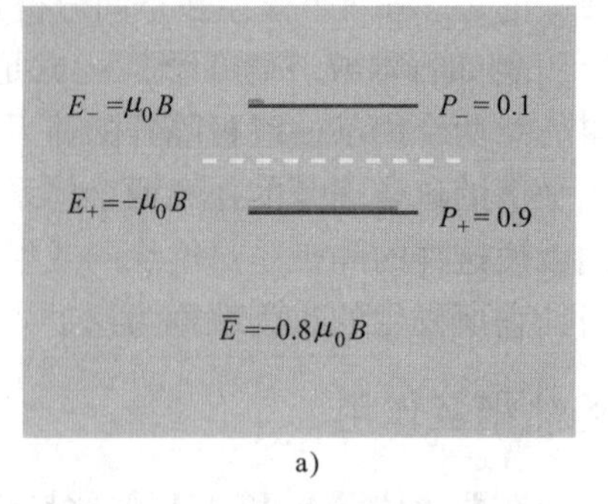

a)

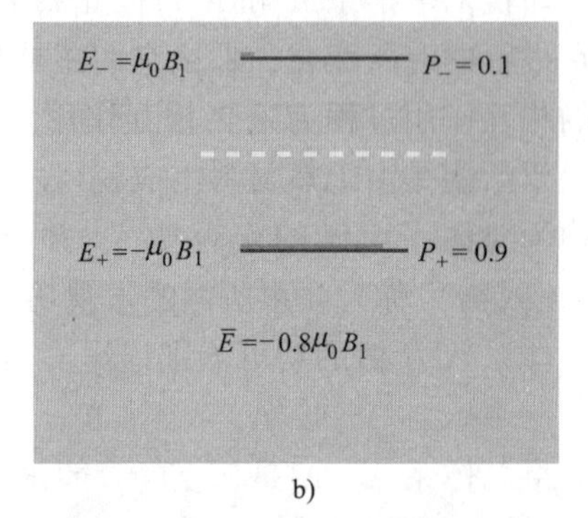

b)

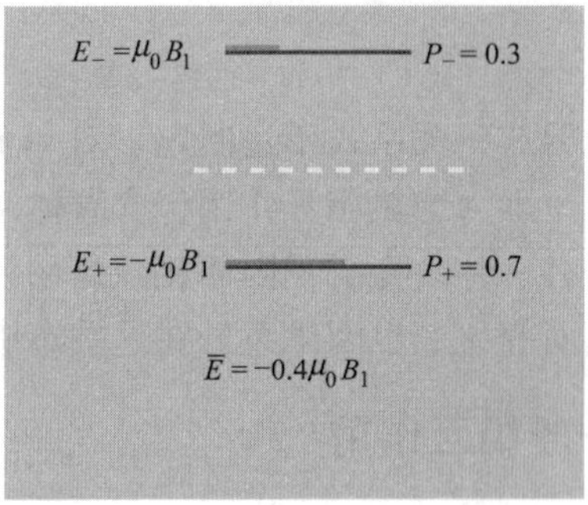

c)

图3.13　绝热相互作用在一极简单体系A上的效应. A由处于磁场B中的磁矩为μ_0的单个自旋1/2所组成. 初始状况及记号与图3.12相同，不过自旋是热绝缘的. 假定磁场是通过电磁铁改变的，一般来说所做功的大小恰恰取决于过程是如何实现的. 图b表明磁场从B缓慢地变到B_1的平衡状况，对体系所做的功为$W=-0.8\mu_0(B_1-B)$. 图c表明磁场从B以任何方法变到B_1的平衡状况，在图中标明的特殊情况下，对体系所做的功为$W=-0.4\mu_0 B_1+0.8\mu_0 B$

其中 W 表示由于外参量变化引起 A 的平均能量变化，Q 表示非外参量变化所引起平均能量的变化．式（3.53）将 $\Delta\overline{E}$ 分解为对体系所做的功 W 和被体系吸收的热量 Q，只有当这些贡献可以在实验上加以分开时，才是有意义的．因此假定体系 A 与某一借热绝缘的隔板与 A 隔开的体系 A_1' 相互作用的同时，又与另一外参量保持固定的体系 A_2' 相互作用．那么，式（3.53）中的功 W 就简单地等于绝热孤立体系 A_1' 所做的功（或其平均能量的减少）．类似地，式（3.53）中的热量 Q 就简单地等于外参量保持固定的体系 A_2' 放出的热量（或其平均能量的减少）．

普遍关系式（3.53），由于历史的原因，称为热力学第一定律．它明显地认为功和热是能量按不同方法传递的形式，因为功和热都表示能量，这些量当然用能量单位来量度，即典型地用焦耳量度㊀．

一般无限小的相互作用

如果一个过程在如下意义上说来是无限小的，即它把体系从初始宏观态带到与初始宏观态差别无限小的终态，那么这种过程是特别简单的．这时，该体系在终了宏观态的能量和外参量与它们在初始宏观态中的数值差别极微小．因此这个体系平均能量的无限小增量就可以写成微分 $\mathrm{d}\overline{E}$．此外，我们将用 $\text{đ}W$ 而不用 W 表示这一过程中对体系所做的无限小量的功；这只是用来强调功是无限小的一种方便的记号．要着重指出 $\text{đ}W$ 并不是表示任何功之间的差，的确，把它说成是功之间的差是毫无意义的陈述，这里做的功是与相互作用过程自身相联系的量；我们不可能说体系在过程前后的功，或这些功之间的差．类似的论述适用于 $\text{đ}Q$，它也表示在一个过程中所吸收的无限小量的热，而不是毫无意义的“热之间的差”．用这些记号，无限小过程的关系式（3.53）可写成为

$$\mathrm{d}\overline{E} = \text{đ}W + \text{đ}Q. \tag{3.54}$$

【附注】

如果一个无限小的过程是准静态地进行，即进行得如此缓慢，使得体系总是非常接近于平衡，这时用统计述语讨论这个过程就特别简单．令 P_r 表示体系 A 处于态 r 并且具有能量 E_r 的概率．按定义，这个体系的平均能量就是

$$\overline{E} = \sum_r P_r E_r, \tag{3.55}$$

此处对体系所有可能的状态 r 求和．在无限小的过程中能量 E_r 只是由于外参量变化而有微量的变化．再者，如果过程很缓慢地进行，概率 P_r 至多也是微量的变化．因此过程中平均能量的变化可以写成微分的形式：

$$\mathrm{d}\overline{E} = \sum_r (P_r \mathrm{d}E_r + E_r \mathrm{d}P_r). \tag{3.56}$$

㊀ 在较旧的物理学文献中，以及许多现今的化学文献中，我们还发现用旧单位 cal（卡）来量度热，这是18世纪在人们认识到热量是能量的一种形式之前引进的，现在卡被定义为：1cal 精确地等于4.184J.

吸收的热相当于外参量固定不变时，也就是能级 E_r 保持固定，从而 $d\bar{E}_r=0$ 时，所引起的平均能量的增加. 于是可记

$$đQ=\sum_r E_r dP_r. \tag{3.57}$$

因此对体系所做的功由下式给出：

$$đW=đ\bar{E}-đQ=\sum_r P_r dE_r. \tag{3.58}$$

这个无限小的功就是能级移动所引起的平均能量变化，这个能级移动是由外参量的无限小变化所产生的. 概率 P_r 维持其接近于平衡状态的初始数值.

图3.14　伦福德伯爵（原名本杰明·汤普森，1753—1814）. 出生于马萨诸塞州，极具冒险精神. 在美国独立战争时期，他得到保王分子的同情而离开美洲到巴伐利亚做了一段时间选帝侯的战争大臣. 在那里，他被镗削大炮引起的温度上升吸引住了. 这一观察促使他1798年提出热只是物体内粒子运动的一种形式的看法. 虽然这极为深刻而又有价值，但由于太过定性，加上当时学术界流行热作为一种物质（“燃素”）是守恒的观点，因此未能对学术界产生很大影响. （画像于1783年由T. Gainsborough所画，现收藏于Fogg艺术博物馆，复印件承蒙哈佛大学惠允.）

定 义 摘 要

（这些定义中有一些是前几章中已遇到过的定义的更精确说法.）

微观态（或简称**态**）体系的一个特殊量子态. 它相应于最详细地确定一个由量子力学描述的体系.

宏观态（或称**宏观状态**）用宏观上可测量的参量来完全确定一个体系.

可到达态　在与已有的关于体系的宏观信息不相矛盾的条件下，这个体系所能处的任一微观态.

自由度数　用来完全描述体系微观态所必需的分立量子数的个数. 它等于体系中所有粒子的独立坐标（包括自旋坐标）数.

外参量　是宏观可测量的参量，其数值影响体系中粒子的运动，并因此影响体系中许可量子态的能量.

孤立体系　和任何其他体系没有相互作用因而不能与其他体系交换能量的体系.

体系的内能　在质心为静止的坐标系中测量的体系总能量.

平衡　如果在一个孤立体系的任一可到达态中找到该体系的概率与时间无关，就说这个孤立体系处于平衡.（体系所有宏观参量的平均值因而也与时间无关）.

约束　已知体系所必须满足的宏观条件.

不可逆过程　是这样一种过程，经过这个过程后孤立体系系综的初始状况不能

借助简单地重置约束来恢复.

可逆过程 是这样的一个过程，孤立体系经过这个过程后其系综初始状况可以借简单地施加约束来恢复.

热相互作用 在这种相互作用中，相互作用着的体系的外参量（因而也包括能级）保持不变.

绝热孤立（热绝缘） 一个体系绝热孤立（或热绝缘）是指它不可能与任何其他体系有热相互作用.

绝热相互作用 在这种相互作用中，相互作用着的体系是绝热孤立的，这种情况下相互作用过程要涉及体系某些外参量的改变.

体系所吸收的热 外参量保持不变时体系平均能量的增加.

对体系所做的功 绝热孤立体系平均能量的增加.

冷 是一个比较用语，适用于因和其他体系热相互作用而吸收正热量的体系.

温（或热） 是一个比较用语，适用于作为与其他体系热相互作用的结果而放出正热量的体系.

图3.15 朱利乌斯·罗伯特·迈耶（1814—1878）．德国医生．1842年提出包括热量在内的所有形式能量的等价性和守恒性．尽管他也做过一些定量的估算，却由于其工作的哲学色彩太浓而说服力不强，直到大约20年之后才被承认．（取自G. Holton和D. Roller编著的《现代物理科学基础》一书，并得到出版商Addison-Wesley的许可.）

重要关系式

平均能量，功和热之间的关系

$$\Delta \overline{E} = W + Q. \tag{i}$$

建议的补充读物

热、功和能量的完全宏观讨论：

M. W. Zemansky, *Heat and Thermodynamics*, 4th ed., secs. 3.1-3.5, 4.1-4.6 (McGraw-Hill Book Company, New York, 1957).

H. B. Callen, *Thermodynamics*, secs. 1.1-1.7 (John Wiley & Sons, Inc., New York, 1960).

历史和传记介绍：

G. Holton and D. Roller, *Foundations of Modern Physical Science* (Addison-Wesley

Publishing Company, Inc., Reading, Mass., 1958). 第19和20章. 包括导致认识到热量是能量的一种形式的观念的发展历史.

S. G. Brush, *Kinetic Theory*, vol. I（Pergamon Press, Oxford, 1965）. 作者所做的历史陈述及迈耶和焦耳原始论文的复印件都极为精彩.

S. B. Brown, *Count Rumford*, *Physicist Extraordinary*（Anchor Books, Doubleday & Company, Inc., Garden City, N. Y., 1962）. 这是伦福德伯爵的简短传记.

习　　题

3.1　热相互作用的简单例子

考虑表3.3中所描写的自旋体系，假定当体系A和A′开始时是彼此分开的，那时测量A的总磁矩是$-3\mu_0$，A′的总磁矩是$+4\mu_0$. 现在体系置于彼此热接触，并允许互相交换能量直至到达最终平衡状况. 在这些条件下计算：

(a) A的总磁矩取其任意一个可能值M的概率$P(M)$.

(b) A的总磁矩的平均值$\overline{M}$.

(c) 假定体系现在又重新分开使其不能再彼此自由交换能量. 分开后体系A的$\overline{M}$和P（M）值是什么?

3.2　一个自旋与一个微小自旋体系热接触

考虑一体系A，它由磁矩为μ_0的一个自旋1/2组成，及另一个是由3个自旋1/2组成的体系A′，每个自旋的磁矩也为μ_0. 两个体系处于同一个磁场B中. 两体系置于彼此相接触使其自由交换能量. 假定当A的磁矩向上（即A处于+态）时，A′的两个磁矩一个向上，一个向下. 分别计算当A的磁矩向上和向下时复合体系A+A′的总的可到达态数. 由此计算比率P_-/P_+，其中P_-是A的磁矩向下的概率，P_+是向上的概率. 假定总体系A+A′是孤立的.

3.3　一个自旋与大自旋体系热接触

推广上一题，考虑体系A′由N个自旋1/2组成的情况. N是某个 任意大的数目，每个自旋有磁矩μ_0，体系A仍然由磁矩为μ_0的单个自旋1/2组成. A和A′都置于同一个磁场B中，并置于彼此热接触从而它们可以自由交换能量. 当A的磁矩向上时，A′的n个磁矩向上而余下的$n'=N-n$个磁矩向下.

(a) 当A的磁矩向上时，求复合体系A+A′的可到达态数. 当然，这正好是这样一种方式数，即A′的N个自旋中使得n个向上，n'个向下的排列数.

(b) 现在假定 A 的磁矩向下. 复合体系的总能量当然必须保持不变. 求 A′的磁矩有多少个向上，有多少个向下？求出复合体系 A + A′所对应的可到达状态数.

(c) 计算比值$\frac{P_-}{P_+}$，其中 P_- 只是 A 的磁矩向下的概率，P_+ 是其向上的概率. 用 $n \gg 1$ 和 $n' \gg 1$ 的事实简化你的结果，如果 $n > n'$，比值$\frac{P_-}{P_+}$是大于 1 还是小于 1？

3.4　上一习题的推广

假定在上一道题中 A 的磁矩有数值 $2\mu_0$. 再计算这个向上或向下概率的比值 P_-/P_+.

3.5　任意体系与一个大自旋体系热接触

上题的讨论易于推广以便处理下列普遍情况. 考虑任意一个不管是什么样的体系 A，它可以是一个原子或一个宏观体系. 假定这个体系 A 置于与其自由交换能量的体系 A′热接触. 假定 A′处于磁场 B 中，并由 N 个自旋 1/2 组成，每个自旋有磁矩 μ_0. 数 N 与相对小得多的体系 A 的自由度数相比是一个大得多的数. 当体系 A 处于它的最低能量 E_0 的状态时，假定 A′有 n 个磁矩向上，其余的 $n' = N - n$ 个磁矩向下，其中 $n \gg 1$，$n' \gg 1$，因为所有的数都很大.

(a) 当体系 A 处于能量 E_0 的最低许可态时，求复合体系 A + A′的总可到达态数.

(b) 现在假定体系 A 处于另外某个态，称其为 r，这时它具有一个比 E_0 高的能量 E_r. 为了保持复合体系 A + A′的总能量不变，那么 A′必须有 $(n + \Delta n)$ 个磁矩向上，A′必须有 $(n - \Delta n)$ 个磁矩向下. 试用能量差 $(E_r - E_0)$ 来表示 Δn. 你可以假设 $(E_r - E_0) \gg \mu_0 B$.

(c) 当体系 A 处于能量为 E_r 的状态 r 时，求复合体系 A + A′的总的可到达态数.

(d) 令 P_0 表示体系 A 处于能量 E_0 状态的概率，P_r 表示处于能量 E_r 态 r 的概率. 求比值 P_r/P_0. 利用 $\Delta n \ll n$，$\Delta n \ll n'$的近似.

(e) 用刚刚获得的结果，证明在任意一个能量为 E_r 的态 r 中找到体系 A 的概率为这样的形式：

$$P_r = C\mathrm{e}^{-\beta E_r},$$

其中 C 是比例常数. 用 $\mu_0 B$ 和比值 n/n'表示 β.

(f) 如果 $n > n'$，β 是正还是负？假定 A 是这样的体系，它的以量子数 r 标记的那些状态，以大小为 b 的能量等间距分开. （作为例子，A 可以是一个简谐振子.）于是 $E_r = a + br$，其中 $r = 0, 1, 2, 3, \cdots$，a 是某个常数. 把体系 A 处于这些态中的任一状态的概率和处于最低态 $r = 0$ 的概率进行比较.

3.6　理想气体的压强（量子力学计算）

考虑质量为 m 的单粒子，装在边长为 L_x，L_y，L_z 的箱子里. 假定这个粒子处于由 3 个量子数 n_x，n_y，n_z 的特定数值所指定的特定量子态 r，这个态的能量 E_r，就由式（3.15）给出.

当粒子处于某一特定态 r 时，它沿 x 方向在箱子右壁（即器壁 $x=L_x$）上施加力 F_r. 那么这个器壁就给粒子施加 $-F_r$ 的力（即在 $-x$ 方向）. 如箱子的右壁缓慢地向右移动一个量 $\mathrm{d}L_x$，于是对这个态的粒子所做的功为 $-F_r\mathrm{d}L_x$，它必须等于这个态中粒子能量的增加 $\mathrm{d}E_r$，于是有

$$\mathrm{d}E_r = -F_r\mathrm{d}L_x. \tag{i}$$

因而 r 态粒子所施加的力 F_r，与这个态粒子的能量 E_r 的关系如下式：

$$F_r = -\frac{\partial E_r}{\partial L_x}. \tag{ii}$$

这里我们写偏微商是因为长度 L_y 和 L_z 在推导（ii）时假定保持恒定.

（a）用（ii）和能量的表示式（3.15），计算当粒子处于由给定 n_x、n_y 和 n_z 值所确定的态时，粒子对右壁所施加的力 F.

（b）假定粒子不是孤立的，而是许多粒子中的一个，这许多粒子组成封闭在容器内的气体，这个粒子能微弱地与其他粒子相互作用，因而可以处于由不同值 n_x、n_y 和 n_z 所表征的大量许可态的任一态中. 试用$\overline{n_x^2}$表示粒子施加的平均力$\overline{F}$. 为简化起见，假定箱子为正立方体，从而 $L_x=L_y=L_z=L$；于是状态的对称性就意味着$\overline{n_x^2}=\overline{n_y^2}=\overline{n_z^2}$. 用这个结果将$\overline{F}$和粒子的平均能量$\overline{E}$联系起来.

（c）如果气体中有 N 个类似的粒子，由所有粒子所施加的平均力显然就是 $N\overline{F}$. 由此证明气体的平均压强$\overline{p}$（即，气体施加于器壁的单位面积上的力）就简单地由下式给出：

$$\overline{p} = \frac{2}{3}\frac{N}{V}\overline{E}, \tag{iii}$$

其中$\overline{E}$是气体中一个粒子的平均能量.

（d）注意结果（iii）与根据经典力学的近似论证所得的式（1.21）一致.

3.7　一个气体分子的典型的可到达态数

3.6 题的结果（iii），或式（1.21），使我们能估计一个气体分子. 例如氮（N_2）在室温时的平均能量. 用密度和由这个气体所施加的已知的压强，在式（1.28）中得出，这样一个分子的平均能量 $\overline{E}$ 约为 6×10^{-21}J.

（a）用式（3.31）计算状态数 $\Phi(\overline{E})$ 的数值，$\Phi(\overline{E})$ 是能量小于$\overline{E}$，封闭在体积为 1L（$10^3\mathrm{cm}^3$）容器内的一个分子的可到达态数.

（b）考虑一个微小的能量间隔 $\delta E=10^{-31}$J，它比$\overline{E}$本身要小非常多. 计算分子在$\overline{E}$和$\overline{E}+\delta E$ 范围内的可到达态数 $\Omega(\overline{E})$.

（c）尽管能量间隔 δE 的数值微小，证明前述的状态数是很大的.

3.8　理想气体的状态数

考虑装在边长为 L_x，L_y 和 L_z 的箱子里的 N 个粒子组成的理想气体，假定 N 为阿伏伽德罗常量的数量级．分别考虑每个量子数对能量的贡献，用 3.5 节所用相类似的近似论证，证明在给定间隔 E 和 $E+\delta E$ 之间的状态数 Ω（E）由下式给出：

$$\Omega(E)=CV^{N}E^{(3/2)N}\delta E,$$

其中 C 是比例常数，$V=L_xL_yL_z$ 是箱子的体积．

*3.9　一个自旋体系的状态数

N 个自旋 1/2 组成的体系，每个自旋有磁矩 μ_0，体系被置于外磁场 B 中．体系的大小是宏观的，因而 N 为阿伏伽德罗常量的数量级．如果 n 表示向上磁矩的数目，$n'=N-n$ 表示向下磁矩的数目．体系的能量就等于

$$E=-(n-n')\mu_0B.$$

（a）计算这个自旋体系在能量 E 和 $E+\delta E$ 的小范围内的状态数 $\Omega(E)$．其中 δE 被认为比单个自旋的能量大得多：即 $\delta E>>\mu_0B$．

（b）求出 $\ln\Omega$ 作为 E 的函数的表示式．因为 n 和 n' 都很大，应用（$M.10$）中推得的结果 $n!\approx n\ln n-n$ 计算 $n!$ 和 $n'!$，由此证明在很好的近似内，

$$\ln\Omega(E)=N\ln(2N)-\frac{1}{2}(N-E')\ln(N-E')-\frac{1}{2}(N+E')\ln(N+E'),$$

其中

$$E'\equiv\frac{E}{\mu_0B}.$$

（c）画一个表明 $\ln\Omega$ 为 E 的函数的大致图像．

注意 $\Omega(E)$ 作为 E 的函数常常不是随 E 增加的．理由是自旋体系是一个反常的体系，它不仅有一个最低许可能量 $E=-N\mu_0B$，而且也有一个最高的许可能量 $E=N\mu_0B$．另一方面，在所有正常体系中不能忽略粒子的动能（即不能像讨论自旋时那样做），体系的这种动能没有上界．

第 4 章　热相互作用

第 4 章　热相互作用

前一章已为我们提供了定量讨论宏观体系所必需的全部假设及基本的理论框架. 因此，我们可以将这些概念应用于若干重要物理问题来考察它们的作用.

我们将从详细考察体系间的热相互作用开始. 这种情况的分析特别简单，因为体系的外参量保持固定，因而体系的能级也保持固定. 而且，热相互作用又是在我们周围世界中最经常发生的过程之一. 我们将要研究以下这些特殊问题：两个彼此热相互作用的体系必须满足什么条件才能处于平衡？这些条件不满足时会出现什么情况？可以得到什么样的概率表述？我们将看到，这些问题可以十分简单地回答，并给出显著普适的和很有成效的结果. 实际上，这一章将对温度的概念和“绝对温度”的定义给出很好的解释. 此外，我们将根据组成体系的原子和分子的知识，得出计算任何宏观体系平衡性质的若干非常实用的方法，最后我们将用这些方法直接推导出一些特殊体系的宏观性质.

4.1　宏观体系间的能量分布

考虑两个宏观体系 A 和 A′. 分别以 E 和 E' 表示其能量. 为了便于数出状态数，用 3.5 节的办法，设想将能量的标度细分为许多相等的、大小固定为 δE 的微小间隔（不过假定 δE 的数值足够地大，包含有很多态）. 然后以 $\Omega(E)$ 表示能量位于 E 和 $E+\delta E$ 之间时体系 A 的可到达态数；以 $\Omega'(E')$ 表示能量位于 E' 和 $E'+\delta E'$ 之间时体系 A′的可到达状态数. 因为作为很好的近似，我们可以将所有能量看作只取由小量 δE 分隔的一系列分立值，这样，数出状态数的问题就可以简化. 特别是，我们可以把 A 的能量在 $E+\delta E$ 的小区域内的所有状态归并在一起，把它们简单地看作都有一个等于 E 的能量；因而就有 $\Omega(E)$ 个这样的态. 类似地，我们可以把能量处于 E' 到 $E'+\delta E$ 的小区域内 A′的所有状态归并在一起，并将它们简单地看作都有一个等于 E' 的能量，于是就有 $\Omega'(E')$ 个这样的态. 如果我们采取这一办法，A 具有能量 E 这样一种说法，在物理上就表示 A 具有 E 和 $E+\delta E$ 之间任一数值的能量. 类似地，A′具有能量 E' 的说法在物理上就表示 A′具有 E' 和 $E'+\delta E'$ 之间任一数值的能量。

体系 A 和 A′有固定的外参量，但假定它们可以自由地交换能量. 因此按定义，它们之间任意的能量交换是以热的形式进行的. 虽然每个体系的能量各不相同且不是常数，但复合体系 $A^* \equiv A + A'$ 却是孤立的，从而总能量 E^* 必须保持不变．因此[㊀]

$$E + E' = E^* = \text{常数}. \tag{4.1}$$

当已知 A 的能量等于 E 时，则 A′的能量就确定为

$$E' = E^* - E. \tag{4.2}$$

现在考虑 A 和 A′彼此处于平衡，即复合体系 A^* 处于平衡的情况．那么，A 的能量可取许多可能值．然而，重要的问题是：A 的能量等于任一确定值 E（即位于 E 和 $E+\delta E$ 的区域内）的概率 $P(E)$ 是什么？[当然 A′的能量也取式（4.2）所给的相对应的值 E']．只要集中注意复合孤立体系 A^*，就不难得到问题的答案．因为基本假设（3.19）断言，这样一个体系是以相等概率处于每一可到达态中．我们只不过是提出下面的问题：A^* 的总可到达态数 $\Omega^*_{\text{总}}$ 中使子系 A 的能量等于 E 的状态数 $\Omega^*(E)$ 是多大？根据推导（3.20）时所做的一般论证，所求的概率就由下式给出：

$$P(E) = \frac{\Omega^*(E)}{\Omega^*_{\text{总}}} = C\Omega^*(E), \tag{4.3}$$

其中 $C = (\Omega^*_{\text{总}})^{-1}$ 只是某一与 E 无关的常数．

数 $\Omega^*(E)$ 不难分别用 A 和 A′的可到达态数表示．当 A 有某一能量 E 时，它可以处于 $\Omega(E)$ 个可到达的任一态中．于是体系 A′由于能量守恒的关系就必须有式（4.2）所给的能量 E'．因此 A′可处于 $\Omega'(E^* - E)$ 个在这些条件下可以到达态的任一个态中．因为 A 的每一许可态都可以与 A′的每一许可态组合，从而给出总体系 A^* 的一个许可态，结果 A 具有能量 E 时，A^* 的不同可到达态数就直接由下面乘积给出：

$$\Omega^*(E) = \Omega(E)\Omega'(E^* - E). \tag{4.4}$$

相应地，体系 A 具有能量 E 的概率（4.3）就由下式给出：

$$\boxed{P(E) = C\Omega(E)\Omega'(E^* - E).} \tag{4.5}$$

【例】

下面简单的例子只用到很小的数目，并不代表真实的宏观体系而是用来说明前面论述的基本概念．考虑两个特殊的体系 A 和 A′，它们的 $\Omega(E)$ 和 $\Omega'(E')$ 与其能量 E 和 E' 的关系分别如图 4.1 所示的情况．其中能量 E 和 E' 用某一个任意单位计量，并被细分为一个个单位能量间隔．假定两个体系的复合能量 E^* 等于 13 单位．一个可能的状态是 $E=3$ 的态，随之就有 $E'=10$．在这种情况下 A 可以处在它

㊀ 在我们的讨论中 E 表示 A 的能量，它与 A′无关．E' 表示 A′的能量，它又与 A 无关．因此总的能量 E^* 写成简单的和，即式（4.1）．它忽略了与 A 和 A′两者都有关的任何相互作用能 E_i，即忽略将体系放在一起所必需的功．按定义，热相互作用是假定为足够弱的，从而 E_i 可以忽略，也即是 $E_i \ll E$，$E_i \ll E'$．

的两个许可态的任一个态中，A′处于它的40个许可态的任一态中．于是，复合体系 A^* 总共就有 $\Omega^* = 2 \times 40 = 80$ 个不同的可到达态，表4.1列出了与特定总能量 E^* 相容的各种许可状态．注意在这个体系的统计系综中，复合体系 A^* 处于 $E = 5$ 和 $E' = 8$ 的态或许是最概然的．这种状况发生的次数很可能是 $E = 3$，$E' = 10$ 的两倍．

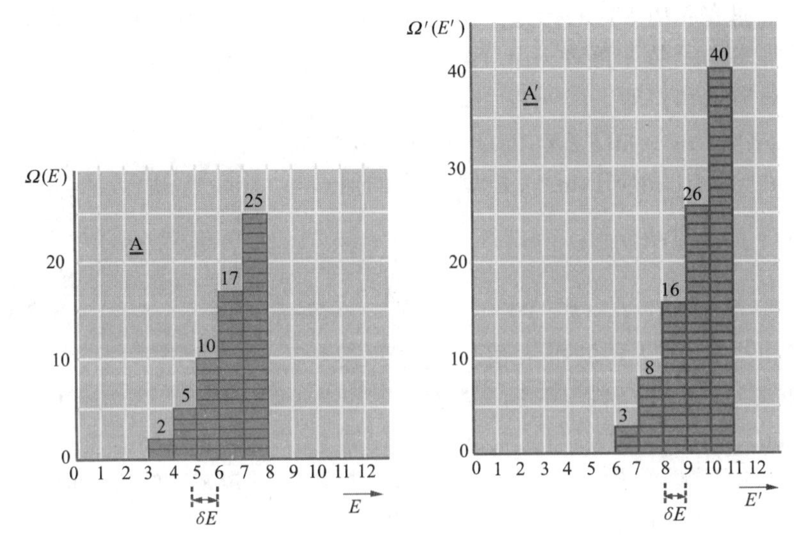

图4.1　对于两个特殊的极微小的体系A和A′，这些图说明A的可到达态数 $\Omega(E)$ 和A′的可到达态数 $\Omega'(E')$ 分别与其能量 E 和 E' 的函数关系．能量用任意单位计量；只画出少数几个 $\Omega(E)$ 和 $\Omega'(E')$ 的值

表4.1　与图4.1所描写的体系A和A′的特定总能量 $E^* = 13$ 相容的许可状态数

E	E'	$\Omega(E)$	$\Omega'(E')$	$\Omega^*(E)$
3	10	2	40	80
4	9	5	26	130
5	8	10	16	160
6	7	17	8	136
7	6	25	3	75

现在我们来研究 $P(E)$ 和能量 E 的关系．因为A和A′都是具有极大量自由度的体系．我们从式（3.37）知道，$\Omega(E)$ 和 $\Omega'(E')$ 分别是 E 和 E' 的极快递增函数．将表示式（4.5）作为能量 E 的递增函数来考虑，于是，当因子 $\Omega'(E^* - E)$

极迅速地减少时，因子 $\Omega(E)$ 极迅速地增加. 结果这两个因子的乘积，即概率 $P(E)$ 在能量 E 的某一特殊值 $\tilde{E}$ 显示出一个很尖锐的极大㊀. 这样 $P(E)$ 对 E 的依赖关系就表现出如图 4.2 所说明的普遍行为. 使 $P(E)$ 有可察觉的大小的区域宽度为 $\Delta E \ll \tilde{E}$.

实际上研究 $\ln P(E)$ 的行为，要比研究 $P(E)$ 自身更为方便，因为对数是随 E 变化缓慢得多的函数. 再者，由（4.5）得出这个对数中 Ω 和 Ω' 相乘的关系变成了简单的对数求和，即

$$\ln P(E) = \ln C + \ln \Omega(E) + \ln \Omega'(E') \tag{4.6}$$

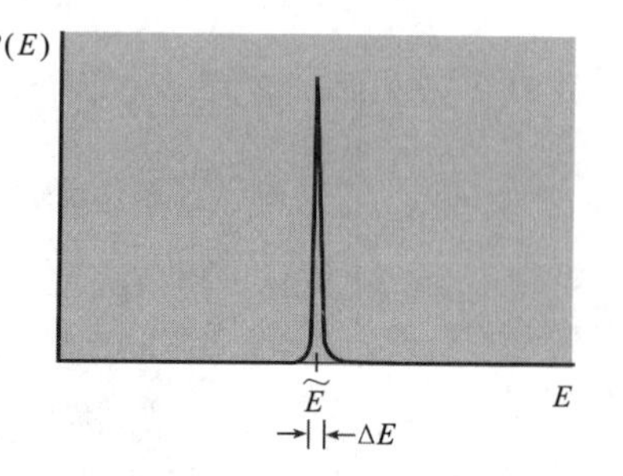

图 4.2　这个简图说明概率 $P(E)$ 和能量 E 的关系

其中 $E' = E^* - E$. 相应于 $\ln P(E)$ 取极大的值 $E = \tilde{E}$，由下面条件决定㊁：

$$\frac{\partial \ln P}{\partial E} = \frac{1}{P}\frac{\partial P}{\partial E} = 0. \tag{4.7}$$

因此，又相当于 $P(E)$ 的极大值. 借助于式（4.6）和式（4.2），条件（4.7）简化为

$$\frac{\partial \ln \Omega(E)}{\partial E} + \frac{\partial \ln \Omega'(E')}{\partial E'}(-1) = 0$$

或

$$\boxed{\beta(E) = \beta'(E').} \tag{4.8}$$

其中已引进定义

$$\boxed{\beta(E) \equiv \frac{\partial \ln \Omega(E)}{\partial E} = \frac{1}{\Omega}\frac{\partial \Omega}{\partial E}.} \tag{4.9}$$

对 $\beta'(E')$ 亦作相应的定义. 因而关系式（4.8）就是确定 A 的能量特殊值 $\tilde{E}$（以及 A′能量为相应数值 $\tilde{E}' \equiv E^* - \tilde{E}$）以最大概率 $P(E)$ 出现的基本条件.

$P(E)$ 极值的尖锐性

考虑 $\ln P(E)$ 最大值附近的行为，我们不难估计出当 E 偏离 $\tilde{E}$ 时，$P(E)$ 如何迅速衰减. 的确，附录 A.3 表明，当 E 偏离 $\tilde{E}$ 比 ΔE 大得多时，$P(E)$ 相对于极大值来说成为很小而可忽略. ΔE 的数值大致为这样的量级：

$$\Delta E \sim \frac{\tilde{E}}{\sqrt{f}}, \tag{4.10}$$

其中 f 是两个相互作用体系中较小一个的自由度数，假定 $\tilde{E}$ 比 A 的最低能量（或基态）大得多. 对于由 1mol 原子组成的典型体系，f 为阿伏伽德罗常量的量级，亦即 $f \sim 10^{24}$. 因而

㊀ 注意 $P(E)$ 的行为与前面的简单例子相类似，只不过对宏观体系，$\Omega(E)$ 和 $\Omega'(E')$ 是极迅速变化的函数，$P(E)$ 的极大值显得极其尖锐而已.

㊁ 我们将它写成偏微商是强调体系的所有外参量在整个讨论中保持固定.

$$\Delta E \sim 10^{-12}\tilde{E}. \tag{4.11}$$

因此概率 $P(E)$ 常在数值$\tilde{E}$处有一个极为尖锐的极大，当 E 偏离$\tilde{E}$哪怕 10^{12} 分之几，$P(E)$ 就变得可忽略地小. 这样，A 的能量实际上决不会显著偏离$\tilde{E}$；特别是，A 的平均值$\bar{E}$因而也必定等于$\tilde{E}$，即$\bar{E}=\tilde{E}$. 这里我们遇到另一个例子，它说明当我们处理由极大量粒子组成的体系时，一个量围绕平均值涨落的相对数值是非常微小的（见图 4.3）。

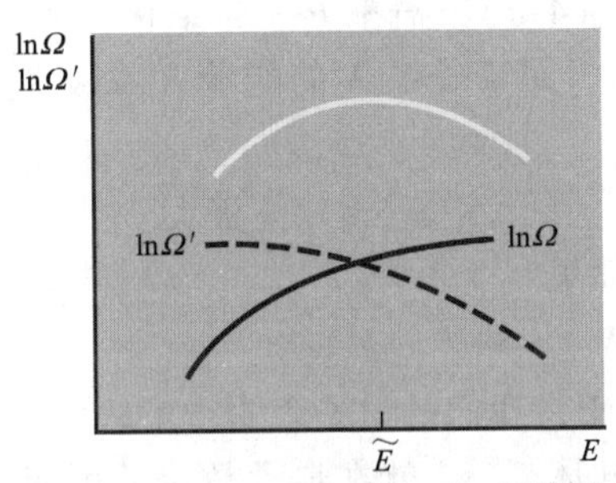

图 4.3　$\ln\Omega(E)$ 和 $\ln\Omega'(E')\equiv\ln\Omega'(E^*-E)$ 与能量 E 的关系的简图. 由式（3.38）. $\ln\Omega$ 与能量的关系大致为 $\ln\Omega(E)\sim f\ln(E-E_0)$ + 常数. 因为曲线是向下弯曲的，其和（用白线表示）在某个$\tilde{E}$值显示出唯一的极大. 这个缓慢变化的 $P(E)$ 对数的平滑极大由式（4.6）给出，它对应于 $P(E)$ 自身一个极其尖锐的极大

若干习惯定义

前面的讨论说明，体系 A 的量 $\ln\Omega$ 和 β（以及 A′的相对应量）在研究热相互作用时是极为重要的. 所以为这些量引进某些另外的符号和惯用的名称是方便的.

首先注意，按照定义式（4.9），参量 β 有能量倒数的量纲. 因而将 β^{-1} 表示为某一正的常数 k 的乘积常是有益的；k 的量纲为能量，因此可用尔格（$1\text{erg}=10^{-7}\text{J}$）表示.（这个常数称为玻耳兹曼常数，其数值可用某种合适的方法一次选定.）那么参量 β^{-1} 可以写成如下形式：

$$\boxed{\frac{1}{\beta}\equiv kT,} \tag{4.12}$$

这样定义的量 T 提供了一种对能量的度量，以量 k 作单位. 这个新的参量 T 称为所考虑体系的绝对温度，通常以度[⊖]为单位，命名为“温度”. 在物理上的理由在 4.3 节中会变得更为清楚.

根据式（4.9），用 $\ln\Omega$ 来表示，T 的定义现在可以写成形式：

⊖　例如，绝对温度 5 度就相应于 $5k$ 的能量.

$$\frac{1}{T}=\frac{\partial S}{\partial E},\tag{4.13}$$

其中引进了下式定义的量S：

$$\boxed{S\equiv k\ln\Omega.}\tag{4.14}$$

这个量S称为体系的熵．因为它的定义包含有常数k，所以这个量有能量的量纲．根据定义（4.14），一个体系的熵也就是体系可到达状态数的对数的量度．按照3.6节末尾的论述，熵提供了一个体系无规性程度的定量量度[⊖]．

用上述定义，根据式（4.3），概率$P(E)$取极大的条件就等价于这样的陈述，即总体系的熵$S^*\equiv k\ln\Omega^*$，对于子系A的能量E取极大．用式（4.6），概率极大的条件等价于：

$$S^*=S+S'=\text{极大}.\tag{4.15}$$

如果式（4.8）满足，即如果

$$T=T_0',\tag{4.16}$$

这个条件也就得到满足．于是我们的讨论表明：A总是这样调节其能量使总孤立体系A^*的熵尽可能大．因此体系A^*就在最大数目的可能状态间分布．即它处于最无规的宏观态．

4.2　趋向热平衡

正如我们已看到的，概率$P(E)$在能量$E=\tilde{E}$有一个极其尖锐的极大．因此在A和A′处于热接触的平衡状态下，体系A几乎总有极接近$\tilde{E}$的能量E，而体系A′相应地有非常接近$\tilde{E}'=E^*-\tilde{E}$的能量E'．作为很好的近似．各个体系的平均能量于是也分别等于这些能量，即

$$\overline{E}=\tilde{E}\quad\text{和}\quad\overline{E}'=\tilde{E}'.\tag{4.17}$$

现在考虑这样一种情况，即体系A和A′，最初彼此孤立并分别处于平衡；平均能量分别为$\overline{E}_i$和$\overline{E}'_i$，假定再让A和A′热接触，使它们彼此自由交换能量．由此产生的状况一般是非常不概然的，除非在特殊情况下，两个体系各自的能量最初就很接近$\tilde{E}$和$\tilde{E}'$．按我们的假设（3.18），体系将趋于交换能量直至到达上节讨论的最终的平衡状况为止．那么，根据式（4.17），体系最后的平均能量将为

$$\overline{E}_f=\tilde{E}\quad\text{和}\quad\overline{E}_f'=\tilde{E}',\tag{4.18}$$

概率$P(E)$就成为极大．因此两个体系相对应的β参量是相等的，即

⊖　注意由式（4.14）定义的熵有明确的数值，根据式（3.40），它基本上与我们在讨论中所用的能量分割间隔δE的数值无关．并且，因δE是某一固定的与E无关的间隔，定义β或T的微商式（4.9）也必定与δE无关．

$$\beta_f = \beta'_f, \tag{4.19}$$

其中　$\beta_f = \beta(\overline{E}_f)$　和　$\beta'_f = \beta(\overline{E}'_f)$.

根据式（4.6）和定义（4.14），可见体系间交换能量直至到达概率 $P(E)$ 极大的状况的结论，与它们交换能量直至使总熵成为极大的说法是等价的. 这样，最终的概率（或熵）就不能比原来的小，即

$$S(\overline{E}_f) + S'(\overline{E}'_f) \geqslant S(\overline{E}_i) + S(\overline{E}'_i)$$

或

$$\boxed{\Delta S + \Delta S' \geqslant 0,} \tag{4.20}$$

其中　$\Delta S \equiv S(\overline{E}_f) - S(\overline{E}_i)$

以及　$\Delta S' \equiv S'(\overline{E}'_f) - S'(\overline{E}'_i)$

分别表示 A 和 A′熵的变化.

在交换能量的过程中，体系的总能量当然守恒. 按照式（3.49）和式（3.50），其结果为

$$\boxed{Q + Q' = 0,} \tag{4.21}$$

其中 Q 和 Q' 分别表示由 A 和 A′吸收的热. 式（4.20）和式（4.21）完全概括了在任意热相互作用过程中所必须满足的条件.

我们的讨论表明可能出现两种情况：

（ⅰ）体系的初始能量满足 $\beta_i = \beta'_i$，其中 $\beta_i \equiv \beta(\overline{E}_i)$，$\beta'_i \equiv \beta(\overline{E}'_i)$. 因而体系早已处于最概然的状况，即总熵早已达到极大. 因此，体系继续保持平衡，它们之间不发生净的热交换.

（ⅱ）更普遍的情况，体系的初始能量为 $\beta_i \neq \beta'_i$，于是体系处于相当不概然的状况，其总熵不是极大. 因此这种状况会随时间变化，能量以热的形式在体系间交换，直至到达总熵为极大且 $\beta_f = \beta'_f$ 的最后平衡状况为止.

4.3　温度

上一节我们注意到，参量 β［或等效地，参量 $T = (k\beta)^{-1}$］有下列两个性质：

（ⅰ）如果两个分别处于平衡的体系由同一数值的参量表征，那么，当这两个体系彼此热接触时平衡将继续维持，也就不会有热交换发生.

（ⅱ）如果这个体系由这个参量的不同数值表征，那么当两个体系彼此热接触时，平衡不再维持并发生热量交换.

这些陈述使我们可以推导出一些重要结果. 特别是能使我们用精确的和定量的方式来表述 1.5 节中所考察的定性见解.

例如，设想有三个体系 A、B 和 C. 它们分别处于平衡. 假定置 C 与 A 热接触时没有发生热交换. 并且置 C 与 B 热接触时也没有发生热交换. 那么我们就知道 $\beta_C = \beta_A$ 且 $\beta_C = \beta_B$（其中 β_A、β_B 和 β_C 分别表示体系 A、B 和 C 的 β 参量）. 但从

这两个等式，我们可以得出 $\beta_A=\beta_B$ 的结果，因此，如果将体系A和B置于彼此热接触，就不会发生热交换. 从而我们导出下面的普遍结论:.

$$\boxed{\text{如果两个体系与第三个体系热平衡,则它们必然彼此热平衡.}} \tag{4.22}$$

表述（4.22）称为热力学第零定律. 正因为它是正确的，我们才有可能使用被称为温度计的测试体系，它使我们能用测量来确定任意两个体系彼此热接触时是否交换热量. 这样一种温度计可以是按照下面两个条件选择的任意宏观体系M.

（a）在表征体系M的许多宏观参量中，选择出一个参量，在热相互作用中获得或失去热量时，M的这个参量有可觉察出的变化，M的所有其他宏观参量保持固定. 这个可以变化的参量 θ 称为M的测温参量.

（b）体系M一般选得比想要测试的体系小得多（即自由度数小得多）. 这是为了减小这些体系间的任何热量传输，也为了把测试过程引起的扰动减到极小.

【温度计的例子】

有许多合适的体系可作为温度计. 我们只提一下少数几种常用的.

（ⅰ）装在细玻璃管中的液体，如水银或酒精，这是大家熟悉的一类温度计，我们早在1.5节就描述过. 这里测温参量 θ 是管中液体的高度。

（ⅱ）以保持其体积恒定的方式装在玻璃泡内的气体，称为等容气体温度计（见图4.4）. 这里测温参量 θ 是气体所产生的压强.

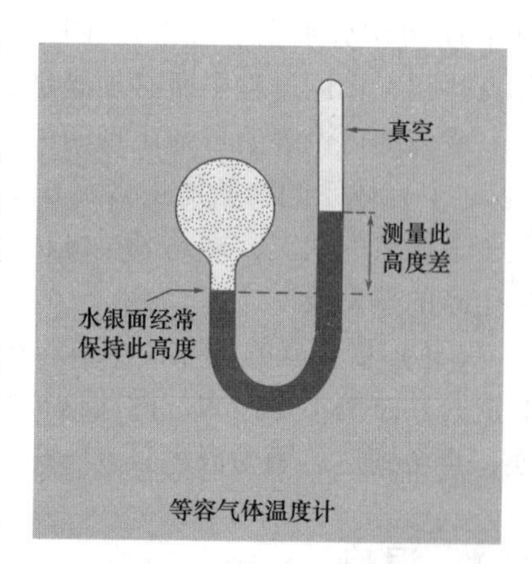

（ⅲ）以保持其压强恒定的方式装在玻璃泡里的气体，称为等压气体温度计（见图4.4）. 这里测温参量 θ 是气体的体积.

（ⅳ）维持恒压并载有微小电流的电导体（如一圈白金丝），称为电阻温度计. 这里测温参量 θ 是导体的电阻.

（ⅴ）保持压力恒定的顺磁样品，这里测温参量 θ 是该样品的磁化率（即单位体积的平均磁矩与外加磁场的比率）. 这个量，比如说，可以通过测量绕在样品周围线圈的自感来确定.

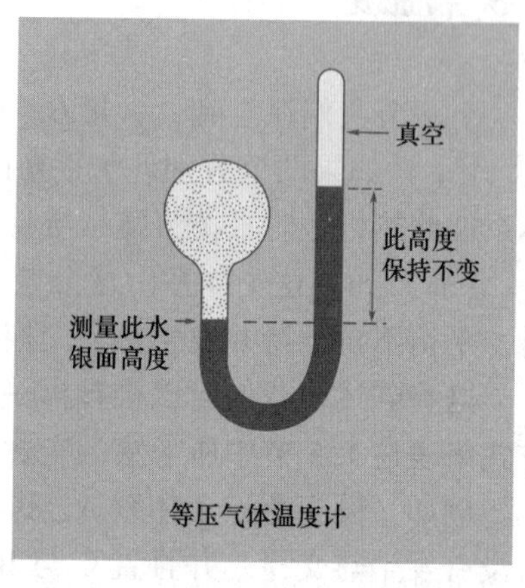

图4.4　等容和等压气体温度计

温度计M按下面的方法使用. 相继把温度计和试验体系A和B热接触并使其与每个体系

平衡.

（ⅰ）假定 M 的测温参量 θ（例如，玻璃管水银温度计中液柱的高度）在两种情况下取相同的数值. 这就意味着 M 与 A 达到平衡后，再和 B 热接触时继续保持平衡. 因此由第零定律使我们得出结论：如果将 A 和 B 置于彼此热接触，它们将继续保持处于平衡.

（ⅱ）假定 M 的测温参量 θ 在两种情况下取不同的数值. 那么，我们可得出结论：如果使 A 和 B 置于彼此热接触，它们将不保持平衡. 为了作出明晰的论证，我们先假定 A 和 B 是处于平衡的，那么 M 和体系 A 达到热平衡之后，按照第零定律，当它和 B 热接触时，它就应当会继续保持平衡. 但 M 和 B 置于热接触时参量 θ 不可能改变，这就和假设相矛盾[㊀].

考虑选取任意一个参量 θ 作为任意温度计 M 的测温参量. 当温度计 M 已和某一体系 A 热平衡时，按定义，θ 所取的数值称为 A 相对于特定温度计 M 的特定测温参量 θ 的温度. 按照这个定义，温度可以是长度，也可以是压强或其他任何量. 注意，即使两支不同的温度计有同一类参量，对于同一物体，一般也不会给出相同的温度数值[㊁]. 并且用某支温度计测量时，如果一个物体 C 的温度正好是物体 A 和 B 的温度的正中间；用另一支温度计测量温度时，这种说法就未必正确. 但是，我们还是认为我们所定义的温度概念有下述有用的性质：

两体系处于热接触时，它们保持为平衡的必要而充分的条件是：对于同一温度计有相同的温度.

(4. 23)

我们已引进的温度概念是一个重要而有用的概念. 但是，给体系指定的温度，从根本上取决于用作温度计的特定体系 M 的特定性质，在这一意义上，温度的概念多少有点随意性. 另一方面，我们可以利用参量 β 的性质以得到一个有用得多的温度. 的确，假定我们有一支温度计 M，已知参量 β 是测温参量 θ 的函数. 如果这个温度计置于和某一体系 A 热接触，那么我们知道平衡时 $\beta=\beta_A$. 这样，根据式 (4.9)，温度计就测量了体系 A 的一个基本性质，亦即状态数随能量的相对增加数. 再者，假定我们取任一其他的温度计 M′，其参量 β' 同样是测温参量 θ' 的函数，如果这个温度计和体系 A 热接触，那么，我们知道，在平衡时 $\beta'=\beta_A$，于是 $\beta'=\beta$，我们得到下面的结论：

㊀ 所有前面的测量都可用任意其他具有测温参量 θ' 的温度计 M′来实现. 在任一 θ 值和相应的 θ' 值之间，一般存在一一对应的关系. 然而在个别情况下，一特殊温度计 M 可以是多值的，从而对几乎是每一个其他温度计 M′来说，一给定的 θ 值对应于一个以上的 θ' 值. 这类多值的奇异的温度计，在我们感兴趣的实验范围内很少使用. 我们将不予讨论.（参看习题 4. 1）

㊁ 例如，两支温度计都可以由充以液体的玻璃管组成. 从而液柱长度就是两种情况下的测温参量. 然而一支温度计中的液体可以是水银，另一支可以是酒精.

如果用参量 β 作为温度计的测温参量,那么用每个这样的温度计测量一个特定体系的温度时;给出相同的温度读数. 而且,这个温度度量了所测体系状态数的一个基本性质.	(4.24)

所以，参量 β 是一个特别有用和基本的测温参量. 这就是称以 β 定义的相应温度 $T\equiv(k\beta)^{-1}$ 为绝对温度这一名称的理由. 我们将把下列两点搁到下一章讨论：（ⅰ）用适当的测量来求 β 或 T 的数值的实用程序.（ⅱ）确定 k 的特定数值所采用的国际协定.

绝对温度的性质

根据定义（4.9），绝对温度由下式给出：

$$\frac{1}{kT}\equiv\beta\equiv\frac{\partial\ln\Omega}{\partial E}. \tag{4.25}$$

在式（3.37）中我们看到，$\Omega(E)$ 对于任何通常体系来说是一个随着能量 E 极迅速增加的函数. 因此式（4.25）表示对任何通常体系，

$$\beta>0 \quad 或 \quad T>0. \tag{4.26}$$

换句话说，

任何通常体系的绝对温度都是正的.㊀	(4.27)

我们不难估计一个体系绝对温度的数量级. $\Omega(E)$ 的近似函数关系通常为式（3.38）所给的形式：

$$\Omega(E)\propto(E-E_0)^f, \tag{4.28}$$

其中 f 是体系的自由度，E 是基态能量为 E_0 的体系的能量. 于是

$$\ln\Omega\sim f\ln(E-E_0)+常数.$$

从而

$$\beta=\frac{\partial\ln\Omega}{\partial E}\sim\frac{f}{E-E_0}. \tag{4.29}$$

令 $E=\overline{E}$，即等于体系的平均能量，于是就可以估计 T 的数值. 因此我们可以得出结论：

对于通常体系：
$$kT=\frac{1}{\beta}\sim\frac{E\sim E_0}{f}. \tag{4.30}$$

换句话说：

㊀ 如讨论式（3.38）时所指出的，“对任何通常体系”这一限制性的术语意味着特别排除这样一种例外的情况，即：体系的动能可忽略，而自旋具有足够高的磁能.

对任何处在绝对温度 T 的通常体系，量 kT 大致等于体系每个自由度的平均能量（超过基态能量的部分）.	(4.31)

两个热接触体系间平衡的条件（4.8）断定各个体系的绝对温度必须相等. 由式（4.31）可见，这个条件大致相当于这样一种表述：相互作用体系间的总能量在两体系间的分配方式，也就是要使每个自由度的平均能量对两个体系来说都相同. 上面这一表述基本上就是我们在 1.5 节定性讨论所用的表述.

参量 β 或 T 如何随体系的能量 E 变化呢？量 β 测量了 $\ln\Omega$ 随 E 变化曲线的斜率（见图 4.5）. 在图 4.3 的说明中我们早已注意到这条曲线必须向下弯曲，以保证这样一个物理上的要求，即当两个体系彼此热接触时产生唯一一个概率极大值. 因此，得出曲线的斜率必须随 E 的增加而减少；即对任何的体系，

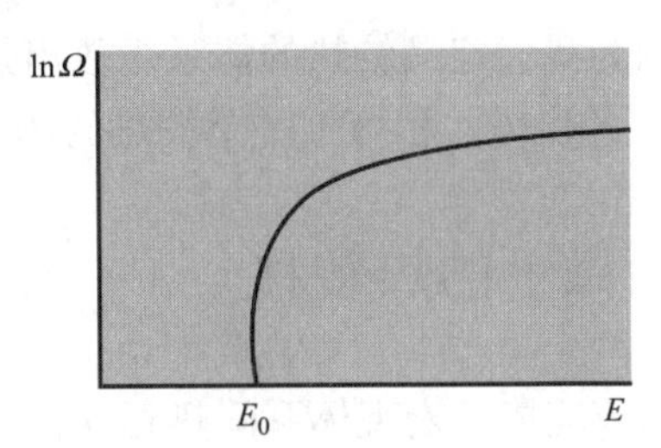

图 4.5　这个简图说明 $\ln\Omega$ 作为能量 E 的函数的行为. 曲线的斜率为绝对温度参量 β

$$\frac{\partial\beta}{\partial E}<0. \tag{4.32}$$

在通常体系的情况下，这一结果也可从近似的函数形式（4.28）得出. 因为式（4.29）的微商显然给出：

$$\frac{\partial\beta}{\partial E}\sim-\frac{f}{(E-E_0)^2}<0. \tag{4.33}$$

因为我们刚才已证明 β 随 E 的增加而减少，又因为按定义 $T\equiv(k\beta)^{-1}$，绝对温度 T 就随 β 的减少而增加，于是我们可以从式（4.32）得出结论：

任何一个体系的绝对温度是能量的递增函数.	(4.34)

用更加数学化的术语，

$$\frac{\partial T}{\partial E}=\frac{\partial}{\partial E}\left(\frac{1}{k\beta}\right)=-\frac{1}{k\beta^2}\frac{\partial B}{\partial E},$$

因此式（4.32）就是说：

$$\frac{\partial T}{\partial E}>0. \tag{4.35}$$

这个关系式使我们能在绝对温度与热流方向之间建立普遍的联系. 考虑两个原来在不同的绝对温度 T_i 和 T_i' 下处于平衡的体系 A 和 A′，后来使它们彼此热接触. 于是一个体系吸热，另一个体系放热，直至达到某一共同的绝对温度 T_f 的最终平衡. 假定体系 A 是吸热的，因而得到能量，那么从式（4.34）得出 $T_f>T_i$. 相应的体系 A′必须放热而丧失能量，于是根据式（4.34）其结果为 $T_f<T_i'$. 因此初始和最终的温度满足：

$$T_{\mathrm{i}} < T_{\mathrm{f}} < T'_{\mathrm{i}}.$$

这表示吸热体系 A 的初始绝对温度 T_{i} 比放热体系 A′的初始绝对温度 T'_{i}低. 总之：

当任何两个通常体系彼此热接触时,热由具有较高绝对温度的体系放出并为具有较低绝对温度的体系所吸收㊀.

. (4.36)

因为我们定义较热的体系为放出热量的体系，定义较冷的体系为吸收热量的体系，式（4.36）相当于一个较热的体系比较冷的体系拥有较高的绝对温度.

4.4　微小的热转移

上节完成了宏观体系间热相互作用的一般性讨论. 现在我们把注意力转移到若干有特殊重要性的特别简单的情况.

假定当体系 A 和另外某一个体系接触时吸收热量 Q，这个热量 Q 很小，而有

$$|Q| \ll \overline{E} - E_0, \tag{4.37}$$

亦即使得 A 的平均能量变化 $\Delta\overline{E} = Q$ 与 A 的平均能量$\overline{E}$高出其基态的部分相比是微小的. 于是体系 A 的绝对温度只改变一个几乎可忽略的数量. 事实上，令 $E = \overline{E}$，式（4.29）和式（4.33）给出下面的估计：

$$\Delta\beta = \frac{\partial\beta}{\partial E}Q \sim -\frac{f}{(\overline{E} - E_0)^2}Q \sim -\frac{\beta}{(\overline{E} - E_0)}Q.$$

因此式（4.37）就是说：

$$|\Delta\beta| = \left|\frac{\partial\beta}{\partial E}Q\right| \ll \beta. \tag{4.38}$$

因为 $T = (k\beta)^{-1}$，或 $\ln T = -\ln\beta - \ln k$，相应可得 $(\Delta T/T) = -(\Delta\beta/\beta)$ 使得式（4.38）也等价于

$$|\Delta T| \ll T. \tag{4.39}$$

只要式（4.38）成立，即只要 Q 充分小，使得体系的绝对温度基本上保持不变，我们就可以说这个体系吸收的热量是微小的.

假定体系 A 吸收这样一个微小的热量 Q，则初始和最终的能量将以绝对优势的概率分别等于平均值$\overline{E}$和$\overline{E} + Q$. 在吸收这一热量的过程中，A 的可到达态数也将发生变化. 按泰勒级数展开，我们求得

$$\ln\Omega(\overline{E} + Q) - \ln\Omega(\overline{E}) = \left(\frac{\partial\ln\Omega}{\partial\overline{E}}\right)Q + \frac{1}{2}\left(\frac{\partial\ln\Omega}{\partial E^2}\right)Q^2 + \cdots = \beta Q + \frac{1}{2}\frac{\partial\beta}{\partial E}Q^2 + \cdots.$$

但是由于假定吸收的热是很微小的，A 的绝对温度基本上保持不变. 因此式

㊀ 在自旋体系的特别情况下，这种陈述必须是有条件的，因为当 $\beta \to 0$ 时 $T \to \pm\infty$，见题 4.30.

(4.38) 中含有$\left(\frac{\partial\beta}{\partial E}\right)$的项可以忽略. 于是量 $\ln\Omega$ 的变化就成为

$$\Delta(\ln\Omega)=\frac{\partial\ln\Omega}{\partial E}Q=\beta Q. \tag{4.40}$$

在吸收热量的过程中，绝对温度为 T 的体系的熵 $S\equiv k\ln\Omega$ 就改变一个量 ΔS，即

$$\boxed{\begin{array}{c}\text{如果 } Q \text{ 很微小,则}\\ \Delta S=Q/T.\end{array}} \tag{4.41}$$

我们强调指出，即使热量 Q 的绝对数值很大，从式 (4.37) 或式 (4.39) 的比较意义上说，还可能是相对地小的. 从而关系式 (4.41) 仍然正确. 如果吸收的热量在数量上确实是无限小，我们可以用$đQ$ 来表示它，那么相应无限小的熵变化就为

$$\boxed{dS=\frac{đQ}{T}.} \tag{4.42}$$

注意热$đQ$ 只是一个无限小的量. 而量 dS 是真正的微分，也就是 A 的初始和终了宏观态之间熵的无限小差.

当 A 置于和任一其他体系 B 热接触，而 B 比 A 自己要小得多时，在式 (4.37) 或式 (4.39) 的相比较的意义上说，体系 A 吸收的热量 Q 总是很微小的. 事实上，A 能从 B 吸收的任何热量至多是 B 总能量（多于其基态的部分）的数量级，因此远比 A 自身的能量$\overline{E}-E_0$ 小得多. 如果一体系 A 足够大，从而与其他体系作任何热相互作用时该体系温度基本上保持不变，就说这个体系对于其他一系列体系起热库（或热池）的作用. 于是，热库熵的变化 ΔS 与它所吸收的热量 Q 之间的关系式即式 (4.41) 总是正确的.

4.5　与热库接触的体系

我们所遇到的大多数体系实际上并不是孤立的而是自由地与周围交换热的. 因为这样的体系与周围环境相比通常是微小的，这就构成一个相对地微小的体系，该体系和周围其他体系所构成的热库热接触（例如房间中任何一个物体，比如说一张桌子，处于和房子自身及地板、墙壁、其他家具和周围空气组成的热库热接触中）. 所以，本节将研究与热库 A′接触的相对微小的体系 A，并求解下面关于微小体系 A 的详细问题：在平衡的条件下，体系 A 处于任何一个能量为 E_r 的特定状态 r 的概率 P_r 是什么?

这是一个相当重要而又十分普遍的问题. 注意现在的阐述中体系 A 可以是任何一个自由度比热库 A′小得多的体系. 因此，A 可以是任何一个相对微小的宏观体系（例如，它可以是浸于一桶水中的一块铜，水起热库的作用）；或者，A 也可以是一个可区分的微观体系，我们能够清楚地认出它来㊀.（例如它可以是固定在固体特定晶格上的一个原子，晶体起热库的作用.）

为了便于数出热库A′的状态数，我们再设想将它的能量标度细分为数值是δE的许多固定间隔，并以$\Omega'(E')$表示A′的能量等于E'（即能量在E'和$E'+\delta E$之间）时的可到达态数.（这里假定δE与A的能级间距相比是非常微小的，但又足够大能包含热库A′的大量许可态.）于是就十分容易用类似4.1节的道理求出体系A处于状态r的所要求的概率P_r，虽然热库可以有任何能量E'，适用于A和A′组成的孤立体系A的能量守恒要求A^*的能量有某一恒定数值，比如说E^*. 当体系A处于其能量为E_r的状态r时，则热库A′的能量必须为

$$E'=E^*-E_r. \tag{4.43}$$

但是，当A处于这一个确定的状态r时，复合体系A^*的可到达态数就是A′的可到达态数$\Omega'(E^*-E_r)$. 然而我们的基本统计假设断定：孤立体系A^*同样可能处于其每一个可到达态中. 因此A处于态r这样一种状况出现的概率就正比于当A处于态r时A^*的可到达态数，即

$$\boxed{P_r\propto\Omega'(E^*-E_r).} \tag{4.44}$$

到此为止，我们的讨论完全是普遍的. 现在让我们用这样的事实：因为任何有关的能量E_r满足下面关系式，A与热库A′相比要小得多，

$$E_r\ll E^*. \tag{4.45}$$

由于我们可以在$E'=E^*$附近将缓慢变化的$\Omega'(E')$的对数展开而求得式（4.44）的一个极好的近似，与式（4.40）相类似，于是就得到对热库A′，

$$\ln\Omega'(E^*-E_r)=\ln\Omega'(E^*)-\left[\frac{\partial\ln\Omega'}{\partial E'}\right]E_r=\ln\Omega'(E^*)-\beta E_r, \tag{4.46}$$

其中我们把

$$\beta\equiv\left[\frac{\partial\ln\Omega'}{\partial E'}\right] \tag{4.47}$$

写成为微商在固定能量$E'=E^*$处求值. 这样，$\beta=(kT)^{-1}$就是热库A′的恒定温度参数㊁. 因此由式（4.46）得出结果为

$$\Omega'(E^*-E_r)=\Omega'(E^*)\mathrm{e}^{-\beta E_r}. \tag{4.48}$$

因为$\Omega'(E^*)$只是一个与r无关的常数，因而式（4.44）就简化为

$$\boxed{P_r=C\mathrm{e}^{-\beta E_r},} \tag{4.49}$$

其中C是与r无关的比例常数.

我们考察一下结论式（4.44）或式（4.49）的物理含义，如果已知A处于一确定的态r，热库A′可以处在这些条件下它的$\Omega'(E^*-E_r)$个大数目的可到达态

㊀ 这个限制是必要的，因为在量子力学描述中，要在许多基本上是不可区分的粒子中辨别出一特定的粒子并不总是可能的.

㊁ 为了简化起见，我们将不给符号β加上一撇.

的任意一个中. 但是热库的可到达态数 $\Omega'(E')$ 通常是一个随能量 E' 极快增加的函数［即式（4.47）中的 β 通常是正的］. 于是假定我们比较一下在任何两个具有不同能量的状态中找到体系 A 的概率. 如果 A 处于能量较高的状态，因而总体系能量守恒就表示热库的能量相应地比较低；于是热库的可到达态数就显著地减少了. 因此遇到这种状态的概率就极小. 式（4.49）中 P_r 与 E_r 的指数关系只不过是用数学的术语表示了这个论证的结果.

【例】

我们用一个简单的例子来说明前面的论述. 考虑一个具有多个能级的体系 A，其部分能级如图 4.6 上半部所示. 再考虑另一大得多的体系 A′，其能量标度被细分为 $\delta E = 1$ 单位的许多间隔，并且状态数 $\Omega'(E')$ 作为能量 E' 的函数如图 4.6 下半部所示. 假定 A 和热库 A′ 处于热平衡，并且复合体系 A^* 的总能量 E^* 有某一值 $E^* = 2050$ 单位. 假定 A 处于某特定状态 r，其能量 $E_r = 10$ 单位. 于是热库 A′ 的能量就必须是 $E' = 2040$；因此，A′ 可处在 2×10^6 个许可态的任一态中. 在一个包含许多由 A′ 和 A 组成的孤立体系 A^* 的系综中，则发现 A 处于态 r 的事例数就正比于 2×10^6. 另一方面，假定 A 处于能量 $E_s = 16$ 单位的特定状态 s 中，则热库的能量必须是 $E' = 2034$；因此 A′ 现在只可以处于 10^6 个许可态的任一态中. 因此，在体系的系综中，A 处于态 s 的事例数目就正比于 10^6，因而只有 A 处于有较低能量态 r 的事例数的一半。

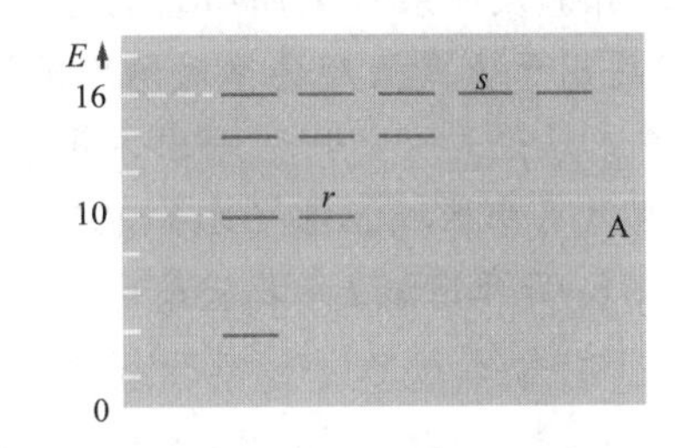

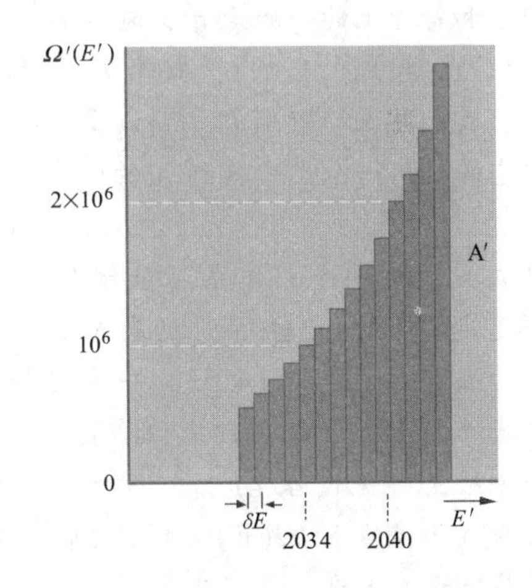

图 4.6　这个简图说明某一特殊体系 A 和另一个特别的（不大的）热库 A′ 的可到达态. 上图说明 A 的少数分立态所对应的能级. 下图说明对少数几个 E'，A′ 可到达态数 $\Omega'(E')$ 与能量 E' 的关系，能量用任意单位量度

概率，即式（4.49）是统计力学中具有根本重要性的极普遍结论. 指数因子 $e^{-\beta E_r}$ 称为玻耳兹曼因子；相应的概率分布（4.49）就是著名的正则分布. 一个系综中所有的体系都与已知温度为 T 的热库相接触［即所有的体系都按照式（4.49）在它们的状态间分布］这个系综就称为正则系综.

式（4.49）中的比例常数 C 不难通过归一化条件确定，即体系必须处在所有状态的某一态中的概率为 1，即是说

$$\sum_r P_r = 1, \qquad (4.50)$$

其中求和遍及 A 的所有许可态，而不管其能量是多少．确定 C 的条件可从式（4.49）的性质得出，即

$$C\sum_r e^{-\beta E_r} = 1.$$

因此式（4.49）可用明确的形式写成

$$P_r = \frac{e^{-\beta E_r}}{\sum_r e^{-\beta E_r}}. \tag{4.51}$$

概率分布式（4.49）使我们能很简单地计算出体系 A 的各种参量的平均值．这些参量表征体系 A 与绝对温度为 $T=(k\beta)^{-1}$ 的热库接触．作为例子，设 y 是在体系 A 处于 r 态时取值 y_r 的任何一个量，于是 y 的平均值由下式给出：

$$\bar{y} \equiv \sum_r P_r y_r = \frac{\sum_r e^{-\beta E_r} y_r}{\sum_r e^{-\beta E_r}}, \tag{4.52}$$

其中求和遍及体系 A 的所有态 r.

【适用于 A 是宏观体系时的附注】

基本结论式（4.49）给出体系 A 处于任何一个能量为 E_r 的态 r 中的概率 P_r．因而 A 具有小区域能量（比如说为 E 和 $E+\delta E$ 之间）的概率 P_r 很容易这样得到，把能量 E_r 位于区域 $E<E_r<E+\delta E$ 内的所有状态 r 的概率加起来，也就是

$$P(E) = \sum_r{}' P_r,$$

其中求和符号上的一撇表示只对在这一很小区域内具有几乎相同能量的那些态进行．但是，按式（4.49），概率 P_r 对所有这些态基本上相同并且与 $e^{-\beta E}$ 成正比．因此，我们所求的概率 $P(E)$ 就是将｛这一能量区域中的状态数目｝乘上｛在这些状态的任何一个态中找到 A 的概率｝，即

$$P(E) = C\Omega(E)e^{-\beta E}. \tag{4.53}$$

只要 A 自身是一个大体系（虽然与 A′ 相比还是非常小的），$\Omega(E)$ 就是 E 的迅速增加的函数．于是式（4.53）中存在着迅速衰减的因子 $e^{-\beta E}$ 就导致乘积 $\Omega(E)\ e^{-\beta E}$ 有一个极大（见图 4.7）。这个 $P(E)$ 的极大在 A 越大，即 $\Omega(E)$ 随 E 更快增加时就越尖锐．这样，我们又得到 4.1 节对于一宏观体系所得出的结论．

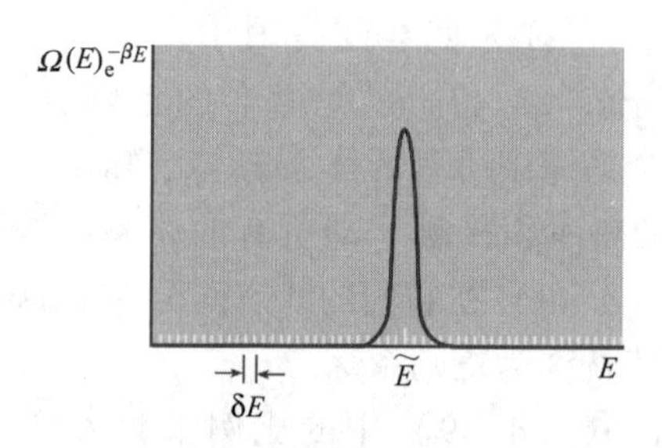

图 4.7　这个简图说明一个与热库相接触的宏观体系．函数 $\Omega(E)e^{-\beta E}$ 与其能量的关系

当与热库接触的体系自身具有宏观尺度时，它的能量 E 的相对涨落之数值极端地小，使得它的能量实际上总是等于平均能量 $\bar{E}$．另一方面，如果体系脱离与热库接触而成为热孤立的，能量就根本没有涨落．不过，这种情况与前一情况差别甚微

图 4.8　路得维希 · 玻耳兹曼（1844—1906）. 奥地利物理学家，统计物理学的先驱，对气体原子论的发展贡献卓著. 他建立了近代气体原子论的定量形式. 他在 1872 年的工作彻底解决了不可逆性的微观解释. 他还奠定了统计力学的基础，引进熵和可到达状态数之间的基本关系 $S = k\ln\Omega$. 玻耳兹曼的工作遭到以 E. 马赫（1838—1916）和 W. 奥斯特瓦尔德（1853—1932）这些大人物为代表的整个主流学派的严重抨击，他们辩称物理学理论只应处理宏观可观测量而拒绝诸如原子之类纯属假设性的概念. 1898 年玻耳兹曼沮丧地写道："我意识到自己单枪匹马，软弱无力地在同时代的主流抗争." 此后他越来越沮丧，终于挺不住于 1906 年自杀. 恰恰不久，皮兰关于布朗运动的实验（1908 年）和密立根的油滴实验（1909 年）相继明确无误地证明了物质的原子结构. （照片承蒙维也纳大学的 W. Thirring 教授惠允.）

图 4.9　乔西·威拉德·吉布斯（1839—1903）. 美国著名理论物理学家. 出生并逝世于同一城市纽黑文，也在此毕生担任耶鲁大学教授. 19 世纪 70 年代，他对热力学做出了奠基性的贡献. 他以强有力的分析形式表达热力学的宏观推理，并据此处理了大量重要的物理与化学问题. 1900 年左右，他用系综的概念发展出普遍的统计力学的系统性阐述. 尽管量子力学会作修正，他系统阐述的基本框架却仍然有效，他的理论框架正是本书从第 3 章开始我们要作系统性讨论的基本内容. "正则" 一词源自吉布斯. （照片承蒙耶鲁大学的书籍手稿图书馆惠允.）

因而实际上是无关紧要的. 特别是体系所有物理参量的平均值（例如它的平均压强或平均磁矩）完全保持不受影响. 因此，不管是把宏观体系作为处在 E 和 $E+\delta E$ 之内固定能量的孤立体系，还是把它当作与一热库（该热库的温度使体系的平均能量 $\overline{E}=E$）相接触的体系；这两种情况下所计算的这些平均值没有差别. 但后一种观点使计算容易得多. 理由是：使用正则分布把计算平均值简化为式（4.52）对所有状态的求和而无限制；因此不必计算处于特定小能量范围内的特殊类型的状态数 Ω，而这种计算则是困难得多的工作.

4.6 顺磁性

可以利用正则分布讨论大量极有物理意义的状况. 作为第一个应用，我们研究物质的磁性质. 设该物质单位体积内包含 N_0 个磁原子，并被置于外磁场 $\boldsymbol{B}$ 中. 考虑特别简单的情况，每个磁原子的自旋1/2，带有磁矩为 μ_0. 在量子力学的描述中，每一原子的磁矩取向要么“向上”，（即平行于外场），要么“向下”（即反平行于外场）. 我们称这种物质是顺磁的，因为它的磁性质是由各个磁矩的取向引起的. 假定这物质的绝对温度为 T. 那么它的一个原子的磁矩沿磁场 $\boldsymbol{B}$ 方向的平均分量 $\bar{\mu}$ 等于什么呢?

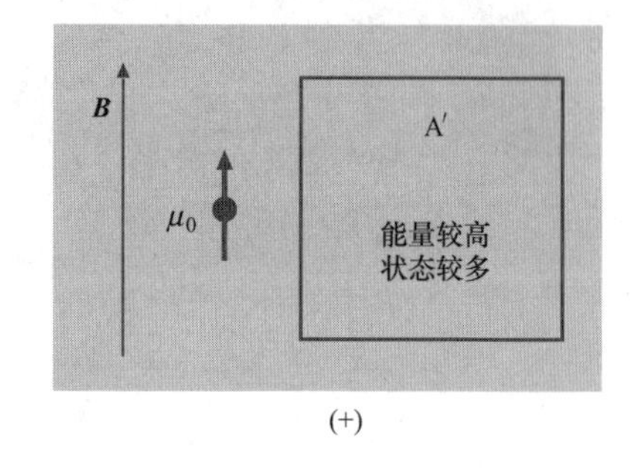

(+)

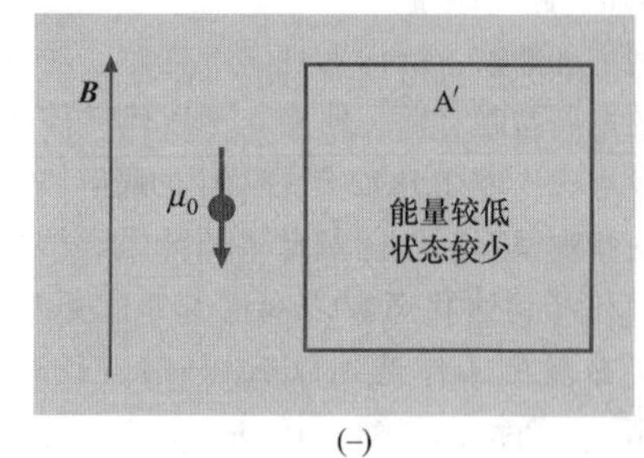

(−)

图4.10 说明自旋1/2的原子与热库A′热接触的情况. 当原子磁矩向上时，它的能量比向下时小一个量 $2\mu_0 B$. 相应地，热库的能量大一个数量 $2\mu_0 B$，从而热库可以处在更加多的态. 因此磁矩向上的态比向下的态以更大的概率出现.

我们假定每个磁原子只是微弱地与物质所有其他原子相互作用. 具体讲，我们假设磁原子彼此相距很远，这样，邻近的磁原子在每个磁原子的位置上产生的磁场可以忽略. 于是可以集中注意单个磁原子，把它看作我们考察的微小体系，而将所有其他磁原子看作构成一个绝对温度为 T 的热库[㊀].

㊀ 这样就假设了可以毫不含糊地辨认出单个原子. 如果原子固定在确定的晶格位置上，或它们组成相离很远的稀薄气体，这一假设就是有理由的. 在足够稠密的全同原子气体中，这个假设就无效. 因为这时，按量子力学的描述，原子是不可区分的. 于是必须采纳这样一个观点（这种观点尽管更复杂，但总是许可的）：把整个原子气体看作与某一热库接触的小宏观体系.

每个原子可处在两个可能的状态中：态（+），表示磁矩向上；以及态（−），表示磁矩向下. 我们逐一讨论这些态.

在态（+）中（见图4.10），原子磁矩平行于磁场，从而$\mu=\mu_0$，相应的原子磁能是$\varepsilon_+=-\mu_0 B$. 于是，正则分布（4.49）就给出在这个态中找到原子的概率P_+的结果：

$$P_+=C\mathrm{e}^{-\beta\varepsilon_+}=C\mathrm{e}^{\beta\mu_0 B},\tag{4.54}$$

其中C是比例常数，$\beta=(kT)^{-1}$. 这是较低能态，因而是有较多机会发现原子的状态.

在态（−）中，原子磁矩反平行于外场，从而$\mu=-\mu_0$，相应的原子能量为$\varepsilon_-=+\mu_0 B$. 于是在这个态中找到原子的概率为

$$P_-=C\mathrm{e}^{-\beta\varepsilon_-}=C\mathrm{e}^{-\beta\mu_0 B}.\tag{4.55}$$

这是一个较高能量的态，因而也是有较少机会找到原子的态.

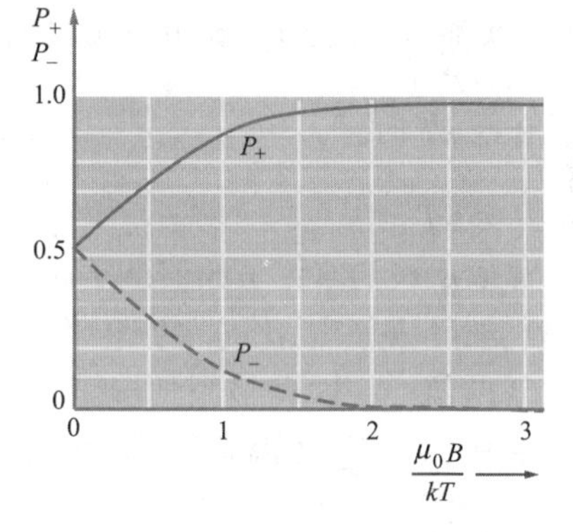

图 4.11　这个图说明当绝对温度为T时，磁矩μ_0平行于外场B的概率P_+（概率P_-是与外场反平行的情况）

常数C直接由归一化条件确定，即在两个态的任意态中找到原子的概率必须等于1. 于是

$$P_++P_-=C(\mathrm{e}^{\beta\mu_0 B}+\mathrm{e}^{-\beta\mu_0 B})=1,$$

即

$$C=\frac{1}{\mathrm{e}^{\beta\mu_0 B}+\mathrm{e}^{-\beta\mu_0 B}}.\tag{4.56}$$

因为原子倾向于处在自己的磁矩平行于外场B的态（+），平均磁矩$\bar{\mu}$必定指向磁场方向. 根据式（4.54）或式（4.55），表征磁矩取向的重要参量是

$$w=\beta\mu_0 B=\frac{\mu_0 B}{kT},\tag{4.57}$$

它是磁能$\mu_0 B$与特征热能kT的比值的量度. 如图 4.11 所示，显然，如果T很大（即$w\ll1$），磁矩平行于磁场的概率就几乎和反平行的概率相同. 在这种情况下，磁矩几乎是完全混乱的取向；从而$\bar{\mu}\approx0$. 另一方面，如果T很小（即$w\gg1$），磁矩平行外场就比反平行的可能性大很多，在这种情况下，$\bar{\mu}\approx\mu_0$.

所有这些定性的结论不难通过平均值$\bar{\mu}$的具体计算而成为定量的结论. 因此，我们得到

$$\bar{\mu}\equiv P_+(\mu_0)+P_-(-\mu_0)=\mu_0\frac{\mathrm{e}^{\beta\mu_0 B}-\mathrm{e}^{-\beta\mu_0 B}}{\mathrm{e}^{\beta\mu_0 B}+\mathrm{e}^{-\beta\mu_0 B}}.\tag{4.58}$$

或者换一种形式写为

$$\boxed{\bar{\mu}=\mu_0\tanh\left(\frac{\mu_0 B}{kT}\right)},\tag{4.59}$$

其中我们已用了双曲正切的定义：

$$\tanh w \equiv \frac{e^{w} - e^{-w}}{e^{w} + e^{-w}}. \tag{4.60}$$

于是物质单位体积的平均磁矩（即磁化强度）就指向磁场方向. 如果单位体积有 N_0 个磁原子，那么它的磁矩的值为

$$\overline{M}_0 = N_0 \bar{\mu}. \tag{4.61}$$

不难证明$\bar{\mu}$显示出前面定性讨论过的行为. 如果 $w \ll 1$，则 $e^{w} = 1 + w + \cdots$和 $e^{-w} = 1 - w + \cdots$，因此：

当 $w \ll 1$ 时，　　$\tanh w = \frac{(1 + w + \cdots) - (1 - w + \cdots)}{2} = w.$

另一方面，如果 $w \gg 1$，那么 $e^{w} > e^{-w}$. 因此：

当 $w \gg 1$ 时，　　$\tanh w = 1.$

因此从关系式（4.59）就可以预料到下列两个极端的性质：

当 $\mu_0 B \ll kT$ 时，　　$$\bar{\mu} = \mu_0 \left(\frac{\mu_0 B}{kT}\right) = \frac{\mu_0^2 B}{kT}; \tag{4.62}$$

当 $\mu_0 B \gg kT$ 时，　　$$\bar{\mu} = \mu_0. \tag{4.63}$$

当 $\mu_0 B \ll kT$ 时，$\bar{\mu}$的值就更小. 那么由式（4.62）可见，$\bar{\mu}$ 比它的最大许可值小 $\mu_0 B/(kT)$倍，在这种极限情况下，$\bar{\mu}$就与磁场 B 成正比，与绝对温度 T 成反比. 利用式（4.61）和式（4.62），于是磁化强度就成为

当 $\mu_0 B \ll kT$ 时，$$\overline{M}_0 = N_0 \bar{\mu} = \frac{N_0 \mu_0^2 B}{kT} \equiv \chi B, \tag{4.64}$$

其中χ 是与 B 无关的比例常数，这个参量被称为物质的磁化率[⊖]. 于是式（4.64）就提供了下列用微观量表示的显式表达式：

$$\boxed{\chi = \frac{N_0 \mu_0^2}{kT}.} \tag{4.65}$$

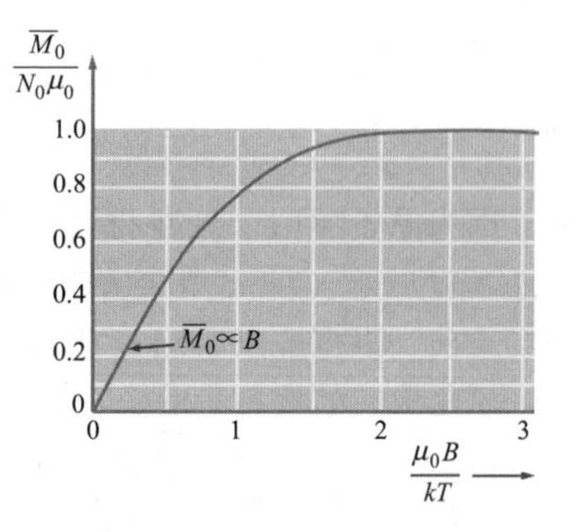

图 4.12　在自旋 1/2，磁矩 μ_0 的磁原子间微弱地相互作用的情况下，磁化强度$\overline{M}_0$ 与磁场 B 和温度 T 的关系

χ 反比于绝对温度的事实就是著名的居里定律.

当 $\mu_0 B \gg kT$ 时，平均磁矩达到最大的许可值 μ_0，相应的磁化强度成为：

若　　$$\mu_0 B \gg kT, \ \overline{M}_0 = N_0 \mu_0, \tag{4.66}$$

这是它的最大许可值（或饱和值），并因而与 B 或 T 无关. 磁化强度$\overline{M}_0$ 与绝对温度 T 和磁场 B 的完整关系如图 4.12 所示.

⊖　磁化率习惯上是用磁场 H 定义为$\chi = M_0/H$. 但是因为磁原子的浓度 N_0 假定是很小的，所以 $H = B$ 是一个很好的近似.

4.7　理想气体的平均能量

考察 N 个全同分子的气体，每个分子的质量为 m，装在边长为 L_x、L_y、L_z 的箱子里．假定气体足够稀薄，即在给定体积 $V=L_xL_yL_z$ 内分子数 N 足够少，使得分子平均间距相应地很大．于是下列简化条件被满足：

（ⅰ）分子间相互作用的平均势能比平均动能小很多（因而称气体是理想的）．

（ⅱ）可集中注意任何一个特定分子，把它当作可以辨认的实体，而不考虑各个分子本质上的不可区分性（因而称气体是非简并的）[㊀]．

我们将假定气体足够稀薄，从而两个条件都能满足[㊁]．

假定气体在绝对温度 T 时处于平衡．借助条件（ⅱ），我们可以集中注意气体的一个特定分子并把它作为与所有其他气体分子组成的热库（其温度为 T）热接触的微小体系．那么在能量为 ϵ_r 的量子态 r 的任一态中找到分子的概率就由正则分布（4.49）或（4.51）直接给出，即

$$P_r=\frac{e^{-\beta\epsilon_r}}{\sum\limits_r e^{-\beta\epsilon_r}}\text{，其中}\beta\equiv\frac{1}{kT}. \tag{4.67}$$

在计算分子能量 ϵ_r 时，条件（ⅰ）允许我们忽略一个分子与其他分子的任何相互作用能量．

作为例子，考虑单原子气体［例如氦（He）或氩（Ar）］的特别简单情况．这种气体中每个分子都只由一个原子组成．因而这样的一个分子的能量只是它的动能．于是每个分子可能的量子态 r 由三个量子数 $\{n_x, n_y, n_z\}$ 的某一组特定数值所标记，而且能量为式（3.15）所定．于是

$$\epsilon_r=\frac{\pi^2\hbar^2}{2m}\left(\frac{n_x^2}{L_x^2}+\frac{n_y^2}{L_y^2}+\frac{n_z^2}{L_z^2}\right). \tag{4.68}$$

在这样的任意一个态中找到分子的概率就由式（4.67）给出．

另一方面，考虑多原子气体［例如氧气（O_2），氮气（N_2）或甲烷（CH_4）］的情况，这些气体中每个分子由两个或更多个原子组成．于是每个分子的能量 ϵ 由下式给出：

$$\epsilon=\epsilon^{(k)}+\epsilon^{(i)}. \tag{4.69}$$

㊀ 最后一个结构是根据这样的事实，即分子间的平均间距比典型的分子德布罗意波长大很多．如果不是这样，量子力学的限制就使得明确地集中注意一个特定分子成为不可能；这样，不可区分粒子的严格量子力学处理就成为重要的了．（这时就说气体是简并的，并由所谓玻色-爱因斯坦或费米-狄拉克统计描述．）

㊁ 条件（ⅱ）几乎为所有普通气体所满足，有效的范围在 6.3 节末尾将要更加定量地加以考察．当气体不太稀薄时，条件（ⅰ）常在条件（ⅱ）被破坏之前很久就失效了．不过，若分子间的相互作用很微弱，则气体有可能满足条件（ⅰ）；从而是理想的，但却不满足条件（ⅱ）．

其中 $\epsilon^{(k)}$ 为分子质心平移运动的动能，而 $\epsilon^{(i)}$ 是与原子相对于质心的转动或振动相联系的分子内部能量．因为质心像一个具有分子质量的单粒子一样运动，所以分子平移运动的状态又可以用一组三个量子数 $\{n_x, n_y, n_z\}$ 来确定．而且平移动能 $\epsilon^{(k)}$ 就由式（4.68）得出．分子内部运动状态由一个或更多个描述分子中原子转动和振动状态的其他量子数（总体简单地用 n_i 来表示）确定；则能量 $\epsilon^{(i)}$ 取决于 n_i．分子的特定状态 r，就由量子数 $\{n_x, n_y, n_z, n_i\}$ 的一组特定数值确定，而且相应的能量 ϵ_r 由下式给出：

$$\epsilon_r = \epsilon^{(k)}(n_x, n_y, n_z) + \epsilon^{(i)}(n_i). \tag{4.70}$$

注意分子的平移运动受器壁的影响，因而由 $\epsilon^{(k)}$ 与容器的尺度 L_x、L_y、L_z 有关，在式（4.68）中也明显地表示出了这一点．另一方面，原子在分子内部相对于质心的运动并不涉及容器的尺度；因此，$\epsilon^{(i)}$ 与容器尺度无关，即

$$\epsilon^{(i)} \text{ 与 } L_x、L_y、L_z \text{ 无关}. \tag{4.71}$$

平均能量的计算

如果分子处于能量为 ϵ_r 的 r 态的概率为 P_r．平均能量就由下式给出

$$\bar{\epsilon} = \sum_r P_r \epsilon_r = \frac{\sum_r e^{-\beta\epsilon_r}\epsilon_r}{\sum_r e^{-\beta\epsilon_r}}, \tag{4.72}$$

其中我们已应用（4.67），求和是对分子的所有许可态进行的．注意此分式的分子上的求和很容易用分母中的求和来表示，从而关系式（4.72）可以大大地简化．因此，我们可以写出

$$\sum_r e^{-\beta\epsilon_r}\epsilon_r = -\sum_r \frac{\partial}{\partial\beta}(e^{-\beta\epsilon_r}) = -\frac{\partial}{\partial\beta}\left(\sum_r e^{\beta\epsilon_r}\right),$$

这里我们用了一个事实，即和的微商等于各项微商之和．对式（4.72）的分母引进便利的缩写

$$Z \equiv \sum_r e^{-\beta\epsilon_r}, \tag{4.73}$$

则关系式（4.72）就成为

$$\bar{\epsilon} = \frac{-\frac{\partial Z}{\partial\beta}}{Z} = -\frac{1}{Z}\frac{\partial Z}{\partial\beta},$$

即

$$\boxed{\bar{\epsilon} = -\frac{\partial \ln Z}{\partial\beta}.} \tag{4.74}$$

于是，计算平均能量只需求出式（4.73）的和（即 Z 值）．（对分子的所有状态求和得出的 Z 值，称为分子的配分函数）．

在单原子气体的情况下，能级由式（4.68）给出，式（4.73）中的 Z 相应地成为[㊀]

$$Z = \sum_{n_x}\sum_{n_y}\sum_{n_z}\exp\left[-\frac{\beta\pi^2\hbar^2}{2m}\left(\frac{n_x^2}{L_x^2}+\frac{n_y^2}{L_y^2}+\frac{n_z^2}{L_z^2}\right)\right], \tag{4.75}$$

其中三重求和对 n_x、n_y、n_z 的所有可能值进行.［按照式（3.14）每一组都对从0到 $+\infty$ 的所有整数求和］. 但指数函数立即可以分解为乘积，即

$$\exp\left[-\frac{\beta\pi^2\hbar^2}{2m}\left(\frac{n_x^2}{L_x^2}+\frac{n_y^2}{L_y^2}+\frac{n_z^2}{L_z^2}\right)\right]$$

$$=\exp\left[-\frac{\beta\pi^2\hbar^2}{2m}\frac{n_x^2}{L_x^2}\right]\exp\left[-\frac{\beta\pi^2\hbar^2}{2m}\frac{n_y^2}{L_y^2}\right]\exp\left[-\frac{\beta\pi^2\hbar^2}{2m}\frac{n_z^2}{L_z^2}\right].$$

其中第一个因子只出现 n_x，第二个因子只出现 n_y，第三个因子只出现 n_z. 因此和式（4.75）分解为简单的乘积，即

$$Z = Z_x Z_y Z_z, \tag{4.76}$$

其中

$$Z_x \equiv \sum_{n_x=1}^{\infty}\exp\left[-\frac{\beta\pi^2\hbar^2}{2m}\cdot\frac{n_x^2}{L_x^2}\right], \tag{4.77a}$$

$$Z_y \equiv \sum_{n_y=1}^{\infty}\exp\left[-\frac{\beta\pi^2\hbar^2}{2m}\cdot\frac{n_y^2}{L_y^2}\right], \tag{4.77b}$$

$$Z_z \equiv \sum_{n_z=1}^{\infty}\exp\left[-\frac{\beta\pi^2\hbar^2}{2m}\cdot\frac{n_z^2}{L_z^2}\right]. \tag{4.77c}$$

剩下的只要计算一个典型的求和，例如 Z_x，这是很容易做到的. 只要我们注意到，对 L_x 有宏观大小的任何容器，除非 β 特别大（即除非 T 特别低），式（4.77a）中 n_x^2 的系数是非常小的. 因为求和中相邻两项的数值差别很微小，用积分来代替求和是一个好的近似（见图4.13）. 把和式中的一项看作 n_x 的函数（把 n_x 当成对非整数值也有确定值的连续变量），于是和式 Z_x 就成为

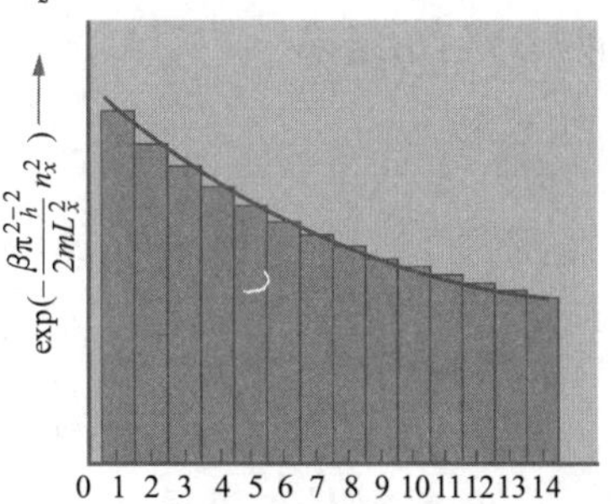

图4.13 对整数值 n_x 求和（这个和等于一系列矩形的面积）可用一连续变量 n_x 值的积分（这个积分等于曲线下面的面积）来代替

$$Z_x = \int_{1/2}^{+\infty}\exp\left[-\frac{\beta\pi^2\hbar^2}{2m}\frac{n_x^2}{L_x^2}\right]\mathrm{d}n_x$$

㊀ 为了避免在字母 e 的指数上出现太长的表达式，这里采用另一种标准的符号，即 $\exp u = e^u$ 来表示指数函数。

$$= \left(\frac{2m}{\beta}\right)^{1/2}\left(\frac{L_x}{\pi\hbar}\right)\int_0^{+\infty}\exp[-u^2]\,\mathrm{d}u, \tag{4.78}$$

其中

$$u \equiv \left(\frac{\beta}{2m}\right)^{1/2}\left(\frac{\pi\hbar}{L_x}\right)n_x \tag{4.79}$$

或

$$n_x = \left(\frac{2m}{\beta}\right)\left(\frac{L_x}{\pi\hbar}\right)u.$$

式（4.78）最后一步积分的下限已取为零，因为式（4.79）中 n_x 的系数特别微小，这就不会有任何值得注意的误差．式（4.78）中最后一个定积分只是等于某个常数，因而式（4.78）的形式为

$$Z_x = b\frac{L_x}{\beta^{1/2}}, \tag{4.80}$$

其中 b 是某个与分子质量有关的常数[⊖]．当然，Z_y 和 Z_z 的表示式与式（4.80）类似．因此由式（4.76）得出结果：

$$Z = \left(b\frac{L_x}{\beta^{1/2}}\right)\left(b\frac{L_y}{\beta^{1/2}}\right)\left(b\frac{L_z}{\beta^{1/2}}\right)$$

或

$$Z = b^3\frac{V}{\beta^{3/2}}, \tag{4.81}$$

其中 $V \equiv L_xL_yL_z$ 为箱子的体积．因此，我们得到

$$\boxed{\ln Z = \ln V - \frac{3}{2}\ln\beta + 3\ln b.} \tag{4.82}$$

现在我们的计算就基本上完成了．的确，对分子的平均能量 $\bar{\epsilon}$ 来说，式（4.74）给出结果

$$\bar{\epsilon} = -\frac{\partial \ln Z}{\partial\beta} = -\left(-\frac{3}{2}\frac{1}{\beta}\right) = \frac{3}{2}\left(\frac{1}{\beta}\right).$$

于是我们得到一个重要的结论：

$$\boxed{\begin{array}{c}\text{单原子分子的}\\ \bar{\epsilon} = \dfrac{3}{2}kT.\end{array}} \tag{4.83}$$

于是，一个分子的平均动能和容器的大小无关，只是与气体的绝对温度 T 成正比．

如果气体分子不是单原子的，相加表示式即式（4.69）对一个分子的平均能量就给出结果为

$$\bar{\epsilon} = \bar{\epsilon}^{(\mathrm{k})} + \bar{\epsilon}^{(\mathrm{i})} = \frac{3}{2}kT + \bar{\epsilon}^{(\mathrm{i})}(T), \tag{4.84}$$

⊖ 虽然这一点对我们来说并不是特别重要的，我们还是要提一下，按式（M.21），式（4.78）中最后一个积分的数值为 $\sqrt{\pi}/2$，于是 $b = \left(\frac{m}{2\pi}\right)^{1/2}\hbar^{-1}$.

因为质心的平均平移动能 $\bar{\epsilon}^{(k)}$ 仍由式（4.83）给出．由式（4.71）可见，平均分子内能 $\bar{\epsilon}^{(i)}$ 与容器的尺度无关，因而只能是绝对温度 T 的函数．

因为气体是理想的，从而分子间的相互作用可以忽略，气体的总平均能量 $\bar{E}$ 就等于 N 个分子的平均能量之和．于是我们有

$$\bar{E} = N\bar{\epsilon}. \tag{4.85}$$

即使在最一般情况下，理想气体的平均能量也与容器的尺度无关，而只是温度的函数，即

$$\boxed{\begin{array}{c}\text{对理想气体}\\ \bar{E}=\bar{E}(T)\\ \text{与容器的尺度无关.}\end{array}} \tag{4.86}$$

这个结果在物理上是讲得通的，一个分子的平移动能和分子内部能量都与分子间的距离无关．因此容器尺寸（温度 T 固定时）的变化并不会引起这些能量的变化，从而 $\bar{E}$ 也不受影响．如果气体不是理想的，这个结论就不再正确了．的确，如果气体足够稠密，分子的平均间距足够小，以致彼此间相互作用的平均势能就不是不可觉察的．这样容器尺寸的变化（温度固定）就引起分子平均间距的变化；结果就影响分子平均内势能，而它是气体平均总能量的一部分．

4.8　理想气体的平均压强

实验上很容易测量气体施加于容器器壁上的平均压强（即作用于单位面积上的平均力）．因此计算理想气体所施加的平均压强就特别有意义．如图 4.14 所示，用 F 表示一个分子沿 x 方向施加于装着该气体的箱子右壁（即器壁 $x=L_x$）的作用力．用 F_r 表示当分子处于能量为 ϵ_r 的特定量子态 r 时这个力的数值．不难得出力 F_r 与能量 ϵ_r 的关系．的确，假定箱子的右壁极缓慢地向右移动一个量 dL_x，在这个过程中分子就对器壁做了数量为 $F_r dL_x$ 的功，这个功必须等于分子能量的减小 $-d\epsilon_r$．因此

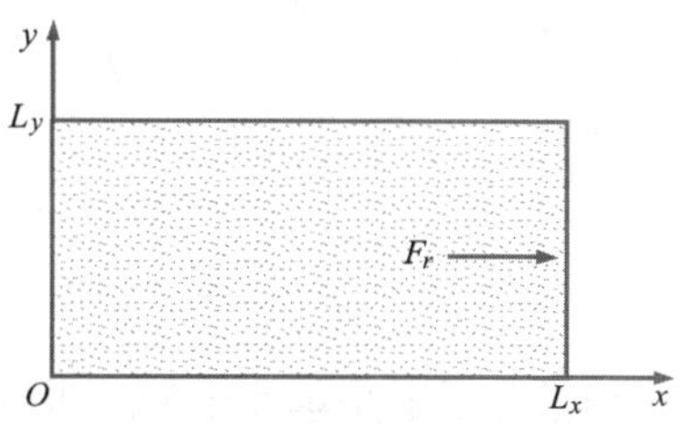

图 4.14　装有理想气体的箱子，一个给定态 r 的分子沿 x 方向对箱子右壁施加力 F_r

$$F_r dL_x = -d\epsilon_r,$$

或

$$F_r = -\frac{\partial \epsilon_r}{\partial L_x}. \tag{4.87}$$

这里我们写成偏导数以表示推导式（4.87）时其他尺度 L_y 和 L_z 保持为常数．

因此，每个分子施加于器壁上的平均力 $\bar{F}$，就由力 F_r 对这个分子所有可能的

状态 r 求平均而得出，即

$$\overline{F} = \sum_r P_r F_r = \frac{\sum_r e^{-\beta\epsilon_r}\left(-\frac{\partial\epsilon_r}{\partial L_x}\right)}{\sum_r e^{-\beta\epsilon_r}}, \tag{4.88}$$

其中我们已用了在任意状态 r 中找到分子的概率 P_r 的表示式（4.67）. 因为此分式的分子上的求和也可以用分母的求和来表示，式（4.88）可以简化. 于是，该分式的分子可以写为

$$-\sum_r e^{-\beta\epsilon_r}\frac{\partial\epsilon_r}{\partial L_x} = -\sum_r\left(-\frac{1}{\beta}\right)\frac{\partial}{\partial L_x}(e^{-\beta\epsilon_r})$$
$$= \frac{1}{\beta}\frac{\partial}{\partial L_x}\left(\sum_r e^{-\beta\epsilon_r}\right).$$

再利用式（4.73）的缩写 Z，表示式（4.88）成为

$$\overline{F} = \frac{\frac{1}{\beta}\frac{\partial Z}{\partial L_x}}{Z} = \frac{1}{\beta}\cdot\frac{1}{Z}\frac{\partial Z}{\partial L_x}$$

或

$$\boxed{\overline{F} = \frac{1}{\beta}\frac{\partial \ln Z}{\partial L_x}.} \tag{4.89}$$

现可将这一普遍关系式应用到早已得到的单原子分子情况的 $\ln Z$ 的结果即式（4.82）上去. 记住 $V = L_xL_yL_z$，求偏导数马上可得

$$\overline{F} = \frac{1}{\beta}\frac{\partial \ln Z}{\partial L_x} = \frac{1}{\beta}\frac{\partial \ln V}{\partial L_x} = \frac{1}{\beta L_x}$$

或

$$\boxed{\overline{F} = \frac{kT}{L_x}.} \tag{4.90}$$

如果分子不是单原子的，根据式（4.70），力 F_r 的表示式（4.87）变成

$$F_r = -\frac{\partial}{\partial L_x}\left[\epsilon_r^{(k)} + \epsilon_r^{(i)}\right] = -\frac{\partial\epsilon_r^{(k)}}{\partial L_x}.$$

这里我们已用了式（4.71）所表明的事实，即分子内能 $\epsilon^{(i)}$ 不依赖于箱子的尺度 L_x. 所以力 F_r 只由质心平动能量计算. 因此前面根据这个平动能所进行的计算对多原子分子同样有效. 因而 $\overline{F}$ 的表示式（4.90）是完全普遍的结论.

因为气体是理想的，分子几乎彼此没有影响地运动. 因此所有气体分子施加于右壁的总平均法向力（即 x 方向的力）简单地由｛一个分子所施加的平均力｝乘上｛气体的总分子数 N｝得出. 因此，这一结果除以器壁的面积 L_yL_z，就得出气体对器壁施加的平均压强. 于是由关系式（4.90）就导出结果

$$\bar{p} = \frac{N\bar{F}}{L_y L_z} = \frac{N}{L_y L_z}\frac{kT}{L_x} = \frac{N}{V}kT.$$

因此

$$\boxed{\bar{p}V = NkT} \tag{4.91}$$

或

$$\boxed{\bar{p} = nkT,} \tag{4.92}$$

其中 $V = L_x L_y L_z$ 是容器的体积，$n \equiv \frac{N}{V}$为单位体积内的分子数. 注意式（4.92）的计算中没有涉及所研究的特定器壁. 因而计算对于施加在任何器壁上的平均压强当然都给出相同的结果. ㊀、㊁

讨论

重要关系式（4.91）和（4.92）可以用另外一种等价的形式表示出来. 因此，总分子数 N 通常从存在于容器中的气体的摩尔数 ν 的宏观测量推导出来. 因为按定义，1mol 气体的分子数等于阿伏伽德罗常量 N_A，由此得出 $N = \nu N_A$. 因此，式（4.91）也可以写为

$$\bar{p}V = \nu RT, \tag{4.93}$$

其中我们又引进了一个新的常数 R，称为摩尔气体常数，它由下式定义：

$$R \equiv N_A k. \tag{4.94}$$

表示某种物质在平衡时的压强、体积和绝对温度的关系的方程叫作该物质的状态方程. 因此式（4.91）～式（4.93）就是理想气体的状态方程的各种形式. 根据我们的理论推导出来的这个状态方程，做出了几个重要的预测：

（ⅰ）如果一定量的气体，稀薄到足够算得上是理想气体，并维持在恒定的温度下，则由式（4.91）得出

$$\bar{p}V = 常数,$$

就是说压强应与体积成反比. 这一结果由玻意耳于 1662 年在实验中发现（物质原子论出现之前很久），因此，称为玻意耳定律（见图 4.15）.

（ⅱ）如果一定量的气体稀薄到足够算得上是理想气体，并维持其体积恒定，那么压强应当与绝对温度成正比. 正如第 5 章将要指出的，这一结果便于作为测量绝对温度的方法.

㊀ 的确，对处于力学平衡的流体中的力作初步的（完全宏观的）分析表明：流体中任何面积元上的压强必须处处相同（如果重力被忽略的话），而且必定和这个面积元的取向无关.

㊁ 注意 4.7 节和 4.8 节的关系：

虽然我们关于平均能量和平均压强的计算是对装在长方体形的简单形状容器里的气体进行的，但所有这些结果实际上却完全是普遍的并且完全与容器形状无关. 物理上的理由是：在任何通常温度下，分子的动量很大，以致德布罗意波长比任何宏观容器的尺寸小到可以忽略，实际上容器内每一个区域都远离器壁许多个波长. 因此，加在器壁上的具体边界条件（或者说涉及这些器壁的精确形状的一些细节），对这个区域内的许可波函数的影响甚小.

（iii）状态方程（4.91）只与分子数有关，并不涉及这些分子的性质，因此对于任何气体［如氦气（He）、氢气（H_2）、氮气（N_2）、氧气（O_2）、甲烷（CH_4）等］的状态方程都是相同的，只要它们足够稀薄而可以看作是理想的就行．这个预测可用实验检验并且也符合得相当好．

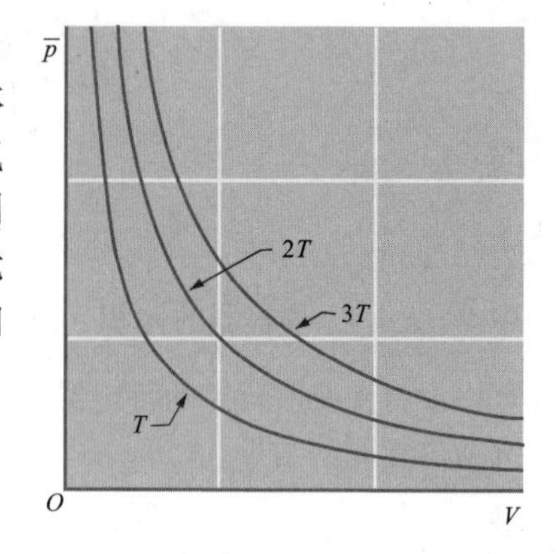

图 4.15　理想气体在绝对温度 T、$2T$ 和 $3T$ 时，平均压强 $\bar{p}$ 和体积 V 的关系

定义摘要

绝对温度　宏观体系的绝对温度 T［或相应的参量 $\beta=(kT)^{-1}$］定义为

$$\frac{1}{kT}\equiv\beta\equiv\frac{\partial\ln\Omega}{\partial E},$$

其中 $\Omega(E)$ 是体系在微小的能量区域 E 和 $E+\delta E$ 之间的可到达态数．k 是按惯例选择的常数，称为玻耳兹曼常数．

熵　体系的熵 S 由体系的可到达态数 Ω 定义如下式：

$$S\equiv k\ln\Omega.$$

因此熵提供了体系无规程度的一种对数量度．

温度计　是一个相对小的宏观体系，事先安排好，使得当它由于热相互作用而获得或失去能量时，只有一个宏观参量变化．

测温参量　温度计的可变化的宏观参量．

体系相对于给定温度计的温度　当温度计与体系处于热平衡时该温度计的特定测温参量值．

热库　一个宏观体系，它比起一系列所考察的体系来说是足够大的，以致当它与这些体系发生任何热相互作用时，温度基本上保持不变．

玻耳兹曼因子　因子 $e^{-\beta E}$，根据 $\beta\equiv(kT)^{-1}$，其中 β 与绝对温度 T 有关，而 E 表示能量．

正则分布　是一种概率分布，按这种分布，在能量为 E_r 的态 r 找到体系的概率 P_r 由下式给出：

$$p_r\propto e^{-\beta E_r},$$

其中 $\beta=(kT)^{-1}$ 是与该体系处于平衡的热库的绝对温度参量．

理想气体　分子间相互作用能量与其动能相比几乎可以忽略的气体．

非简并的气体　一种足够稀薄的气体，其分子平均间距要比分子平均德布罗意波长大很多．

状态方程　联系给定宏观体系的体积，平均压强和绝对温度的关系式．

重要关系式

绝对温度的定义

$$1/kT \equiv \beta \equiv \frac{\partial \ln \Omega}{\partial E}. \tag{i}$$

熵的定义

$$S = k\ln\Omega. \tag{ii}$$

当绝对温度为 T 的体系吸收一微小热量 $đQ$ 时，熵的增加为

$$\mathrm{d}S = \frac{đQ}{T}. \tag{iii}$$

一个体系，当它与绝对温度为 T 的热库热平衡时，它的正则分布为

$$p_r \propto \mathrm{e}^{-\beta E_r}. \tag{iv}$$

非简并理想气体的状态方程为

$$\bar{p} = nkT. \tag{v}$$

建议的补充读物

下面各书为本章的某些结果的推导提供了另一种方法：

C. W. Sherwin, *Basic Concepts of Physics*, secs. 7.3-7.5 (Holt, Rinehart and Winston, Inc., New York, 1961).

G. S. Rushbrooke, *Introduction to Statistical Mechanics*, 第2章和第3章（Oxford University Press, Oxford, 1949).

F. C. Andrews, *Equilibrium Statistical Mechanics*, secs. 6-8 (John Wiley & Sons, Inc., New York, 1963).

历史和传记介绍：

H. Thirring, "*Ludwig Boltzmann*," *J. of Chemical Education*, p. 298 (June, 1952).

E. Broda, Ludwig Boltzmann; Mensch Physiker, Philosoph (Franz Deuticke, Vienna, 1995)（德文版）.

L. Boltzmann, *Lectures on Gas Theory*, 由 S. G. Brush 译自德文. (University of California Press, Berkeley, 1964). Brush 在译序中简单地介绍了采用原子概念描述物质的历史发展.

B. A. Leerburger, *Josiah Williard Gibbs*, *American Theoretical Physicist* (Franklin Watts, Inc., New York, 1963).

L. P. Wheeler, *Josiah Willard Gibbs*, *the History of a Great Mind* (Yale University Press, New Haven, 1951; Paperback ed., 1962).

M. Rukeyser, *Will ard Gibbs* (Doubleday & Company, Inc. , Garden City, N. Y., 1942).

习　题

4.1 特殊温度计的例子

酒精的密度和大多数物质一样随绝对温度的增加而减少．然而水的性质有些异常．在熔点（即从冰向液态水转化的温度）以上，随着绝对温度的增加．其密度先是增加，经过一个极大值后又下降．

假定一种由玻璃管内液柱构成的通常温度计用染色的水而不像通常那样用染色酒精．这种温度计所指示的温度 θ 像平常一样是液柱的高度．当这个温度计置于和两个体系 A 和 B 接触时，分别指示其温度为 θ_A 和 θ_B

（a）假定体系 A 的温度 θ_A 大于（高于）体系 B 的温度 θ_B．当两体系置于彼此热接触时一定可以得出结论说热从体系 A 传向体系 B 吗？

（b）假定两个体系的温度 θ_A 和 θ_B 相等，一定可以得出结论说当两个体系置于彼此热接触时热量不会从体系 A 传向体系 B 吗？

4.2 室温时 kT 的数值

实验发现在室温和一个大气压（10^5N/m^2）下，1mol 的任何气体都占据大约 24L（即 $24\times10^{-3}\text{m}^3$）的体积．用这一结果估计室温时 kT 的数值．将你的答案用电子伏（$1\text{eV}=1.600\times10^{-19}\text{J}$）表示出来．

4.3 状态数随能量的真实变化

考察任意一个室温下的宏观体系．

（a）用绝对温度的定义求能量增加 10^{-3}eV 时这个体系可到达状态数增加的百分数．

（b）假定体系吸收一个可见光（波长为 5×10^{-7}m）的光子．结果体系可到达状态数增加几分之几？

4.4 实现原子自旋极化

考虑由自旋为1/2、磁矩为 μ_0 的磁原子组成的物质．因为这个磁矩是由一个非配对电子引起，它有玻尔磁子的数量级，即 $\mu_0=10^{-23}$ J/T．为了作原子散射实验，原子自旋要预先在给定方向极化．我们可以采用加上一个很大的磁场 B 并将

物质冷却到足够低的绝对温度来获得可观的极化.

易于在实验室中产生的最大磁场大约为 5T. 要使其指向平行于磁场方向的原子磁矩数目至少是指向相反的磁矩数的 3 倍，试求这时必须达到的绝对温度 T. 将你的答案用比例 T/T_R 表示出来，T_R 是室温.

4.5　产生极化质子靶的方法

在核物理和基本粒子的研究中，要在自旋按预先给定方向极化的质子组成的靶上做散射实验是有重要意义的. 每个质子自旋为 1/2，磁矩 $\mu_0 = 1.4 \times 10^{-26}$ J/T. 假定我们想用上题的方法来考虑石蜡（包含许多质子）样品，加上 5T 的磁场并将样品冷却到很低的绝对温度 T. 在到达平衡后，这个温度要多低，才能使取向平行磁场的质子磁矩数目至少是取向相反的质子磁矩数的 3 倍？再将你的答案用比例 T/T_R 表示出来，T_R 是室温.

4.6　核磁共振吸收

把水的样品置于外磁场 B 中. H_2O 分子的每一个质子具有核自旋 1/2 和一个微小的磁矩 μ_0. 因为每个质子的取向可以“向上”或“向下”，它可以处于两个能量分别为 $\mp\mu_0 B$ 的许可态的任一态中. 假定我们加上一频率为 ν 的高频磁场，频率 ν 满足共振条件 $h\nu = 2\mu_0 B$. 其中 $2\mu_0 B$ 是两个不同质子态之间的能量差，h 是普朗克常量. 于是，辐射场就引起两个态之间的跃迁，使质子从“向上”的态转到“向下”的态，或者以相等的概率反过来进行也行. 于是质子从辐射场吸收的净功率就正比于两个态之间质子数的差.

假定质子在水的绝对温度 T 下总保持非常接近于平衡. 吸收的功率与温度 T 的关系如何？由于 μ_0 很小，可以利用 $\mu_0 B \ll kT$ 这个很好的近似.

4.7　在原子束实验中的相对原子数

电子磁矩的精确测量是导致我们对电磁场量子理论的近代理解的工具. 这样精确的实验首先由库什（Kusch）和弗利（Foley）完成（*Phys. Rev.* **74**，250，1948）. 该实验是以测量到的镓原子（Ga）处在两组分别标记为（用标准的光谱记号）$^2P_{1/2}$和$^2P_{3/2}$状态的总磁矩进行比较为基础的. $^2P_{1/2}$态是原子的最低许可能量态（有两个具有相同能量的这样的态；它们只是相当于这组态中原子总角动量的两个可能的空间取向）. $^2P_{3/2}$态具有的能量比$^2P_{1/2}$态大一个数值，这个值已从光谱测量精确地知道等于 0.102eV. （有4 个具有相同能量的这样的态；它们也只不过是相应于在这一组态中原子总角动量的 4 个可能的空间取向.）

为了实现所要求的比较，在$^2P_{3/2}$态的原子数必须能和$^2P_{1/2}$态的原子数比较. 原子可由将炉子里的镓加热到较高绝对温度 T 来产生. 在炉壁上有一个小孔使小量原子射入周围真空，这些原子形成原子束，实际测量就是对这些原子束做的.

（a）假定炉子的绝对温度 T 是 $3T_R$，其中 T_R 为室温，那么束中镓原子分别处于 $^2P_{1/2}$ 态和 $^2P_{3/2}$ 态的比例是多少？

（b）在这样一个炉子中易于产生的最高温度大约是 $6T_R$. 那么束中镓原子分别处于 $^2P_{1/2}$ 态和 $^2P_{3/2}$ 态的比例是多少？这个比例足以完成一次成功的实验吗？

4.8　有两个分立能级的体系的平均能量

有一个体系由 N 个弱相互作用粒子组成，它的每个粒子都可以处于能量分别为 ϵ_1 和 ϵ_2 的两个态的任一态中，其中 $\epsilon_1 < \epsilon_2$.

（a）不作具体计算，试画出体系平均能量 $\overline{E}$ 为绝对温度 T 的函数的定性图. 在极低和极高温度的极端情况下 $\overline{E}$ 是什么？大致接近什么温度时，$\overline{E}$ 从低温极限值变到高温极限值？

（b）求出这个体系平均能量的显式表达式，验证这个表达式显示出（a）中定性确定的能量与温度的关系.

4.9　橡皮的弹性

一条橡皮带，保持其绝对温度为 T，一端被钉在钉子上；另一端挂上重物 w. 对这根橡皮带作下面简单的微观模型，假设它是由 N 段环状的聚合物链首尾相接而组成；每一段长度为 a，其取向或与垂直方向平行或反向平行. 求橡皮带最终的平均长度 L 作为 w 函数的表达式.（忽略各段自身的动能及重量，忽略各段之间的任何相互作用.）

4.10　固体中杂质原子引起的极化

下面阐述一个有实际物理意义的情况的简单二维模型. 绝对温度为 T 的固体，每单位体积内，包含有 N_0 个负电荷的杂质离子，这些离子替代了固体中若干正常原子. 整体固体当然是电中性的. 这是因为每个具有电荷 $-e$ 的负离子，在其近邻都有一个电荷 $+e$ 的正离子. 正离子很小，因而能自由地在晶格位置间移动. 因此，在没有外电场的情况下，它以相等的概率处于静止负离子周围4个等距离的位置上（见图4.16；晶格间距是 a）.

如果沿 x 方向加上一微小的电场 E，试计算电极化强度；即单位体积内沿 x 方向的平均偶极电矩.

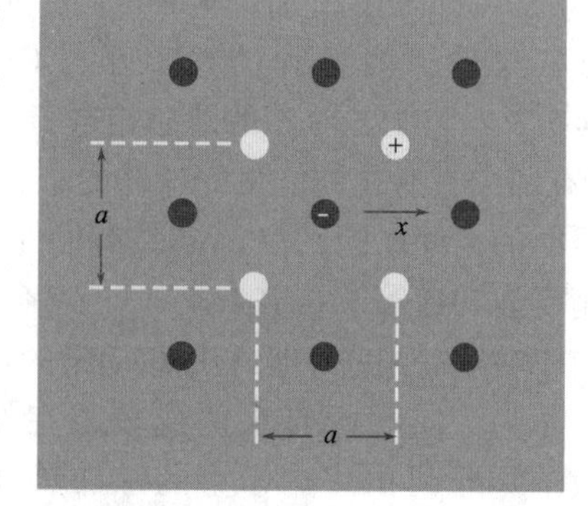

图4.16　固体晶格中的杂质原子

4.11　与热库接触的体系的“自由能”的极小性质

当两个体系 A 和 A′置于热接触时，按照关系，即式（4.20）总熵要增大，即

$$\Delta S + \Delta S' \geqslant 0. \tag{i}$$

在体系 A 吸收一些热量 $Q = \Delta \overline{E}$后，达到最终的平衡状态，于是就相当于复合孤立体系的总熵 $S + S'$为极大.

现在假定 A 比 A′小得多，从而 A′起着恒定绝对温度 T'的热库的作用. 于是 A′的熵变化 $\Delta S'$就可以很简单地用 $\Delta \overline{E}$和 T'来表示.

证明在这种情况下（i）意味着量 $F \equiv \overline{E} - T'S$ 倾向于减小并在平衡态时变为极小.（函数 F 称为体系 A 在恒定温度 T'的亥姆霍兹自由能.）

4.12　气体的准静态压缩

考虑被装在体积为 V 的容器内热绝缘的多粒子理想气体. 气体初始时刻的绝对温度为 T. 现在假定这个容器的体积由于活塞移动到一个新的位置而缓慢地减小. 试给出下列问题的定性答案.

（a）每个粒子的能级将发生什么变化?

（b）一个粒子的平均能量是增加还是减少?

（c）在体积减小时对气体所做的功是正还是负的?

（d）相对于基态测量的粒子平均能量是增加还是减小?

（e）气体的绝对温度是增加还是减小?

4.13　磁性物质的准静态磁化

考虑由 N 个自旋 1/2 组成的热绝缘体系，每个自旋的磁矩为 μ_0，体系被置于外磁场 B 中. 初始时体系处于某一正的绝对温度 T. 现在假定磁场缓慢地增加到某个新的数值. 试给出下列问题的定性答案.

（a）每个自旋的能级发生什么变化?

（b）每个自旋的平均能量是增加还是减小?

（c）外磁场增加时对体系所做的功是正还是负?

（d）相对于基态能量测量的自旋平均能量是增加还是减小?

（e）体系的绝对温度增加还是减小?

4.14　混合理想气体的状态方程

考虑一体积为 V 的容器，其中装有由 N_1 个一种类型的分子和 N_2 个另一种类型的分子组成的气体（例如，它们可以是 O_2 和 N_2 分子）. 假定气体足够稀薄而成为是理想气体，如果绝对温度为 T，则该气体的平均压强是多少?

4.15　理想气体的压强和能量密度

用4.7节和4.8节得到的气体平均压强 $\bar{p}$ 和平均能量 $\bar{E}$ 的表达式证明：

$$\bar{p}=\frac{2}{3}\bar{u}, \tag{i}$$

其中 $\bar{u}$ 为单位体积气体的平均动能. 试将精确结果（i）和第1章推导的式（1.21）作比较. 在推导式（1.21）时，根据经典的论证近似地考虑气体分子对器壁的碰撞.

4.16　任何非相对论理想气体的压强和能量密度

重新推导上题的结果以便说明其普遍性，并认识系数2/3的来源. 为此考虑被封闭在一个边长为 L_x、L_y 和 L_z 的箱子里的 N 个单原子粒子的理想气体. 如果粒子是非相对论的，其能量 ϵ 与动量 $\hbar K$ 之间的关系为

$$\epsilon=\frac{(\hbar K)^2}{2m}=\frac{\hbar^2}{2m}(K_x^2+K_y^2+K_z^2), \tag{i}$$

其中 K_x，K_y，K_z 的许可值由式（3.13）给出.

（a）用这个表示式计算当粒子处于由 n_x，n_y，n_z 确定的给定态 r 时一个粒子作用在容器右壁上的作用力 F_r.

（b）用简单的平均办法，推导平均力 $\bar{F}$ 用粒子平均能量 $\bar{\varepsilon}$ 表示的式子. 利用气体处于平衡时的对称性要求：$\overline{K_x^2}=\overline{K_y^2}=\overline{K_z^2}$.

（c）从而证明气体所施加的平均压强由下式给出：

$$\bar{p}=\frac{2}{3}\bar{u}, \tag{ii}$$

其中 $\bar{u}$ 是气体每单位体积的平均能量.

4.17　电磁辐射的压力和能量密度

考虑封闭在边长为 L_x、L_y 和 L_z 的箱子里的电磁辐射（即光子气体）. 因为光子以光速 c 运动，它是一种相对论粒子. 因此能量 ϵ 与动量 $\hbar K$ 之间的关系为

$$\epsilon=c\hbar K=c\hbar(K_x^2+K_y^2+K_z^2)^{1/2}, \tag{i}$$

其中 K_x、K_y 和 K_z 的许可值由式（3.13）给出.

（a）用这个表示式计算当光子处于由 n_x、n_y、n_z 所确定的给定态 r 时，一个光子作用在容器右壁的力 F_r.

（b）用简单的平均办法，从光子的平均能量 $\bar{\varepsilon}$ 推导平均力 $\bar{F}$ 的表达式，利用当辐射与容器壁处于平衡时的对称性，论证：$\overline{K_x^2}=\overline{K_y^2}=\overline{K_z^2}$.

（c）从而证明辐射作用在器壁上的平均压力 $\bar{p}$ 由下式给出：

$$\bar{p} = \frac{1}{3}\bar{u} \qquad (\text{ii})$$

其中 $\bar{u}$ 是单位体积辐射的平均电磁能量.

(d) 为什么（ⅱ）中的比例系数是 1/3 而不是上题对非相对论气体所推得的 2/3?

4.18　用配分函数表示平均能量

考虑无论如何复杂的任何体系与温度为 $T=(k\beta)^{-1}$ 的热库处于热平衡. 那么体系处于能量为 E_r 的任何一个态 r 的概率由正则分布（4.49）给出. 求出这个体系平均能量 $\bar{E}$ 的表达式. 特别是证明 4.7 节所用的论证是普遍适用的并因此推出极普遍的结果为

$$\bar{E} = -\frac{\partial \ln Z}{\partial \beta}. \qquad (\text{i})$$

其中

$$Z \equiv \sum_r \mathrm{e}^{-\beta E_r} \qquad (\text{ii})$$

表示对体系所有可能的状态求和并称为体系的**配分函数**.

4.19　用配分函数表示平均压强

再考虑习题 4.18 所描述的体系. 该体系与绝对温度为 T 的热库处于热平衡, 但可以是随便怎么复杂的. （例如, 它可以是气体、液体或固体.）为简化起见, 假定该体系装在一个边长为 L_x、L_y 和 L_z 的直角平行六面体状的容器内. 证明 4.8 节所用的论证是普遍的. 因此, 确立下面一些极为普遍的结果:

(a) 证明体系作用在右边界面上的平均力 $\bar{F}$ 可以用体系的配分函数 Z 由下列关系式表示:

$$\bar{F} = \frac{1}{\beta}\frac{\partial \ln Z}{\partial L_x}. \qquad (\text{i})$$

其中 Z 由上题中的关系式（ⅱ）定义.

(b) 在任何各向同性体系的情况下, 配分函数 Z 与各个长度 L_x、L_y、L_z 无关, 而只是体系体积 $V=L_xL_yL_z$ 的函数. 从而证明由（ⅰ）可推出体系的平均压强 $\bar{p}$ 可以表示为如下的形式:

$$\bar{p} = \frac{1}{\beta}\frac{\partial \ln Z}{\partial V}. \qquad (\text{ii})$$

4.20　整个气体的配分函数

考虑 N 个单原子分子组成的理想气体.

(a) 写出整个气体的配分函数 Z 的表达式. 利用指数函数的性质, 证明 Z 可以写成如下形式:

$$Z = Z_0^N, \tag{i}$$

其中 Z_0 是单个分子的配分函数，它早已在 4.7 节计算过.

（b）由（i），借助于习题 4.18 推得的普遍关系式，计算气体的平均能量 $\overline{E}$. 证明从（i）的函数形式可直接得出，$\overline{E}$ 必定就是每个分子平均能量的 N 倍.

（c）由（i）借助于习题 4.19 推得的普遍关系式计算气体的平均压强 $\overline{p}$. 证明（i）的函数形式又可得出 $\overline{p}$ 必定就是一个分子施加的平均压强的 N 倍.

4.21　磁矩的平均能量

考虑与绝对温度为 T 的热库相接触的一个自旋 1/2. 自旋的磁矩为 μ_0 并置于外磁场 B 中.

（a）计算这个自旋的配分函数 Z.

（b）借 Z 的结果，利用习题 4.18 的普遍关系（i），求出这个自旋平均能量 $\overline{E}$ 为 T 和 B 的函数.

（c）证明你关于 $\overline{E}$ 的表示式满足 $\overline{E} = -\overline{\mu}B$. 其中 $\overline{\mu}$ 是以前在式（4.59）中求得的磁矩平均分量之值.

4.22　简谐振子的平均能量

一谐振子具有一定质量和弹性常数，使它的经典振动角频率等于 ω。在量子力学的描述中，这样一个振子由一组分立的状态来表示，这些状态的能量由下式给出：

$$E_n = \left(n + \frac{1}{2}\right)\hbar\omega \tag{i}$$

其中标记这些态的量子数目可以取所有整数值：

$$n = 0, 1, 2, 3, \cdots. \tag{ii}$$

例如，固体中的原子在其平衡位置附近振动，就可能是谐振子的特殊情况.

假定这个谐振子与某个绝对温度为 T 的热库处于热平衡. 为了求出这个振子的平均能量，步骤如下：

（a）首先用习题 4.18 的定义（ii）计算振子的配分函数 Z.（为了求出这个和，注意它只不过是一个几何级数.）

（b）用习题 4.18 中的普遍关系式（i）计算振子的平均能量.

（c）画一个定性的图说明平均能量 $\overline{E}$ 与绝对温度 T 的关系.

（d）假定温度很小，即 $kT \ll \hbar\omega$. 如果不作任何计算，只利用（i）的能级，在这种情况下关于 $\overline{E}$ 的值你可以说些什么？你在（b）中得到的结果很接近这个极限情况吗？

（e）假定温度 T 很高，使得 $kT \gg \hbar\omega$. 那么（b）中得到的平均能量 $\overline{E}$ 的极限值是什么？它与 T 的关系如何？它与 ω 的关系又怎样？

*4.23　双原子分子的平均转动能量

经典双原子分子围绕垂直于两原子连线的轴转动的动能由下式给出：

$$E=\frac{\boldsymbol{J}^2}{2A}=\frac{J^2}{2A}$$

其中 $\boldsymbol{J}$ 是角动量，A 是分子的转动惯量，在量子力学的描述中，这个能量可以取分立的值

$$E_j=\frac{\hbar_j^2(j+1)}{2A}, \tag{i}$$

其中确定角动量 $\boldsymbol{J}$ 的大小的量子数 j，可以取许可值

$$j=0,1,2,3,\cdots. \tag{ii}$$

对每一个 j 值，有（$2j+1$）个不同的许可量子态，它们与角动量矢量 $\boldsymbol{J}$ 分立的可能空间取向相对应.

假定双原子分子是在一个绝对温度 T 处于平衡的气体中. 为了计算该双原子分子平均转动能量，步骤如下：

（a）由习题 4.18 定义（ii）首先计算配分函数 Z.（注意记住这是一个和，对每一态都包含一项.）假定 T 足够大使得 $kT \gg \hbar^2/2A$，这个条件为室温下的大多数双原子分子所满足. 证明这时 Z 的求和可以用积分近似，利用 $u=j(j+1)$ 作为连续变量.

（b）现在应用习题 4.18 的普遍关系式（i），计算在这个温度范围内双原子分子的平均转动能.

4.24　固体中的填隙原子数（近似分析）

考虑由 N 个原子组成的单原子晶体，绝对温度 T 保持不变. 原子被假定位于正常晶格位置，这个位置在图 4.17a 中用黑圈表示. 然而一个原子也可以定位于由这个图中白点表示的一个填隙位置中.

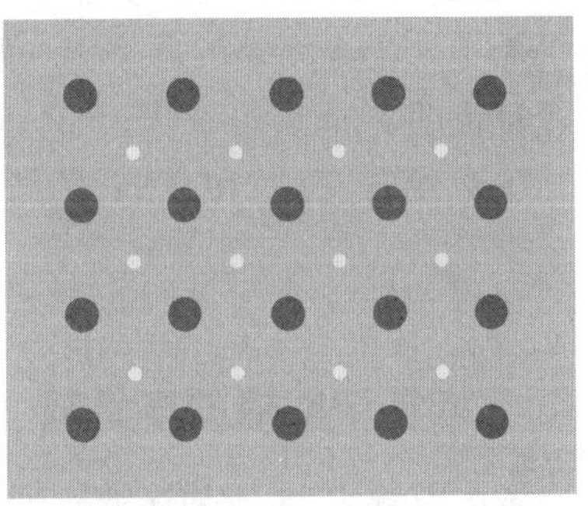

a)

b)

图 4.17　图 a 说明固体中所有原子（以黑色圆圈表示）都处于其正常位置，而可能的填隙位置（以白点表示）未被占据. 在较高温度时，某些填隙位置也被占据，如图 b 所示

如果一个原子处于这样一个填隙位置，其能量要比正常位置的能量大一个数量 ϵ. 当绝对温度很低时，所有原子因而都处于正常位置. 然而当绝对温度有一可觉察的值时，情况

就不再如此. 假定有 N 个原子，它们可以定位于 N 个许可的正常位置和 N 个许可的填隙位置. 于是就有下面这样一个问题：在任何绝对温度 T 时，定位于填隙位置的平均原子数 $\bar{n}$ 是多少？求解这个问题的一个近似方法如下：

（a）首先注意一个个别的原子，认为它只可以处于两个特定位置中的一个——一个是正常的，另一个是填隙的. 于是这个体系就只有两个可能的组态，称为 A 和 B：

(A)：原子处于正常位置，没有原子处于填隙位置.

(B)：正常位置没有原子，填隙位置有原子.

遇到这两个组态的概率 P_B 和 P_A 的比例 P_B/P_A 是什么？

（b）现在注意集中整个固体，假定有 $\bar{n}$ 个原子处于填隙位置. 那么就必定有 $\bar{n}$ 个原子不在正常位置. 因为 $\bar{n}$ 个空着的正常位置中的任一个都可以与 $\bar{n}$ 个被占的填隙位置中的任一个组合. B 组态就可以在 $\bar{n}^2$ 个可能方式的任一方式中出现. 按照这个论证，只要假定空的正常位置和占据的填隙位置是混乱分布的，在固体中遇到一个原子处于 B 组态的概率 P_B 就正比于可能的方式数 $\bar{n}^2$. 于是 $P_B \propto \bar{n}^2$. 用类似的论证证明 $P_A \propto (N-\bar{n})^2$.

（c）结合（a）和（b）的结果，假定常见的情况为 $\bar{n} \ll N$，证明

$$\frac{\bar{n}}{N} = e^{-(1/2)\beta\varepsilon}. \qquad \text{(i)}$$

4.25　固体中的填隙原子数（严格分析）

考虑习题4.24所描述的物理情况. 为严格地解决这个问题，尝试精确地求出 n 个填隙位置被原子占有的概率 $P(n)$. 显然也有 n 个正常位置未被原子占据.

（a）n 个填隙原子以一种特定方式分布，而 n 个空着的正常位置也以一种特定方式分布. 遇到这种给定状态的概率是什么？

（b）在 N 个可能的填隙位置上分布 n 个原子有多少种可能的方式？N 个正常位置上分布 n 个缺位原子有多少种可能的方式？

（c）结合（a）和（b）的结果证明

$$P(n) \propto \left[\frac{N!}{n!(N-n)!}\right]^2 e^{-\beta n\varepsilon}. \qquad \text{(i)}$$

（d）概率 $P(n)$ 在某一值 $n=\tilde{n}$ 处有一尖锐的极大. 为了求出这个值 $\tilde{n}$，考虑 $\ln P(n)$ 满足条件 $\left(\frac{\partial P\ (n)}{\partial n}=0\right)$，因为所有的阶乘都很大，斯特林近似，即式（M.10）是适用的. 由此证明当 $\tilde{n} \ll N$ 时可以得出结果

$$\frac{\tilde{n}}{N} = e^{-(1/2)\beta\varepsilon}. \qquad \text{(ii)}$$

*4.26　原子的热离解

多原子理想气体装在边长为 L_x、L_y 和 L_z 的箱子里. 整个体系于某一绝对温度 T 处于平衡. 一个原子的质量为 M. 一个原子 A 可按如下方式分解为正离子 A^+ 和电子 e^-.

$$A \leftrightarrows A^+ + e^-.$$

为了克服对电子的束缚而实现电离需要电离能 u.

集中注意一个个别的原子，因而它可以处于两个可能的组态中，称它们为 U 和 D.

(U)：原子未被离解. 其能量由下式给出：

$$E = \epsilon,$$

其中 ϵ 是原子质心的动能. 照例原子平移运动的状态由一组量子数 $\{n_x, n_y, n_z\}$ 确定.

(D)：原子被离解为质量为 m 的电子和一个质量接近 M（因为 $m \ll M$）的正离子. 假定离解后离子和电子的相互作用可以忽略. 因此由两个分离粒子组成的离解体系的总能量等于

$$E = \epsilon^+ + \epsilon^- + u \tag{i}$$

其中 ϵ^+ 是离子的动能，ϵ^- 是电子的动能，u 是电离能. 因此这个复合体系的平动态可以由 6 个量子数确定：一组离子的量子数 $\{n_x^+, n_y^+, n_z^+\}$ 和一组电子的量子数 $\{n_x^-, n_y^-, n_z^-\}$.

(a) 用正则分布求（包含一个比例常数 C）原子处于未离解组态（U）的这些状态中的概率 P_U.

(b) 用正则分布求｛包含同一比例常数 C）原子处于离解组态（D）的这些状态中的概率 P_D. [注意所要求的对所有有关态的求和已在 4.7 节式（4.81）中计算 Z 时做过].

(c) 求出比率 P_D/P_U. 它与温度 T 和体积 V 的关系如何？

(d) 现在考虑包含 N 个原子的整体. 假定这些原子中平均有 $\bar{n}$ 个被离解. 那么在箱子里存在 $\bar{n}$ 个离子和 $\bar{n}$ 个电子，同时留下（$N-\bar{n}$）个未离解的原子. 因而原子的离解组态，可以用 $\bar{n} \times \bar{n} = \bar{n}^2$ 个可能方式实现，未离解组态有（$N-\bar{n}$）个可能方式. 根据类似于习题 4.24 的近似理由，如果 $\bar{n} \ll N$ 我们就可以写出

$$P_D/P_U = \frac{\bar{n}^2}{N-\bar{n}} \approx \frac{\bar{n}^2}{N}.$$

于是求出了一个用绝对温度 T 和气体密度（N/V）表示的（$\bar{n}/N$）的明显表达式.

(e) 通常 $kT \ll u$. 在这些条件下你能预言出大部分原子离解吗？

(f) 假定 $kT \ll u$，但箱子体积任意地大，而温度保持恒定. 那么大部分原子会离解吗？为了说明这个结果，试给以简单的物理解释.

(g) 太阳内部由很热的稠密气体组成，而其外部的日晕较冷并相对稀薄些.

研究来自太阳的光谱线，表明一个原子可能在日晕中被电离，但在更接近太阳的区域中（那里绝对温度要高得多）却不离解．你如何解释这些观察结果．

*4.27　等离子体的热产生

将多原子气体加热到足够高的温度时，可以产生由可观数目的离解的正、负电荷所组成的等离子体．为了研究这种程序的实际可能性，将习题 4.26 的结果应用于铯蒸气．铯原子有较低的电离能 $u=3.89\text{eV}$，原子量为 132.9.

（a）用气体的 T 和平均压强 $\bar{p}$ 表示习题 4.26 中的离解度 $\bar{n}/N$.

（b）假定我们将铯蒸气加热到 4 倍室温的绝对温度并维持压强为 10^2N/m^2（即 10^{-3}大气压）．计算这些条件下蒸气电离的百分比．

4.28　理想气体的能量与温度的关系

N 个单原子组成的理想气体的状态数 $\Omega(E)$ 与气体总能量的关系已由习题 3.8 得出．用这个结果和定义 $\beta=\partial\ln\Omega/\partial E$ 推导能量 E 和绝对温度 $T=(k\beta)^{-1}$ 的函数关系．将你的结果与 4.7 节所推得的 $\bar{E}(T)$ 的表示式作比较．

4.29　自旋体系的能量与温度的关系

N 个自旋 1/2 组成的体系，每个自旋的磁矩为 μ_0，并置于磁场 B 中，这个体系的状态数 $\Omega(E)$ 已在习题 3.9 中计算过．

（a）用这个结果和定义 $\beta=(\partial\ln\Omega/\partial E)$ 推导体系能量 E 为绝对温度 $T=(k\beta)^{-1}$的函数关系．

（b）因为这个体系的总磁矩 M 简单地与其总能量 E 有关，用（a）的结果求出 M 作为 T 和 B 的函数的表达式．将这一结果与式（4.61）和式（4.59）所得的 $\overline{M}_0$ 的结果作比较．

*4.30　自旋体系中负绝对温度和热流

N 个自旋 1/2 组成的体系，每个自旋的磁矩为 μ_0，并且置于外磁场 B 中．这个体系的状态数作为总能量 E 的函数已在习题 3.9 中计算了．

（a）画一个近似图说明 $\ln\Omega$ 为 E 的函数的行为．注意体系最低能量为 $E_0=-N\mu_0B$，而最高能量为 $+N\mu_0B$，且曲线对于 $E=0$ 对称．

（b）用（a）的曲线画出近似图形说明 β 与 E 的函数关系．注意 $E=0$ 时 $\beta=0$

（c）用（b）中的曲线画出近似图形说明绝对温度 T 与 E 的函数关系．E 接近于 $E=0$ 时，T 发生什么情况？$E<0$ 和 $E>0$ 时 T 的符号如何？

（d）因为 E 接近 $E=0$ 时，T 经受不连续性．用 β 来讨论就更方便．证明 $\partial\beta/\partial E$ 总是负的．因此证明当两个体系置于热接触中时，热总是为具有较高 β 值的体系所吸收．注意不管绝对温度为正为负．这后一种陈述对所有体系都是普遍地正确的.

第 5 章 微观理论与宏观测量

第 5 章　微观理论与宏观测量

我们要根据体系的原子组成来理解宏观体系，对此我们现在已取得了实质性的进展，在这一过程中，我们发现引进几个描述多粒子体系的宏观行为的参量（例如热、绝对温度和熵）是有用的. 尽管这些参量本身都用微观的概念仔细地定义过，但是它们还得经受宏观测量的考验. 的确，理论与实验之间的任何比较都需要做出这样的测量. 不管理论的预言是针对纯粹宏观量之间的关系还是涉及宏观量与原子特性之间的关系，总是需要测量的. 通常，任何物理理论的任务就是提出应当测量的重要量，并详细说明用来实现这些测量的操作. 本章要专门讲述这方面的理论，总之，我们准备在很抽象的原子和统计概念与非常直接的宏观观察之间建立一座牢固的桥梁.

5.1　绝对温度的确定

绝对温度是一个非常重要的参量，因为它在绝大多数理论预测中都要明显地出现. 所以我们要考察用什么样的程序去实际测量体系的绝对温度. 原则上说，这个程序可根据与 β 或 T 有关的任何理论关系式. 例如式（4.65）就是提供了一个说明顺磁体的磁化率是如何与 T 有关的理论关系. 因此测量一个合适的顺磁体的磁化率，就应该提供绝对温度的一种测量方法. 理想气体的状态方程（4.91）是另一个涉及 T 的理论关系式. 因而任何足够稀薄而成为理想的气体都能用来测量绝对温度. 实际上，在许多情况下确实可用这一种非常方便的方法.

为了用状态方程（4.91）作为我们测量绝对温度 T 的基础，我们可按这样的方式进行：把少量气体放进球管中，设法使气体体积 V 与压强无关而保持恒定㊀. 于是这就构成类型如图 4.4 所示的等容气体温度计，其测温参量就是气体的平均压强 $\bar{p}$. 假使我们已经测出了固定的体积 V 和管内气体的摩尔数（从而也知道气体的分子数 N），则根据式（4.91），$\bar{p}$ 的测量就给出这个气体的 kT 或 β 的确切数值.（因此也得出与气体温度计处于热平衡的任何其他体系的 kT 或 β 的确切数值.）

关于有重要物理意义的绝对温度参量 β 的测量，前文已完全论述了，下面主要讲述一些常用的习惯性定义. 假如将 β 写成 $\beta^{-1}=kT$ 的形式，并给 T 一个数值，那么就必须给常量 k 选定一特定的数值. 这方面的国际协定所采用的特殊选择的理

㊀ 温度计球管中气体的数量必须很少以便保证气体充分稀薄而成为理想气体. 实验上可以这样来检验：如果绝对温度由充有更为少量的气体的温度计确定，所得到的结果应当相同.

由是下面这样的事实，即实验上比较两个绝对温度要比直接测量 β 或 kT 的数值容易些. 因此最方便的程序是用温度比较法求出 T 的数值，再相应地确定 k 的数值.

为了做出所要求的温度比较，我们选择一个处于标准宏观状态的标准体系，并按定义给它指定一个绝对温度 T 的值. 依照国际协定，我们选择纯水作为这个标准体系，并将固体、液体和气体形式的水（即冰、液态水和水蒸气）彼此处于平衡的状态作为标准的宏观状态（这个宏观状态称为水的三相点）. 这样选择的理由是因为所有这三种形式的水只在一个确定的压强和温度下才能够平衡地并存（见图 5.1）. 因而实验上不难证明：这个体系的温度不受在此情况下存在的固体、液体和气体相对数量的任何变化的影响. 所以三相点提供了一个可充分重现的温度标准. 那么依照 1954 年所采用的国际协定，给处于三相点的水的绝对温度 T_t 选择一个指定值.

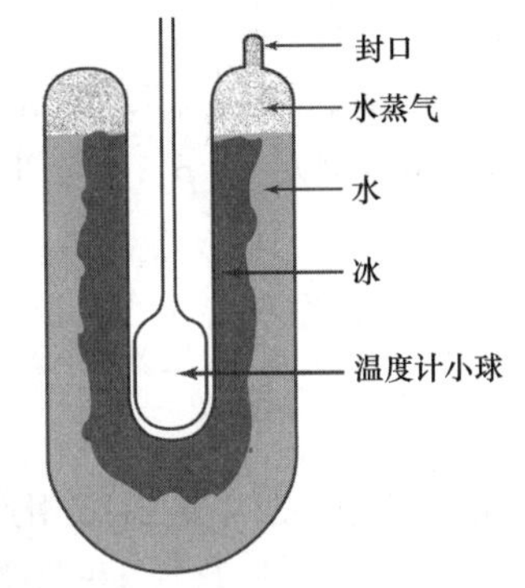

图 5.1　为了在水的三相点标定温度计而设计的三相点管简图. 为了使一部分水转变为冰，先将一些冰冻用的混合物［例如丙酮和干冰（即固体 CO_2）的混合物］放入当中的井里，拿掉冰冻用的混合物后将温度计置于井中让体系达到热平衡

$$\boxed{T_t \equiv 273.16(\text{严格地}).} \tag{5.1}$$

之所以做这种特殊的选择，是因为希望这样规定的现代绝对温标给出的 T 值尽可能接近于根据较陈旧而又较繁琐的惯例求得的不很正确的值.

从而任何体系的绝对温度的数值可以与处于三相点的水的温度 T_t 相比较而求出. 由特殊选择（5.1）所确定的数值单位用开尔文来表示，符号为 K. 用特殊选择（5.1）来规定开尔文温标（也叫绝对温标），从而也就决定了 k 值. 的确，假若使用某些装置（例如气体温度计）来测量水在三相点的 β 或 kT 值，那时 $T = T_t$，k 的值也就立刻确定了. 因为量 $\beta^{-1} = kT$ 表示能量，可用焦耳量度，则常数 k 就能用 J/K 的单位表示.

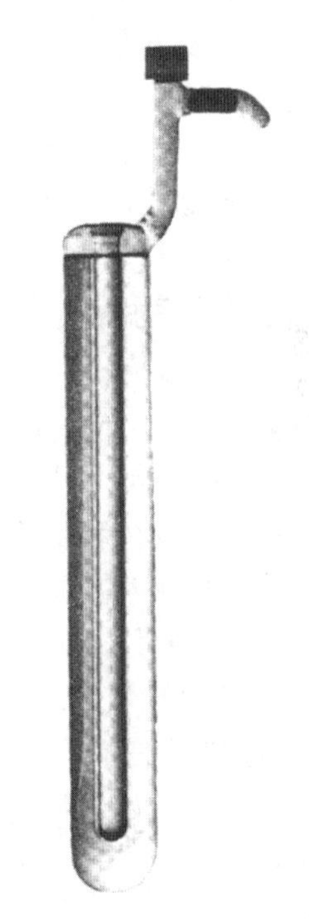

图 5.2　美国国家标准局用来实现水三相点的典型三相点管的照片（照片使用得到美国国家标准局许可）

现在我们说明一下，这些规定如何使我们能用一个等容理想气体温度计来测量绝对温度. 按照状态方程（4.91）. 这个温度计测量的气体

压强 $\bar{p}$ 与气体的绝对温度成正比．所以温度计就可以用压强比很简便地量度绝对温度比．的确，假定温度计和某一个体系 A 热接触，达到平衡以后，它的平均压强就有某个确定值 $\bar{p}_A$．类似地，假使温度计置于和另一个体系 B 热接触；在达到平衡以后，其平均压强就有某个确定的值 $\bar{p}_B$[㊀]．因此，状态方程（4.91）表示 A 和 B 的绝对温度 T_A 和 T_B 的关系是

$$\frac{T_A}{T_B}=\frac{\bar{p}_A}{\bar{p}_B}. \tag{5.2}$$

特别是，假定体系 B 是由三相点的水组成的（因而 $T_B=T_t$），并且温度计与这个体系平衡时指示一个平均压强 $\bar{p}_t$．则根据规定（5.1），A 的绝对温度就有如下的确定值：

$$T_A=273.16\frac{\bar{p}_A}{\bar{p}_t}\text{K}. \tag{5.3}$$

于是任何体系的绝对温度都可以很容易地用测量等容气体温度计的压强来确定．只要温度不是过低或过高以致气体温度计不能使用，这种测量绝对温度的特殊方法是十分方便的．

图 5.3　开尔文勋爵（原名 W. 汤姆孙，1824—1907）．出生在苏格兰，很早就聪慧过人．22 岁被委任为格拉斯哥大学自然哲学部主任，并在此工作了 50 多年．他在电磁学和流体力学方面都作出了杰出贡献．运用纯宏观推理，他和德国物理学家 E. 克劳修斯（1822—1888）建立了热力学第二定律，并由此确立了熵函数及其基本性质．他的分析又使他得出了绝对温度的概念．为表彰其贡献，他被提升为贵族，封为开尔文勋爵．绝对温标也是为纪念他而命名的．（画像于 1886 年由伊丽莎白・托马斯・金所画，承蒙伦敦国家美术馆惠见．）

根据特殊规定（5.1）所确定的绝对温标，我们可用理想气体的状态方程测量常数 k 的数值（或等价的、常数 $R\equiv N_A k$ 的数值，其中 N_A 是阿伏伽德罗常数）．取 ν mol 处于三相点温度 $T_t=273.16$K 的任何理想气体，我们只需要测量它的体积 V［以$(\text{m})^3$ 为单位］和相应的平均压强 $\bar{p}$［用 N/m^2 为单位］．那么利用式（4.93），由这两个数据就可计算出 R．经过这类精细测量，得到摩尔气体常数 R 的值为[㊁]

$$R=(8.31434\pm 0.00035)\text{J}\cdot\text{mol}^{-1}\cdot\text{K}^{-1}, \tag{5.4}$$

（其中 $1\text{J}=10^7$erg.）但已知阿伏伽德罗常数的数值为[㊂]

㊀　我们假定气体温度计与体系 A 和 B 相比足够小，从而体系的绝对温度不会因与温度计置于热接触而显著地受影响．

㊁　用 cal 表示，R 的值为 $R=(1.98717\pm0.00008)$ cal・mol^{-1}・K^{-1}．所指明的误差是按标准偏差计算的．

$$N_{\mathrm{A}} = (6.02252 \pm 0.00009) \times 10^{23}\,\mathrm{mol}^{-1}. \tag{5.5}$$

因此，从摩尔气体常数的定义 $R = N_{\mathrm{A}}k$ 算出 k 的数值为

$$k = (1.38054 \pm 0.00006) \times 10^{-23}\,\mathrm{J} \cdot \mathrm{K}^{-1}. \tag{5.6}$$

正如前面我们已经指出，k 称为玻耳兹曼常数㊁.

在开尔文温标上，1eV 的能量相当于能量 kT，这里 $T \approx 11\ 600\mathrm{K}$. 室温大约是 295K，相当于 $kT \approx \frac{1}{40}\mathrm{eV}$ 的能量，它大致相当于室温下一个气体分子的平均动能.

有时还使用的另一个温标是摄氏（或百分度）温度 θ_{C}，它由开尔文绝对温度 T 通过下面的关系式定义：

$$\theta_{\mathrm{C}} \equiv (T - 273.15)\,℃. \tag{5.7}$$

用这一温标，一个大气压下的水大致在 0℃时结冰；100℃时沸腾㊂.

5.2 高和低的绝对温度

为了对绝对温标有某种直观的了解，表 5.1 列出了几个有代表性的温度. 其中，某种物质的熔点是该物质固体和液体形式在一个大气压下平衡地共存时的温度. 超过这个温度，这种物质就成为液体. 一种物质的沸点是液体和气体形式在一个大气压下平衡地共存的温度，超过这个温度，该物质就成为在这个压强下的气体. 例如，在熔点，水从冰变为液态水；在沸点，水从液体变成水蒸气，即变成气体.

我们来考虑一下任何寻常的宏观体系. 它的绝对温度为正㊃；而且 kT 的数量级与体系每个自由度平均能量（超出基态能量的部分）相同，即按式（4.30），有

表 5.1　若干代表性的温度

太阳表面的温度	5500K	水的熔点	273K
钨(W)的沸点	5800K	人体的温度	310K
钨(W)的熔点	3650K	室温(大约)	295K
金(Au)的沸点	3090K	氮(N_2)的沸点	77K
金的熔点	1340K	氮的熔点	63K
铅(pb)的沸点	2020K	氢(H_2)的沸点	20.3K
铅的熔点	600K	氢的熔点	13.8K
水(H_2O)的沸点	373K	氦(He)的沸点	4.2K

$$kT \sim \frac{\overline{E} - E_0}{f}. \tag{5.8}$$

㊀ 这个数值与现代统一的原子量标准有关. 这个标准指定 ^{12}C 原子的原子量正好为 12. 根据用电解法分解已知摩尔数的化合物（例如水）所需要的电荷的电测量与电子电荷的原子测量相配合的方法，是测量阿伏伽德罗常数的最好实验方法.

㊁ 可以参看书末的数值常数表.

㊂ 在美国，日常生活中还使用华氏温度 θ_{F}，它与 θ_{C} 的关系为

$$\theta_{\mathrm{F}} = (32 + 1.8\theta_{\mathrm{C}})\,℉.$$

㊃ 自旋体系能量如此之高，以致绝对温度为负，这种特殊情况的讨论见习题 4.29.

因为每个体系都有一个最低的许可能量——基态能量 E_0，因而绝对温度也有一个最小的可能值，$T=0$. 这是体系能量趋近于基态时所达到的温度. 当体系能量在 E_0 以上增加时，绝对温度也相应地上升. 绝对温度能有多高是没有上限的，这相当于任何寻常体系中粒子动能的许可值没有上限. 例如，在星体或地球上的核聚变爆炸中，温度可达到 10^7K 的数量级.

以上的论述是从绝对温度的定义

$$\frac{1}{kT}\equiv\beta\equiv\frac{\partial\ln\Omega}{\partial E} \tag{5.9}$$

以及如图 4.5 所示的 $\ln\Omega$ 作为 E 的函数的性质而得出的结果. 让我们更仔细地看一下当 $E\to E_0$ 时，即体系的能量趋近于最低许可基态值的极限情况. 于是，这个体系在任何能量小区域 E 和 $E+\delta E$ 之间的可到达态数 $\Omega(E)$ 就趋向于一个很微小的值 Ω_0。的确，我们在 3.1 节就早已指出，一个体系与其最低许可能量相应的量子态只有一个（或至少不超过相对少数几个）态. 即使体系在接近能量 E_0 的间隔 δE 中的状态数有 f 那么大，$\ln\Omega_0$ 也只有 $\ln f$ 的数量级. 与较高能量时的值相比，后者按式（3.41）有 f 的数量级，因而还是完全可以忽略. 在接近基态能量 E_0 时体系的熵 $S=k\ln\Omega$ 与它在较高能量时的值相比就小得几乎等于零了. 因此，我们可以得出结论：当体系的能量向着最低许可值减小时，该体系的熵也变小至可忽略；或者，用符号表示为

$$\text{当 } E\to E_0 \text{ 时，}\qquad S\to 0. \tag{5.10}$$

当体系的能量在基态之上增加时，状态数也就非常迅速地增加，根据式（4.29），可以近似地得出

$$\beta\equiv\frac{\partial\ln\Omega}{\partial E}\sim\frac{f}{E-E_0}.$$

当能量减小到最低许可值 E_0 时，β 变得非常大，且 $T\propto\beta^{-1}\to 0$. 那么，对任何体系都正确的极限关系表述（5.10），同样可以很好地写成如下的形式：

$$\boxed{\text{当 } T\to 0 \text{ 时}, S\to 0.} \tag{5.11}$$

表述（5.11）称为热力学第三定律. 不过在接近 $T=0$ 的温度（通常来说，接近绝对零度）工作时，我们必须注意所说的体系是否真正达到平衡；因为在这样低的温度达到平衡的速率可能变得十分缓慢，所以，这一点就特别重要. 再者，我们必须对体系有充分的了解才能适当地解释极限表述（5.11），即知道实际上必须要多低的温度才能证明应用表述（5.11）是合理的. 下面的附注提供一个明确的例子.

【关于核自旋的熵的附注】

核磁矩非常微小，以致在核之间的相互作用能导致有序的自旋取向之前（在没有外界大磁场的情况下），必须达到低于 10^{-6}K 的温度㊀. 即使在低到 10^{-3}K 的温

㊀ 见习题 5.2.

度 T_0 时，核自旋也将与任何较高温度时一样无序地取向. 根据表述（5.11），与不包括核自旋在内的一切自由度有关的熵 S_0 在温度 T_0 时的值已变得非常微小；然而，与核自旋可能取向相应的总状态数 Ω_s 相联系的总熵仍有很大的数值 $S_0 = k\ln\Omega_s$. 因而不用表述（5.11），而可以得到以下的表述：

$$\boxed{\text{当 } T\to 0_+ \text{ 时}, S\to S_0.} \tag{5.12}$$

这里 $T\to 0_+$ 表示极限温度（例如 $T_0 = 10^{-3}$K），这个温度很微小但又足够使自旋仍然无序取向. 因为 S_0 是一个确定的常量，它只与体系所包含的原子核的种类有关，而与包括这个体系的能级在内的任何细节完全无关. 因此表述（5.12）仍然非常有用. 总之，S_0 是一个与体系的结构完全无关的常数，即与其原子的空间排列，与其化学组成的性质或它们之间的相互作用无关的常数. 例如，考虑一个体系 A 由 1mol 的金属铅（Pb）和 1mol 的硫（S）组成，再考虑另一个体系 A′由 1mol 化合物硫化铅（PbS）组成. 这两个体系的性质是很不相同的，但它们确实是由相同数目和种类的原子组成. 因此在 $T\to 0_+$ 的极限中，这两个体系的熵应是相同的.

研究一个绝对温度很低的体系常常是极有意义的，这正是因为它的熵非常小. 相应地，我们发现这个体系只在较少的态中分布. 所以体系表现出比在较高温度情况下有高得多的有序度. 由于这个高度有序之故，许多物质在很低温度下会表现出十分奇异的特性. 下面举几个突出的例子：有些物质的电子自旋几乎能够完全沿相同方向取向，使得这些物质成为永磁体. 有些金属，例如铅或锡，如果冷却到某一非常确定的温度（如铅为 7.2K）以下，则导电电子能够毫无摩擦地运动. 于是这种金属就呈

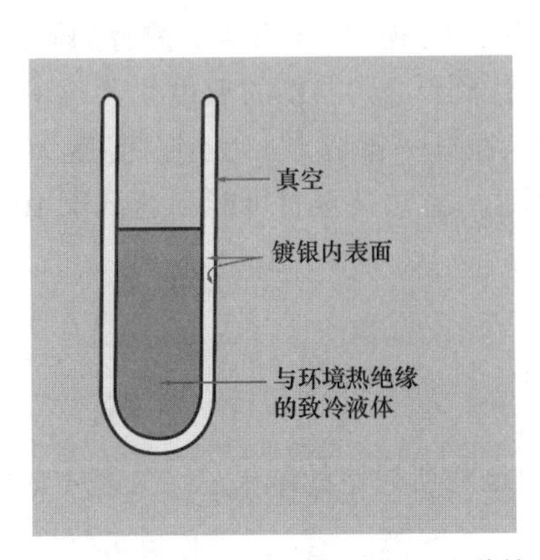

图 5.4　用于低温下工作的杜瓦瓶. 这种杜瓦瓶［因为杰姆斯・杜瓦（1842—1923）于 1898 年第一次液化氢而命名］类似于日常使用的热水瓶. 它可以用玻璃或金属（如不锈钢）制成并用以保持里面所装的液体与外界环境热绝缘. 热绝缘是由两壁之间抽真空而实现的. 在用玻璃杜瓦瓶的情况下要给玻璃涂上反射的银层来减少辐射形式的热量流入

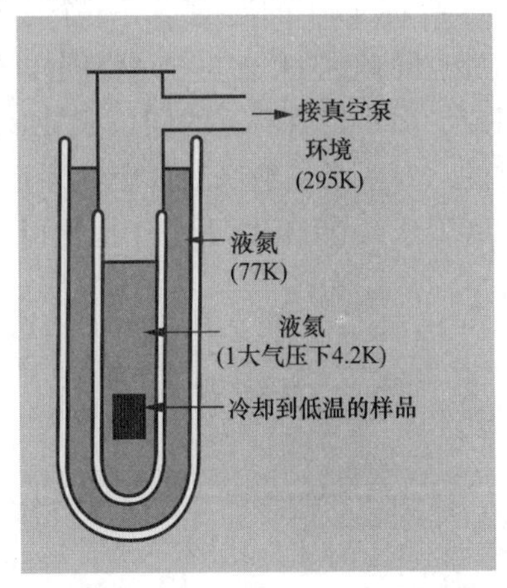

图 5.5　一个典型的双层杜瓦瓶装置，通常用在 1K 附近工作. 充以液氦的杜瓦瓶浸于另一充以液氮的杜瓦瓶中，用以减少进入液氦的热流量

现出没有丝毫电阻的电流，这种现象称为超导. 类似地，液氦（在大气压时即使低到 $T\to 0$ 仍保持液态）在温度低于2.18K时呈现无摩擦流动和一种神秘的能力，它能轻易地流过甚至小于 10^{-8}m 的小孔；这种液体称之为超流体（见图5.6）. 极低的温度范围内就这样包含着许多有意义的现象. 因为任何接近 $T=0$ 的体系都处在非常接近基态能量的状态，对于理解它的性质，量子力学是必不可少的. 的确，在这样的低温下，无序度很小，从而分立的量子效应可以在宏观的尺度上观察到. 以上的论述足以表明为什么低温物理学是当代科学研究的一个非常活跃的领域.

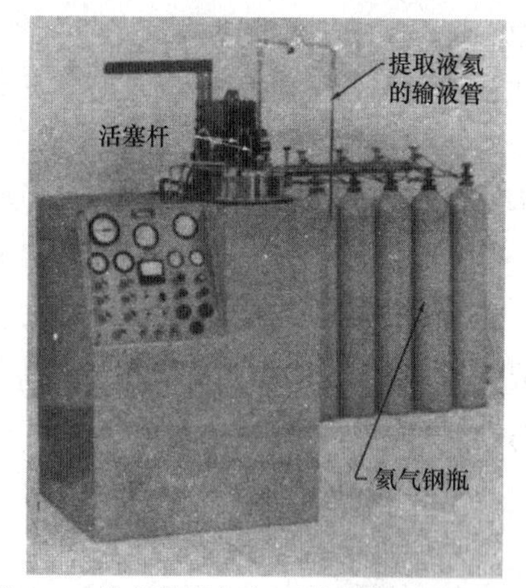

图5.6　从室温的氦气开始制备成液氦的氦液化器的商品照片. 这样一台液化器，再加上附件压机和气柜，每小时可生产几升液氦. 让热绝缘的气体对某个活塞做机械功来预冷气体（在机器的顶端可看到活塞杆）. 在这一过程中气体的平均能量及绝对温度都会相应地减少. 1908年荷兰物理学家K. 翁纳斯（Onnes）第一次成功地使氦液化（照片承蒙 Arthur D. Little，Inc. 提供）

很自然地产生了一个有意义的问题：实际上能使一个宏观体系靠近它的基态到什么程度，也就是能使一个宏观体系冷却到多低的绝对温度？用现代技术，把所研究的体系浸入液氦组成的“液池”中，不难达到1K以下的温度. 用一个适当的泵来减低这种液体的蒸汽压可以把这种液体的沸点降低到1K左右㊀. 将同样的方法应用于纯液 ^{3}He（完全由稀有的同位素 ^{3}He组成，而不是由富有的同位素 ^{4}He组成），达到低于0.3K的温度是不会有多大困难的. 对一个热绝缘的自旋体系进行磁化，经过一番努力，在绝对温度为0.01K，或者低于0.001K以下工作也是可行的. 用这一方法甚至有可能到达低于 10^{-6}K 的温度.

5.3　功、内能和热

热和功的概念已在3.7节介绍过. 当时已将所讨论的结果总结为基本的关系式(3.53)，

$$\Delta \bar{E} = W + Q, \tag{5.13}$$

它叙述了任何体系的平均能量 $\bar{E}$ 的增加和对体系做宏观功 W 及体系所吸收的热量 Q 之间的关系. 这一关系式为测量体系中出现的所有宏观量提供了根据. 的确，它提示了下述的探讨方法：宏观功是力学中熟悉的量. 本质上它是某个宏观力和宏观位移的

㊀　这个方法的原理类似于水在高山上易于煮开，因为大气压降低，山顶上水的沸点就比海平面更低.

乘积，因而不难测量．利用使体系热绝缘的办法，我们就可以保证式（5.13）中的 $Q=0$，于是体系平均能量的测量也可以归结为功的测量．当体系不是热绝缘时，如果我们使用事先求得的关于体系平均能量 $\overline{E}$ 的数据，并且测出对体系所做的任何可能的功，那么这个体系所吸收的热量 Q 就能够根据式（5.13）来确定．

既然我们已经概括了一般的程序，接下来较详细地考虑一下各种量的测量，并且举几个特殊的例子．

功

根据功的定义，即式（3.51），当体系热绝缘（或绝热孤立）而某些外参量变化的时候，对这个体系所做的宏观功是体系平均能量的增加．因而这个平均能量的增加就能根据原始的力学概念计算，即归结为力和在力作用下所经过的位移的乘积．严格地说，计算平均能量的变化要求计算这个乘积的统计系综平均值．然而，在处理一个宏观体系的时候，力和位移几乎总是与它们的平均值相等的宏观量，因为它们表现出的涨落极端小．所以，实际上对单一体系的测量就足以确定平均能量的变化和相应的功．

以下的例子说明用来测量功的一些通常程序：

【例（i）机械功】

图5.7表示由一个盛水的容器、一只温度计和一只叶轮组成的体系A．该体系可与一个由重物和对重物施加已知重力 w 的地球组成的颇为简单的体系A′相互作用．由于重物的降落引起叶轮转动从而剧烈地搅动水，从而使这两个体系可以相互作用．因为体系之间唯一的联系是传导极微量热的细绳，因而相互作用是绝热的．重物在滑轮水平线下的距离 s 是描写体系A′的外参量．如果重物等速地下降距离 Δs，体系A′的平均能量就减小一个量 $w\Delta s$，即减小了重物的势能（由重力做功所造成）[㊀]．因为由A和A′组成的复合体系是孤立的，因此整个过程中体系A的平均能量必定因而增加一个量 $w\Delta s$；即由于重物A′下降就对绝热孤立体系A做了量为 $w\Delta s$ 的功．因此对A所做功的测量就归结为对距离 Δs 的测量．

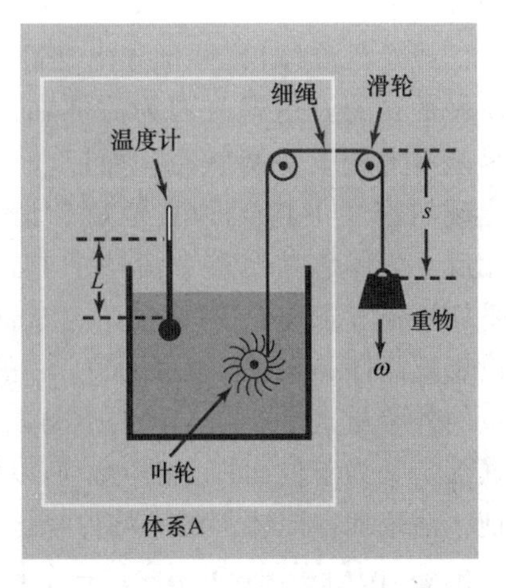

图5.7　一个盛水的容器，一只温度计和一个叶轮组成的体系A，下落的重物可对这个体系做功

㊀ 重物一般是匀速下落的，因为它很快就达到收尾速度．如果重物的速度也在变化，A′的平均能量的变化应由重物动能与势能之和的变化给出．

【例（ii）电功】

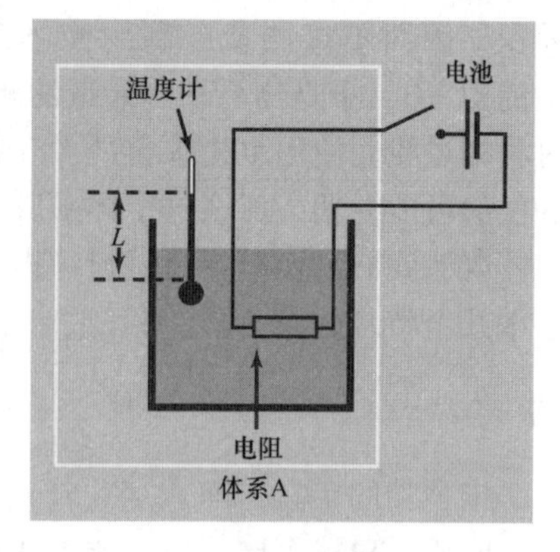

图5.8　一个盛水的容器，一只温度计和电阻器组成的体系A.电池对这个体系做功

通常用电的手段做功是最方便的，并且能最精确地测量[⊖].图5.8表示了这样的一个装置.它完全类似于图5.7的装置.其中体系A由一个盛水的容器、一只温度计和一只电阻器组成.一个已知电动势U的电池用细得足以使体系A与电池热绝缘的铜丝连接到电阻上.电池释放的电荷q为体系的外参量.当电池释放电荷Δq并且都流过电阻时，在这个过程中，电池对体系A所做的功就是$U\Delta q$.通过测量电流i流过电阻的时间Δt很易测得此电荷Δq；因此$\Delta q = i\Delta t$.电阻器在这里完全起着类似于上例中的叶轮的作用，两者都是可对体系做功的方便的器件.

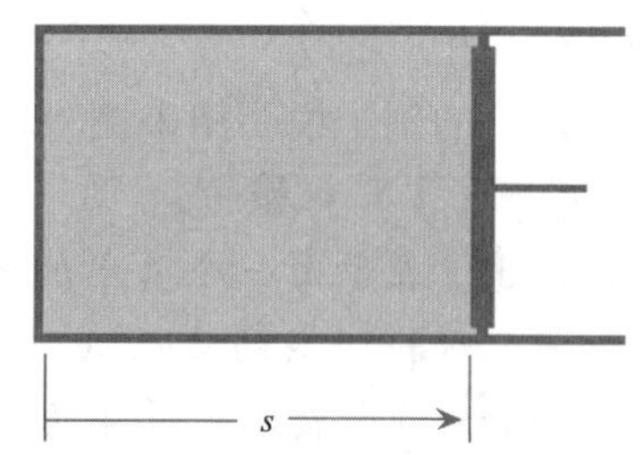

图5.9　装在由面积为$\mathscr{A}$的可移动活塞所封闭的汽缸内的流体.活塞离开右壁的距离用s表示

一个过程如果是准静态的，讨论起来就总是特别简单的.准静态过程进行得足够缓慢，以致所考虑的体系在过程进行的时间内都十分接近平衡.这里，考虑一下流体的重要情况（或者是气体，或者是液体），并推导出准静态过程中对流体所做的功的表达式.因为流体在准静态过程中总是基本上处于平衡状态，所以快速情况下可能要出现的密度不均匀和其他复杂情况就不存在了.相反，流体总是由整个流体中非常明确的均匀的平均压强$\bar{p}$表征它的特性.为了简单起见，我们设想把流体装在一个由面积为$\mathscr{A}$的活塞所关闭的汽缸内，如图5.9所示.这个体系的外参量是活塞和左壁的距离s，或者等效地可以是流体的体积$V=\mathscr{A}s$.因为压强被定义为单位面积上的力，所以流体在活塞上的平均力是指向右边的$\bar{p}\mathscr{A}$.相应地，活塞加在流体上的平均力是指向左边的$\bar{p}\mathscr{A}$.假定现在活塞缓慢地向右移动一个量$\mathrm{d}s$（从而流体体积变化一个量（$\mathrm{d}V=\mathscr{A}\mathrm{d}s$），对流体所做的功就由下式给出：

$$\mathrm{d}W = (-\bar{p}\mathscr{A})\,\mathrm{d}s = -\bar{p}(\mathscr{A}\mathrm{d}s)$$

或

$$\boxed{\mathrm{d}W = -\bar{p}\mathrm{d}V,} \tag{5.14}$$

这里出现负号是因为位移$\mathrm{d}s$和作用于气体的力$\bar{p}\mathscr{A}$的方向相反[⊜].

⊖　当然，这个功最终还是机械的，但它涉及电力.

⊜　容易证明，式（5.14）对于封闭在任意形状体积为V的容器内的流体都是普遍正确的.

如果流体的体积准静态地从某个初始体积 V_i 变化到终了的体积 V_f，在这个过程的任何阶段它的压强 $\bar{p}$ 将是体积和温度的某一函数. 于是在这个过程中对流体所做的总功 W 就可从所有的无限小功即式（5.14）相加而得出；因而

$$W = -\int_{V_i}^{V_f} \bar{p}\mathrm{d}V = \int_{V_f}^{V_i} \bar{p}\mathrm{d}V. \quad (5.15)$$

如果 $V_f < V_i$，对流体所做的功是正的；如果 $V_f > V_i$，功是负的. 根据式（5.15），它的数值等于图 5.10 曲线下方所包括的阴影部分的面积.

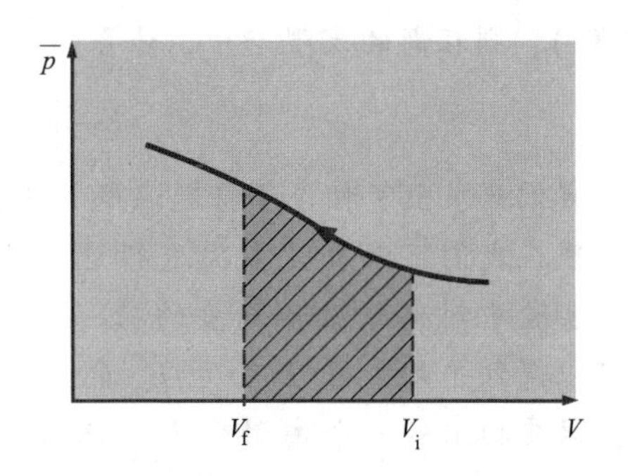

图 5.10　一个特殊体系的平均压强 $\bar{p}$ 和体积 V 的关系. 曲线下面阴影部分的面积表示当它的体积准静态地从 V_i 变到 V_f 时对体系所做的功

内能

现在我们再来注意如何确定宏观体系的内能 E（即在相对于体系质心静止的参考系中所有粒子的总能量）㊀. 我们从力学得知，体系的能量（特别是势能）总会有一个未定的任意常数. 当然，同样的说法也适用于一个宏观体系的平均内能 $\bar{E}$. 体系处于一给定宏观态时，只有当 $\bar{E}$ 的数值是相对于这个体系某一标准宏观态的数值来测量时才有意义. 因此只有平均能量的差才是物理上有意义的；而且只要体系保持绝热孤立，这些能量差总可以由所做的功来测量. 以下的例子将说明这种程序.

【例（iii）内能的电学测量】

考虑图 5.8 的体系 A. 这个体系的宏观态可以用一个单一的宏观参量——它的温度来确定，因为它们所有其他宏观参量（例如压强）都保持不变. 这个温度不一定是体系的绝对温度；实际上我们将假定它只是与液体热接触的任意温度计的液柱长度 L. 我们用 $\bar{E}$ 表示体系在温度读数 L 所表征的宏观态中处于平衡时的平均内能. 以 $\bar{E}_a$ 表示体系由特定的另一温度读数 L_a 所表征的标准宏观态 a 中处于平衡时的平均内能.（一般选 $\bar{E}_a$ 的值为零仍然不失普遍性.）于是，重要的问题就是：当这个体系处于由一个温度 L 所表征的任何宏观态中时，相对于该标准宏观态 a 做测量，体系的平均内能 $\bar{E}-\bar{E}_a$ 的值是什么？

为了回答这个问题，我们使体系 A 保持绝热孤立，如图 5.8 中那样. 从体系处于宏观态 a 着手，我们现在给电阻器通过可测量的总电量 Δq 来对体系做一定量的功 $W=U\Delta q$. 然后再让体系到达平衡，测出温度参量 L. 用 $Q=0$ 的关系式

㊀　在通常情况下，内能当然就是体系的整体在实验室中静止时的体系总能量. 如果整个体系在运动，总能量与内能只相差一个与质心相联系的动能.

(5.13)，则在新的宏观态中，体系的平均能量 $\overline{E}$ 就由下式给出：

$$\overline{E}-\overline{E}_a=W=U\Delta q.$$

这样我们就求出了相应于特定温度 L 的 $\overline{E}$ 值.

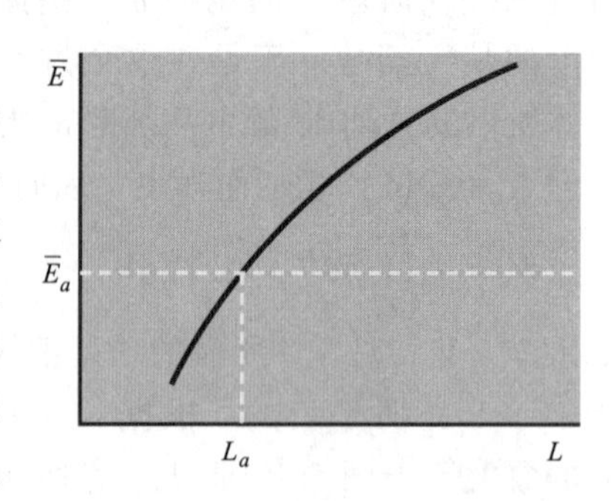

图 5.11　图 5.8 中体系 A 的平均内能取决于温度计读数 L 的曲线图

现在我们可以反复多次进行这类实验，在每次实验中对体系做不同量的功. 类似地，我们可以得到平均能量 $\overline{E}$ 小于 $\overline{E}_a$ 的宏观态的数据；只要测出从一个由温度 L 表征的宏观态变到温度为 L_a 的标准宏观态所必需的功. 由这一系列的实验结果，我们就得到了一组与各种不同温度参量值 L 相对应的 $\overline{E}$ 值. 这些数据可以用图 5.11 所示的一类曲线表示出来. 这样，我们的任务就已经完成了. 的确，如果体系在温度 L 所确定的宏观态中处于平衡，其平均内能（相对于标准宏观态 a）就可以直接从曲线图中确定下来.

热

测量热（通常称为量热法）由于式（5.13）最后归结为测量功. 因此由一个体系所吸收的热量 Q 就可以用两种稍微不同的方法测量：直接用功测量，或将它与另一放出热量 Q 的体系的已知内能的变化进行比较. 下面的例子可说明这两种方法.

【例（ⅳ）直接用功测量热】

图 5.12 表示一个体系 B 与图 5.8 的体系 A 热接触的情况. 这里 B 可以是任何宏观体系，例如一铜块或一个盛水的容器. 假使 B 的外参量都固定因而不能做功，因此它只能通过从 A 吸收热量 Q_B 的方式与 A 相互作用. 假定我们从初始宏观态 a 开始，这时整个体系 A + B 处于平衡，而温度计的读数为 L_a. 电池做了一定数量的功 W 后整个体系就达到一个最终的平衡状态 b，这时温度计读数为 L_b. 在这个过程中 B 所吸收的热量 Q_B 为多少呢？

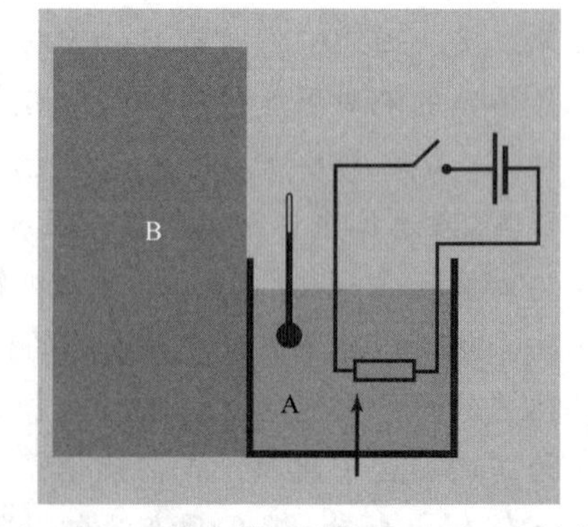

图 5.12　用功直接测量体系 B 所吸收的热量 Q_B. 实际上由电阻器和温度计组成的辅助体系 A 通常要比所测量的体系 B 小得多

复合体系 A + B 是热绝缘的，因此由式（5.13）可以得出，这个体系所做的功 W 只用于增加它的平均能量，即

$$W=\Delta\overline{E}_A+\Delta\overline{E}_B, \tag{5.16}$$

其中 $\Delta\overline{E}_A$ 为 A 平均能量的增加；$\Delta\overline{E}_B$ 是 B 平均能量的增加．但是因为对 B 本身没有做功，因此将式（5.13）应用于 B，就有

$$\Delta\overline{E}_B = Q_B, \tag{5.17}$$

即 B 的平均能量只是由于它从 A 吸收了热才增加的．于是式（5.16）和式（5.17）给出

$$Q_B = W - \Delta\overline{E}_A. \tag{5.18}$$

其中电池所做的功 W 是可以直接测量的．实际上，由电阻和温度计组成的辅助体系 A 与所研究的体系 B 相比通常是很小的．在这种情况下 A 平均能量的变化可以忽略（在 $\Delta\overline{E}_A \ll W$ 或 $\Delta\overline{E}_A \ll Q_B$ 的意义上），由式（5.18）就能得出 $Q_B = W$．在更普遍的情况下，只要利用以前对体系 A 的测量，就能从图 5.11 的曲线求出温度从 L_a 变到 L_b 所对应的平均能量变化 $\Delta\overline{E}_A$．于是式（5.18）就给出 B 所吸收的热．

注意刚才描述的一组测量，使我们可以把 B 的平均内能 $\overline{E}_B$ 表示为它的宏观参量的函数．

【例（V）用比较法测量热】

将任何体系 C 所吸收的热量 Q_C 与另外一个内能与温度的关系已知的体系（比如说 B）所放出的热进行比较，同样可以测量 Q_C．比如说，体系 C 是一铜块（见图 5.13），体系 B（在上例所讨论的）是一个带有温度计的盛水容器．现在假定 B 和 C 直接接触，例如把铜块浸入水中．假定总体系 B + C 热绝缘而且所有外参量保持不变．那么 B 与 C 之间热作用的能量守恒要求

$$Q_C + Q_B = 0, \tag{5.19}$$

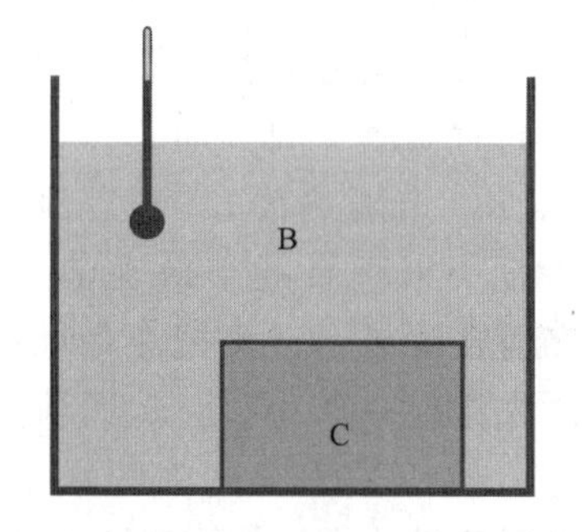

图 5.13　铜块 C 所吸收的热，与一个由盛水容器和温度计组成的已知体系所放出的热量相比较，从而测出这个热量

其中 Q_C 是 C 所吸收的热量，Q_B 是 B 所吸收的热量．但是我们可以在 B 的初始平衡状态中读出温度计刻度（在 B 与 C 接触之前），也可以在 B 和 C 互相平衡时的最终状态读出温度计的刻度．因此，我们就知道了在这个过程中 B 的平均能量变化 $\Delta\overline{E}_B$，这样也就知道它所吸收的热量 $Q_B = \Delta\overline{E}_B$．由此，式（5.19）立即给出 C 所吸收的热量 Q_C．

总之，值得强调的是本节的全部讨论仅根据能量守恒和定义热和功的概念的式（5.13）．我们已经用各种例子说明的特定实验程序或许能更好地用 H. B. 卡伦（Callen）所讲的以下通俗比喻来总结[⊖]：

⊖ H. B. Callen, *Thermoclynamics*, pp. 19-20 (John Wiley & Sons, Inc., New York, 1960)．这里所引用的一段话得到了出版商的许可．

“某人拥有一个小池子，该水池由一条小溪供水，由另一条小溪排水．这个池子有时由于降雨而得到水；并且也因蒸发而失去水，我们称失去的水为‘负雨’．在这个我们要继续讲述的比喻中：池子就是我们的体系，其中的水是内能，由小溪传送的水是功，转换为雨的水是热．

要注意的第一件事是任何时候对池子的检查不能说明由小溪进入的水有多少和由降雨进入的水有多少．雨这个词只是指水转换的方式．

图5.14　詹姆斯·普雷斯科特·焦耳（1818—1889）．英国一家啤酒厂厂长之子，且子承父业．他对直接用功来测量热量做了系统的研究．在他的实验中用叶轮和电阻做功，就像我们在例（ⅰ）和例（ⅱ）中所描述的那样．他细致而精确的测量于1843年首次发表，并持续达25年之久．由此得出结论，热是能量的一种形式，并且能量守恒原理是普遍正确的．很自然，为纪念焦耳，能量的单位就以他的名字命名．（取自G. Holton 和 D. Roller 编著的《现代物理科学基础》一书（1958），并得出版商 Addison-Wesley 的许可．）

我们假定池子的所有者希望测量池中的水量．可以买一只流量计插入小溪中，他能用流量计测出进入和离开池子的水量．但是他不可能买一只雨量计．然而他可以在池子上盖一块油布，同时在池子周围加上一道不透雨的墙（一道隔热墙）．于是池子的所有者把一根垂直的竿放在池子中，用油布盖在池子上，又把流量计插入溪中．先拦住一条小溪，然后再拦住另一条，他任意改变池中的水平面，并且参看流量计，他就能把池子的水平面高度，即垂直竿上读数，按照水的总量来进行标定．这样，在由隔热壁所围隔的体系上实施这些操作，他能测出池子任何状态下水的总容量．

我们殷勤的池子所有者现在拿掉油布，使雨及溪水进出池子，然后他要求确定某一天进入池子的雨量．他这样进行：从垂直竿上读出水容量的差，并由此减去流量计所记录的溪水总流量．这个差就是雨的定量测量．”

5.4　热容量

考虑一个宏观体系，其宏观态可用绝对温度 T 和另外一组统称为 y 的宏观参量确定．例如，y 可以是体系的体积或平均压强．假使体系原来温度为 T，把一个无限小的热量 $đQ$ 加进体系，而体系的所有其他参量 y 保持固定．体系的温度会相应地改变一个无限小量 $\mathrm{d}T$．$\mathrm{d}T$ 既取决于所考虑体系的性质，也取决于确定这个体系

初始宏观状态的参量 T 和 y. 比例

$$C_y=\left(\frac{đQ}{\mathrm{d}T}\right)_y \tag{5.20}$$

称为体系的热容量[㊀]. 这里我们用脚标 y 来明确表示加热过程中这些参量保持不变. 热容量 C_y 是容易测量的体系性质，通常它不仅取决于体系的性质，而且还取决于确定这个体系的宏观状态参量 T 和 y，即 $C_y=C_y(T,y)$.

可以想到，一均匀体系产生一个给定温度变化 $\mathrm{d}T$ 所必须要加的热量 $đQ$ 正比于体系的总粒子数. 因此，定义一个相对的量（即比热容）是方便的，它只取决于所考虑物质的性质而与其数量无关. 这可以用 ν mol（或 m g）物质的热容量 C_y 除以相应的摩尔数（或克数）来得到. 因此每摩尔热容量或每摩尔比热容定义为

$$c_y\equiv\frac{1}{\nu}C_y=\frac{1}{\nu}\left(\frac{đQ}{\mathrm{d}T}\right)_y. \tag{5.21}$$

同样，每克比热容定义为

$$c_y'\equiv\frac{1}{m}C_y=\frac{1}{m}\left(\frac{đQ}{\mathrm{d}T}\right)_y. \tag{5.22}$$

最简单的情况是这个体系的所有外参量（例如体积）在加热过程中保持不变. 在这种情况下，没有对这个体系做功，因此 $đQ=\mathrm{d}\bar{E}$，即所吸收的热只用来增加体系的内能. 用符号 x 表示全部外参量，我们可以写成：

$$C_x=\left(\frac{đQ}{\mathrm{d}T}\right)_x=\left(\frac{\partial\bar{E}}{\partial T}\right)_x. \tag{5.23}$$

最后这个表达式是一个导数，因为 $\mathrm{d}\bar{E}$ 是真正的微分量；我们已写成一个偏导数来表示所有的外参数 x 都保持不变. 注意由于式（4.35），热容量无论何时都必须是正的，即

$$\boxed{C_x>0.} \tag{5.24}$$

实验上发现室温时水的比热容[㊁]为 $4.18\mathrm{J}\cdot\mathrm{K}^{-1}\cdot\mathrm{g}^{-1}$，指出了一个典型的数量级.

在4.7节中，我们讨论过一个气体足够稀薄，从而为理想气体而且为非简并的气体的情况. 假使这种气体是单原子的，结果式（4.83）和式（4.85）就给出这种气体每摩尔的平均能量为

$$\bar{E}=\frac{3}{2}N_\mathrm{A}kT=\frac{3}{2}RT, \tag{5.25}$$

其中 N_A 是阿伏伽德罗常数，而 $R=N_\mathrm{A}k$ 是摩尔气体常数. 因此，由式（5.23）得出所预料的每摩尔定容比热容 c_V 应是

㊀ 注意通常式（5.20）右边不是微商，因为热 $đQ$ 一般来说并不表示两个量间的无限小差.

㊁ 历史上，这个比热容按定义被指定为 $1\mathrm{cal}\cdot\mathrm{K}^{-1}\cdot\mathrm{g}^{-1}$. 其理由是现代作为热的单位的卡（cal），定义为 $1\mathrm{cal}=4.18\mathrm{J}$.

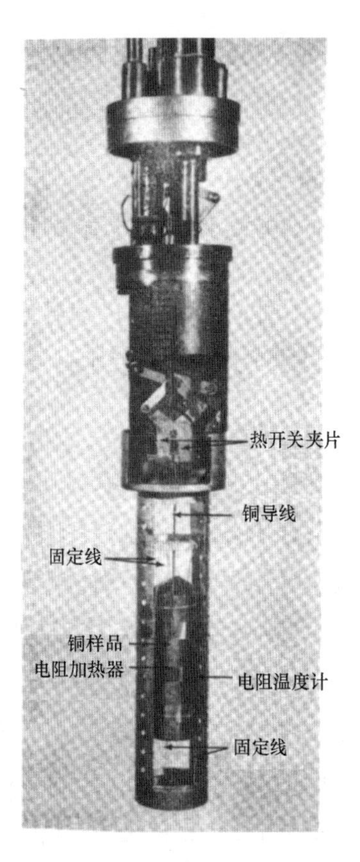

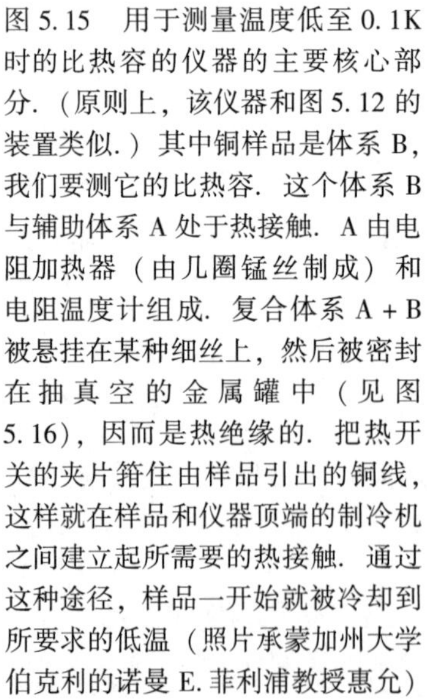
图 5.15　用于测量温度低至 0.1K 时的比热容的仪器的主要核心部分.（原则上，该仪器和图 5.12 的装置类似.）其中铜样品是体系 B，我们要测它的比热容. 这个体系 B 与辅助体系 A 处于热接触. A 由电阻加热器（由几圈锰丝制成）和电阻温度计组成. 复合体系 A + B 被悬挂在某种细丝上，然后被密封在抽真空的金属罐中（见图 5.16），因而是热绝缘的. 把热开关的夹片箝住由样品引出的铜线，这样就在样品和仪器顶端的制冷机之间建立起所需要的热接触. 通过这种途径，样品一开始就被冷却到所要求的低温（照片承蒙加州大学伯克利的诺曼 E. 菲利浦教授惠允）

图 5.16　用于测量温度低至 0.1K 时比热容的整个装置. 其中这个装置的核心部分（放大于图 5.15 中）挂在一排不锈钢管的下面，通过这些不锈钢管可以对装置抽真空并引进所需的各种导线. 通常包在核心装置外面的抽真空的金属罐被分开表示. 为了进行测量，整个装置被浸入图中左面所示的杜瓦装置中（照片承蒙加州大学伯克利的诺曼 E. 菲利浦教授惠允）

$$\boxed{\begin{array}{l}\text{对单原子的理想气体}\\ c_V=\left(\dfrac{\partial E}{\partial T}\right)_V=\dfrac{3}{2}R.\end{array}} \tag{5.26}$$

注意这个结果与体积、温度或气体性质无关. 将 R 的数值即式 (5.4) 代入，从式 (5.26) 可得

$$c_V=12.47\mathrm{J\cdot K^{-1}\cdot mol^{-1}}. \tag{5.27}$$

这个结果与实验测定的单原子气体 (例如氦或氩) 的比热容符合得极好.

5.5　熵

关系式 (4.42)

$$\mathrm{d}S=\frac{đQ}{T}, \tag{5.28}$$

使我们想到，借助于热和绝对温度的适当测量能够确定一个体系的熵 S. 的确，如果已知体系的热容量为温度的函数，熵的计算就变得很简单了. 为了证实这个推测，可假设体系的所有外参量 x 都保持固定. 随后假定这个体系在绝对温度 T 时处于平衡. 假定体系与一个温度和 T 有无限小差别的热库相接触 (从而平衡态受到微小的干扰，体系的温度 T 仍然非常确定) 而使这个体系吸收无限小的热量 $đQ$. 于是，根据式 (5.28) 导致体系熵的变化等于

$$\mathrm{d}S=\frac{đQ}{T}=\frac{C_x(T)\,\mathrm{d}T}{T}, \tag{5.29}$$

其中最后一步只使用热容量 C_x 的定义即式 (5.23)

现在假定我们希望比较体系中外参量相同的两个不同宏观态的熵. 假定一个宏观态的绝对温度是 T_a，另一个是 T_b. 于是这个体系在第一个宏观态就有明确的熵 $S_a\equiv S(T_a)$，在第二个宏观态有明确的熵 $S_b\equiv S(T_b)$. 假想经过许多连续的无限小过程后，这个体系从初始温度 T_a 到达最终温度 T_b，借此就有可能算出熵之差 S_b-S_a. 这可以让体系继续与一系列温度有无限小差别的热库接触来实现. 在所有这些步骤中，体系十分接近于平衡，因而也就始终有一个明确的温度 T. 因此相继应用结果 (5.29) 能给出：

$$\boxed{S_b-S_a=\int_{T_a}^{T_b}\frac{đQ}{T}=\int_{T_a}^{T_b}\frac{C_x(T)}{T}\mathrm{d}T.} \tag{5.30}$$

如果在 T_a 和 T_b 之间的温度范围内热容量 C_x 与温度无关，则式 (5.30) 就简化为

$$\boxed{S_b-S_a=C_x(\ln T_b-\ln T_a)=C_x\ln\frac{T_b}{T_a}.} \tag{5.31}$$

由关系式 (5.30) 可计算熵的差. 为了得到熵的绝对数值，我们只需考虑 $T_a\to 0$

的极限情况，因为根据式（5.11），那时熵 S_a 趋向值 $S_0=0$. [或用式（5.12），由于核自旋的取向，值 $S_a=S_0$]

关系式（5.30）可使我们推导出热容量的一个重要特性. 注意（5.30）左边的熵差无论何时都必须是一个有限量，这是由于可到达态数总是有限的. 因此，右边的积分在 $T_a=0$ 时可能变为无限. 不管分母中的因子 T 如何都要保证积分有限，因此温度与热容量的关系就必须满足：

$$\boxed{\text{当 } T\to 0 \text{ 时}, C_x(T)\to 0.} \tag{5.32}$$

这是任何物质的热容量都必须满足的普遍性质㊀.

关系式（5.30）是非常有意义的，因为它在所讨论体系的两种非常不同类型的信息之间提供了一个明确的联系. 一方面，式（5.30）包含的热容量 $C_x(T)$ 是从热和温度的纯粹宏观测量得出的. 另一方面，它所包含的熵 $S=k\ln\Omega$ 又是一个从体系量子态的微观知识得到的量，亦即它可能从基本原理算出，也可能借助于光谱的数据推导体系能级的办法来求出.

【例】

作为一个简单的例子，考虑由 N 个磁性原子组成的体系，每个磁性原子的自旋为 1/2. 假定这个体系在足够低的温度时成为铁磁性的. 这意味着自旋之间的相互作用使它们趋向于定向排列成彼此平行的，从而指向同一个方向；于是物质就起永磁体的作用. 因此当 $T\to 0$ 时可以得出这个体系是处于一个单一的状态，即一个所有自旋都指向给定方向的态；因此 $\Omega\to 1$，即 $\ln\Omega\to 0$. 但当温度足够高时，所有自旋必须完全无规地取向. 每个自旋有两个可能的状态（向上或向下），整个体系有 $\Omega=2^N$ 个可能态；因此 $S=kN\cdot\ln 2$. 由此可见，这个体系必定有一个与其自旋相联系的热容量 $C(T)$. 由式（5.30），它满足关系式：

$$\int_0^{+\infty}\frac{C\ (T)\ \mathrm{d}T}{T}=kN\ln 2.$$

这个关系式必定总是正确的. 它与引起铁磁性行为的相互作用细节无关，也与 $C(T)$ 随温度变化关系的细节无关.

5.6　强度量和广延量

在结束本章之前，值得简略地指出，已经讨论过的各种宏观参量与所考虑的体系的大小有什么关系. 大致说来，这些参量有两种类型：（ⅰ）与体系大小无关的参量（称为强度量）；（ⅱ）正比于体系大小的参量（称为广延量）. 更确切地说，如果我们考虑平衡中的均匀宏观体系并设想把体系分成为两个部分（例如插入一

㊀ 理想气体比热容的表示式（5.26）并不与这个性质相抵触，因为它是根据气体总是非常简单的假设推得的. 这个假设在一个足够低的温度就失效了，虽然当气体稀薄时这个温度是极低的. ——译者注

块隔板）这两类参量的特点就显现出来了（见图5.17）. 假定表征整个体系的宏观参量在两个所生成的子系中取 y_1 和 y_2 值. 那么

（ⅰ）如果 $y=y_1=y_2$，就说参量 y 是强度量.

（ⅱ）如果 $y=y_1+y_2$，就说参量 y 是广延量.

例如，体系的平均压强是一个强度量，因为分隔之后体系两部分的压强和分隔前相同. 类似地，体系的温度也是强度量.

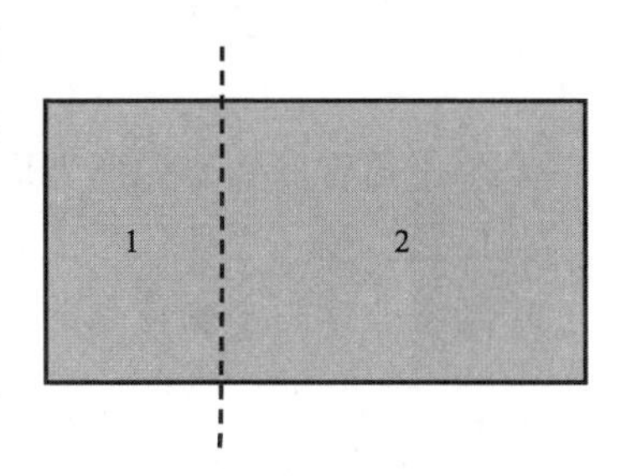

图5.17 一个均匀的宏观体系分成为两个部分

另一方面，体系的体积 V 和体系的总质量 M 都是广延量. 而体系的密度 $\rho=M/V$ 是一个强度量. 实际上很清楚，任何两个广延参量的比是一个强度量.

体系的内能 $\bar{E}$ 是一个广延量. 的确，如果我们忽略产生两个新的表面所涉及的功（对于大的体系，其接近于边界的分子数与体系容积内分子数相比是极微小的，这个功是可以忽略的），则将体系分隔为两个部分并不需要做功. 于是体系分隔之后的总能量与分隔前相同，即 $\bar{E}=\bar{E}_1+\bar{E}_2$.

热容量 C 是能量增量与固定的温度小增量的比值，同样是广延量. 另一方面，每摩尔比热容，按其定义 C/ν（ν 为体系中的摩尔数）显然是一个强度量.

熵 S 也是一个广延量. 这一点可由关系式 $\Delta S=\int\frac{đQ}{T}$ 推出，因为吸收的热量 $đQ=C\mathrm{d}T$ 是广延量. 这也可以从统计定义 $S=k\ln\Omega$ 得出，因为整个体系的可到达态数基本上等于两部分可到达态数的乘积 $\Omega_1\Omega_2$.

当我们描述一个广延量的时候，引入每摩尔的量常常是方便的. 这个量是一个强度量，它与体系的大小无关. 例如，引进比热容概念的动机也正在于此.

定义摘要

三相点 纯物质固体、液体和气体形式平衡共存的那个宏观态.

开尔文温度 是根据这样一个温标表示的绝对温度，即指定水的三相点的绝对温度值为273.15K.

绝对零度 绝对温度的零度.

摄氏温度 摄氏温度 θ_C 根据下式用绝对开氏温度定义：

$$\theta_C\equiv(T-273.15)\ ℃$$

准静态过程 一个足够缓慢地进行的过程使所考虑的体系在这个过程中的所有时刻都十分接近平衡.

热容量 如果体系增加一个无限小的热量 $đQ$，结果引起温度增加 $\mathrm{d}T$，而所有其他宏观参量 y 保持不变，则体系的热容量（对固定的 y 值）定义为

$$C_y \equiv \left(\frac{đQ}{\mathrm{d}T}\right)_y .$$

摩尔比热容　每摩尔所考虑物质的热容量.

强度量　描写平衡体系的宏观参量，它在体系任何一部分都有相同的数值.

广延量　描写平衡体系的宏观参量，数值等于体系每个部分数值之和.

重要关系式

熵的极限性质：

$$\text{当 } T \to 0_+ \text{ 时,} \quad S \to S_0, \tag{i}$$

其中 S_0 是一个常数，与体系的结构无关.

热容量的极限性质：

$$\text{当 } T \to 0 \text{ 时,} \quad C \to 0. \tag{ii}$$

建议的补充读物

M. W. Zemansky, *Temperatures Very Low and Very High* (Momentum Books, D. Van Nostrand Company, Inc., Princeton, N. J., 1964).

D. K. C. MacDonald, *Near Zero* (Anchor Books, Doubleday & Company, Inc., New York, 1961). 本书对低温现象做了基础性的介绍.

K. Mendelssohn, *The Quest for Absolute Zero* (World University Library, McGraw-Hill Book Company, New York, 1966). 本书对迄今为止的低温物理做了附带精致配图的历史性介绍.

N. Kurti, *Physics Today*, **13**, 26-29 (October 1960). 本文简单地描述 10^{-6} K 的低温是如何获得的. *Scientific American*, vol. 191 (September 1954). 本期杂志有几篇关于高温的文章.

M. W. Zemansky, *Heat and Thermodynamics*, 4th ed., 第 3 ~ 4 章 (McGraw-Hill Book Company, New York, 1957). 对功、热和内能的宏观讨论.

历史和传记介绍：

D. K. C. MacDonald, *Faraday, Maxwell, and Kelvin* (Anchor Books, Doubleday & Company, Inc., New York, 1964). 本书的最后部分对开尔文勋爵的生平和业绩做了简短的介绍.

A. P. Young, *Lord Kelvin* (Longmans, Green & Co., Ltd., London, 1948).

M. H. Shamos, *Great Experiments in Physics*, 第 12 章 (Holt, Rinehart and Winston, Inc., New York, 1962). 用焦耳自己的语言描述了焦耳的实验.

习　题

5.1　产生自旋极化所必需的低温

考虑在前面习题 4.4 和习题 4.5 中考察过的极化实验中数值的含义. 假定在实验室里可以使用高至 5T 的磁场. 希望用这个磁场来极化含有自旋 1/2 粒子的样品，使得自旋沿一个方向指向的数目至少是自旋相反指向数目的 3 倍.

(a) 如果自旋是磁矩为 $\mu_0 \approx 10^{-23}$ J/T 的电子，必须将样品冷却到多低的绝对温度?

(b) 如果粒子是具有核磁矩 $\mu_0 \approx 1.4 \times 10^{-26}$ J/T 的质子，必须将样品冷却到多低的绝对温度?

(c) 评论这两个实验是否简易，和是否可实现.

5.2　除去核自旋熵所必需的低温

考虑任何一固体，比如银，其原子核有自旋. 每个核的磁矩 μ_0 有 5×10^{-27} J/T 的数量级，而邻近核之间的空间间距 r 为 2×10^{-10} m 的数量级。不存在外加磁场. 然而由于一个核磁矩在邻近核的位置上能产生内磁场 B_i，相邻核之间可以相互作用.

(a) 用你关于一个磁棒产生磁场的知识来估计 B_i 的数值.

(b) 固体的温度必须多低才能使核易于受其邻近核所产生的磁场 B_i 的作用，从而使自旋指向两个相反方向的概率显著地不同?

(c) 估计核自旋预期可以显著有序取向的最高绝对温度值.

5.3　等温压缩气体所做的功

考虑装在用一活塞封闭的汽缸里的 ν mol 的理想气体. 维持恒定温度 T，并在这个温度下保持与热库接触并十分缓慢地将气体从某个初始体积 V_1 压缩至最终的体积 V_2，求必须对气体做的功.

5.4　绝热过程中所做的功

一气体当其体积为 V 平均压强为 $\bar{p}$ 时，有一个明确的平均能量 $\bar{E}$. 如果气体的体积准静态地变化，其平均压强 $\bar{p}$（以及能量 $\bar{E}$）就相应地变化. 假定气体在保持热绝缘的情况下极缓慢地从 a 变化到 b（见图 5.18）. 在这种情况下发现 $\bar{p}$ 与体积 V 的关系为 $\bar{p} \propto V^{-5/3}$，在这个过程中对气体所做的

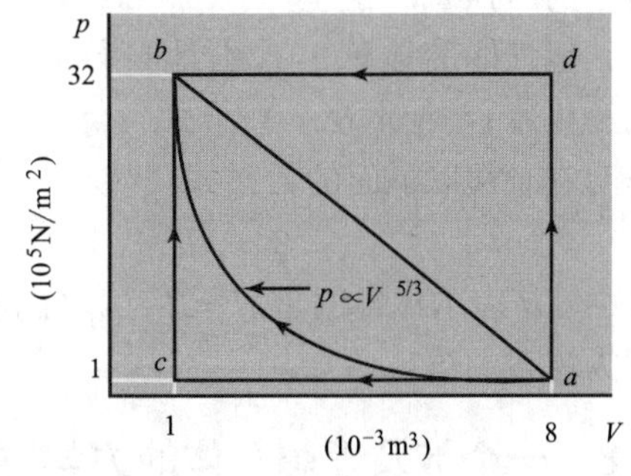

图 5.18　在平均压强 $\bar{p}$ 与体积 V 的图上表明的各种过程

功是多少？

5.5　相同宏观态间各种不同过程所做的功

习题 5.4 中的气体也可以通过其他各种途径准静态地从 a 到 b. 特别考虑下列过程，并计算当体系准静态地从 a 到 b 时对体系做的总功 W 和为体系所吸收的总热量 Q.（见图 5.18）.

过程 $a\to c\to b$ 在放热以保持压力恒定的情况下将体系从初始体积压缩到最终的体积. 然后保持体积恒定并加热以增加平均压强至 $32\times10^{5}\mathrm{N}\cdot\mathrm{m}^{-2}$.

过程 $a\to d\to b$ 前一进程的两步按相反的顺序完成.

过程 $a\to b$ 减小体积并加热使平均压强随体积线性地变化.

5.6　循环过程中所做的功

一个由流体组成的体系经受这样一个准静态的过程，即它可以用表示流体体积 V 和相应的压强 $\bar{p}$ 逐次变化的数值曲线来描写，这个过程使体系最后处于和其初始时刻相同的宏观态.（这一类过程称为循环的过程）. 描述这类过程的曲线是封闭的，如图 5.19 所示. 证明在这个过程中对体系所做的功由围在这个封闭曲线里的面积给出.

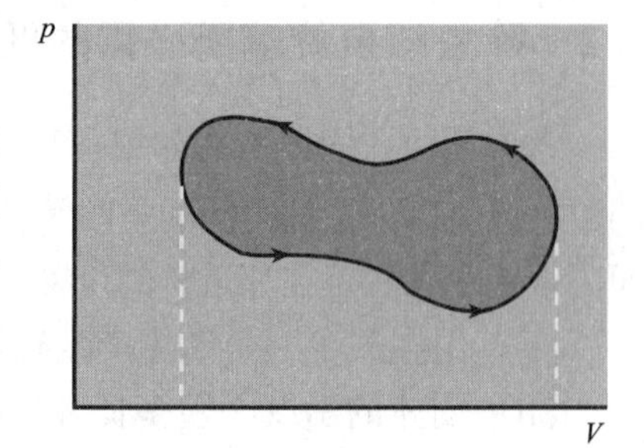

图 5.19　循环过程

5.7　在等压情况下体系吸收的热

考虑一体系，例如气体或液体，它的唯一外参量是体积 V. 如果体积保持固定并加给体系以热量 Q，则对体系没有做功且

$$Q=\Delta\bar{E},\tag{i}$$

其中 $\Delta\bar{E}$ 是体系平均能量的增加. 然而假使体系用密封在图 5.20 所示的这类汽缸里的办法始终维持恒定的压强 p_0，这里压强 p_0 始终由活塞的重量确定，但气体的体积 V 自由地自行调节，如果现在加给体系以热量 Q，关系式（ⅰ）就不再正确. 证明它必须以下面的关系式代替

$$Q=\Delta H,\tag{ii}$$

其中 ΔH 表示体系的量 $H\equiv\bar{E}+p_0V$ 的变化.（量 H 称为体系的焓）.

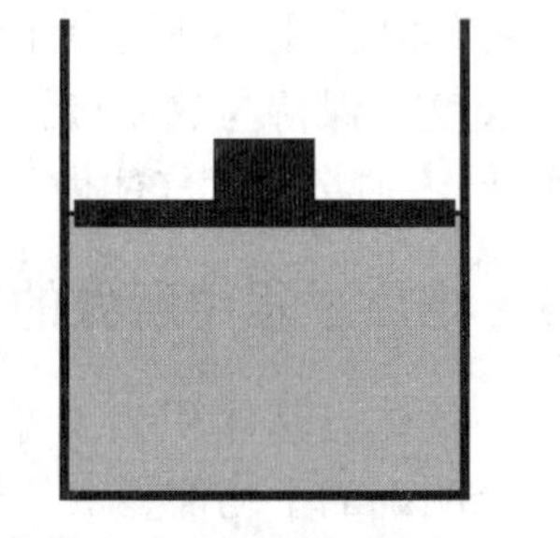
图 5.20　装在由一可移动活塞封闭的汽缸里的体系

5.8　一个涉及理想气体的力学过程

一直立式汽缸装有 ν mol 单原子理想气体并用质量为 M、面积为 A 的活塞密

封．整个体系是热绝缘的．来自重力的向下的加速度是 g．起初活塞被夹持在某个位置使气体有体积 V_0、绝对温度 T_0．现在松开活塞，几次振荡之后，活塞停止在与气体某个较小的体积 V 相应的最终的平衡位置，这时气体温度为 T．忽略任何可能阻止活塞在汽缸内滑动的摩擦力，也忽略汽缸和活塞的热容量．

（a）气体最终的平均压强多大？

（b）考虑对气体所做的功，用你关于单原子理想气体性质的知识计算气体最终的温度 T，体积 V。用 T_0，V_0，摩尔气体常数 R 和量 ν，M，A，g 表示．

5.9　量热法的一个实验

一个容器部分充水，容器中浸有一只电阻器和一只由玻璃管中的水银组成的温度计．整个体系是热绝缘的．体系初始时在室温下达到平衡，温度计中水银柱的长度 L 是 5cm．如果将 12V 的蓄电池通过一开关与电阻器相连接，有 5A 电流流过电阻器．

实验的第一步，开关闭合 3min 然后断开．达到平衡后温度计读数是 $L=9.00$cm．此后开关再闭合 3min 后断开；最后平衡时温度计读数为 $L=13.00$cm．

实验第二步，给容器加上 100g 水．初始温度计读数还是 5cm，开关闭合 3min，然后断开．达到平衡以后温度计读数是 $L=7.52$cm．以后开关再闭合 3min 后断开．达到平衡后，$L=10.04$cm．

（a）作图表示 100g 水的内能与温度计读数 L 的函数关系．

（b）在所研究的温度范围内，温度计读数变化 1cm 时 1g 水的内能变化多少？

5.10　比较量热法的实验

一个容器内盛有 150g 水和习题 5.9 所描述的那种温度计．整个体系是热绝缘的．初始时体系处于平衡态，相应的温度计读数为 $L=6$cm．给体系加上 200g 水，其初始温度相应于温度计读数为 13.00cm．达到平衡之后温度计读数是 $L=9.66$cm．

在这个预备实验之后，作第二步实验．将 500g 的铜块浸入原来装有 150g 水和温度计的容器．初始温度计读数仍是 $L=6.00$cm，给体系加上 200g 水，其初始温度与 $L=13.00$cm 温度计的读数相对应．达到平衡之后，最后的温度计读数是 $L=8.92$cm．

用习题 5.9 所得出的数据回答下列问题：

（a）在预备实验中计算由容器、水和温度计组成的体系所吸收的热．

（b）在所研究的温度范围内，如果温度变化相当于温度计读数变化 1cm，1g 铜的内能变化是多少？

5.11　肖脱基反常比热容

考虑一个体系，由 N 个粒子组成，粒子间相互作用很弱．假定每一个粒子可以处于两个态，其能量分别为 ϵ_1 和 ϵ_2，$\epsilon_1 < \epsilon_2$.

(a) 不做明显的计算，定性地画出体系平均能量 $\overline{E}$ 作为绝对温度函数的图. 用这个图（以前在习题4.8作过）定性地画出这个体系热容量 C 作为 T 的函数图（假定所有外参量保持固定）. 证明这个图形有一个极大并大致地估计呈现极大时的温度值.

(b) 明确地计算出这个体系的平均能量 $\overline{E}(T)$ 和热容量 $C(T)$. 证明这个表达式有 (a) 所讨论的定性特征.

实践中的确发现在某些情况中，体系在某一给定温度范围有两个分立的能级起着重要作用，这种情况下热容量的有关性质称为肖脱基反常.

5.12　自旋体系的热容量

N 个原子组成的体系，每个原子自旋为1/2，磁矩为 μ_0，置于外磁场 B 中并处于绝对温度为 T 的平衡态. 只注意自旋，试回答下列问题：

(a) 不作任何计算，求出这个体系在 $T\to 0$ 或 $T\to\infty$ 时平均能量 $\overline{E}(T)$ 的极限值.

(b) 不作任何计算，求出恒定磁场的情况下，$T\to 0$ 或 $T\to\infty$ 时热容量 $C(T)$ 的极限值.

(c) 计算这个体系平均能量 $\overline{E}(T)$ 与温度 T 的函数关系. 画出 $\overline{E}$ 随 T 变化的近似图形.

(d) 计算这个体系的热容量 $C(T)$. 画出 C 随 T 变化的近似图形.

5.13　由非球形核而来的热效应

在有些晶体里原子核的自旋为1. 因此按照量子理论，每个核就可以处于用量子数 m 标记的3个量子态的任一态中，其中 $m=1$，0或 -1. 这个量子数量度核自旋沿着固体晶轴的投影. 因为核中的电荷分布不是球对称，而是椭球形的，核的能量就依赖于自旋相对于核所在位置上存在的非均匀内电场的取向. 因此与 $m=0$ 态的能量比较，核处于态 $m=1$ 和态 $m=-1$ 具有相同的能量 $E=0$.

(a) 作为绝对温度 T 的函数，求出原子核对每摩尔固体平均内能的贡献的表达式.

(b) 画一个定性的图说明核对固体的摩尔比热容的贡献与温度的关系. 明确地计算它与温度的关系，当 T 值大时，它与温度关系怎样?

(c) 虽然刚才讨论的热效应很微小，但在某些物质中（例如金属铟，因为 $^{115}\mathrm{In}$ 核显著偏离球对称）作极低温下热容量的测量时，它可以变得很重要.

5.14　两个体系间的热相互作用

考虑体系A（例如铜块）和体系B（例如盛水的容器），它们初始时刻分别在

温度 T_A 和 T_B 处于平衡. 在所研究的温度范围内，体系的体积基本上保持不变，并且各自的热容量 C_A 和 C_B 基本上与温度无关. 现在将体系置于彼此热接触，我们一直等到体系在某一个温度 T 达到最后的平衡状态.

（a）用能量守恒的条件求最终的温度 T，将答案用 T_A，T_B，C_A 和 C_B 表示出来.

（b）用式（5.31）计算 A 的熵变化 ΔS_A 和 B 的熵变化 ΔS_B. 用这些结果计算复合体系从初始状态（这时两体系分别处于平衡）到最终状态（这时两体系彼此处于热平衡）的总熵变化 $\Delta S = \Delta S_A + \Delta S_B$.

（c）明确地证明 ΔS 绝不可能为负，而且如果 $T_A = T_B$，它将等于零.（提示：你可以发现使用式（M.15）推得的不等式 $\ln x \leqslant x - 1$ 或等效地用不等式 $\ln(x^{-1}) \geqslant -x + 1$ 将是有用的）.

5.15　各种加热方法的熵变化

水的比热容是 $4180\text{J} \cdot \text{kg}^{-1} \cdot \text{K}^{-1}$.

（a）1kg 0℃的水和 100℃的大热库接触. 当水达到 100℃时，水的熵发生怎么样的变化？热库的熵呢？由水和热库组成的总体系的熵呢？

（b）如果水从 0℃加热到 100℃，先使它与 50℃的热库接触，然后再与 100℃的热库接触，总体系的熵发生怎样的变化？

（c）说明应该怎样加热才能使水从 0℃到 100℃而不改变总体系的熵.

5.16　熔解时的熵

冰和水在 0℃（273K）时共处于平衡态. 在这个温度下熔解 1mol 冰需要 6000J 的热.

（a）计算在这个温度时，1mol 冰和 1mol 水的熵之差.

（b）求在这个温度时水的可到达态数和冰的可到达态数之比.

5.17　量热法中的一个实际问题

考虑主要由 750g 的铜罐组成的量热器（为测量热而设计的装置）. 这个罐装有 200g 水，在温度 20℃时处于平衡. 现在一实验者置 30g 0℃的冰于量热器中，并用一热隔离罩将量热器包起来. 已知水的比热容为 $4180\text{J} \cdot \text{kg}^{-1} \cdot \text{K}^{-1}$，铜的比热容为 $418\text{J} \cdot \text{kg}^{-1} \cdot \text{K}^{-1}$. 冰的熔解热也知道（即在 0℃的情况下将 1g 冰转化成水所需要的热）是 $333\text{J} \cdot \text{kg}^{-1}$.

（a）所有的冰熔解并到达平衡后水的温度是多少？

（b）计算过程（a）所引起的总熵变化.

（c）在所有的冰都熔解，并到达平衡后，必须对体系做多少焦耳的功（例如，借助于搅拌杆）才能将所有的水恢复到20℃？

5.18　气体的自由膨胀

图5.21形象地说明了焦耳（Joule）用于研究气体内能与体积的关系的实验装置．考虑由一封闭容器组成的体系A，这个容器被一活塞分隔成两个部分，只有其中一个部分装有气体．这个实验就是打开阀门，让气体在整个容器内达到平衡．假定在这个过程中温度计指示水的温度保持不变．

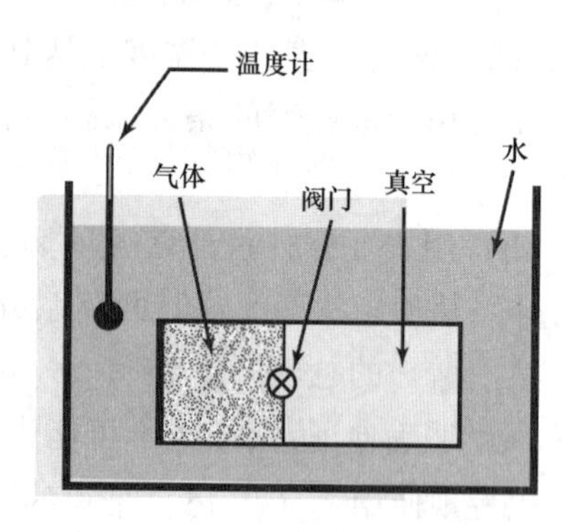

图5.21　研究气体自由膨胀的装置

（a）在这个过程中对体系A所做的功是多少？（容器壁是刚性的并且没有移动）

（b）在这个过程中体系A吸收的热是多少？

（c）在这个过程中A的内能变化如何？

（d）因为气体的温度不变，关于在固定温度下气体内能与体积的关系，这个实验使我们得出怎么样的结论？

5.19　熵的论证应用于超导金属热容量

正常金属在极低绝对温度时的热容量C_n的形式为$C_n=\gamma T$，γ是一个表征金属特性的常数．如果这个金属是在低于临界温度T_c的超导体，那么，在温度区域$0\leqslant T\leqslant T_c$内，超导态热容量$C_s$近似地由关系式$C_s=\alpha T^3$给出，$\alpha$是某个常数．当金属在临界温度$T_s$时从正常态转变到超导态，没有吸热或放热．因此在这一温度下，$S_n=S_s$，其中S_n和S_s分别表示正常态和超导态金属的熵．

（a）在$T\to 0$的极限情况下关于熵S_n和S_s，你可以做怎样的陈述？

（b）用（a）的答案以及热容量与熵之间的关系，求出在临界温度T_c时C_s和C_n之间的关系．

5.20　谐振子系统的热容量

考虑一个简谐振子体系，其绝对温度为T，包括N个谐振子，它们之间的相互作用很弱．（这样一个谐振子体系提供了一个模型，近似地模拟了固体中的原子．）假定每个振子的经典角频率是ω．

（a）用习题4.22中计算的平均能量的结果求这个振子体系的热容量C（所有外参量固定不变）．

（b）作一简图说明热容量C与绝对温度T的关系．

（c）温度足够高$kT\gg\hbar\omega$时热容量是多少？

*5.21　双原子气体的比热容

考虑绝对温度 T 接近室温的双原子理想气体（例如 N_2）. 这个温度足够低从而分子总是处于它的最低振动态，但它又足够高以致分子要在许多许可的转动态上分布.

（a）利用习题 4.23 的结果写出气体中一个双原子分子平均能量的表达式. 这个能量应包括质心运动的动能和分子相对于质心的转动能.

（b）用（a）的答案求理想双原子气体的等容摩尔热容 C_V. 它的数值是多大?

*5.22　一个与热库相接触的体系的能量涨落

考虑一个与绝对温度为 $T=(k\beta)^{-1}$ 的热库相接触的任意体系，用正则分布，在习题 4.18 中早已证明 $\overline{E}=-(\partial\ln Z/\partial\beta)$，其中

$$Z\equiv\sum_r \mathrm{e}^{-\beta E_r} \tag{i}$$

是对体系所有状态求和.

（a）用 Z 或更好用 $\ln Z$ 来得出 $\overline{E^2}$ 的表达式

（b）能量的弥散 $\overline{(\Delta E)^2}\equiv\overline{(E-\overline{E})^2}$ 可以写为 $\overline{E^2}-\overline{E}^2$.（见习题 2.8）用这个关系式和（a）的答案证明：

$$\overline{(\Delta E)^2}=\frac{\partial^2\ln Z}{\partial\beta^2}=-\frac{\partial\overline{E}}{\partial\beta}. \tag{ii}$$

（c）从而证明能量的标准偏差 ΔE 可以普遍通过下式用体系的热容量 C（外参量保持固定）来表示：

$$\underset{\sim}{\Delta} E=T(kC)^{1/2}. \tag{iii}$$

（d）假定所考虑的体系是 N 个分子组成的理想单原子气体. 用普遍结果（iii）求出（$\underset{\sim}{\Delta} E/\overline{E}$）的明显表达式，用 N 来表示.

第 6 章　经典近似中的正则分布

第 6 章　经典近似中的正则分布

正则分布（4.49）是一个有根本重要性和极广阔实际用途的简单结果. 正如我们在第 4 章所说明的，它可以直接用于计算各种各样体系的平衡性质. 因此，我们曾专门举例说明如何用它来推导自旋体系的磁性质或计算理想气体的压强和比热容. 在第 4 章的习题中，我们也考察过几种有意义的应用. 讨论其他广阔领域的重要应用会使我们离题太远，这个工作可以写几本书. 尽管如此，这一章我们确实还想说明：当经典力学近似适用时，如何由正则分布直接得出若干特别简单和有用的结果.

6.1　经典近似

我们知道，多粒子体系的量子力学描述在适当的条件下可以近似地用经典力学来描述. 本节我们将考察下面两个问题：（ⅰ）在什么条件下可以期望经典概念的统计理论是一个恰当的近似？（ⅱ）如果这个近似适用，如何用经典术语来阐述统计理论？

经典近似的有效性

如果绝对温度足够低，经典近似一定不可能有效. 的确，假定特征热能 kT 小于（或相当于）体系能级间的平均间隔 ΔE，那么有重要意义的是：这个体系的许可能量就量子化而成为一系列分立的数值. 例如，正则分布（4.49）的含意是：在能量 E 的态和在下一个较高许可能量 $E+\Delta E$ 的态中找到体系的概率就极不相同. 另一方面，如果 $kT \gg \Delta E$，从一个态到另一个态的概率变化就很小. 那么许可能量是分立的而不是连续的事实就相对地成为无关紧要的了，因而经典的描述也许就有可能. 从这些说明所显示出来的明确结论是：

如果

$$kT \leqslant \Delta E, \tag{6.1}$$

经典的描述就不可能有效.

反之，如果能证明量子力学效应并不重要，则经典近似必定有效. 量子力学中关于使用经典概念的基本限制表示为海森伯测不准原理. 这个原理断定，同时测量位置坐标 q 及其相应的动量 p 是不可能无限精确地完成的. 这些量分别受到数值为 Δq 和 Δp 的最小测不准量的制约，这个制约是

$$\Delta q \Delta p \geqslant \hbar, \tag{6.2}$$

其中，$\hbar \equiv \frac{h}{2\pi}$，是普朗克常数除以 2π. 那么让我们考察某一特定温度为 T 的体系的经典描述. 为了有意义，这一经典描述必须能够把这个体系的一个粒子看作是位于某一个典型的最小距离之内，这个距离我们将以 s_0 表示. 此外，我们将以 p_0 表示这个粒子的相应动量. 如果 s_0 和 p_0 足够大，从而

$$s_0 p_0 >> \hbar.$$

那么由海森伯测不准原理所加的限制应当变为无关紧要，因而经典描述应当是有效的. 这样，我们就导出结论：

如果

$$s_0 p_0 >> \hbar, \tag{6.3a}$$

即如果

$$s_0 >> \lambda_0, \tag{6.3b}$$

经典的描述应当有效.

这里我们引进了一个象征性波长 λ_0，它的定义是

$$\lambda_0 \equiv \frac{\hbar}{p_0} \equiv \frac{1}{2\pi}\frac{h}{p_0}. \tag{6.4}$$

它就是德布罗意波长$\frac{h}{p_0}$除以 2π. 因此式（6.3b）断言：只要最小的有意义的经典尺度 s_0 比粒子的德布罗意波长大得多，量子效应就应该可以忽略. 那么粒子的波动性显然就变得不重要.

经典描述

若有一粒子体系，对它作经典讨论是合理的，那么应该研究的基本问题与第3章开关作为量子论研究的起点的那些问题完全相同，特别是，所引起的第一个问题是：用经典力学描述的体系的微观态如何确定？

让我们着手考察由作一维运动的单粒子组成的体系的极简单情况. 这个粒子的位置可以用一个坐标来表示，称为 q. 于是，在经典力学中完全确定这个体系就要求知道坐标 q 以及它的相应的动量 p[⊖]. （同时知道任意时刻的 q 和 p，在经典情况下是许可的. 这也是完全描述的要求. 根据经典力学定律，任何其他时刻，q 和

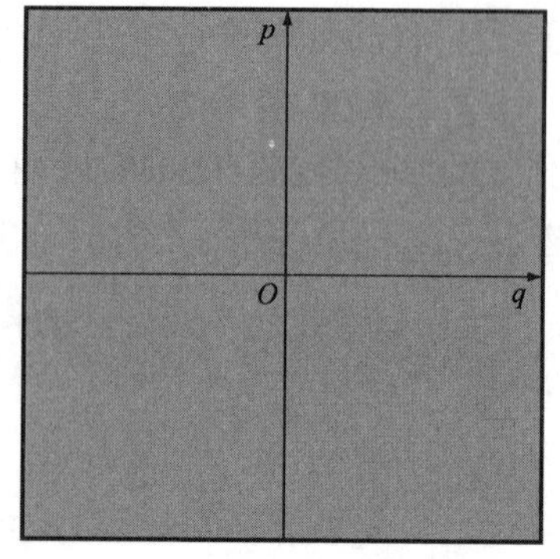

图6.1　一维单粒子的经典相空间

⊖ 如果 q 表示寻常的笛卡儿坐标且不存在磁场，则动量 p 就与质量为 m 的粒子的速度 v 成简单的正比关系 $p=mv$. 不过，在更普遍的情况下用动量 p 而不用速度 v 来描述才是有效的，因而这是常用的.

p 的数值都能唯一地预测出来.）如图 6.1 所示，我们可以画出以 q 和 p 标记的笛卡儿坐标轴，用几何图形来描述运动状态. 于是确定 q 和 p 就等价于确定二维空间（通常称为相空间）中的一个点.

为了描述有连续变量 q 和 p 的运动状态，从而使粒子的许可态可以计算，遵循 2.6 节的步骤是方便的. 即将变量 q 和 p 的区域细分成任意小的分立间隔. 例如，我们可以选择一个固定的大小为 δq 的微小间隔来细分 q，并且选择一个固定的大小为 δp 的微小间隔来细分 p（见图 6.2）. 这样，相空间就被分成许多同样大小的小相格，其二维"体积"（即面积）为

$$\delta q \delta p = h_0.$$

其中 h_0 是某一个微小的常数（有角动量的量纲）. 于是粒子状态的完全描述就可以这样得到：即逐一指明坐标位于 q 和 $p + \delta q$ 之间的某一个特定间隔内，而它的动量位于 p 和 $p + \delta p$ 之间的某一个特定间隔内；亦即指明位于某一特定区域内的一对数量 $\{q,p\}$. 在几何上这说明了由 $\{q,p\}$ 所代表的点位于相空间某一特定的小相格中.

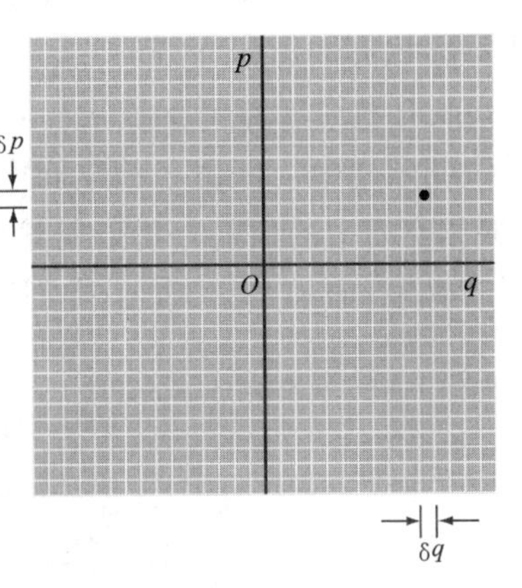

图 6.2　说明前图的二维相空间被分割成"体积" $\delta q \cdot \delta p = h_0$ 的相等的小相格

【关于 h_0 大小的附注】

相空间被分割成小相格的尺寸选得愈小，即 h_0 选得愈小，体系状态的确定显然就愈精确. 在经典描述中，这个常数 h_0 可以选得任意小. 但是，正确的量子力学描述对于同时确定坐标 q 和相应的动量 p 所能达到的最大精确性施加了一个限制. 这就是，q 和 p 只能在测不准量 Δq 和 Δp 的范围内被确定，其数量级满足海森伯测不准原理 $\Delta q \Delta p > \hbar$. 因此相空间分割成体积小于 $\hbar$ 的相格就没有物理意义，亦即选择 $h_0 < \hbar$ 会导致确定体系的精确度超出量子理论所允许的程度.

前面的讨论可以直接推广到任意复杂体系. 这样的体系可以用 f 个坐标 q_1，…，q_f 和 f 个相应的动量 p_1，…，p_f 的一组变量来描述. 也就是总共用 $2f$ 个量来描述.（通常，描述体系所需要的独立坐标数称为体系的自由度数.）为了用某种便于计算体系的许可态的方法处理这些连续变量，适宜的做法是：将第 i 个坐标 q_i 的许可值分割为数值固定为 δq_i 的许多小间隔，将第 i 个动量 p_i 的许可值分割为数值固定为 δp_i 的许多小间隔. 对于每个 i，可以选择分割间隔的大小使乘积

$$\delta q_i \delta p_i = h_0, \tag{6.5}$$

其中 h_0 是与 i 无关的具有固定大小的某一任意的微小常数，于是这个体系的状态

就可以这样来确定，即逐一指明其坐标和动量位于某组特定间隔内的一组数值

$$\{q_1, q_2, \cdots, q_f; \quad p_1, p_2, \cdots, p_f\}.$$

用方便的几何解释，这组数值又可以看作$2f$维相空间内的一个“点”，这个相空间的每个笛卡儿坐标轴由一个坐标或动量来标记㊀. 因此间隔的分割就将这个空间分为许多相等的体积为（$\delta q_1 \delta q_2 \cdots \delta q_f \delta p_1 \delta p_2 \cdots \delta p_f$）$= h_0^f$ 的微小相格. 于是体系的状态就可以用确定体系的坐标 q_1，q_2，…，q_f 和动量 p_1，p_2，…，p_f 实际上位于哪一组特定间隔之中（即位于相空间中哪一相格内）来描述. 为简化起见，每一组间隔（或相空间中的相格）可以用某个指标 r 来标记，所有这些可能的相格可以按照适当的次序 $r=1$，2，3，…排列和计算. 于是整个讨论就可以按照这样的考虑总结为

经典力学中体系的状态可以通过指定相空间中的特定相格 r 来描述，体系的坐标和动量就在该相格规定的范围中.

(6.6)

因此经典力学中体系状态的确定就和量子力学中极为相似. 在经典描述中，相空间中的相格类似于量子力学描述中的量子态. 然而，有一个差别是值得注意的，在经典的情况下存在一个任意的因素，因为相空间中相格的大小（即常数 h_0 的数值）可以随意选择. 相反，在量子力学的描述中量子态是明确确定的整体（本质上是因为量子论涉及的普朗克常数 $\hbar$ 有唯一的数值）.

经典统计力学

对一个体系用经典力学作统计描述现在就变得完全与量子力学描述相类似. 只是解释上有所差别：量子论中体系的微观态是指体系的特定量子态. 而经典理论中微观态则是指相空间中特定的相格. 当考虑一个体系的统计系综时，在经典理论中引进的基本假设与相应的量子论的假设（3.17）和（3.18）相同. 具体讲，这些假设的表述（3.19）用经典的术语说明如下：如果一个孤立体系处于平衡，它就以相等的概率处于它的每一个可到达态中，即以相等的概率处于相空间中的每一个可到达相格中㊁.

【例】

为了说明在极简单情况下的经典概念，我们考虑一维运动的单粒子，它不受任

㊀ 这个相空间完全与图6.2的二维相空间类似. 唯一不同的是我们的三维思想习惯使我们不能那么容易地想象出它们.

㊁ 借助于某些假定，统计假设可以根据与量子力学定律推导式（3.17）和式（3.18）相同的方法从经典力学定律推导出来. 这样一种经典推导附带说明在最普遍的情况下用坐标和动量（而不是坐标和速度）来描述是合适的. 然而，在本书所讨论的所有简单情况下，这种区别是无关紧要的，因为在这些情况下质量 m 的粒子的速度 v 和动量 p 总是按简单的正比关系 $p=mv$ 相联系.

何力的作用，但被装在长度为 L 的箱子里．如果我们以 x 表示这个粒子的位置坐标，这个粒子的许可位置就受到条件 $0<x<L$ 的限制．质量为 m 的粒子的能量 E 就是它的动能，从而

$$E=\frac{1}{2}mv^2=\frac{1}{2}\frac{p^2}{m},$$

其中 v 是速度，$p=mv$ 是粒子的动量．假定粒子是孤立的，于是就知道粒子有位于某一小区域 E 和 $E+\mathrm{d}E$ 内的恒定能量．那么动量必定位于许可值 $p=\pm\sqrt{2mE}$ 附近的某个小区域 $\mathrm{d}p$ 内．因此这个粒子可到达相空间的区域就如图6.3深色面积所示．如果相空间已分割成相等大小 $\delta x\delta p=h_0$ 的小相格，这个区域就包含大量这样的相格．这些相格代表可能在其中找到体系的可到达态．

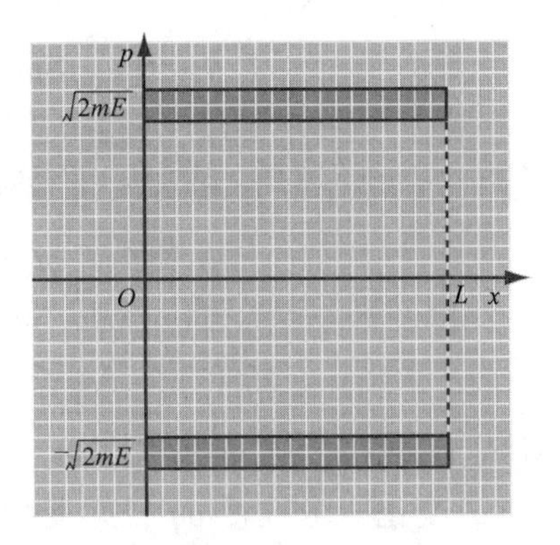

图6.3　装在长度为 L 的箱子里一维自由运动的单个粒子的相空间．这个由坐标 x 和动量 p 所确定的粒子具有位于 E 和 $E+\delta E$ 区域内的能量．粒子的可到达态用包含在深色面积内的相格表示

假定已知粒子处于平衡，于是统计假设断言，其坐标为 x，动量为 p 的粒子出现在深色面积内任何一个相等大小的相格之中的机会相等．这意味着粒子具有动量在 $+\sqrt{2mE}$ 附近 $\mathrm{d}p$ 区域内的概率和具有动量在 $-\sqrt{2mE}$ 附近 $\mathrm{d}p$ 区域内的概率一样．这也表示粒子的位置坐标 x 在箱子的长度 L 之内处在任何地方都是同样可能的．例如，粒子位于左边1/3箱子内的概率是1/3，这是因为 x 位于 $0<x<\frac{1}{3}L$ 的可到达相格数是总的可到达相格数的1/3.

前面的论述清楚地表明，根据统计假设所求的任何普遍论证与状态数的计算，在经典描述中必定同样保持有效．尤其是4.5节正则分布的推导仍然适用．当一个用经典描述的体系A和一个绝对温度为 $T=(k\beta)^{-1}$ 的热库处于热平衡时，在能量为 E_r 的特定态 r 找到体系的概率 P_r 就由式（4.49）给出，从而

$$P_r\propto \mathrm{e}^{-\beta E_r}. \tag{6.7}$$

这里态 r 是指属于相空间的某一特定相格，而A的坐标和动量在该相格有特定的数值 $\{q_1,\cdots,q_f;p_1,\cdots,p_f\}$．相应地，因为A的能量是其坐标和动量的函数，A的能量 E_r 表示体系的坐标和动量取这些特定数值时这个体系的能量 E，即

$$E_r=E(q_1,\cdots,q_f;p_1,\cdots,p_f). \tag{6.8}$$

采用类似于2.6节的普适方法，用概率密度来表示正则分布是适宜的．因此我们试求下面的概率：

$$\boxed{\begin{array}{l}\mathscr{P}(q_1,\cdots,q_f;p_1,\cdots,p_f)\,\mathrm{d}q_1\cdots\mathrm{d}q_f\mathrm{d}p_1\cdots\mathrm{d}p_f\equiv\\ \text{与热库接触的体系 A,其第一个坐标位于}\\ q_1\text{ 和 }q_1+\mathrm{d}q_1\text{ 的范围内……第 }f\text{ 个坐标位}\\ \text{于 }q_f\text{ 和 }q_f+\mathrm{d}q_f\text{ 范围内;第一个动量位于}\\ p_1\text{ 和 }p_1+\mathrm{d}p_1\text{ 范围内……第 }f\text{ 个动量位于}\\ p_f\text{ 和 }p_f+\mathrm{d}p_f\text{ 范围内的概率.}\end{array}} \tag{6.9}$$

其中假定区域 $\mathrm{d}q_i$ 和 $\mathrm{d}p_i$ 是很小的，其含义是：当 q_i 变化一个数量 $\mathrm{d}q_i$，p_i 变化一个数量 $\mathrm{d}p_i$ 时，A 的能量 E 没有明显的变化. 但是假定它们与细分相空间中所用的间隔相比又是很大的，即 $\mathrm{d}q_i \gg \delta q_i$，$\mathrm{d}p_i \gg \delta p_i$. 因此相空间体积元（$\mathrm{d}q_1\cdots\mathrm{d}q_f\mathrm{d}p_1\cdots\mathrm{d}p_f$）就包含许多相格，每个相格的体积为（$\delta q_1\cdots\delta q_f\delta p_1\cdots\delta p_f$）$=h_0^f$（见图 6.4）. 在每一个这样的相格中，体系 A 的能量，因而还有它的概率，即式（6.7），就几乎是相同的. 因此所要求的概率，即式（6.9）就简单地用在相空间的给定相格里找到体系的概率，即式（6.7）乘以这种相格的总数（$\mathrm{d}q_1\cdots\mathrm{d}q_f\mathrm{d}p_1\cdots\mathrm{d}p_f$）/$h_0^f$ 来求得，即

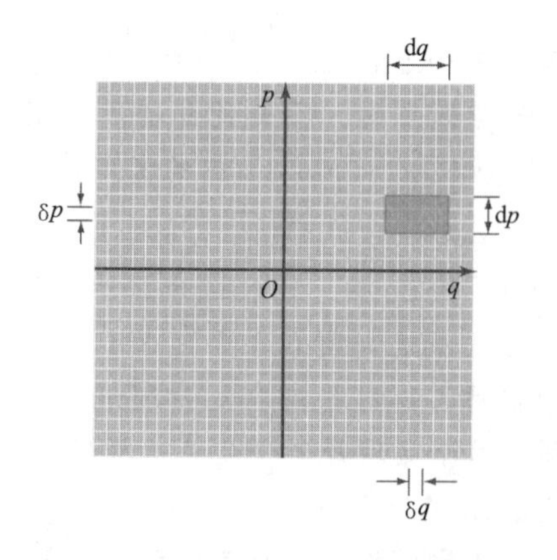

图 6.4　相空间被分割成许多相等“体积” $\delta q\delta p=h_0$ 的小相格的二维例子. 深色区域表示大小为 $\mathrm{d}q\mathrm{d}p$ 的体积元，它包含着许多相格

$$\mathscr{P}(q_1\cdots p_f)\,\mathrm{d}q_1\cdots\mathrm{d}p_f \propto \mathrm{e}^{-\beta E_r}\frac{\mathrm{d}q_1\cdots\mathrm{d}p_f}{h_0^f}$$

或

$$\boxed{\mathscr{P}(q_1\cdots p_f)\,\mathrm{d}q_1\cdots\mathrm{d}p_f = C\mathrm{e}^{-\beta E(q_1\cdots p_f)}\,\mathrm{d}q_1\cdots\mathrm{d}p_f,} \tag{6.10}$$

其中 C 只是某个比例常数（它包括常数 h_0^f）. 这个常数的值当然由归一化要求来确定. 通过将概率，即式（6.10）对体系的所有可到达的坐标和动量求和应该得 1. 那就是说

$$\int \mathscr{P}(q_1\cdots p_f)\,\mathrm{d}q_1\cdots\mathrm{d}p_f = 1,$$

其中积分遍及体系 A 的可到达的整个相空间. 这样，直接得出

$$C^{-1} = \int \mathrm{e}^{-\beta E(q_1\cdots p_f)}\,\mathrm{d}q_1\cdots\mathrm{d}p_f. \tag{6.11}$$

这些普遍的讨论将在下一节中把它们应用到极为重要的简单情况即单个分子在三维中运动的情况来加以说明.

6.2　麦克斯韦速度分布

考虑装在体积为 V 的容器里的理想气体，它在绝对温度 T 下处于平衡．这个气体可以由各种不同类型的分子组成．我们假定有一些条件使得对气体分子可以用经典处理．在我们的讨论结束时，我们将考察可期望这种经典处理有效的条件范围．这样，让我们根据经典术语来思考并将集中注意气体的一个分子．每个分子就构成独特的小体系，它与其他所有分子组成的、温度为 T 的热库处于热接触．因此，正则分布就可以直接应用．我们暂且假定分子是单原子的．如果我们忽略任何外力场（例如重力），这个分子的能量 ϵ 就是它的动能

$$\epsilon=\frac{1}{2}m\boldsymbol{v}^2=\frac{1}{2}\cdot\frac{\boldsymbol{p}^2}{m},\tag{6.12}$$

其中 $\boldsymbol{v}$ 是速度，$\boldsymbol{p}=m\boldsymbol{v}$ 是质量为 m 的分子的动量．这里我们已假定气体足够稀薄；因而是理想气体；假定与其他分子相互作用的任何势能都是可以忽略的．因此在容器内任何地方分子的能量都与分子的位置矢量 $\boldsymbol{r}$ 无关．

在经典理论中，分子的态用这个分子的三个位置坐标 x，y，z 及其相应的三个动量分量 p_x，p_y，p_z 来描述．于是我们就可以求分子的位置处于 $\boldsymbol{r}$ 和 $\boldsymbol{r}+\mathrm{d}\boldsymbol{r}$ 之间（即 x 坐标位于 x 和 $x+\mathrm{d}x$ 之间，y 坐标位于 y 和 $y+\mathrm{d}y$ 之间，z 坐标位于 z 和 $z+\mathrm{d}z$ 之间）同时动量在区域 $\boldsymbol{p}$ 和 $\boldsymbol{p}+\mathrm{d}\boldsymbol{p}$ 之间（即动量的 x 分量位于 p_z 和 $p_x+\mathrm{d}p_x$ 间，动量的 y 分量位于 p_y 和 $p_y+\mathrm{d}p_y$ 间，动量的 z 分量位于 p_z 和 $p_z+\mathrm{d}p_z$ 间）的概率．位置和动量变量的这一区域相应于大小为（$\mathrm{d}x\mathrm{d}y\mathrm{d}z\mathrm{d}p_x\mathrm{d}p_y\mathrm{d}p_z$）$\equiv\mathrm{d}^3\boldsymbol{r}\mathrm{d}^3\boldsymbol{p}$ 的相空间“体积”．这里我们已经分别为真实空间和动量空间的体积元引进方便的缩写

$$\mathrm{d}^3\boldsymbol{r}\equiv\mathrm{d}x\mathrm{d}y\mathrm{d}z$$

和

$$\mathrm{d}^3\boldsymbol{p}\equiv\mathrm{d}p_x\mathrm{d}p_y\mathrm{d}p_z.\tag{6.13}$$

应用正则分布（6.10），我们就直接得到所要求的分子位置在 $\boldsymbol{r}$ 和 $\boldsymbol{r}+\mathrm{d}\boldsymbol{r}$ 之间，动量在 $\boldsymbol{p}$ 和 $\boldsymbol{p}+\mathrm{d}\boldsymbol{p}$ 之间的概率 $\mathscr{P}(\boldsymbol{r},\boldsymbol{p})\mathrm{d}^3\boldsymbol{r}\mathrm{d}^3\boldsymbol{p}$，结果为

$$\mathscr{P}(\boldsymbol{r},\boldsymbol{p})\mathrm{d}^3\boldsymbol{r}\mathrm{d}^3\boldsymbol{p}\propto\mathrm{e}^{-\beta(p^2/2m)}\mathrm{d}^3\boldsymbol{r}\mathrm{d}^3\boldsymbol{p},\tag{6.14}$$

其中 $\beta=(kT)^{-1}$．这里我们用了分子能量的表示式（6.12）并记 $p^2=\boldsymbol{p}^2$．等价地我们可以用分子的速度 $\boldsymbol{v}=\boldsymbol{p}/m$ 来表示这个结果，求出分子位置在 $\boldsymbol{r}$ 和 $\boldsymbol{r}+\mathrm{d}\boldsymbol{r}$ 间，速度在 $\boldsymbol{v}$ 和 $\boldsymbol{v}+\mathrm{d}\boldsymbol{v}$ 之间的概率 $\mathscr{P}'(\boldsymbol{r},\boldsymbol{v})\mathrm{d}^3\boldsymbol{r}\mathrm{d}^3\boldsymbol{v}$．于是

$$\boxed{\mathscr{P}'(\boldsymbol{r},\boldsymbol{v})\mathrm{d}^3\boldsymbol{r}\mathrm{d}^3\boldsymbol{v}\propto\mathrm{e}^{-\left(\frac{1}{2}\right)\beta mv^2}\mathrm{d}^3\boldsymbol{r}\mathrm{d}^3\boldsymbol{v},}\tag{6.15}$$

其中 $\mathrm{d}^3\boldsymbol{v}\equiv\mathrm{d}v_x\mathrm{d}v_y\mathrm{d}v_z$，并且 $v^2=\boldsymbol{v}^2$．

概率，即式（6.15）是一个相当普遍的结果，它提供了有关气体中任意一个分子的位置和速度的详尽信息．它使我们很容易推演出更为具体的各种结果．例如，我们可以求速度在特定区域内的分子数有多少，或者更普遍一些，如果气体由

不同质量的多种不同类型分子混合而成（例如氦和氩分子），我们可以求某一类分子的速度位于任何给定区域的分子数为多少．集中注意特定类型的分子，于是我们可以试求

$$\boxed{f(\boldsymbol{v})\,\mathrm{d}^3\boldsymbol{v}\equiv\text{单位体积内速度在 }\boldsymbol{v}\text{ 和 }\boldsymbol{v}+\mathrm{d}\boldsymbol{v}\text{ 之间特定类型的平均分子数.}}\tag{6.16}$$

因为理想气体的 N 个分子独立地运动，没有可察觉的相互作用，这个气体就构成多分子的统计系综．概率，即式（6.15）给出的是位置在 $\boldsymbol{r}$ 和 $\boldsymbol{r}+\mathrm{d}\boldsymbol{r}$ 之间，速度在 $\boldsymbol{v}$ 和 $\boldsymbol{v}+\mathrm{d}\boldsymbol{v}$ 之间的部分概率．因此平均分子数（6.16）就直接由概率，即式（6.15）乘以这一类分子的总数 N 并除以体积元 $\mathrm{d}^3\boldsymbol{r}$ 得出．这样

$$f(\boldsymbol{v})\,\mathrm{d}^3\boldsymbol{v}=\frac{N\mathscr{P}'(\boldsymbol{r},\boldsymbol{v})\,\mathrm{d}^3\boldsymbol{r}\mathrm{d}^3\boldsymbol{v}}{\mathrm{d}^3\boldsymbol{r}}$$

或

$$\boxed{f(\boldsymbol{v})\,\mathrm{d}^3\boldsymbol{v}=C\mathrm{e}^{-\left(\frac{1}{2}\right)\beta mv^2}\mathrm{d}^3\boldsymbol{v},}\tag{6.17}$$

其中 C 是比例常数，$\beta\equiv(kT)^{-1}$．结果，即式（6.17）称为麦克斯韦速度分布，因为它首先由麦克斯韦（Maxwell）于1859年得出（他当时用的论证普遍性较差）．

注意式（6.15）的概率 $\mathscr{P}'$ [或式（6.17）的平均数 f] 与分子的位置 $\boldsymbol{r}$ 无关．由对称性的考虑，这个结果当然应该是正确的，因为在不存在外力场的情况下，一个分子在空间不可能有特别优先的位置．还要注意 $\mathscr{P}'$（或 f）仅取决于 $\boldsymbol{v}$ 的数值而与它的方向无关，即

$$f(\boldsymbol{v})=f(v),\tag{6.18}$$

其中 $v=|\boldsymbol{v}|$．由于对称性，这又是显然的，因为容器是静止的（因此，整个气体的质心也是静止的），不存在某个特别优越的方向．

【常数 C 的确定】

常数 C 可以根据这样的要求来确定，即式（6.17）对所有可能的速度求和给出单位体积内的总平均分子（所考虑的那一种）数 n．于是

$$C\int\mathrm{e}^{-\left(\frac{1}{2}\right)\beta mv^2}\mathrm{d}^3\boldsymbol{v}=n\tag{6.19}$$

或

$$C\iiint\mathrm{e}^{-(1/2)\beta m\left(v_x^2+v_y^2+v_z^2\right)}\mathrm{d}v_x\mathrm{d}v_y\mathrm{d}y_z=n.$$

因此

$$C\iiint\mathrm{e}^{-(1/2)\beta mv_x^2}\mathrm{e}^{-(1/2)\beta mv_y^2}\mathrm{e}^{-(1/2)\beta mv_z^2}\mathrm{d}v_x\mathrm{d}v_y\mathrm{d}v_z=n$$

或

$$C\int_{-\infty}^{+\infty}\mathrm{e}^{-(1/2)\beta mv_x^2}\mathrm{d}v_x\int_{-\infty}^{+\infty}\mathrm{e}^{-(1/2)\beta mv_y^2}\mathrm{d}v_y\int_{-\infty}^{+\infty}\mathrm{e}^{-(1/2)\beta mv_z^2}\mathrm{d}v_z=n.$$

根据式（M.23），每个积分都有相同的数值

$$\int_{-\infty}^{+\infty} e^{-(1/2)\beta m v_x^2} dv_x = \left(\frac{\pi}{\frac{1}{2}\beta m}\right)^{\frac{1}{2}} = \left(\frac{2\pi}{\beta m}\right)^{\frac{1}{2}}.$$

因此

$$C = n\left(\frac{\beta m}{2\pi}\right)^{\frac{3}{2}}, \tag{6.20}$$

并且

$$\boxed{f(\boldsymbol{v})\,d^3\boldsymbol{v} = n\left(\frac{\beta m}{2\pi}\right)^{\frac{3}{2}} e^{-\frac{1}{2}\beta m v^2} d^3\boldsymbol{v}.} \tag{6.21}$$

【这些结果对多原子分子的有效性】

假定所考虑的体系包含非单原子的分子. 在上文所仔细考虑的条件下，尽管分子内部相对于质心的转动和振动通常必须用量子力学来讨论. 但这样的分子的质心运动仍然可以用经典近似来处理. 那么分子的状态可以用它的质心的位置 $\boldsymbol{r}$ 和动量 $\boldsymbol{p}$ 以及描述分子内部运动的特定量子态 s 来描述. 因而分子的能量为

$$\epsilon = \frac{\boldsymbol{p}^2}{2m} + \epsilon_s^{(i)}, \tag{6.22}$$

其中右边第一项是分子质心运动的动能，第二项是分子处于 s 态的内部转动和振动能. 正则分布使我们能直接写出分子处于这样一个态的概率表达式 $\mathscr{P}_s(\boldsymbol{r},\boldsymbol{p})d^3\boldsymbol{r}d^3\boldsymbol{p}$，这个态就是分子的质心位置在 $\boldsymbol{r}$ 和 $\boldsymbol{r}+d\boldsymbol{r}$ 之间，质心动量在 $\boldsymbol{p}$ 和 $\boldsymbol{p}+d\boldsymbol{p}$ 之间，而其分子内部运动由 s 确定的态. 因此

$$\mathscr{P}_s(\boldsymbol{r},\boldsymbol{p})d^3\boldsymbol{r}d^3\boldsymbol{p} \propto e^{-\beta[p^2/(2m)+\epsilon_s^{(i)}]} d^3\boldsymbol{r}d^3\boldsymbol{p} \propto e^{-\beta p^2/(2m)} d^3\boldsymbol{r}d^3\boldsymbol{p} e^{-\beta\epsilon_s^{(i)}}. \tag{6.23}$$

为了求出质心位置在 $\boldsymbol{r}$ 和 $\boldsymbol{r}+d\boldsymbol{r}$ 之间，动量在 $\boldsymbol{p}$ 和 $\boldsymbol{p}+d\boldsymbol{p}$ 之间而不管分子的内部运动状态的概率 $\mathscr{P}(\boldsymbol{r},\ \boldsymbol{p})\ d^3\boldsymbol{r}d^3\boldsymbol{p}$，只要将式（6.23）对所有可能的分子内部状态 s 求和就行. 但是因为式（6.23）是两个因子的乘积，对第二个因子所有可能的数值求和就得出某一常数，它与第一个因子相乘. 这样，式（6.23）就归结为描述分子的质心的表示式（6.14）. 因此式（6.15）和麦克斯韦速度分布，即式（6.17）是极其普遍的结果，它在描述气体中多原子分子质心运动时仍然有效.

6.3　麦克斯韦分布的讨论

麦克斯韦速度分布，即式（6.17）使我们可能直接推演出若干有关的速度分布，特别是气体中分子速率的分布. 正如我们将会看到的，这些结果中有些可以用实验很直接地检验. 我们来考察麦克斯韦分布的若干结果，然后探究麦克斯韦分布有效的条件.

速度分量的分布

假定我们集中注意分子速度沿着某个特定方向（比如说沿 x 方向）的分量. 那么我们所关心的量如下，它是描述一定类型分子的：

$$\boxed{g(v_x)\,\mathrm{d}v_x \equiv \text{单位体积内速度的 } x \text{ 分量在 } v_x \text{ 和 } v_x+\mathrm{d}v_x \text{ 区域内(不管其他速度分量)的平均分子数.}}$$

我们直接将所有速度的 x 分量在这个范围内的分子加起来就得到这个数. 因此

$$g(v_x)\,\mathrm{d}v_x = \int_{(v_y)}\int_{(v_z)} f(\boldsymbol{v})\,\mathrm{d}^3\boldsymbol{v},$$

其中求和（即积分）遍及分子所有可能的 y 和 z 的速度分量. 因此由式（6.17）给出

$$\begin{aligned} g(v_x)\,\mathrm{d}v_x &= C\int_{(v_y)}\int_{(v_z)} \mathrm{e}^{-(\frac{1}{2})\beta m(v_x^2+v_y^2+v_z^2)}\,\mathrm{d}v_x\mathrm{d}v_y\mathrm{d}v_z \\ &= C\mathrm{e}^{-(1/2)\beta m v_x^2}\mathrm{d}v_x\int_{-\infty}^{+\infty}\int_{-\infty}^{+\infty}\mathrm{e}^{-(1/2)\beta m(v_y^2+v_z^2)}\,\mathrm{d}v_y\mathrm{d}v_z \end{aligned}$$

或

$$\boxed{g(v_x)\,\mathrm{d}v_x = C'\mathrm{e}^{-(1/2)\beta m v_x^2}\mathrm{d}v_x.} \tag{6.24}$$

因为对所有 v_y 和 v_z 的值积分只是给出一个常数，我们将它包括在新的比例常数 C' 中去[㊀]. 常数 C' 又可以根据单位体积内平均总分子数应当等于 n 的要求来确定，即根据条件

$$\int_{-\infty}^{+\infty} g(v_x)\,\mathrm{d}v_x = C'\int_{-\infty}^{+\infty}\mathrm{e}^{-(1/2)\beta m v_x^2}\mathrm{d}v_x = n$$

来确定. 由此给出

$$C' = n\left(\frac{\beta m}{2\pi}\right)^{\frac{1}{2}}. \tag{6.25}$$

式（6.24）说明，速度分量 v_x 是关于 $v_x=0$ 值对称地分布的（见图 6.5）. 因此分子的任何速度分量的平均值一定始终等于零，即

$$\bar{v}_x = 0. \tag{6.26}$$

在物理上由于对称性，这是显然的，因为一个分子速度的 x 分量取正值的概率和取负值的概率一样. 数学上这个结果可由平均值的定义[㊁]而来

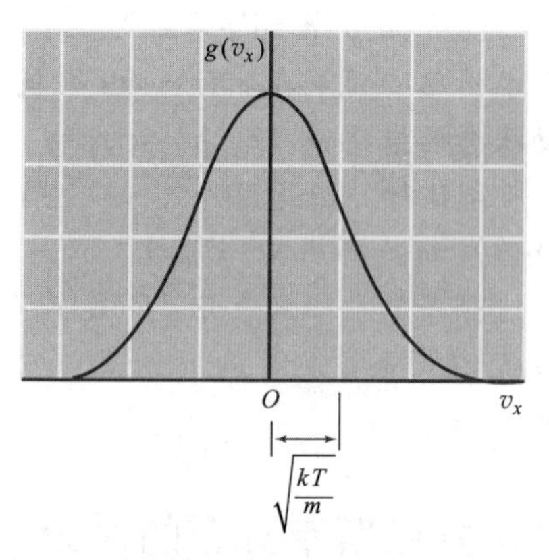

图 6.5　单位体积内速度的 x 分量在 v_x 和 $v_x+\mathrm{d}v_x$ 之间平均分子数的麦克斯韦分布

㊀ 注意式（6.24）即是附录 A.1 中讨论的那种高斯分布.

㊁ 求平均值可以用式（2.78）的方法写为积分.

$$\bar{v}_x \equiv \frac{1}{n}\int_{-\infty}^{+\infty} g(v_x)v_x \mathrm{d}v_x .$$

其中被积函数是关于 v_x 的奇函数（即当 v_x 反号时它也反号），因为 $g(v_x)$ 是关于 v_x 的偶函数（即因为它只与 v_x^2 有关，v_x 反号时它保持不变），因而对被积函数有贡献，来自 $+v_x$ 的和来自 $-v_x$ 的相互抵消.

注意 $g(v_x)$ 在 $v_x=0$ 时有一个极大值，而且随 $|v_x|$ 增加而很快衰减. 当 $|\beta m v_x^2| >> 1$ 时，它就变得可忽略地微小；即

如果 $$|v_x| >> (kT/m)^{\frac{1}{2}}, g(v_x)\to 0. \tag{6.27}$$

这样，如果绝对温度 T 降低，在 $v_x=0$ 附近 $g(v_x)$ 就成为特别尖锐的峰. 这只是反映了这样的事实——分子的平均动能随着 $T\to 0$ 日益变得微小.

不用多说，对于速度分量 v_y 和 v_z 也有严格的类似结果，因为由于情况的对称性，所有速度分量是完全等价的.

分子速率分布

现在我们来考虑给定的一种分子，研究下列量：

$F(v)\,\mathrm{d}v \equiv$ 单位体积内、速率（$v \equiv \lvert \boldsymbol{v} \rvert$）在 v 至 $v+\mathrm{d}v$ 的区域内的平均分子数.

我们可以将所有速率在这个区域内（不管其速度方向）的所有分子数相加来得到这个量. 因而

$$F(v)\,\mathrm{d}v = \int{}' f(\boldsymbol{v})\,\mathrm{d}^3\boldsymbol{v} \tag{6.28}$$

其中积分号上一撇表示积分对所有满足条件

$$v < |\boldsymbol{v}| < v + \mathrm{d}v$$

的速度进行，即对所有端点位于速度空间内径为 v、外径为 $v+\mathrm{d}v$ 的球壳内的所有速度矢量积分（见图 6.6）. 因为 $\mathrm{d}v$ 是无限小量，$f(\boldsymbol{v})$ 仅依赖于 $\boldsymbol{v}$ 的数值，函数 $f(\boldsymbol{v})$ 在整个积分，即式（6.28）的区域内基本上是常数 $f(v)$，因而可以提到积分号外面. 剩下的积分只表示速度空间半径为 v，厚度为 $\mathrm{d}v$ 的球壳的体积，这个体积等于球壳表面积 $4\pi v^2$ 乘上厚度 $\mathrm{d}v$. 因此式（6.28）简单地化为

$$\boxed{F(v)\,\mathrm{d}v = 4\pi f(v) v^2 \mathrm{d}v.} \tag{6.29}$$

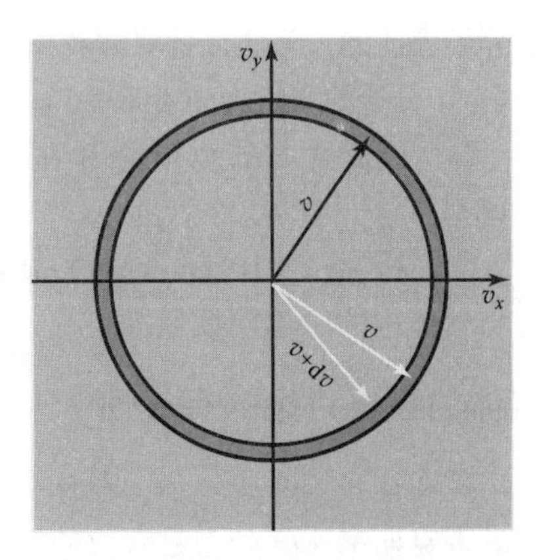

图 6.6 二维速度空间，v_z 轴的指向离开纸面朝外，球壳包含所有速度 $\boldsymbol{v}$ 满足 $v < |\boldsymbol{v}| < v+\mathrm{d}v$ 的分子

应用式（6.17），上式明显地化为

$$\boxed{F(v)\,\mathrm{d}v=4\pi C\mathrm{e}^{-(1/2)\beta mv^2}v^2\,\mathrm{d}v,}\tag{6.30}$$

其中 C 由式（6.20）给出. 关系式（6.30）即麦克斯韦速率分布. 注意式（6.30）也有一个极大值，同我们在统计力学的普遍讨论中所遇到几个极大值的道理相同. 随着 v 的增加，指数因子减小，但分子的有效相空间体积与 v^2 成正比并且增加；净得结果是一个平缓的极大值.

当然，如果 $F(v)\,\mathrm{d}v$ 对所有可能的速率 $v=|\boldsymbol{v}|$ 求和，结果必定又给出单位体积内的平均总分子数 n，即

$$\int_0^{\infty}F(v)\,\mathrm{d}v=n.\tag{6.31}$$

积分下限反映了这样的事实：按定义，分子的速率不可能是负的.

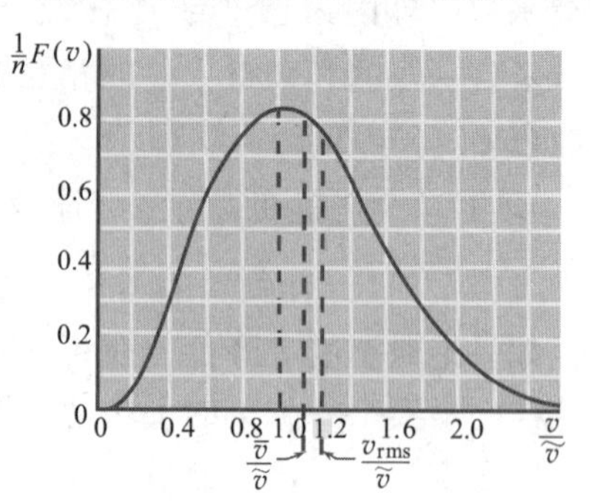

图 6.7　本图显示单位体积内速率在 v 和 $v+\mathrm{d}v$ 之间的平均分子数的麦克斯韦分布. 其中速率用最概然速率 $\tilde{v}=(2kT/m)^{1/2}$ 表示. 还算出了平均速率 $\bar{v}$ 和均方根速率 $v_{\mathrm{rms}}\equiv(\overline{v^2})^{1/2}$

$F(v)$ 作为速率 v 的函数的曲线如图 6.7 所示. $F(v)$ 极大值处的特殊速率称为最概然速率，可以令 $\frac{\mathrm{d}F}{\mathrm{d}v}=0$ 来求得. 利用式（6.30），这个条件化为

$$(-\beta mv\mathrm{e}^{-\frac{1}{2}\beta mv^2})v^2+\mathrm{e}^{-\frac{1}{2}\beta mv^2}(2v)=0,$$

从而

$$\tilde{v}=\sqrt{\frac{2}{\beta m}}=\sqrt{\frac{2kT}{m}}.\tag{6.32}$$

作为例子，我们来考虑室温时的氮气（N_2），因而 $T\approx300$ K（见图 6.8）. 因为 N_2 的分子量是 28，阿伏伽德罗常数是 6×10^{23}/mol，一个 N_2 分子的质量为 $m\approx28/(6\times10^{23})\approx4.6\times10^{-23}$g. 因此式（6.32）给出 N_2 分子的最概然速率

$$\tilde{v}\approx4.2\times10^4\,\mathrm{cm/s}=420\,\mathrm{m/s},\tag{6.33}$$

它与气体中的声速同数量级.

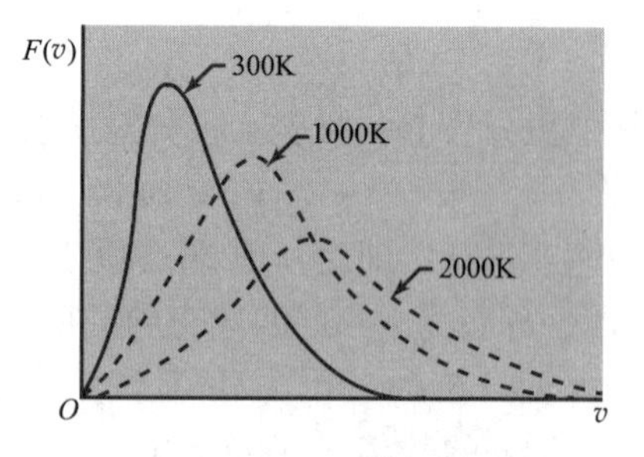

图 6.8　分子速率的麦克斯韦分布与温度的关系

气体的经典讨论的有效性

现在让我们考察一下，在什么样的条件下可以期望理想气体的经典讨论及其相应的麦克斯韦速度分布是有效的. 我们的有效性判据是由海森伯测不准关系得出的条件（6.3）. 如果条件（6.3）满足，经典描述就应该是适当的. 因为它丝毫没有违反量子概念所提出的限制.

因为我们关心的只是典型的数量级，我们只要得出条件（6.3）中有关量的近似估计就行了．温度为 T 时，气体中质量为 m 的分子的动量的特征值 p_0 可以从这个分子的最概然速率 $\tilde{v}$ 求得．这样，根据式（6.32）

$$p_0 \approx m\tilde{v} = \sqrt{2mkT}.$$

这个分子相应的德布罗意特征波长 λ_0 就为

$$\lambda_0 \equiv \frac{\hbar}{p_0} \approx \hbar \Big/ \sqrt{2mkT}. \tag{6.34}$$

经典描述认为分子是沿着确定轨道运行的可区分的粒子．如果不存在量子力学的限制，我们就能把分子定位于一定距离之内，而让这个距离不大于最邻近分子间的间距 s_0；那么，上述经典观点肯定就是适用的．按照式（6.3），这就要求

$$\boxed{s_0 \gg \lambda_0.} \tag{6.35}$$

（量子力学的讨论表明，条件（6.35）被违反时，量子效应确实变得重要，这正是因为分子的本质的不可区分性这时就成为最重要的了．）为了估计紧邻分子间的特征间距 s_0，假定每个分子都在边长 s_0 的小立方体中心，这些立方体填满 N 个分子组成的气体所占的体积 V．于是

$$s_0^3 N = V$$

或

$$s_0 = \left(\frac{V}{N}\right)^{\frac{1}{3}} = n^{-\frac{1}{3}}, \tag{6.36}$$

其中 $n \equiv N/V$，是单位体积的分子数．因而，经典近似有效性条件（6.35）化为

$$\frac{\lambda_0}{s_0} \approx \hbar \frac{n^{\frac{1}{3}}}{\sqrt{2mkT}} \ll 1. \tag{6.37}$$

它表明：如果气体足够稀薄致使 n 很小，如果温度 T 足够高，并且分子的质量 m 不太小，经典近似就一定适用．

【数值估计】

为了估计典型的数值，考虑室温和一个大气压（760mmHg㊀）的氦（He）气．那么有关的参量是：

$$\text{平均压强 } \bar{p} = 760\text{mmHg} \approx 10^5\,\text{N/m}^2;$$

$$\text{温度 } T \approx 300\text{ K，因此 } kT \approx 4.1 \times 10^{-21}\,\text{J};$$

$$\text{分子质量 } m = \frac{4 \times 10^{-3}}{6 \times 10^{23}} \approx 6.6 \times 10^{-27}\,\text{kg}.$$

理想气体的状态方程给出：

$$n = \frac{\bar{p}}{kT} = 2.5 \times 10^{25}\,\text{分子/m}^3.$$

㊀ 毫米汞柱（mmHg）是非法定计量单位，1mmHg = 133.3Pa——编辑注．

因此式（6.34）和式（6.36）给出估计值为

$$\lambda_0 \approx 0.14\text{Å}$$

及

$$s_0 \approx 33\text{Å},$$

其中 $1\text{Å} = 10^{-8}\text{cm}$. 在这里，条件（6.35）充分被满足了，经典近似应该是很好的. 大多数气体有更大的分子量，因此德布罗意波长更短；条件（6.35）就能更好地被满足.

另一方面，考虑典型的金属，例如铜中的传导电子. 在一级近似下，这些电子间的相互作用可以忽略，因而可以将它们作为理想气体处理. 但是有意义的参量的数值却很不相同，电子的质量很微小，大约为 10^{-30}kg，比 He 原子小 7300 倍. 这就使电子的德布罗意波长比 He 长得多：

$$\lambda_0 \approx (0.14) \times \sqrt{7300} \approx 12\text{Å}.$$

再者，因为金属中每一个原子大约有一个传导电子，而典型的原子间距大约为 2Å，即

$$s_0 \approx 2\text{Å}.$$

这样，粒子间的距离就比 He 气体的情况下小得多，即金属中的电子形成很密集的气体. 这些估计表示条件（6.35）不为金属中的电子所满足. 因此用经典统计力学讨论这样的电子是没有根据的. 事实上，考虑到电子所遵循的泡利不相容原理，完全采用量子力学处理就是必要的.

图 6.9　詹姆斯·克拉克·麦克斯韦（1831—1879）. 虽然因为电磁理论方面奠基性的工作而闻名于世，但麦克斯韦对宏观热力学和气体原子论也同样贡献卓著. 他在 1859 年导出分子的速度分布. 在苏格兰的阿伯尔丁大学度过早期生涯后，麦克斯韦于 1871 年成为剑桥大学的教授.（取自 G. Holton 和 D. Roller 编著的《现代物理科学基础》一书，并得到出版商 Addison-Wesley 的许可.）

6.4　泻流和分子束

考虑在某一容器内处于平衡的气体．如图 6.10 所示．假定现在在这个容器的一壁上开一个直径为 D 的小孔（或宽度为 D 的狭缝）．如果孔足够小，容器内气体的平衡受到的扰动可忽略．少量分子通过这个孔逃逸到容器周围的真空中，于是就形成了这个平衡态气体分子的代表性的样品．的确，这样逃逸出来的分子可以用一个狭缝准直而形成很明确的分子束．因为分子数目不多，束中分子的相互作用是微不足道的．因此研究这样一束分子就可以很有效地达到两个可能的目的：（ⅰ）研究容器内处于平衡的气体分子的性质．例如，我们可以检验容器中分子的速度分布是否与麦克斯韦分布的预测一致．（ⅱ）为了考察原子或核的基本性质，研究基本上孤立的分子或原子的性质可能是有意义的．几次诺贝尔获奖也表明了这一技术的丰硕成果．我们只要回顾一下发现电子自旋和伴随的电子磁矩的斯特恩-盖拉赫实验，导致核磁矩精确测量的拉比及其合作者的实验以及帮助我们对电磁相互作用量子理论取得近代理解的库什（Kusch）和兰姆（Lamb）实验等㊀.

孔的尺寸 D 必须小到什么程度才能使容器内的气体的平衡受到的扰动可以忽略？孔必须充分小，使得小孔周围的分子（这些分子经小孔逃出）不致明显地影响存留下来的数量很大的分子．如果在分子通过小孔附近的时间内，该分子几乎不受到其他分子的碰撞，这个条件就得到满足．若分子的平均速率为 $\bar{v}$，则分子花在小孔附近的时间为 $D/\bar{v}$ 的数量级．另一方面，若 l 表示气体中分子的平均自由程㊁，则一个分子与其他分子接连两次碰撞的时间间隔为 $l/\bar{v}$ 的数量级．因此前面的条件就等价于

$$D/\bar{v} \ll l/\bar{v}$$

或

$$D \ll l. \tag{6.38}$$

如果这个条件被满足，容器内的分子基本上保持平衡（尽管它的总数缓慢地衰减），分子通过孔的逃逸就被称为泻流.

［注］

如果 $D \gg l$，从而分子在小孔附近彼此频繁地碰撞，情况就很不相同．当某些分子从孔中挣脱出来时（如图 6.10 所示），它们后面的分子就受到明显的影响，它们不再与右边的刚从孔中飞出的分子相撞，但仍然受到左边分子的频繁碰撞．这些碰撞使孔附近的分子经受没

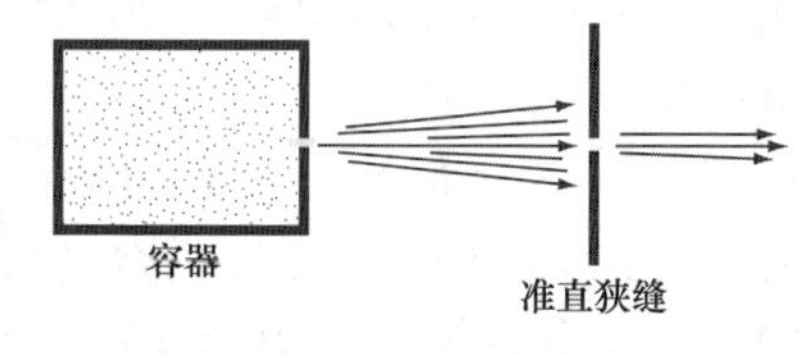

图 6.10　分子经容器小孔逃逸而形成分子束

㊀ O. R. Frisch, *Sci. American*, vol. 212, p. 58.（May, 1965）是讲述分子束实验的很好且容易阅读的评论.

㊁ 正如 1.6 节所讨论的，平均自由程定义为气体中一个分子与其他分子碰撞前所移动的平均距离.

有平衡的向右的力，于是获得一个指向孔方向的净速度. 因而这些分子成群地一道运动，类似于水通过水池小孔的流动. 这种情况，不是泻流而是流体动力学的流动.

如果孔足够小，使条件（6.38）得到满足，气体的平衡就不会因为孔的存在而受到任何可察觉的影响. 这样，单位时间通过孔逃逸的平均分子数 $\mathscr{F}_0$ 就等于未曾有孔时单位时间内打击到现在为孔所占的那个面积上的平均分子数. 因此 $\mathscr{F}_0$ 直接由1.6节所得的近似表示（1.18）给出，即㊀

$$\mathscr{F}_0 \approx \frac{1}{6} n\bar{v}. \tag{6.39}$$

其中 n 是单位体积内的平均分子数，$\bar{v}$ 是平均速率. 如果只注意速率在 v 和 $v+\mathrm{d}v$ 之间的那些分子，仿照式（6.39），单位时间内通过小孔逃逸的这种分子平均数目 $\mathscr{F}(v)\mathrm{d}v$ 近似地由下式给出：

$$\mathscr{F}(v)\mathrm{d}v \approx \frac{1}{6}[F(v)\mathrm{d}v]v. \tag{6.40}$$

其中，$F(v)$ 表示速率在 v 和 $v+\mathrm{d}v$ 之间的平均分子数. 用麦克斯韦速率分布，即式（6.30），得下面的比例式：

$$\mathscr{F}(v)\mathrm{d}v \propto v^3 \mathrm{e}^{-\frac{1}{2}\beta m v^2}. \tag{6.41}$$

式（6.40）中最后一个因子 v 仅表示这个事实：较快分子比较慢分子有更多的机会通过孔逃逸出去.

测量从容器小孔射出的分子束中各种速率的相对分子数，我们就可以检验式（6.41）的预言并从而检验作为它的基础的麦克斯韦分布. 为达到此目的的实验装置如图6.11所示，这里，银在一个炉里被加热以产生银（Ag）原子气体，通过狭缝射出的一些银原子形成原子束. 在原子束的前方放置一个带有一条狭缝并迅速绕轴旋转的中空圆筒. 当Ag原子进入圆筒的狭缝时，它们到达圆筒对面所需要的时间不同，较快的原子比较慢的原子需要的时间少. 这样，因为圆筒旋转，不同速率的Ag原子将打在圆筒内表面的不同地方，同时粘在上面. 随后，测量沿着圆筒内表面距离不同的点上沉积的银层厚度，因而就提供了原子速度分布的量度.

测量速度分布的一个更精确的方法是采用能挑选出有特定速度分子的装置（见图6.12）. 这个方法与斐索（Fizeau）测量光速所用的齿轮法很相似. 在这一方法中，原子束从小孔射出并在仪器的另一端检测. 放在源与检测器之间的速度选择器，在最简单的情况下，由安装在同一轴上的两个圆盘所构成，该轴可以按照已知的角速度旋转，两个圆盘是一样的，每一个都有一个切进圆周的缝隙. 旋转圆盘的作用就像两个交替开关的快门，当圆盘适当调准并不旋转时，所有的分子都可以

㊀ 严格的计算给出的结果为 $\mathscr{F}_0 = \frac{1}{4} n\bar{v}$，而不是式（6.39）. 见附录A.4，那里有严格计算的讨论.

跨过两个圆盘的缝隙到达探测器．但当圆盘旋转时，通过第一个圆盘缝隙的分子，只有当它的速度使得分子从第一个圆盘飞到第二个圆盘的时间，等于圆盘旋转一周或旋转整数周㊀所需的时间时才能到达探测器．否则分子就打在第二个圆盘的实心部分而被阻止（见图 6.12）．因而圆盘以不同的角速度旋转就会让不同速率的分子到达探测器．因而每秒钟内到达探测器的相对分子数的测量就直接检验了分子的速度分布．麦克斯韦分布的正确性已为这些实验所证实．

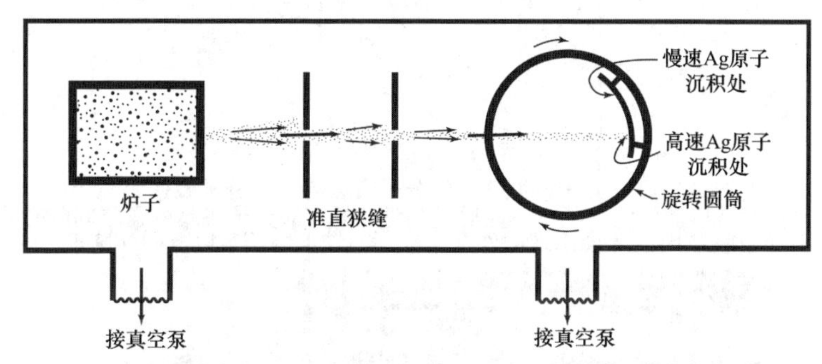

图 6.11　研究银（Ag）原子速度分布的分子束装置．
Ag 原子在撞击圆筒表面时黏着在圆筒表面上

泻流现象除了用于分子束以外还有各种实际应用．回到关系式（6.39），知道了气体绝对温度 T 和平均压强 $\bar{p}$ 就可以计算 n 和 $\bar{v}$．例如，理想气体的状态方程给出 $n=\bar{p}/kT$．并且，分子的平均速率 $\bar{v}$ 近似地等于它的最概然速率，即式（6.32），因而 $\bar{v}\propto\left(\frac{kT}{m}\right)^{\frac{1}{2}}$．所以由式（6.39）得

$$\mathscr{F}_0\propto\frac{\bar{p}}{\sqrt{mT}}. \tag{6.42}$$

可见泻流率 $\mathscr{F}_0$ 与分子的质量有关，这是因为较轻的分子比较重的分子有较大的平均速率，因而泻流得更快．这一特性可用作分离同位素的方法．假定一个容器用薄膜包裹起来，薄膜有极大量的微孔，分子可以通过这些小孔泻流．若容器外围为真空．在某一初始时刻容器充有两种同位素的气体混合物，此后容器内分子量较大的同位素将随时间的推移浓度不断增加．类似地，从周围真空中抽出来的气体中则较轻的同位素浓度较大．这种分离同位素的方法，实际上已是获得富集的 ^{235}U 的重要方法，^{235}U 是一种很易进行核裂变的同位素，因此对于核能反应堆的运转（或核武器制造）是极为重要的．通常的铀主要由同位素 ^{238}U 组成，但是采用室温时为气态的化合物六氟化铀（UF_6），我们就可以借泻流将较轻的 $^{235}UF_6$ 和较重的 $^{238}UF_6$ 分离开来．因为这两种分子的质量差别很小，为了显著地增加 ^{235}U 的浓度，泻流过程必须连续重复许多次．

㊀　实验上很容易区分相应于不同整数的观察结果．

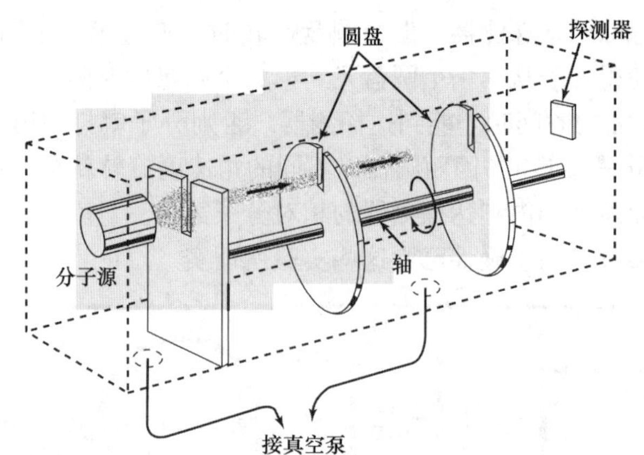

图 6.12　用速度选择器研究分子速度分布的分子束装置．当分子到达第二个圆盘时，这个圆盘的缝隙一般是移动到使分子束不能通过圆盘，只有对分子飞越两盘之间的时间正好为圆盘转一周（或整数周）才会出现例外（若在同一轴上装两个以上同样圆盘，效果更好）

图 6.13　用来研究氢分子及原子性质的现代分子束装置的照片
（本照片承蒙哈佛大学的诺曼 F．拉姆西教授惠允）

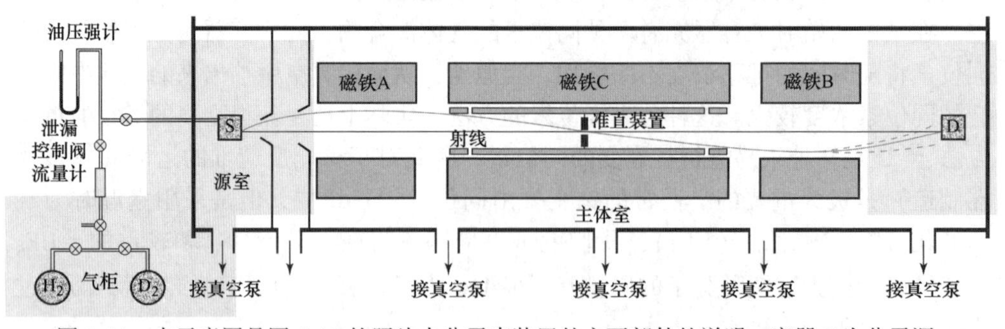

图 6.14　本示意图是图 6.13 的照片中分子束装置的主要部件的说明，容器 S 为分子源，D 表示检测到达装置另一端的分子的器件．由电磁铁 A 和 B 所产生的不均匀磁场使分子极微小的磁矩受力作用，以致沿着标明的路径偏离．实验检测在磁铁 C 的实验区域内作用于分子的射频辐射的效应

6.5　均分定理

经典形式的正则分布（6.10）是连续变量坐标和动量的函数，因而任意平均值的计算都可以归结为积分计算而不是分立值的求和. 在某些条件下体系的平均能量就可以用特别简单的方法计算.

为了明确起见，考虑用 f 个坐标 q_1，…，q_f 和 f 个相应的动量 p_1，…，p_f 作经典描述的任何体系. 那么能量 E 就是这些变量的函数，即 $E=E$（q_1，…，p_f）. 在大多数情况下，能量的形式是

$$E=\epsilon_i(p_i)+E'(q_1,\cdots,p_f), \tag{6.43}$$

其中 ϵ_i 是特定动量 p_i 的函数，而 E' 取决于所有的坐标和除 p_i 之外的动量. [例如，因为粒子的动能只与动量分量有关而势能只与位置有关，这样便可出现式（6.43）的函数形式.] 假定所考虑的体系与一个绝对温度为 T 的热库处于热平衡，那么式（6.43）中 ϵ_i 对能量平均值的贡献是多少呢?

发现体系坐标和动量在 {q_1，…，q_f；p_1，…，p_f} 附近区域内的概率由带常数 C 的正则分布（6.10）给出，常数 C 由式（6.11）确定. 按定义，ϵ_i 的平均值是对体系所有可能的态做出恰当的求和（或积分）得出的，即

$$\bar{\epsilon}_i=\frac{\int \mathrm{e}^{-\beta E(q_1,\cdots,p_f)}\epsilon_i\mathrm{d}q_1\cdots\mathrm{d}p_f}{\int \mathrm{e}^{-\beta E(q_1,\cdots,p_f)}\mathrm{d}q_1\cdots\mathrm{d}p_f}, \tag{6.44}$$

其中积分的范围是全部坐标 q_1，…，q_f 和动量 p_1，…，p_f 的所有各种可能值. 由式（6.43），式（6.44）化为

$$\bar{\varepsilon}_i=\frac{\int \mathrm{e}^{-\beta(\epsilon_i+E')}\cdot\epsilon_i\mathrm{d}q_1\cdots\mathrm{d}p_f}{\int \mathrm{e}^{-\beta(\epsilon_i+E')}\mathrm{d}q_1\cdots\mathrm{d}p_f}$$

$$=\frac{\int \mathrm{e}^{-\beta\epsilon_i}\epsilon_i\mathrm{d}p_i\int' \mathrm{e}^{-\beta E'}\mathrm{d}q_1\cdots\mathrm{d}p_f}{\int \mathrm{e}^{-\beta\epsilon_i}\mathrm{d}p_i\int' \mathrm{e}^{-\beta E'}\mathrm{d}q_1\cdots\mathrm{d}p_f}.$$

这里已应用指数函数的乘法性质. 后面的积分符号上的一撇是指这个积分遍及除 p_i 以外的所有坐标 q 和动量 p. 但因为分子中带一撇的积分和分母中一样，相消之后直接导出简单的结果：

$$\bar{\epsilon}_i=\frac{\int \mathrm{e}^{-\beta\epsilon_i}\cdot\epsilon_i\mathrm{d}p_i}{\int \mathrm{e}^{-\beta\epsilon_i}\mathrm{d}p_i}. \tag{6.45}$$

总之，因为 ϵ_i 只涉及变量 p_i，在计算 ϵ_i 平均值时就与所有其他变量无关.

利用这个分式的分子中积分与分母中的积分的关系，式（6.45）可以进一步简化. 这样，

$$\bar{\epsilon}_i = \frac{-\dfrac{\partial}{\partial \beta}\left(\displaystyle\int \mathrm{e}^{-\beta \epsilon_i} \mathrm{d}p_i\right)}{\displaystyle\int \mathrm{e}^{-\beta \epsilon_i} \mathrm{d}p_i},$$

即

$$\bar{\epsilon}_i = -\frac{\partial}{\partial \beta} \ln \left(\int_{-\infty}^{+\infty} \mathrm{e}^{-\beta \epsilon_i} \mathrm{d}p_i \right), \tag{6.46}$$

其中明显表示的积分限反映了动量 p_i 可以取 $-\infty$ 到 $+\infty$ 的各种许可值的事实.

现在考虑 ϵ_i 为 p_i 的二次函数的特殊情况，如 ϵ_i 表示动能就是这种情况. 总之，假定 ϵ_i 的形式为

$$\epsilon_i = b p_i^2, \tag{6.47}$$

其中 b 是某一常数. 那么式（6.46）中的积分成为

$$\int_{-\infty}^{+\infty} \mathrm{e}^{-\beta \epsilon_i} \mathrm{d}p_i = \int_{-\infty}^{+\infty} \mathrm{e}^{-\beta b p_i^2} \mathrm{d}p_i = \beta^{-(1/2)} \cdot \int_{-\infty}^{+\infty} \mathrm{e}^{-b y^2} \mathrm{d}y.$$

这里引入了 $y \equiv \beta^{1/2} p_i$，因此

$$\ln \left(\int_{-\infty}^{+\infty} \mathrm{e}^{-\beta \epsilon_i} \mathrm{d}p_i \right) = -\frac{1}{2} \ln \beta + \ln \left(\int_{-\infty}^{+\infty} \mathrm{e}^{-b y^2} \mathrm{d}y \right).$$

但右边的积分完全不含 β，对式（6.46）求导数就得出

$$\bar{\epsilon}_i = -\frac{\partial}{\partial \beta}\left(-\frac{1}{2}\ln \beta\right) = \frac{1}{2\beta}$$

或

$$\boxed{\bar{\epsilon}_i = \frac{1}{2} kT.} \tag{6.48}$$

注意，虽然我们计算的出发点即式（6.44）包含很难对付的积分系列，但我们还是能够一个积分也不计算而获得最后的结果（6.48）.

如果式（6.43）和式（6.47）的函数形式相同，只包含坐标 q_i 而不含 p_i，则我们前面的整个论证完全相同，并且又会导出式（6.48）. 因此我们确立下面的普遍陈述，即所谓均分定理：

> 如果由经典统计力学描述的气体在绝对温度 T 时处于平衡，其能量的每一独立平方项的平均值等于 $\frac{1}{2}kT$. （6.48a）

6.6　均分定理的应用

单原子理想气体的比热容

这种气体中分子的能量就是它的动能（6.12），即

$$\epsilon = \frac{1}{2m}(p_x^2 + p_y^2 + p_z^2) \ . \tag{6.49}$$

由均分定理，这一表示式三项中每一项的平均值都等于$\frac{1}{2}kT$，因此直接导出

$$\bar{\epsilon} = \frac{3}{2}kT. \tag{6.50}$$

因为1mol气体的分子数为阿伏伽德罗常数N_A，因此这种气体的平均能量就为每摩尔

$$\bar{E} = N_A\left(\frac{3}{2}kT\right) = \frac{3}{2}RT, \tag{6.51}$$

其中$R \equiv N_A k$是摩尔气体常数. 由式（5.23），等容摩尔热容因而就等于

$$c_V = \left(\frac{\partial \bar{E}}{\partial T}\right)_V = \frac{3}{2}R. \tag{6.52}$$

这一结果和以前应用量子力学的推论于充分稀薄（而为理想的）和非简并气体时所得到的式（5.26）相符合[⊖].

任何气体中分子的动能

考虑任何气体，不一定是理想的. 那么任何质量为m的分子的能量可以写成如下形式：

$$\epsilon = \epsilon^{(k)} + \epsilon', \text{其中 } \epsilon^{(k)} = \frac{1}{2m}(p_x^2 + p_y^2 + p_z^2).$$

第一项$\epsilon^{(k)}$是分子的动能，取决于分子质心的动量分量p_x、p_y和p_z. ϵ'项可能包含分子质心的位置（如分子置于外力场中或与其他分子有相互作用）；还可能包含描述分子中的原子相对于质心转动或振动的坐标和动量（如分子是非单原子的），但不包含质心动量$\boldsymbol{p}$. 因此均分定理允许我们直接得出结论：

$$\overline{\frac{1}{2m}p_x^2} = \overline{\frac{1}{2}mv_x^2} = \frac{1}{2}kT, \tag{6.53}$$

或

$$\overline{v_x^2} = \frac{kT}{m}. \tag{6.54}$$

既然根据对称性，正如式（6.26）中早已叙述过的，$\bar{v}_x = 0$；结果（6.54）也代表了速度分量v_x的弥散$\overline{(\Delta v_x)^2}$. 那么对动能$\epsilon^{(k)}$的3个平方项求平均值，正如式（6.50）一样可得结果：

$$\overline{\epsilon^{(k)}} = \frac{3}{2}kT \ . \tag{6.55}$$

布朗运动

考虑质量为m的宏观粒子（大约1μm大小）悬浮在绝对温度T的流体中. 这

⊖ 按照式（6.37），对充分稀薄的气体，量子效应的确是无关紧要的，因而经典结果和量子结果之间的一致性就在预料之中.

个粒子的能量又可以写成这种形式：

$$\epsilon = \frac{1}{2m}(p_x^2 + p_y^2 + p_z^2) + \epsilon'.$$

这里第一项是与粒子质心运动的速度 $\boldsymbol{v}$ 或动量 $\boldsymbol{p} = m\boldsymbol{v}$ 有关的动能，而 ϵ' 是与粒子的所有原子相对于质心运动相联系的能量．于是均分定理又导致结果（6.53）和（6.54），从而

$$\overline{v_x^2} = \frac{kT}{m}. \tag{6.56}$$

既然根据对称性平均值 $\bar{v}_x = 0$，式（6.56）立即给出速度分量 v_x 的弥散．这样，式（6.56）就直接说明粒子不是简单地保持静止而必定始终呈现出一个涨落着的速度．因而1.4节所讨论的布朗运动现象就是我们理论的直接结果．定量的陈述式（6.56）清楚说明，如果粒子的质量 m 足够大，涨落就变得如此之小以致观察不到．

谐振子

考虑质量为 m 的粒子作一维简谐振动．其能量由下式给出：

$$\epsilon = \frac{1}{2m}p_x^2 + \frac{1}{2}\alpha x^2. \tag{6.57}$$

其中第一项是粒子的动能，它的动量由 p_x 表示．如果粒子的位移 x 产生回复力 $-\alpha x$，第二项就是它的势能，α 是一个常数（称为弹性系数）．假定振子与温度 T 足够高的热库处于平衡，从而振子可以用经典力学描述：那么均分定理，即式（6.48）就可以直接应用于式（6.57）中的每一平方项，给出振子的平均能量为

$$\bar{\epsilon} = \frac{1}{2}kT + \frac{1}{2}kT = kT. \tag{6.58}$$

6.7　固体的比热容

作为均分定理的最后一个应用，我们将讨论温度足够高从而使经典描述有效时固体的比热．因此考虑任何由 N 个原子组成的简单固体，这种固体可以是铜、金、铝或金刚石．由于近邻原子间的相互作用力，固体的力学稳定平衡的情况是这样一种情况：它的原子固定在有规则的晶格位置上．当然，当原子确实固定在它的平衡位置时，使原子回复到平衡位置的力（由于近邻原子的作用）就等于零．既然原子离开平衡位置的位移总是非常微小的，在一级近似下，回复力必定就是正比于原子位移．因此这种近似（通常是极好的近似）意味着原子在它的平衡位置附近作三维简谐运动．

如果适当选择 x，y，z 坐标轴的取向，一个原子沿任何一根轴（比如说 x 方向）的运动就是一个简谐运动，其有关能量为式（6.57）的形式：

$$\epsilon_x = \frac{1}{2m} p_x^2 + \frac{1}{2} \alpha x^2. \tag{6.59}$$

其中 p_x 表示原子动量的 x 分量，而 x 表示原子离开平衡位置位移的 x 分量．在式（6.59）的写法中，我们已假定原子具有质量为 m 并受到弹性系数为 α 的回复力的作用．因此，原子沿着 x 方向振动的（角）频率就由下式给出：

$$\omega = \sqrt{\frac{\alpha}{m}}. \tag{6.60}$$

类似的表达式对 ϵ_y 和 ϵ_z 都有效，ϵ_y 和 ϵ_z 是与原子沿 y 和 z 方向运动有关的能量；因而原子总能量的形式为

$$\epsilon = \epsilon_x + \epsilon_y + \epsilon_z. \tag{6.61}$$

如果固体在绝对温度 T 时处于平衡，这个温度 T 足够高使得经典统计力学的近似是有效的，均分定理就直接适用于式（6.59）的每一个平方项．因而 ϵ_x 的平均值就是

$$\bar{\epsilon}_x = \frac{1}{2} kT + \frac{1}{2} kT = kT. \tag{6.62}$$

类似地，$\bar{\epsilon}_y = \bar{\epsilon}_z = kT$．因此按式(6.61)，一个原子的平均能量为

$$\bar{\varepsilon} = 3kT.$$

1mol 固体中的原子数为阿伏伽德罗常数 N_A，其平均能量就是

$$\bar{E} = 3N_A kT = 3RT, \tag{6.63}$$

其中 $R = N_A k$ 是气体常数．于是按照式（5.23），固体的等容摩尔热容 c_V 就为

$$c_V = \left(\frac{\partial \bar{E}}{\partial T} \right)_V$$

或

$$\boxed{c_V = 3R.} \tag{6.64}$$

采用式（5.4）中 R 的数值，得出[㊀]

$$c_V \approx 25 \text{J} \cdot \text{mol}^{-1} \cdot \text{K}^{-1}. \tag{6.65}$$

要注意，所得结果（6.64）是极其普适的．它完全与原子质量或弹性系数 α 的数值无关，即使固体包含有多种不同质量或有多种不同弹性系数的原子，结果（6.64）仍然保持为正确．即使固体不是各向同性的，一个原子沿不同方向的回复力有不同的数值，并且 x、y 和 z 方向的弹性系数也相应不同；但每个原子平均能量的数值还是 $3RT$，结果（6.64）仍然有效．的确，对固体中所有原子同时发生振动的严格分析表明，用单个原子的个别运动来描述是不完全的，而且简谐运动实在是由不同大小的一起运动的原子群所实现的[㊁]．但是因为结果（6.64）与质量和弹性系数无关，它还是保持正确．对结果（6.64）的唯一的限定是温度要足够高，从而经典近似有效．因此结果（6.64）断定：

㊀ 用 cal 表示，$c_V \approx 6 \text{cal} \cdot \text{mol}^{-1} \cdot \text{K}^{-1}$．

㊁ 即由固体的简正模式实现的．

$$\boxed{\text{在足够高的温度下所有固体的摩尔热容 } c_V \text{ 相同并与温度无关，它等于 } 3R.} \tag{6.66}$$

我们很快会看到，在大多数固体的情况下（金刚石是突出的例外），对于经典近似的有效性来说，室温已是足够高的温度.

历史上，表述（6.66）的正确性首先是从实验中发现的，就是熟知的所谓杜隆-珀蒂（Dulong-Petit）定律. 表6.1列出了直接测量到的室温下一些固体摩尔热容 c_p（在恒定压力下）的数值. 摩尔热容 c_V（在恒定体积下）的数值可以从相应的 c_p 值作一些小修正[⊖]来得出. 总的看来表中所列的 c_V 值与经典理论所预告的数值，即式（6.65）符合得相当好，但是在硅，尤其是金刚石的情况下会出现严重的差异. 其理由是对这些固体即使温度高到300K，量子效应还是重要的.

表6.1　某些简单固体在温度 $T=298$K 时等压摩尔热容 c_p 和等容摩尔热容 c_V 值. c_p 的数值是直接测量的，c_V 值是经过某些小修正从 c_p 推算出来的. 所有的数值都用 $\mathrm{J \cdot K^{-1} \cdot mol^{-1}}$ 表示［数据引自 Dwight E. Gray（ed），*American Institute of Physics Handbook*，2d ed. p4-48（McGraw-Hill Book Company，New York，1963）.］

固　体	c_p	c_V
铝	24.4	23.4
铋	25.6	25.3
镉	26.0	24.6
碳（金刚石）	6.1	6.1
铜	24.5	23.8
锗	23.4	23.3
金	25.4	24.5
铅	26.8	24.8
铂	25.9	25.4
硅	19.8	19.8
银	25.5	24.4
钠	28.2	25.6
锡（金属）	26.4	25.4
镍	24.4	24.4

经典近似的有效性

那么，在什么样的情况下前面的经典讨论是有效的呢？判据仍旧由条件（6.3）提供. 考虑这样一个振动的原子，与 x 方向的运动相联系的能量为 ϵ_x. 于是，利用式（6.59）的均分定理，原子动量 p_x 就满足

⊖ 在恒定大气压下让固体的体积微小地变化来测量固体的比热是很容易做到的，但要设计一个实验装置使固体温度上升时体积不膨胀却是极困难的. 既然温度变化只引起固体体积的微小变化，c_p 和 c_V 之间的差别无论如何也是很小的. 它容易从所考虑的特定固体的已知宏观性质来计算.

$$\frac{1}{2m}\overline{p_x^2}=\frac{1}{2}kT.$$

因而一个原子的动量就有数量级为

$$p_0\approx\sqrt{\overline{p_x^2}}\approx\sqrt{mkT}\tag{6.67}$$

的特征值 p_0. 为了保证经典描述的有效性，量子效应不应当限制我们在原子振荡的平均振幅数量级的距离 s_0 之内定位这个原子. 但是均分定理应用于式（6.59）给出

$$\frac{1}{2}\alpha\overline{x^2}=\frac{1}{2}kT.$$

因而原子位移的典型数值 s_0 的数量级为

$$s_0\approx\sqrt{\overline{x^2}}\approx\sqrt{\frac{kT}{\alpha}}.\tag{6.68}$$

因此可以忽略海森伯测不准原理的条件（6.3）就化为

$$s_0p_0\approx kT\sqrt{\frac{m}{\alpha}}>>\hbar$$

或

$$\boxed{kT>>\hbar\omega,}\tag{6.69}$$

根据式（6.60），其中 ω 是固体中原子振动的特征角频率. 等价地，经典近似有效性的判据（6.69）可以写成如下形式：

$$T>>\Theta,\tag{6.70}$$

其中 $\Theta=\frac{\hbar\omega}{k}$是一个温度参量，它是所考虑的固体的特征.

【数值估计】

原子振动频率 ω 的数值可以从所考虑固体的弹性性质估计出来.

例如，假定将一微小的压力 Δp 作用在固体上[⊖]；结果，固体的体积将减小某一个微小的量 ΔV. 量 κ 被定义为

$$\kappa\equiv-\frac{1}{V}\frac{\Delta V}{\Delta p}\tag{6.71}$$

称为固体的压缩率（引进负号是为了使 κ 取正值）. 这是一个容易测量的量，它并且提供了若干关于固体中原子之间的力的信息.

然后我们尝试从压缩率 κ 推演出（当固体中一个原子移开其平衡位置时）作用在原子上的净力 F 的粗糙估计. 为简化起见，假想固体的原子定位于边长为 a 的立方体的中心，从而原子间的间距也等于 a. 一附加的压力 Δp 施加在固体的表面，因而就相当于一个力 $F=a^2\Delta p$ 施加在一个原子所占的面积 a^2 上（见图 6.15）.

⊖　符号 p 用作压强，同一符号在另外的地方也可用于表示动量，两者之间不要混淆.

再者，在附加压力 Δp 的影响下，固体体积变化率等于每个原子所占体积的变化率，从而

$$\Delta V/V=\Delta(a^3)/a^3=3a^2\Delta a/a^3=3\Delta a/a.$$

用压缩率的定义，即式（6.71），施加于一个原子的力 F 就通过下式与 Δa 相关：

$$F=a^2\Delta p=a^2\left(-\frac{1}{\kappa}\frac{\Delta V}{V}\right)=-\frac{a^2}{\kappa}\frac{3\Delta a}{a}$$

或

$$F=-\alpha\Delta a,$$

其中将力 F 和原子离开它的平衡位置的位移 Δa 联系起来的常数 α 由下式给出：

$$\alpha=\frac{3a}{\kappa}. \tag{6.72}$$

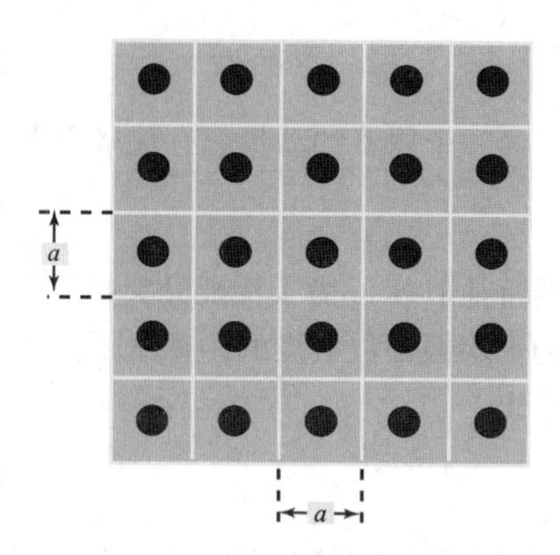

图6.15　原子按简单立方晶格排列的固体俯视图

对于假定固体中原子的晶格为立方晶格这种简单近似来说，固体中原子振动的估计频率，即式（6.60）近似为

$$\omega=\sqrt{\frac{\alpha}{\omega}}\approx\sqrt{\frac{3a}{\kappa m}}. \tag{6.73}$$

为了得到一个有关数值的了解，我们来估计铜的 ω. 测量到该金属的参量如下[⊖]：

原子量　　$\mu=63.5$,

密度　　$\rho=8950\text{kg}\cdot\text{m}^{-3}$,

压缩率　　$\kappa=7.3\times10^{-12}\text{m}^2\cdot\text{N}^{-1}$.

从这些数字我们求出原子质量为

$$m=\frac{\mu}{N_A}=63.5/(6.02\times10^{23})=1.05\times10^{-25}\text{kg}.$$

因为 $\rho=m/a^3$，原子间距离等于

$$a=\left(\frac{m}{\rho}\right)^{1/3}=\left(\frac{1.05\times10^{-25}}{8950}\right)^{1/3}=2.34\times10^{-10}\text{m}.$$

因此式（6.73）给出的振动角频率为

$$\omega\approx\left[\frac{3(2.34\times10^{-10})}{(7.3\times10^{-12})(1.05\times10^{-25})}\right]^{1/2}=3.02\times10^{13}\text{rad/s},$$

或相应的频率为

$$\nu=\frac{\omega}{2\pi}=4.8\times10^{12}\text{r/s}. \tag{6.74}$$

这是一个位于电磁频谱红外区域的频率.

因而式（6.70）中定义的特征温度等于

⊖　数据取自 Dwight E. Gray（ed.），*American Institute of Physics Handbook*，2d ed.（McGraw-Hill Book Company，New York，1963）.

$$\Theta \equiv \frac{\hbar\omega}{k} = \frac{(1.054\times10^{-34})(3.02\times10^{13})}{(1.38\times10^{-23})} \approx 230\mathrm{K}. \tag{6.75}$$

因此对于铜来说，只要 $T \gg 230\mathrm{K}$，经典结果 $c_V = 3R$ 就将是正确的；即在室温的数量级或更高的温度，经典结果开始有相当的精度.

另一方面，我们来考虑诸如金刚石这样的固体. 其碳原子的原子量是12，即大约比铜原子小4倍，再者金刚石是一种很硬的固体，从而它的压缩率很小，大约是铜的1/3($\kappa = 2.26\times10^{-12}\mathrm{m}^2\cdot\mathrm{N}^{-1}$). 这样，按式（6.73），金刚石中碳原子的振动频率 ω 就比金属铜中的铜原子高得多. 更精确一点，对金刚石（密度 $\rho = 3520\mathrm{kg}\cdot\mathrm{m}^{-3}$）估计的温度参量 $\Theta = 830\mathrm{K}$. 所以室温时对金刚石不能期望经典近似能适用，表6.1中金刚石的 c_V 值很低就毫不奇怪了.

很明显，在条件（6.69）不再满足的低温下，经典的结果 $c_V = 3R$ 必然会遭到破坏. 的确，从极为普遍的结果（5.32）可以得知：随着温度降到条件（6.69）的有效范围以下，比热容 c_V 必定同时减小，以致 $T\to0$ 时趋向于零. 任何一个正确的量子力学计算必须给出这个极限结果. 如果认为固体中每一个原子都以相同的频率 ω 振动，比热容 c_V 的量子力学计算可以容易地完成，它给出对所有温度都正确的 c_V 的近似表达式. 其细节留作本章的习题6.21.

定义摘要

相空间　为多维的笛卡儿空间，其轴表示经典力学中描述一个体系的所有坐标和动量. 空间中的一点确定体系的所有坐标和动量.

麦克斯韦速度分布　是一个给出绝对温度为 T 时气体中速度在 $\boldsymbol{v}$ 和 $\boldsymbol{v}+\mathrm{d}\boldsymbol{v}$ 之间平均分子数的表示式

$$f(\boldsymbol{v})\,\mathrm{d}^3\boldsymbol{v} \propto \mathrm{e}^{-(1/2)\beta mv^2}\mathrm{d}^3\boldsymbol{v}.$$

它只是正则分布的一个特例.

泻流　指分子通过大小比分子平均自由程小得多的小孔从容器流出的现象.

重要关系式

如果一个经典描述的体系在绝对温度 T 时处于平衡，则能量的每一独立平方项 ϵ_i 有平均值

$$\bar{\epsilon}_i = \frac{1}{2}kT.$$

建议的补充读物

O. R. Frisch，“Molecular Beams”，*Sci. American* **212**，58（May，1965）本文很好

地讨论了采用分子束研究有可能做的大量的基础性物理实验.

F. Reif. *Fundamentals of Statistical and Thermal Physics.* 第 7 章（McGraw-Hill Book Company，New York，1965）. 较为详细地讨论了本章中的有关问题.

F. W. Sears，*An Introduction to Thermodynamics*，*the Kinetic Theory of Gases*，*and Statistical Mechanics*，2nd ed. 第 11 至 12 章，（Addison-Wesley Publishing Company，Inc.，Reading，Mass. 1953）.

D. K. C，MacDonald，*Faraday*，*Maxwell*，*and kelvin*（Anchor Books，Doubleday & Comypany，Inc.，Garden City，N. Y.，1964）. 本书有麦克斯韦生平和科学业绩的简单介绍.

习　题

6.1　经典谐振子的相空间

位置坐标为 x 动量为 p 的一维谐振子，能量由下式给出：

$$E = \frac{1}{2m}p^2 + \frac{1}{2}\alpha x^2,$$

右边第一项为动能，第二项为势能. 这里 m 表示振动粒子的质量，α 是作用在粒子上的恢复力的弹性系数.

考虑这种振子的系综，已知每个振子的能量在 E 和 $E+\delta E$ 之间. 讨论经典的情况，试在二维的 xp 相空间中表示出振子可到达态的区域.

6.2　重力场中的理想气体

绝对温度为 T 的理想气体在向下（$-z$）方向加速度 g 所描述的引力场中处于平衡. 每个分子的质量是 m.

（a）用经典形式的正则分布求分子位置在 $\boldsymbol{r}$ 和 $\boldsymbol{r}+\mathrm{d}\boldsymbol{r}$ 之间，动量在 $\boldsymbol{p}$ 和 $\boldsymbol{p}+\mathrm{d}\boldsymbol{p}$ 之间的概率 $\mathscr{P}(\boldsymbol{r},\boldsymbol{p})\mathrm{d}^3\boldsymbol{r}\mathrm{d}^3\boldsymbol{p}$.

（b）求（包括一个普通的比例常数）分子有 $\boldsymbol{v}$ 和 $\boldsymbol{v}+\mathrm{d}\boldsymbol{v}$ 之间的速度而不论它在空间的位置的概率 $\mathscr{P}'(\boldsymbol{v})\mathrm{d}^3\boldsymbol{v}$. 将此结果与无重力场存在时的相应结果作比较.

（c）求（包括一个无关紧要的比例常数）分子位于 z 和 $z+\mathrm{d}z$ 之间的高度内的概率 $\mathscr{P}''(z)\mathrm{d}z$，（不论其速度也不论其在任一水平面内的位置）.

6.3　重力场中理想气体的宏观讨论

从完全宏观的观点来考虑前一题中的理想气体. 写出位于高度 z 和 $z+\mathrm{d}z$ 之间一层气体的力学平衡条件，并用态方程（4.92）推导高度为 z 处单位体积内分子数

$n(z)$ 的表达式. 将此结果与前一题根据统计力学所得的 $\mathscr{P}''(z)\,dz$ 作比较.

6.4　电子在圆柱形电场中的空间分布

一半径为 r_0 的导线与长为 L，半径为 R 的金属圆筒的轴相重合. 导线相对于圆筒维持为 V（单位：V）的正电势. 整个体系处于某一绝对温度 T. 结果从热金属发射的电子形成稀薄的气体，充满圆筒容器并与该容器处于平衡. 这些电子的密度很低，它们之间的静电相互作用可以忽略.

（a）用高斯定理得出离导线径向距离 r 处（$r_0<r<R$）的静电场的表达式. 可以认为圆筒长度 L 很长，从而端点效应可以忽略.

（b）在热平衡时，电子形成密度可变的气体，它充满导线和圆筒之间的空间，用（a）的结果求出单位体积的电子数 n 与径向距离 r 的关系.

（c）给出近似的判据，确定温度 T 必须多低，电子密度才小到足以使略去电子间静电相互作用的近似是合理的.

6.5　用超速离心机确定大分子的重量

考虑一个大分子（分子量为几百万的极大的分子）沉浸在绝对温度 T，密度 ρ 的不可压缩流体中. 一个这种分子所占的体积可以认为是已知的，因为 1mol 的大分子所占体积可以通过大分子溶液体积的测量来确定. 现在将这种稀薄的溶液置于以很高的角速度 ω 旋转的超速离心机中. 在随离心机旋转的参考系中，任何一个相对于该参考系静止的质量为 m 的粒子因而就受到一个向外的离心力 $m\omega^2 r$ 的作用，其中 r 表示粒子离开旋转轴的距离.

（a）如果将周围液体的浮力作用考虑进去，在这个参考系中作用在一个质量为 m 的大分子上的净力是多少？

（b）假定在这个参考系中已达到平衡，从而位于离旋转轴距离在 r 和 $r+dr$ 之间的平均大分子数 $n(r)\,dr$（单位体积）与时间无关. 应用正则分布求出作为 r 函数的数目 $n(r)\,dr$（包括一个比例常数）.

（c）要测量作为 r 函数的相对分子数 $n(r)$，可以先测出溶液的光吸收而得到. 说明怎么能用这种测量推导出大分子的质量.

*6.6　在非均匀磁场中磁性原子的空间距离

室温为 T 的水溶液中含有微小浓度的磁性原子，每个磁性原子的自旋为 1/2，磁矩为 μ_0. 这一溶液被置于外磁场中. 磁场的大小在溶液体积内是不均匀的. 为了具体明确，假设这个磁场 B 的 z 分量是 z 的均匀递增的函数，它在溶液底部 $z=z_1$ 处取值 B_1，在顶部 $z=z_2$ 处取一个较大的值 B_2.

（a）以 $n_+(z)$ 表示位于 z 和 $z+dz$ 之间磁矩方向沿 z 的平均磁性原子数. 求出比值 $n_+(z_2)/n_+(z_1)$.

（b）以$n(z)\mathrm{d}z$表示位于z和$z+\mathrm{d}z$之间的总的平均磁性原子数（磁矩沿两个方向取向）. 求出比值$n(z_2)/n(z_1)$；它是小于、等于还是大于1？

（c）应用$\mu_0 B \ll kT$的事实简化前面两个问题中的答案.

（d）估算室温时比值$n(z_2)/n(z_1)$的数值，设$\mu_0 \approx 10^{-23}\mathrm{J/T}$是玻尔磁子的数量级，$B_1=0$，$B_2=5\mathrm{T}$.

6.7　气体中分子的最概然能量

由麦克斯韦速度分布描述的一个分子的最概然动能$\tilde{\epsilon}$是什么？它等于$\frac{1}{2}m\tilde{v}^2$吗？$\tilde{v}$为分子的最概然速率.

6.8　泻流与温度的关系

密闭在一容器内的气体分子通过小孔流入周围真空中，假定容器内气体的绝对温度加倍而其压力维持恒定（见图6.16）.

（a）每秒钟通过小孔逃逸的分子数按什么比例变化？

（b）悬挂在小孔前方某个距离的风标所受的力按什么比例变化？

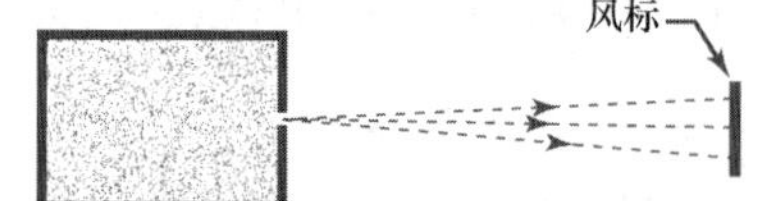

图6.16　冲击风标上的泻流束

6.9　泻流分子的平均动能

一个单原子理想气体的分子由于泻流，穿过包壳壁上的一小孔而逃逸，包壳保持在绝对温度T_0. 根据物理上的推理（不作实际计算），你预期泻流束中的一个分子的平均动能等于、大于还是小于器壁内分子的平均动能$\tilde{\epsilon}_i$？

6.10　有微量泄漏的气体容器中的压强下降

一体积为V的薄壁容器，保持恒定温度T，装有气体，气体通过一面积为A的小孔缓慢地泄漏. 外面的压强足够低，从而反向漏入容器的气体可以忽略不计. 估计容器内的压力减小到起始值一半所需的时间. 将答案用A，V和分子平均速率$\bar{v}$表示出来.

6.11　低温抽气

气体可以通过降低某一部分器壁温度的办法抽离容器. 这是一个获得许多物理实验所需的高真空所常用的方法. 为了说明这个方法的原理，考虑一个半径0.1m的球形泡，除$10^{-4}\mathrm{m}^2$的小块保持在液氮温度（77K）外，泡的其他部分保持在室温（300K），泡包含有初始压强为0.1mmHg的水蒸气. 假定每个水分

子击打在这块冷的面积上时就冷凝并附着在表面，估计压强下降到 10^{-6}mmHg 所需的时间.

6.12　用泻流分离同位素

一容器有疏松的器壁，它含有极大量的小孔. 气体分子可以因泻流而通过这些小孔并被抽入某一收集箱内. 这个容器充满由两种分子组成的稀薄气体. 由于同种原子包含两种不同的同位素，这两种分子有不同的质量 m_1 和 m_2. 我们以 c_1 表示容器内第一种分子的浓度，c_2 表示第二种分子的浓度.（浓度 c_i 是第 i 种分子的数目与总分子数之比）. 容器中的这些浓度可以保持恒定，办法是用稳定的新鲜气体流来补充，即补充任何被泻流了的气体.

（a）以 c'_1 和 c'_2 表示在收集箱内两种分子的浓度. 求比值 c'_2/c'_1.

（b）采用 UF_6 气体，我们可以尝试从 ^{238}U 中分离出 ^{235}U，其中 ^{235}U 早先是核裂变反应中常用的同位素. 因而容器中的分子是 $^{238}U^{19}F_6$ 和 $^{235}U^{19}F_6$. 这两种分子相当于铀的天然丰富的两种同位素，它们的丰度是 $c_{238}=99.3\%$ 和 $c_{235}=0.7\%$. 计算泻流后收集的分子相应的比率 c'_{235}/c'_{238}. 用初始浓度比 c_{235}/c_{238} 表示这一结果.

6.13　泻流引起的浓度变化

容器有一壁是含有许多小孔的薄膜. 如果充以某种适度的压强的气体，这种气体将因泻流而逃逸到容器周围的真空. 当容器在室温下充满氦（He）气而使得压强为 $\bar{p}$ 时，发现 1h 后压力将下降到 $\frac{1}{2}\bar{p}$.

假定容器在室温下充满总压强为 $\bar{p}$ 的氦（He）氖（Ne）混合物，两种气体的原子浓度都是 50%（即 50% 的原子是 He，50% 的原子是 Ne）. 1h 后 Ne、He 原子浓度比率 n_{Ne}/n_{He} 是什么？用氖和氦的原子量 μ_{Ne}、μ_{He} 表示你的结果.

6.14　气体中一个分子的平均值的计算

多分子气体，每个分子质量为 m，在绝对温度 T 下达到平衡. 以 $\boldsymbol{v}$ 表示分子速度. 试求下列平均值：

（a）$\overline{v_x}$，

（b）$\overline{v_x^2}$，

（c）$\overline{v^2 v_x}$

（d）$\overline{v_x^2 v_y}$，

（e）$\overline{(v_x+bv_y)^2}$，b 是常数.

（提示：对称性的论证和均分定理就足以回答所有这些问题，不需作任何深入的计算）.

6.15　谱线的多普勒加宽

多原子气体的每个原子质量为 m，在一容器内被维持在绝对温度 T. 原子发射的光通过（沿 x 方向）容器上的窗口，从而可用光谱仪观察到该光谱线. 静止的原子将发射出尖锐的频率为 ν_0 的光. 但由于多普勒效应，从一个速度的 x 分量为 v_x 的原子发出的光所观察到的频率并不是简单地等于频率 ν_0，而是近似地由下式给出：

$$\nu = \nu_0\left(1 + \frac{v_x}{c}\right),$$

其中 c 为光速. 结果，到达光谱仪的光不是全部都是在频率 ν_0 处，而是具有这样的特点，即在 ν 和 $\nu + d\nu$ 频率范围内的相对强度，按 $I(\nu)d\nu$ 的关系分布.

（a）计算在光谱仪上观察到的光的平均频率 $\overline{\nu}$.

（b）计算在光谱仪上观察到的光的频率弥散

$$\overline{(\Delta\nu)^2} = \overline{(\nu - \overline{\nu})^2}.$$

（c）说明如何根据对来自星体的谱线宽度 $\Delta\nu \equiv [\overline{(\Delta\nu)^2}]^{1/2}$ 的测量来确定星体的温度.

6.16　一个可滑动的单分子吸附层的比热容

如果某一固体表面维持一适当的高真空，在这个表面上可以形成一个分子直径厚的单分子层（因而就说这些分子被吸附在该表面）. 这些分子是由于固体的原子施加于它们的力被吸附在固体表面的，但是它们可以在这个表面的二维之内完全自由地移动. 因此，作为一个极好的近似，它们组成经典的二维气体. 如果分子是单原子的，绝对温度是 T，这样，吸附在固定尺寸的表面上的摩尔比热容是什么？

6.17　金属电阻率与温度的关系

金属的电阻率 ρ 正比于电子被晶格中原子振动所散射的概率，而这个概率又与这些振动的均方振幅成正比. 在接近室温或室温以上的范围内，可用经典统计力学有效地讨论金属的原子振动，那么金属的电阻率 ρ 与绝对温度的关系如何？

6.18　测量重量的理论极限精度

一极灵敏的弹簧秤由悬挂在一固定支架上的石英弹簧组成. 弹性常数为 α，即如果弹簧伸长一定量 x，弹簧的回复力是 $-\alpha x$. 秤在绝对温度 T 时置于重力加速度为 g 的地方.

（a）如将质量为 M 的极微小物体挂在弹簧上，所产生的弹簧平均伸长 $\overline{x}$ 是多少？

（b）物体在其平衡位置附近热涨落的大小 $\overline{(\Delta x)^2} \equiv \overline{(x - \overline{x})^2}$ 是什么？

（c）当涨落大到 $[\overline{(\Delta x)^2}]^{1/2} \gtrsim \overline{x}$ 时，测量一个物体的质量就成为不可能. 用

这种秤可以测量的最小质量 M 是多少？

6.19 非谐振子比热容

考虑一维振子（非简谐的），由位置坐标 x 和动量 p 描述，其能量由下式给出：

$$\varepsilon = \frac{p^2}{2m} + bx^4, \tag{i}$$

右边第一项是动能，第二项是势能．其中 m 表示振子的质量，b 为某一常数．假定这一振子与温度 T 足够高的热库处于热平衡，使得经典力学是一种很好的近似．

（a）这个振子的平均动能是什么？

（b）它的平均势能是什么？

（c）它的平均总能量是什么？

（d）考虑一弱相互作用粒子的系综，系综的每一个粒子都作一维振动从而能量由式（i）给出．这些粒子的等容摩尔热容是什么？

（提示：回答这些问题用不着做任何具体的积分运算）．

6.20 高度各向异性固体的比热容

考虑某一固体，它有高度各向异性的晶格结构．在这个结构中每个原子都可以看作三维简谐振动．平行于晶层方向的回复力很大；因此在晶层平面内 x 和 y 方向振动的固有频率都等于一个很大的数值 $\omega_{/\!/}$，使 $\hbar\omega_{/\!/} \gg 300k$，即远大于室温下的热能．另一方面，垂直于晶层的回复力非常微小；因此一个原子在垂直于晶层的 z 方向振动频率 $\omega_{\perp}$ 很小，使 $\hbar\omega_{\perp} \ll 300k$．根据这个模型，固体在300K时的摩尔比热容（等容）是什么？

6.21 固体比热的量子理论

为了用量子力学处理固体中原子的振动，把下述的模型用于简化的近似，即假定固体的每个原子以相同的角频率在三个方向的每一方向与其他原子互相独立地振动．因而 N 个原子组成的固体等价于 $3N$ 个以角频率 ω 振动的独立一维振子的系综．每一个这种振子的许可量子态有分立的能量

$$\epsilon_n = \left(n + \frac{1}{2}\right)\hbar\omega \tag{i}$$

其中量子数 n 可以取许可值 $n = 0, 1, 2, 3, \cdots$．

（a）假定固体在绝对温度 T 时处于平衡．用能级（i）和正则分布（如习题4.22所做的那样）计算一个振子的平均能量 $\bar{\epsilon}$，因而也就计算出固体中振动原子的平均总能量 $\bar{E} = N\bar{\epsilon}$．

（b）用（a）的结果，（如习题5.20所做的那样）计算固体的每摩尔热容 c_V．

（c）证明（b）的结果可以表示为如下形式：

$$c_V = 3R\frac{w^2 \cdot e^w}{(e^w - 1)^2}, \tag{ii}$$

其中
$$w \equiv \frac{\hbar\omega}{kT} = \frac{\Theta}{T}, \tag{iii}$$

且 $\Theta \equiv \hbar\omega/k$ 是以前在式（6.70）中定义的温度参量.

（d）证明 $T \gg \Theta$ 时结果（ⅱ）十分逼近经典结果 $c_V = 3R$.

（e）证明随 $T \to 0$，c_V 表达式（ⅱ）十分逼近零值.

（f）求 $T \ll \Theta$ 的极限情况下结果（ⅱ）的近似表达式.

（g）作出 c_V 为绝对温度 T 的函数的简图.

（h）应用判据（6.1）（即 $kT \leqslant \Delta E$ 时，经典描述不成立）. 求出低于什么温度时这里的经典近似就不适用. 试将你的结果与比热容的经典理论适用条件（6.69）相比较.

[爱因斯坦1907年用本题所做的近似，首先获得表达式（ⅱ），这样，他就能用新型的量子概念说明实验中观察到的根据经典理论不能解释的比热容].

第 7 章　一般热力学相互作用

第 7 章　一般热力学相互作用

到此为止我们主要研究了热相互作用. 为了完整，我们必须将已有的讨论稍加推广，以便包括宏观体系间任意相互作用的情况. 因此，下面两节我们将推广第 4 章的讨论，考虑相互作用体系的外参量可以变化时所发生的情况. 因而这个相互作用既包含热交换又包含做功. 通过对这个普遍情况的了解，我们就完成了发展我们的概念时所缺少的最后一环. 这样我们就获得了统计热力学理论的所有基本结果. 这个理论在物理学、化学、生物学和工程学中有多种多样的应用，它的作用很大. 这里只叙述几个重要的例证.

7.1　状态数与外参量的关系

考虑任何宏观体系，它由一个或多个外参量（例如体系的体积 V 或者所处的外磁场 B）表示其特性. 为简单起见，我们考虑这样的情况：这些外参量中只有一个可以自由地变化，称这个外参量为 x（推广到几个外参量的情况将是直截了当的事）. 这个体系在固定能量间隔 E 和 $E+\delta E$ 之间的量子态数 Ω 不仅仅取决于能量 E，而且也取决于外参量 x 所取的特定数值. 这样，我们就可以写出函数关系 $\Omega=\Omega(E,\ x)$. 我们的主要目的在于考察 Ω 如何随 x 而变.

每个量子态 r 的能量 E_r 取决于外参量 x 所取的数值，即 $E_r=E_r(x)$. 当外参量 x 的数值变化一无限小的量 $\mathrm{d}x$ 时，态 r 的能量 E_r 也相应地有一改变量：

$$\mathrm{d}E_r=\frac{\partial E_r}{\partial x}\cdot \mathrm{d}x=X_r\mathrm{d}x. \qquad (7.1)$$

其中我们已引进简便的缩写

$$X_r\equiv\frac{\partial E_r}{\partial x}. \qquad (7.2)$$

外参量的给定变化 $\mathrm{d}x$ 一般对不同的态将改变不同数量的能量，因此$\frac{\partial E_r}{\partial x}$的数值就与所考虑的特定态 r 有关. 于是，X_r 对不同的态可以取不同的值.

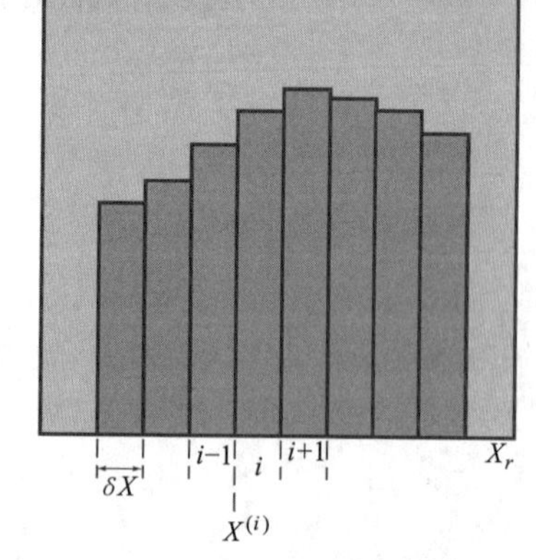

图 7.1　本图简略地说明 $X_r\equiv\partial E_r/\partial x$ 取 $X^{(i)}$ 和 $X^{(i)}+\delta X$ 之间数值的那些态的数目 $\Omega^{(i)}$ 是标定这些可能间隔的指标 i 的函数，$\Omega^{(i)}$ 对所有这些可能的间隔求和，就得到有关态（即那些外参量数值为 x，能量在 E 和 $E+\delta E$ 之间的态）的总数目 Ω（E，x）

为了便于思考，我们将 X_r 的许可值细分为有固定大小 δX 的许多微小间隔（见图 7.1）. 然后考虑外参量取值 x 时能量在 E 到 $E+\delta E$ 间的总状态数 $\Omega(E,\ x)$. 在

这些态中，我们首先注意 X_r 取位于特定间隔 $X^{(i)}$ 和 $X^{(i)}+\delta X$ 之间的数值的那些态的特定子集 $X^{(i)}$. 我们将以 $\Omega^{(i)}(E,\ x)$ 表示子集的状态数. 这些态有这样一个简单的性质：当外参量改变 dx 时，每个态的能量都改变一个几乎相同的数量 $X^{(i)}\,\mathrm{d}x$. 如果 $X^{(i)}$ 是正的，位于 E 下面的能量区域 $X^{(i)}\,\mathrm{d}x$ 范围内的这些态中每一个态的能量就将从小于 E 的值变到某个比 E 大的值（见图 7.2）. 因为单位能量范围内有 $\Omega^{(i)}/\delta E$ 个这样的态，在能量范围 $X^{(i)}\,\mathrm{d}x$ 内就有（$\Omega^{(i)}/\delta E$）（$X^{(i)}\,\mathrm{d}x$）个这样的态. 因此我们可以说：量

$\Gamma^{(i)}(E)\equiv$ 第 i 个子集的 $\Omega^{(i)}(E,x)$ 个态中，当外参量无限小地从 x 变到 $x+\mathrm{d}x$ 时，子集的数量从小于 E 的值变到大于 E 的值的那些态的数目.　　(7.3)

它就等于

$$\Gamma^{(i)}(E)=\frac{\Omega^{(i)}(E,x)}{\delta E}X^{(i)}\,\mathrm{d}x. \tag{7.4}$$

如果 $X^{(i)}$ 是负的，关系式（7.4）仍然有效，但 $\Gamma^{(i)}$ 是负的；即在这个情况下有 $-\Gamma^{(i)}$（正数）个态的能量从大于 E 变到小于 E 的值[⊖].

现在我们来考察一下，当外参量取值 x 时能量在 E 和 $E+\mathrm{d}E$ 之间的所有 $\Omega(E,\ x)$ 个态. 为了求出量

$\Gamma(E)\equiv$ 所有 $\Omega(E,x)$ 个态中当外参量从 x 变到 $x+\mathrm{d}x$ 时其能量从小于 E 的值变到大于 E 的值的总状态数.　　(7.5)

我们只需将式（7.4）对态的所有子集 i（即对所有 $\partial E_r/\partial x$ 的全部许可值的态）求和就行. 这样，我们有

$$\Gamma(E)=\sum_i\Gamma^{(i)}(E)=\left[\sum_i\Omega^{(i)}(E,x)X^{(i)}\right]\frac{\mathrm{d}x}{\delta E}$$

或

$$\Gamma(E)=\frac{\Omega(E,x)}{\delta E}\overline{X}\,\mathrm{d}x, \tag{7.6}$$

其中我们已使用定义

$$\overline{X}=\frac{1}{\Omega(E,x)}\sum_i\Omega^{(i)}(E,x)X^{(i)}. \tag{7.7}$$

这就是 X_r 对位于 E 和 $E+\delta E$ 之间的所有态 r 的平均值，对平衡情况来说，认为每一个这样的态都有同样的概率是合适的. 式

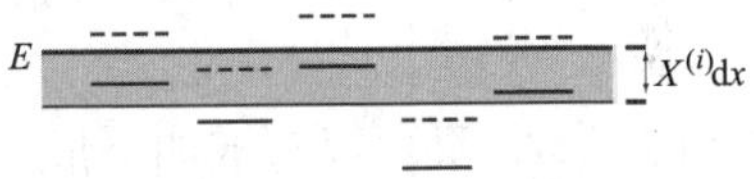

图 7.2　这个能级图说明：外参量的变化 dx 引起每个 r 态的能量 E_r 变化一个数量 $X^{(i)}\,\mathrm{d}x$，即从原来的数值（用实线表示）变到新数值（用虚线表示）时所发生的情况. 结果所有初始能量位于能量 E 下面 $X^{(i)}\,\mathrm{d}x$ 范围内的状态，其能量都从小于 E 的数值变化到大于 E 的数值

⊖ 注意式（7.3）简单地代表从下面穿过能量 E 的能级数. 因此导出式（7.4）的论证与 1.6 节求气体中撞击表面的分子数所用的论证相类似.

(7.7) 定义的平均值 $\bar{X}$ 当然是 E 和 x 的函数. 由定义 (7.2), 注意

$$\bar{X}\mathrm{d}x = \overline{\frac{\partial E_r}{\partial x}}\mathrm{d}x = đW \tag{7.8}$$

就是当体系等概率地处于它的初始可到达能量范围的每一个态时体系能量的平均增加量. 换句话说, 这就是当体系保持平衡时, 也就是当外参量准静态地变化时对体系所做的宏观功 $đW$.

求出了 $\Gamma(E)$, 再来考虑某一固定能量 E, 当外参量 x 变化一无限小量时, 要求出 $\Omega(E, x)$ 如何变化是容易的. 这样, 让我们考虑位于特定能量范围 E 和 $E+\delta E$ 之间的总状态数 $\Omega(E, x)$; 当外参量从 x 无限小地变到 $x+\mathrm{d}x$ 时, 这个能量范围的状态数改变了一个量 $[\partial\Omega(E, x)/\partial x]\mathrm{d}x$; 如图 7.3 所示, 这个量必定是由 {能量从小于 E 变到大于 E 而进入这个范围的净状态数} 减去 {能量从小于 $E+\delta E$ 变到大于 $E+\delta E$ 而离开这个区域的净状态数}. 用符号来表示, 可以写成

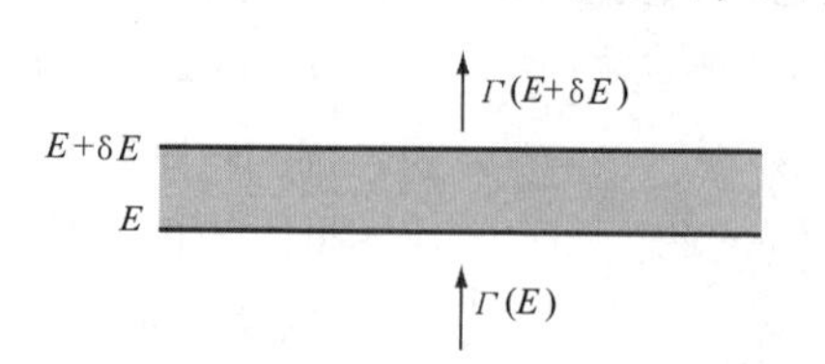

图 7.3　当外参量变化时, 在指定的能量范围 E 到 $E+\delta E$ 内的状态数将改变, 因为有不同的状态的能量进入和离开这个范围

$$\frac{\partial\Omega(E,x)}{\partial x}\mathrm{d}x = \Gamma(E) - \Gamma(E+\delta E) = -\frac{\partial\Gamma}{\partial E}\cdot\mathrm{d}E. \tag{7.9}$$

将式(7.6) 代入式(7.9), 消去固定的小量 δE 和 $\mathrm{d}x$, 剩下

$$\frac{\partial\Omega}{\partial x} = -\frac{\partial}{\partial x}(\Omega\bar{X}) \tag{7.10}$$

或

$$\frac{\partial\Omega}{\partial x} = -\frac{\partial\Omega}{\partial E}\bar{X} - \Omega\frac{\partial\bar{X}}{\partial E}.$$

两边除以 Ω, 又可以写成如下形式:

$$\frac{\partial\ln\Omega}{\partial x} = -\frac{\partial\ln\Omega}{\partial E}\bar{X} - \frac{\partial\bar{X}}{\partial E}. \tag{7.11}$$

对于一个宏观体系, 根据式 (4.29), 右边第一项的数量级为 $f\bar{X}/(E-E_0)$, 其中 f 是基态能量为 E_0 的体系的自由度数. 右边第二项的数量级大致为 $\bar{X}/(E-E_0)$. 因为 f 自身与阿伏伽德罗常量同数量级 $f\sim 10^{24}$, 因而与第一项相比, 式 (7.11) 右边第二项完全可以忽略. 因此式 (7.11) 简化为

$$\frac{\partial\ln\Omega}{\partial x} = -\frac{\partial\ln\Omega}{\partial E}\bar{X} \tag{7.12}$$

或

$$\boxed{\left(\frac{\partial\ln\Omega}{\partial x}\right)_E = -\beta\bar{X},} \tag{7.13}$$

其中我们已使用了绝对温度参量 β 的定义, 即式 (4.9). 为了明确地指出在求导数过程中能量 E 被认为是固定的, 这里我们给偏导数加了下角标 E. 按照定义 (7.2)

$$\bar{X} = \overline{\frac{\partial E_r}{\partial x}}. \tag{7.14}$$

在外参量 x 表示距离的特殊情况下，量 $\bar{X}$ 便具有力的量纲．在普遍情况下 $\bar{X}$ 可以有任何量纲，它被称为施加于体系的与外参量 x 共轭的平均广义力．

作为特例，假定 $x = V$（V 为体系的体积）．于是当体系的体积准静态地增加 $\mathrm{d}V$ 时，对体系所做的功 $đW$ 就由 $đW = -\bar{p}\mathrm{d}V$ 给出，其中 $\bar{p}$ 为体系所受的平均压强，于是这个功就正好取式（7.8）的形式，即

$$đW = \bar{X}\mathrm{d}V = -\bar{p}\mathrm{d}V,$$

从而

$$\bar{X} = -\bar{p}.$$

在这种情况下，平均广义力 $\bar{X}$ 就是作用于体系的平均压强 $-\bar{p}$．因此式（7.13）化为

$$\left(\frac{\partial \ln \Omega}{\partial V}\right)_E = \beta \bar{p} = \frac{\bar{p}}{kT} \tag{7.15}$$

或

$$\left(\frac{\partial S}{\partial V}\right)_E = \frac{\bar{p}}{T}, \tag{7.15a}$$

其中 $S = k\ln\Omega$ 是体系的熵．注意只要知道体系的熵为体积的函数，这个关系式就使我们能计算体系所产生的平均压强．

当外参量变化时，考察了体系的能级如何进入或离开给定能量范围之后，我们导出了关系式（7.13）．这个论证中所包含的基本物理过程极其重要．这只要看看我们说过的要点就能明白了．只需注意关系式（7.12）等价于

$$\frac{\partial \ln \Omega}{\partial x}\mathrm{d}x + \frac{\partial \ln \Omega}{\partial E}đW = 0, \tag{7.16}$$

其中我们已用了式（7.8）．用 $\bar{X}\mathrm{d}x = đW$ 表示对体系所做的准静态的功，关系（7.16）只是表示在体系的能量 E 和外参量 x 同时变化的情况下 $\ln\Omega$ 的无限小变化．因此关系（7.16）就等价于这样的陈述：

$$\ln\Omega(E + đW, x + \mathrm{d}x) - \ln\Omega(E, x)$$
$$= \frac{\partial \ln \Omega}{\partial E}đW + \frac{\partial \ln \Omega}{\partial x}\mathrm{d}x = 0$$

或

$$\ln\Omega(E + đW, x + \mathrm{d}x) = \ln\Omega(E, x). \tag{7.17}$$

用语言来表达，所说的意思如下：假定一绝热孤立体系的外参量改变一微小的量，于是这个体系的各种量子态的能量发生变化，因此体系的总能量变化某个数量 $đW$，它等于对体系所做的功．如果参量的变化是准静态的，则体系仍然只能分布在原来的那些态中，而这些态的能量却发生了变化．因此，我们发现，体系在过程结束（这时它的外参量为 $x + \mathrm{d}x$，能量为 $E + đW$）时分布的态数与在过程起始（这时它的外参量为 x，能量为 E）时的相同．这个陈述是式（7.17）的基本内容；它断定当体系外参量准静态地变化一无限小量时，一绝热孤立体系的熵 $S = k\ln\Omega$ 保持不变．如果继续准静态地改变外参量直到外参量有可观的变化，那么这个接连发

生的无限小过程也必定导致熵的变化为零的结果．因而我们得到一个重要的结论：如果绝热孤立体系的外参量准静态地改变任意的量，将不引起熵的变化；简言之

$$\boxed{\begin{array}{c}\text{在准静态绝热过程中}\\ \Delta S=0.\end{array}} \tag{7.18}$$

这样，尽管准静态所做的功改变了绝热孤立体系的能量，这个体系的熵却仍然不受影响.

我们应当着重指出，陈述（7.18）只有在外参量是准静态地改变时才正确.否则，如3.6节所说明的，绝热孤立体系的熵将不断增加［例如考虑3.6节末的例（ⅱ）所描述的过程］.

7.2　适用于平衡时的一般关系

现在就容易讨论体系间最普遍的相互作用了，即两个宏观体系A和A′既通过交换热量又通过彼此做功而发生相互作用的情况.（图7.4说明了一个特例，其中两气体A和A′由活塞隔开，这个活塞不是热绝缘的，而且又可以自由地移动）．这种情况的分析只是4.1节的推广．如果体系A的能量E已确定，则体系A′的能量E'就确定了，因为由A和A′组成的复合孤立体系A^*的总能量E^*是恒定的．因而A^*的可到达态数Ω^*及它的熵$S^*=k\ln\Omega^*$就是体系A的能量E和若干外参量x_1，x_2，…，x_n的函数；也就是说，$\Omega^*=\Omega^*(E;\ x_1,\ \cdots,\ x_n)$．这个状态数$\Omega^*$通常在能量$E=\widetilde{E}$和每个外参量$X_\alpha=\tilde{x}_\alpha$（其中$\alpha=1,\ 2,\ \cdots,\ n$）取若干特定值时有一个极其尖锐的最大值．因而在平衡时，复合体系A^*处于这样的情况的概率是压倒一切的．这时A的能量取值$\widetilde{E}$，外参量取值$\tilde{x}\alpha$．因此，E的平均值由$\overline{E}=\widetilde{E}$给出，每个外参量的平均值由$\bar{x}_\alpha=\tilde{x}_\alpha$给出.

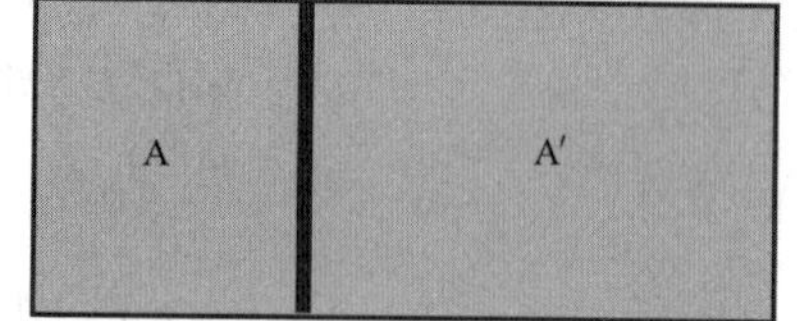

图7.4　由一可自由移动的导热活塞隔开的两气体A和A′

平衡条件

为了使讨论具体明确，考虑两个任意体系A和A′（见图7.4），每个体系都由单一的外参量（即其体积）作为它的特征．复合孤立体系的能量守恒意味着

$$E+E'=E^*=\text{常数}. \tag{7.19}$$

当活塞移动时，体系A的体积V变化必定伴随着A′的体积V'的变化，使总体积保持不变．这样，

$$V+V'=V^*=\text{常数}. \tag{7.20}$$

令$\Omega(E,\ V)$表示位于V和$V+\delta V$之间时体系A在能量间隔E和$E+\delta E$之间的可

到达态数．令 $\Omega'(E', V')$ 表示 A′的相应的可到达态数．于是复合体系 A^* 的总可到达态数 Ω^* 和式（4.4）类似，由简单的乘积

$$\Omega^* = \Omega(E,V)\Omega'(E',V') \tag{7.21}$$

给出，其中 E' 和 V' 通过式（7.19）和式（7.20）与 E、V 相关．因此 Ω^* 只是两个独立变量 E 和 V 的函数．取式（7.21）的对数，我们得到

$$\ln\Omega^* = \ln\Omega + \ln\Omega', \tag{7.22}$$

即

$$S^* = S + S',$$

其中已对每个体系使用定义 $S = k\ln\Omega$．因而由我们的基本统计假设，即式（3.19）就导出下面的结论：在平衡时最概然的情况与使 Ω^*（或等价地 S^*）取极大值的那些参量 E 和 V 相对应．

这个极大值的位置由下面的条件确定，即对于能量 E 或体积 V 的任意微小变化有

$$\mathrm{d}\ln\Omega^* = \mathrm{d}\ln\Omega + \mathrm{d}\ln\Omega' = 0. \tag{7.23}$$

但我们可以写出纯粹数学形式的等式

$$\mathrm{d}\ln\Omega = \frac{\partial\ln\Omega}{\partial E}\mathrm{d}E + \frac{\partial\ln\Omega}{\partial V}\mathrm{d}V.$$

用 β 的定义和关系（7.15），这个等式化为

$$\mathrm{d}\ln\Omega = \beta\mathrm{d}E + \beta\bar{p}\mathrm{d}V, \tag{7.24}$$

其中 $\bar{p}$ 是体系 A 所产生的平均压强．类似地，对体系 A′我们得到

$$\mathrm{d}\ln\Omega' = \beta'\mathrm{d}E' + \beta'\bar{p}'\mathrm{d}V',$$

或

$$\mathrm{d}\ln\Omega' = -\beta'\mathrm{d}E - \beta'\bar{p}'\mathrm{d}V. \tag{7.25}$$

如果使用条件（7.19）和（7.20），这意味着 $\mathrm{d}E' = -\mathrm{d}E$，和 $\mathrm{d}V' = -\mathrm{d}V$．因而在平衡情况下概率为极大值的条件（7.23）化为

$$(\beta - \beta')\mathrm{d}E + (\beta\bar{p} - \beta'\bar{p}')\mathrm{d}V = 0. \tag{7.26}$$

因为此关系式对于任意无限小的 $\mathrm{d}E$ 和 $\mathrm{d}V$ 值都必须满足，因而得出这两个微分的系数必须分别等于零．于是我们得出平衡时

$$\beta - \beta' = 0$$

和

$$\beta\bar{p} - \beta'\bar{p}' = 0,$$

或

$$\boxed{\begin{aligned}\beta &= \beta' \\ \bar{p} &= \bar{p}'.\end{aligned}} \tag{7.27}$$

因而平衡时，体系的能量和体积就自行调整使得条件（7.27）得到满足．这些条件只是断定：为了保证热平衡，体系的温度必须相等；而为了保证力学平衡，它们的平均压强也必须相等．虽然这些平衡条件如此之明显以致我们可能猜出来，但令人满意的是：可以看出它们正是总熵 S^* 为极大这一普遍要求的自然结论．

无限小的准静态过程

考虑一个十分普遍的准静态过程，在该过程中由于和另一个体系 A′相互作用

的结果，体系 A 从一个由平均能量 $\bar{E}$ 和数值为 $\bar{x}_\alpha$ 的外参量（$\alpha=1, 2, \cdots, n$）描述的平衡态变到另一个有无限小差别的由 $\bar{E}+\mathrm{d}\bar{E}$ 和 $\bar{x}_\alpha+\mathrm{d}\bar{x}_\alpha$ 描述的平衡态. 在这个无限小的过程中，一般说来，体系 A 可以吸热和做功. 由于这个过程的结果，体系 A 的熵有什么变化呢?

因为 $\Omega=\Omega(E; x_1, \cdots, x_n)$，对于所产生的 $\ln\Omega$ 的变化，我们能够写出纯粹数学的式子

$$\mathrm{d}\ln\Omega=\frac{\partial\ln\Omega}{\partial E}\mathrm{d}\bar{E}+\sum_{\alpha=1}^{n}\frac{\partial\ln\Omega}{\partial x_\alpha}\mathrm{d}\bar{x}_\alpha. \tag{7.28}$$

关系式（7.13）是在考虑一个外参量变化而其余所有的外参量都固定的条件下得到的. 因此，式（7.13）可以应用于式（7.28）中的每个偏微商，得

$$\frac{\partial\ln\Omega}{\partial x_\alpha}=-\beta\bar{X}_\alpha\equiv-\beta\frac{\overline{\partial E_r}}{\partial x_\alpha}, \tag{7.29}$$

并且式（7.28）化为

$$\mathrm{d}\ln\Omega=\beta\mathrm{d}\bar{E}-\beta\sum_{\alpha=1}^{n}\bar{X}_\alpha\mathrm{d}\bar{x}_\alpha. \tag{7.30}$$

但对所有外参量变化的求和就是

$$\sum_{\alpha=1}^{n}\bar{X}_\alpha\mathrm{d}\bar{x}_\alpha=\sum_{\alpha=1}^{n}\frac{\overline{\partial E_r}}{\partial x_\alpha}\mathrm{d}\bar{x}_\alpha=đW,$$

这是因为外参量变化引起体系能量的平均增加，即无限小过程中对体系所做的功 $đW$. 因此式（7.30）化为

$$\mathrm{d}\ln\Omega=\beta(\mathrm{d}\bar{E}-đW)=\beta đQ. \tag{7.31}$$

因为（$\mathrm{d}\bar{E}-đW$）就是体系吸收的无限小的热量 $đQ$，用 $\beta=(kT)^{-1}$ 和 $S=k\ln\Omega$，于是式（7.31）断言：

在任何无限小准静态过程中

$$\mathrm{d}S=\frac{đQ}{T}. \tag{7.32}$$

在体系所有外参量都保持不变的特殊情况下，同样的关系式早已在式（4.42）中导出. 我们现在所做的就是推广这个结果，说明它适用于任意的准静态过程（甚至包括做功的过程）. 还要注意到当没有吸收热而使 $đQ=0$ 时（即当体系的平均能量只是由于对体系做功才增加时），熵的变化 $\mathrm{d}S=0$，符合我们以前的表述（7.18）.

我们将关系（7.32）称为基本的热力学关系. 这是一个极其重要和有用的表述，它可以写成多种等价形式，例如

$$T\mathrm{d}S=đQ=\mathrm{d}\bar{E}-đW. \tag{7.33}$$

如果唯一有关的外参量是体系的体积 V，如其平均压强为 $\bar{p}$，则对体系所做的功即为 $đW=-\bar{p}\mathrm{d}V$. 这种情况下式（7.33）化为

$$\boxed{T\mathrm{d}S = \mathrm{d}\bar{E} + \bar{p}\mathrm{d}V.} \tag{7.34}$$

由于关系（7.32），我们能从测量体系吸收的热量来计算体系任何两个宏观态之间熵的差[⊖]．这个关系式就使得推广 5.5 节的讨论成为可能．考虑体系的任何两个宏观态 a 和 b，那么体系的熵在宏观态 a 有确定数值 S_a；在宏观态 b 有确定数值 S_b．这两个熵的差可以用任何方便的方法来计算，并且总是给出相同的数值 $S_b - S_a$．尤其是，假如从宏观态 a 到宏观态 b 是通过任何的准静态过程，那么体系总是任意地保持接近平衡，关系（7.32）适用于过程的每一步．这样，我们可以将所关心的总熵的变化写成求和（或积分）

$$S_b - S_a \equiv \int_a^b \frac{đQ}{T}\ (\text{准静态}). \tag{7.35}$$

其中括号内的说明明确地提醒这个积分必须对一个从 a 到 b 的准静态过程进行计算，因为这时绝对温度 T 在过程中的任何一步都有一个定义明确的可测量值，又因为被吸收的热量 $đQ$ 也是可测量的，式（7.35）使我们可以借助于热量的恰当测量来测定熵的差．

因为式（7.35）左边只取决于初始与终了的宏观态，式（7.35）右边的积分值必定与从宏观态 a 到宏观态 b 的特定准静态过程的选择无关．这样

$$\int_a^b \frac{đQ}{T}\text{对任何 } a\rightarrow b \text{ 的准静态过程都有相同的数值}. \tag{7.36}$$

注意其他与过程有关的积分一般确实与过程的性质有关．例如，在从宏观态 a 进行到宏观态 b 的准静态过程中，体系所吸收的总热量 Q 由下式给出：

$$Q = \int_a^b đQ,$$

这个热的数值一般讲确实与从 $a\rightarrow b$ 所采取的特殊过程有关．我们将在下一节解释这些说明．

7.3　应用于理想气体

为了更好地理解上一节的结果，我们将把这些结果应用于理想气体的简单情况．从宏观上看，任何这样的气体，不管是否为单原子，都有下面两个特征性质：

（ⅰ）νmol 气体的平均压强 $\bar{p}$、体积 V 及绝对温度 T 相联系的态方程为式（4.93）．即

$$\bar{p}V = \nu RT. \tag{7.37}$$

（ⅱ）在固定温度的情况下，根据式（4.86），这种气体的平均内能 $\bar{E}$ 与体积

[⊖] 在 5.5 节中，我们已能说明熵差的计算为什么只能在特殊情况下，即在所考虑的宏观态与体系外参量有相同数值的情况下，才有可能．

无关，即

$$\overline{E}=\overline{E}\ (T)，与 V 无关. \tag{7.38}$$

平均内能 $\overline{E}$ 不难与气体的摩尔比热容 c_V（等容）联系起来. 的确，由式（5.23）得出

$$c_V=\frac{1}{\nu}\left(\frac{\partial \overline{E}}{\partial T}\right)_V, \tag{7.39}$$

其中脚标 V 表示微分时体积 V 保持恒定. 由式（7.38）可知，尽管比热 c_V 可以与温度 T 有关，但与气体的体积 V 无关. 如果体积 V 保持恒定，式（7.39）使我们能写出绝对温度变化 $\mathrm{d}T$ 所引起的平均能量变化 $\mathrm{d}\overline{E}$ 的关系式：

$$\mathrm{d}\overline{E}=\nu c_V \mathrm{d}T. \tag{7.40}$$

但按照性质（7.38），气体的能量差只能由温度差产生，而与所发生的体积变化无关. 因此，关系式（7.40）必定普遍地有效，与温度变化 $\mathrm{d}T$ 时所可能发生的体积变化 $\mathrm{d}V$ 无关. 作为特殊情况，从式（7.40）就可推出：

$$如果 c_V 与 T 无关，\overline{E}=\nu c_V T+常数. \tag{7.41}$$

根据前面的说明，很容易写出在无限小准静态过程中，理想气体所吸收的热量 $đQ$ 的普适表达式. 在这个过程中气体的温度变化为 $\mathrm{d}T$，体积变化为 $\mathrm{d}V$，用对气体做功的表达式（5.14），我们有

$$đQ=\mathrm{d}\overline{E}-đW=\mathrm{d}\overline{E}+\bar{p}\mathrm{d}V. \tag{7.42}$$

借助式（7.40）和式（7.37），上式化为

$$\boxed{đQ=\nu c_V \mathrm{d}T+\frac{\nu RT}{V}\mathrm{d}V.} \tag{7.43}$$

按照式（7.32），在这个无限小过程中，气体熵的变化就由下式给出：

$$\mathrm{d}S=\frac{đQ}{T}=\nu c_V\frac{\mathrm{d}T}{T}+\nu R\frac{\mathrm{d}V}{V}. \tag{7.44}$$

理想气体的熵

气体处于温度为 T、体积为 V 的宏观态时的熵 $S(T,\ V)$ 与温度为 T_0、体积为 V_0 的另一个宏观态的熵 $S(T_0,\ V_0)$ 的差是什么？为了回答这个问题，只需从初始宏观态（T_0，V_0）出发，准静态地通过温度为 T'，体积为 V' 的一系列接近平衡的宏观态，最后进入终态（T，V）. 例如，我们可以先让体积保持在初始值 V_0，通过把气体同一系列温度逐个高出无限小量的热库相接触的办法，准静态地从温度 T_0 变化到 T. 在这个过程中，式（7.44）表明熵变化一个量

$$S(T,\ V_0)-S(T_0,\ V_0)=\nu\int_{T_0}^{T}\frac{c_V(T')}{T'}\mathrm{d}T'. \tag{7.45}$$

然后再让温度保持在数值 T 而缓慢地将气体的体积从它的初始值 V_0 变化到终值 V

(比如说用移动活塞的办法). 在这个过程中, 式 (7.44) 表明气体熵的变化量为

$$S(T,V)-S(T,V_0)=\nu R\int_{V_0}^{V}\frac{\mathrm{d}V'}{V'}$$
$$=\nu R(\ln V-\ln V_0). \tag{7.46}$$

将式 (7.45) 和式 (7.46) 相加, 那么总的熵变化为

$$\boxed{\begin{aligned}&S(T,V)-S(T_0,V_0)\\&=\nu\left[\int_{T_0}^{T}\frac{c_V(T')}{T'}\mathrm{d}T'+R\ln\frac{V}{V_0}\right].\end{aligned}} \tag{7.47}$$

宏观态 (T_0, V_0) 可以当作气体的某个标准宏观态. 因而式 (7.47) 就给出气体任何另一个宏观态的熵 S 与温度 T 及体积 V 的关系. 它可以写成简单的形式

$$\boxed{S(T,V)=\nu\left[\int\frac{c_V(T)}{T}\mathrm{d}T+R\ln V+\text{常数}\right],} \tag{7.48}$$

其中常数包含标准宏观态的固定参量 T_0 和 V_0, 不定积分是 T 的函数. 自然, 式 (7.48) 只不过是式 (7.44) 的积分形式. 式 (7.47) 和式 (7.48) 确切地表明气体的可到达态数随其绝对温度 (或能量) 的上升而增加, 随分子的有效体积的增加而增加.

在所研究的温度范围内, 比热容 c_V 是常数 (即与温度无关) 是一种特别简单的情况 $\left[\text{例如对式 (5.26) 所说明的单原子气体 } c_V=\frac{3}{2}R\right]$. 在这种情况下, c_V 可以提到积分号外. 因为 $\mathrm{d}T'/T'=\mathrm{d}\ln T'$, 式 (7.47) 和式 (7.48) 就化为

如果 c_V 与 T 无关,

$$S(T,V)-S(T_0,V_0)=\nu\left(c_V\ln\frac{T}{T_0}+R\ln\frac{V}{V_0}\right) \tag{7.49}$$

或

$$S(T,V)=\nu(c_V\ln T+R\ln V+\text{常数}). \tag{7.50}$$

【附注】

注意熵变化的表达式 (7.47) 或 (7.48) 完全取决于由 (T_0, V_0) 确定的初始宏观态和由 (T, V) 确定的最终宏观态的温度与体积. 另一方面, 吸收的总热量 Q 取决于从 a 到 b 所选的特定过程. 例如, 考虑下面两个过程 (ⅰ) 和 (ⅱ), 两者都使体系从宏观态 a 进入宏观态 b (见图 7.5).

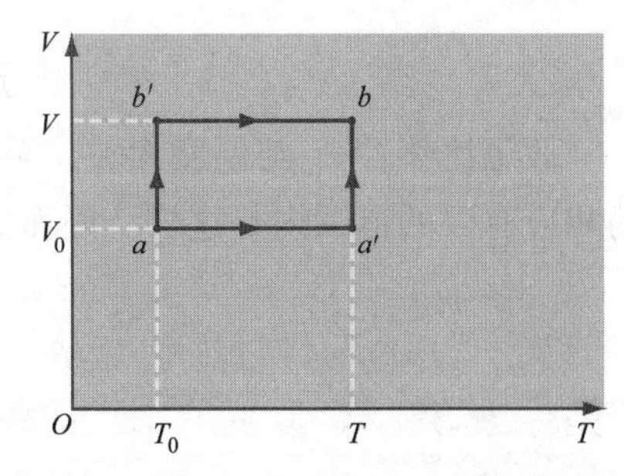

图 7.5　从温度 T_0 和体积 V_0 确定的初始宏观态 a, 到温度 T 体积 V 确定的最终宏观态 b 的两个可能的准静态过程

(ⅰ) 保持体积恒定为 V_0 的同时, 先从由 (T_0, V_0) 确定的初始宏观态 a 准静态地变化到由 (T, V_0) 确定的宏观态 a'. 再维持温度

恒定为 T，然后从宏观态 a' 准静态地进行到由（T，V）确定的终态 b. 由于假定比热 c_V 恒定，利用式（7.43），对于在这个 $a \to a' \to b$ 的过程中吸收的总热量 $Q_{(\mathrm{i})}$，我们求得结果：

$$Q_{(\mathrm{i})} = \nu c_V (T - T_0) + \nu RT \ln \frac{V}{V_0}, \tag{7.51}$$

其中右边第一项代表从 a 进行到 a' 所吸收的热量. 第二项代表从 a' 进行到 b 所吸收的热量.

（ⅱ）保持温度为恒定值 T_0，先由（T_0，V_0）确定的初始宏观态 a 准静态地变化到由（T_0，V）确定的宏观态 b'. 再保持体积恒定于值 V，然后再从这个宏观态 b' 准静态地变化到（T，V）确定的最终宏观态 b. 根据式（7.43），对于在 $a \to b' \to b$ 这个过程中所吸收的总热量 $Q_{(\mathrm{ii})}$，我们求得结果

$$Q_{(\mathrm{ii})} = \nu RT_0 \ln \frac{V}{V_0} + \nu c_V (T - T_0), \tag{7.52}$$

其中右边第一项代表从 a 进行到 b' 所吸收的热量，第二项代表从 b' 进行到 b 所吸收的热量. 注意在这两个过程中所吸收的热量，即式（7.51）和式（7.52）是不相同的，因为 $\ln(V/V_0)$ 的系数在第一个过程中含 T 而第二个过程中含 T_0. 另一方面，对于这两个过程，按照普适结论（7.36），熵的变化，即式（7.49）当然是相同的.

绝热压缩或膨胀

考虑一理想气体，它是绝热孤立的，因而不可能吸收任何热量. 现在假定气体的体积准静态地变化，那么气体的温度和压强必定相应地变化. 的确，在这个准静态过程的每一步，式（7.43）都必然有效. 因为没有热量被吸收，我们令 $đQ = 0$，这样

$$c_V \mathrm{d}T + \frac{RT}{V} \mathrm{d}V = 0,$$

两边除以 RT 就给出

$$\frac{c_V}{R} \frac{\mathrm{d}T}{T} + \frac{\mathrm{d}V}{V} = 0. \tag{7.53}$$

假定比热容 c_V 与温度无关，至少在我们所考虑的过程中，所产生的温度变化的相应有限的范围内是这样. 因而关系式（7.53）就可以直接积分得出

$$\frac{c_V}{R} \ln T + \ln V = \text{常数}^{\ominus}. \tag{7.54}$$

于是，

$$\ln T^{(c_V/R)} + \ln V = \text{常数},$$
$$\ln [T^{(c_V/R)} V] = \text{常数},$$

⊖ 注意式（7.54）也可以直接从式（7.50）得来，只要用一般结果（7.18），即任何绝热孤立体系的熵在任何准静态过程中必定保持不变.

或

$$T^{(c_V/R)}V = 常数. \tag{7.55}$$

这个关系预测出热绝缘理想气体的温度与它的体积的关系.

如果我们要求出气体的压强与体积的关系，只需应用由态方程（7.37）得到的事实 $T \propto \bar{p}V$. 这样，式（7.55）化为

$$(\bar{p}V)^{(c_V/R)}V = 常数,$$

两边都取（R/c_V）次方，因而我们就得到

$$\boxed{\bar{p}V^{\gamma} = 常数,} \tag{7.56}$$

其中

$$\gamma \equiv 1 + \frac{R}{c_V} = \frac{c_V + R}{c_V}. \tag{7.57}$$

关系式（7.56）与等温的准静态过程所适用的关系不同，在等温过程中气体不是热绝缘而是通过与温度为 T 的热库接触的办法，保持为恒定的温度 T. 在这种情况下式（7.37）给出

$$\bar{p}V = 常数. \tag{7.58}$$

比较式（7.56）和式（7.58），表明随着体积的增加，气体压强的下降在气体是热绝缘时比维持它在一个恒定温度时来得更快.

式（7.56）的一个有意义的应用是气体中声的传播. 如果声波的振动频率是 ω，任何微量气体的交替压缩和膨胀就发生在时间 $\tau \sim 1/\omega$ 之内. 通常的声的频率 ω 足够高，因而 τ 太短了，不允许在如此短的时间 τ 内有显著数量的热在这种微量气体与周围气体之间流动. 因而所考虑的任何微量气体就经受绝热的压缩；其弹性性质应由式（7.56）描述. 因此气体中的声速就通过常数 γ 而与这个气体的比热有关. 反过来，测量声速就提供了一个直接的方法来确定由式（7.57）定义的量 γ.

7.4 统计热力学的基本表述

从 3.3 节的统计假设出发，现在我们已基本上完成了宏观体系间热和力学相互作用的基本研究. 具体讲，我们的讨论已经给出通常称为统计热力学理论的全部基本表述. 所以，让我们停下来把已经导出的基本表述归纳一下，看来是有益的.

这些表述的前四个称为热力学定律. 我们将按照习惯的次序列出来，从零[㊀]开始编号，以便符合传统的名称.

表述 0

这些表述的第一个是在 4.3 节中导出的下列简单结果：

㊀ 这些定律中的第一个通常称为热力学“第零定律”，因为我们认识到它的重要性时，热力学第一定律和第二定律的名称上的数字次序已经确定了.

热力学第零定律

如果两个体系与第三个体系处于热平衡，则它们也必定彼此处于热平衡.

这个表述很重要，因为它允许我们引进温度计的观念以及表征体系宏观态的测温参量的概念.

表述1

3.7节中关于宏观体系间各种相互作用的讨论使我们导出关于体系能量的表述：

热力学第一定律

体系的平衡宏观态有一个特征量 $\bar{E}$，称为内能，内能有下面的性质：

$$\text{对孤立体系 } \bar{E} = \text{常数}. \tag{7.59}$$

如果体系可能有相互作用，因而从一个宏观态进到另一个，所引起的 $\bar{E}$ 的变化可以写成

$$\Delta\bar{E} = W + Q, \tag{7.60}$$

其中 W 是由于体系外参量变化对体系所做的宏观功. 由关系(7.60)所定义的量 Q 称为被体系吸收的热量.

关系（7.60）是能量守恒的一个表达式，它承认热是不涉及任何外参量变化的能量转换的一种形式. 关系（7.60）很重要，因为它引进了另一个参量（内能 $\bar{E}$）的概念，这个参量说明体系宏观态的特性，此外，它提供了一个用测量宏观功来确定内能和所吸收的热量的方法（如5.3节所讨论的）.

表述2

我们已经看到，体系的可到达态数（或等价地它的熵），是一个有根本重要性的描述体系宏观态的量. 在7.2节中，我们已经说明一个体系熵的变化可以通过式（7.32）与这个体系所吸收的热量相关联. 在3.6节中我们也说明过：一孤立体系倾向于达到一个比初始状态有更大概率的情况，这时它的可到达态数（或等价地，体系的熵）比初始时更大（作为一个特殊情形，当体系初始时刻早已处于最概然的情况，它就保持着平衡而且熵维持不变）. 这样，我们就得到下面的表述：

热力学第二定律

> 体系的平衡宏观态有一个特征量 S，称为熵，熵有下列性质：
>
> （ⅰ）在任何无限小准静态过程中，体系吸收热 $đQ$，则熵的变化量是
>
> $$dS=\frac{đQ}{T}, \tag{7.61}$$
>
> 其中 T 是说明这个体系宏观态的一个参量，称为体系的绝对温度.
>
> （ⅱ）热绝缘体系从一个宏观态变到另一个宏观态的任何过程中，熵趋于增加，即
>
> $$\Delta S \geqslant 0. \tag{7.62}$$

关系（7.61）之所以重要是因为它使我们能通过测量所吸收的热量来确定熵之差；也因为它起到显示体系绝对温度 T 这一特征性质的作用. 式（7.62）之所以有重要意义是因为它指明了非平衡情况转化的方向.

表述 3

在 5.2 节中我们确立过这样的事实，即一个体系的熵随着绝对温度趋向于零而趋近一确定的极限值. 由式（5.12）所给出的表述如下：

热力学第三定律

> 一个体系的熵有这样的极限性质：
>
> $$当\ T\to 0_+,\ S\to S_0, \tag{7.63}$$
>
> 其中 S_0 是一个与体系结构无关的常数.

这一表述很重要，因为它断定：一个由给定数目的特定类型粒子组成的体系，在接近 $T=0$ 时存在着一个标准的宏观态，这个态的熵有一个唯一数值，相对于这个数值，体系所有其他宏观态的熵可以测量出来. 这样，由式（7.61）所确定的熵之差就可以转换成这个体系熵的实际数值的绝对测量.

表述 4

体系的可到达态数 Ω 或它的熵 $S=k\ln\Omega$，可以看作是某一组宏观参量（y_1，y_2，…，y_n）的函数. 如果体系是孤立的并处于平衡，基本的统计假设就允许我们通过关系式（3.20）计算概率. 在由其参量的特定值表示的状况中，找到体系的概率 P 简单地正比于在这些条件下体系的可到达态数 Ω. 因为 $S=k\ln\Omega$，或 $\Omega=e^{S/R}$，给出下面的表述：

统计关系

> 如果孤立体系处于平衡，那么体系处于由熵 S 表征的宏观态中的概率为
> $$P \propto e^{S/k}. \tag{7.64}$$

这个表述很重要，它使我们能计算各种状态出现的概率，特别便于我们计算在任何平衡情况中出现的统计涨落.

表述 5

熵的统计定义有根本的重要性. 可用下面的方式表述：

与微观物理的关系

> 体系的熵 S 由下式与可到达态数 Ω 相关：
> $$S = k\ln\Omega. \tag{7.65}$$

这个表述很重要，它使我们能从有关体系的量子态的微观知识算出熵.

讨论

注意表述 0 ~ 4，即 4 个热力学定律和统计关系是极其普遍的表述，它们在内容上是完全宏观的. 它们并不明显涉及所考虑体系的原子组成. 因此它们完全与所假设的关于体系的原子或分子的详细微观模型无关. 因而这些表述具有极大的普适性，即使对所研究体系的任何原子结构毫无了解也可以应用. 历史上，引进热力学定律作为纯粹的宏观假设，是在物质的原子理论建立之前. 这些定律的纯粹宏观的讨论导出大量的结果，并且构成热力学的主题. 这个途径卓有成效地导致一门重要的学科. 这一学科加上统计关系（7.64）后就可以推广，并不改变其普适性和纯粹宏观的内容；于是就成为统计热力学.

当然，如果我们将统计的概念与关于体系中原子或分子的微观知识结合起来，我们理解和预测的能力就将大大地增强. 这样我们就得到统计力学这一学科，它也包括关系(7.65). 于是就有可能从基本原理计算体系的熵并根据关系（7.64）或其结果（例如正则分布）作出详细的概率表述. 这样我们就能根据微观信息计算宏观体系的性质. 作为本书全部讨论基础的统计力学的主题就是这样一门包罗万象的学科. 它把热力学定律作为特例包括在内，这些热力学定律与关于所讨论体系的原子组成的任何模型无关.

7.5　平衡条件

3.3 节的基本统计假设专门用来处理孤立体系的平衡情况及向平衡趋近的过程. 这些假设奠定了我们全部的讨论基础，并且已用体系的可到达态数、或等价地用体系的熵表示出来. 我们需要回顾这些基本概念，以便把它们表示为对于许多具体应用有帮助的另一些形式.

孤立体系

先回顾孤立体系复习一下这些假设的基本含义．这时体系的总能量保持恒定．假定这个体系在宏观上可用一个参量 y 或若干个这样的参量来描述．（例如，y 可以表示图 3.9 中子系 A 的能量或图 3.10 中活塞的位置．）因而体系的可到达态数就是 y 的某一函数．我们将 y 的许可值细分为固定大小 δy 的很多相等的小间隔．然后以 $\Omega(y)$ 表示参量的值在 y 和 $y+\delta y$ 之间时体系的可到达态数．按定义，相应的体系的熵为 $S=k\ln\Omega$．基本假设（3.19）断言：当体系处于平衡时，它将等概率地处于每一个可到达态中．如果参量 y 自由变化，则找到体系处于参量为 y 和 $y+\delta y$ 之间的情况的概率 $P(y)$ 为

在平衡中，

$$P(y)\propto\Omega(y)=\mathrm{e}^{S(y)/k}. \tag{7.66}$$

如果参量 y 在体系的某个标准宏观态取值 y_0，式（7.66）就意味着比例关系

$$P(y)/P(y_0)=\mathrm{e}^{S(y)/k}/\mathrm{e}^{S(y_0)/k}$$

或

$$P(y)=P_0\mathrm{e}^{\Delta S/k}, \tag{7.67}$$

其中 $\Delta S\equiv S(y)-S(y_0)$，而且 $P_0\equiv P(y_0)$．这样，概率的比就可以立即从熵之差得到．

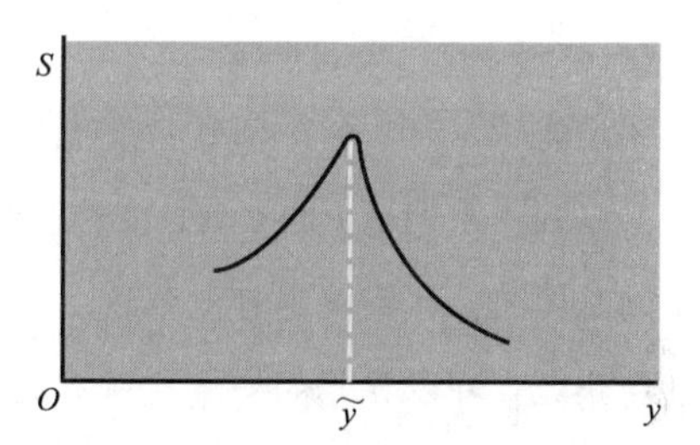

图 7.6　本示意图说明熵 S 和某个宏观参量 y 的关系

按照式（7.66），最概然的情况是，平衡体系的参量 y 要取某些值，使熵 $S(y)$ 为极大（见图 7.6）．即使 $S=\ln\Omega$ 的一个极大值是平缓的，与之相应的 Ω 本身的极大值也是非常尖锐的，从而相应的概率 P 的极大值也是很尖锐的．由此可知，一般情况下 y 取值十分接近某一特定值 $\tilde{y}$ 的概率是压倒一切的，y 取这个特定值时，S 为极大．简短地讲，

一个孤立体系平衡情况的特征是：它的参量取值满足条件

$$S=极大值. \tag{7.68}$$

这样，平衡时在体系的系综中观察到 y 的数值显著地偏离 $\tilde{y}$ 的概率 $P(y)$ 是很微小的．另一方面，由于预先的外界干扰或特殊制备的结果，在某一特定时刻 t_0 体系可以有很大的概率处于参量 y 显著偏离数值 $\tilde{y}$ 的宏观态中．如果 t_0 时刻之后，使体系孤立，同时参量 y 自由地变化，它就不处于平衡．按照假设（3.18），这种情况因而就随时间变化直至到达平衡概率分布（7.66）．换句话说，情况朝着这样一个方向变化，使得与较大的熵相对应的 y 值成为更概然，亦即熵 S 因而趋向增加而

且所引起的熵的变化 ΔS 满足不等式

$$\Delta S \geqslant 0. \tag{7.69}$$

这个变化一直继续到最终的平衡条件达到为止，这时参量 y 取与熵 S 的极大值相对应的数值的概率就占绝对优势.

【关于亚稳平衡的附记】

熵 S 可能显示出一个以上的极大值，如图7.7所示. 如果熵 S 在 $\tilde{y}_b$ 的极大值比在 $\tilde{y}_a$ 的更大，相应的概率由于与 S 成指数关系，在 $\tilde{y}_b$ 处比在 $\tilde{y}_a$ 处要大得非常多. 因此，在真正的平衡情况下，总是发现体系有接近 $\tilde{y}_b$ 的参量值.

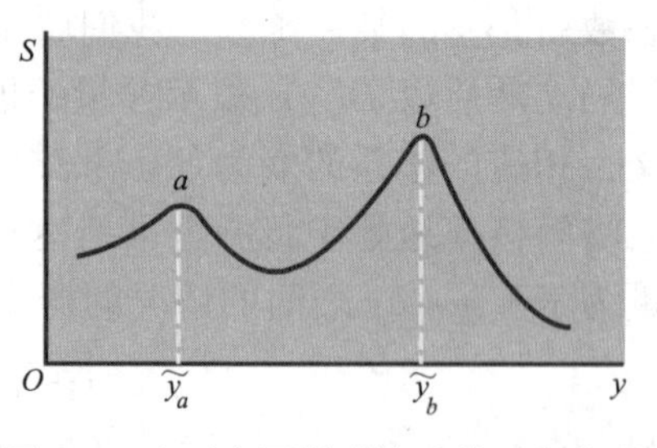

图7.7　本示意图说明熵函数 S 在宏观参量 y 的两个不同数值处表现为极大

现在假定体系用某种方法制备，使其参量在某一初始时刻具有离 $\tilde{y}_a$ 不太远的数值. 那么体系就容易变化而到达一个极概然的情况，这时它的参量近似等于 $\tilde{y}_a$. 尽管 y 接近 $\tilde{y}_b$ 的情况要更概然些，但是这种情况只有体系穿过一些很不概然的情况：

$$\tilde{y}_a < y < \tilde{y}_b,$$

体系才能从 $\tilde{y}_a$ 到 $\tilde{y}_b$. 不过，没有外界帮助，通过这些中间情况的概率将低到这样的程度，以致体系到达 y 接近 $\tilde{y}_b$ 值的最终平衡态之前要花一段很长的时间. 在实验上有意义的时间内，体系就不可能到达这些在 $\tilde{y}_b$ 附近的态. 然而体系可以容易地到这样一个平衡状况，即以相等的概率在所有的 y 在 $\tilde{y}_a$ 附近的可到达态间分布. 这样一种情况称为**亚稳平衡**. 如果找到某种方法促使体系从参量接近 $\tilde{y}_a$ 的态过渡到参量接近 $\tilde{y}_b$ 的态，那么体系就迅速地离开亚稳状况而到达 y 接近 $\tilde{y}_b$ 的真正平衡情况.

这类例子可以是很突出的. 例如，在温度低于0℃时真正平衡的水结成冰. 然而极纯的水可以很缓慢地冷却到0℃以下，直至低到 -20℃或更低的亚稳平衡态下保持为液体. 但如果我们在水中放进少许灰尘粒子，因而就帮助冰晶体开始生长，液体就突然冻结而成为冰的形式，达到真正平衡.

与热库接触的体系

假定所研究的体系（称它为A）不孤立而与一个或多个其他体系（我们将它们统称为A′）自由相互作用. 由A和A′组成的复合体系A* 是孤立的. 因而，要寻求A所必须满足的平衡条件，就可以归结为讨论孤立体系A* 的熟悉情况.

大多数实验室中的实验都是在恒温和恒压的条件下进行的. 于是，所考虑的体系A通常总是和一个热库（它可以是周围的大气或仔细控制的水池）保持热接触.

热库的温度基本上保持恒定. 此外, 并不试图保持体系 A 的体积不变, 而是使体系 A 保持恒定的压强 (通常为周围大气压强). 因此, 我们所要研究的就是体系 A 与维持恒定温度 T'、恒定压强 p'的热库接触而达到平衡的条件 (见图 7.8). 体系 A 可以与热库 A′交换热量, 但后者很大, 它的温度 T'基本上维持不变. 类似地, 体系 A 可以改变其体积 V, 使热库 A′的体积作相反的变化; 体系对热库做功. 但因热库很大, 热库的压强 p'并不受这一相对微小的体积变化的影响㊀.

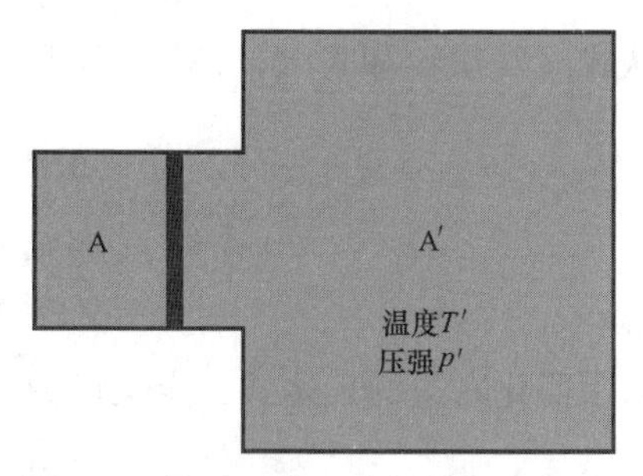

图 7.8　体系 A 与一个恒定温度为 T'、恒定压强为 p'的热库 A′相接触

假定体系 A 由某个宏观参量 y (或者若干个这样的参量) 描述. 当这个参量有一个特定值 y 时, 这种情况下复合体系 A* 的可到达态数 $\Omega^*(y)$ 就是 A 的可到达态数 $\Omega(y)$ 和热库 A′的可到达态数 $\Omega'(y)$ 的乘积. 因此

$$\Omega^* = \Omega\Omega'.$$

用定义 $S \equiv k\ln\Omega$, 就得出

$$S^* = S + S', \tag{7.70}$$

其中 S^* 是复合体系 A* 的熵, 而 S 和 S'分别是 A 和 A′的熵. 我们来考虑参量 y 有数值 y_0 的某个标准宏观态. 对孤立的复合体系 A* 应用式 (7.67), 关于在这个体系中参量取 y 和 $y+\delta y$ 之间数值的概率 $P(y)$, 我们得到

$$P(y) = P_0 e^{\Delta S^*/k}, \tag{7.71}$$

其中

$$\Delta S^* = S^*(y) - S^*(y_0).$$

但由式 (7.70),

$$\Delta S^* = \Delta S + \Delta S', \tag{7.72}$$

其中 ΔS 表示当参量从 y_0 变到 y 时 A 的熵变化, $\Delta S'$表示这时 A′的熵变化. 现在我们尝试简化式 (7.72), 用与所研究的体系 A 有关的量来表示热库的熵变化 $\Delta S'$.

因为热库很大, 所以它总是在恒定温度 T'和恒定压强 p'下继续处于平衡. 当它从体系 A 吸收一个相对微小的热量 Q'时, 在这个准静态过程中熵的变化由式 (7.32) 给出. 因而

$$\Delta S' = \frac{Q'}{T'}. \tag{7.73}$$

但当参量从 y_0 变到 y 时, 热库吸收的热 Q'为

$$Q' = \Delta\bar{E}' - W', \tag{7.74}$$

其中 $\Delta\bar{E}'$是 A′平均能量的变化, 而 W'是当 A 克服热库的恒定压强 p'使其体积变

㊀ 体系 A′可以是单个热库, A 既可以与热库交换热量, 又可以通过压强做功与 A′相互作用. 或者换一种方式, A′可以是两个热库的组合; 一个温度为 T', 只与 A 交换热量; 另一个压强为 p', 只通过压强做功与 A 相互作用.

化一个量 $\Delta V \equiv V(y) - V(y_0)$ 对 A′所做的功. 此时热库的体积变化为 $-\Delta V$，所以从式（5.14）得出 $W' = p'\Delta V$. 再者，将能量守恒应用于复合孤立体系 A^* 意味着 $\Delta\overline{E}' \equiv -\Delta\overline{E}$，其中 $\Delta\overline{E} \equiv \overline{E}(y) - \overline{E}(y_0)$ 是 A 的平均能量变化. 这样式（7.74）化为

$$Q' = -\Delta\overline{E} - p'\Delta V.$$

从式（7.72）和式（7.73），可得

$$\begin{aligned}\Delta S^* &= \Delta S - \frac{\Delta\overline{E} + p'\Delta V}{T'} \\ &= -\frac{-T'\Delta S + \Delta\overline{E} + p'\Delta V}{T'}\end{aligned} \tag{7.75}$$

为了简化右边的表达式，定义函数

$$\boxed{G \equiv \overline{E} - T'S + p'V,} \tag{7.76}$$

除了热库的温度 T' 和压强 p' 为常数外，它只包含体系 A 的函数 $\overline{E}$、S 和 V. 因为 T' 和 p' 是常数，我们有

$$\Delta G = \Delta\overline{E} - T'\Delta S + p'\Delta V.$$

因此式（7.75）可以写成简单的形式

$$\boxed{\Delta S^* = -\frac{\Delta G}{T'},} \tag{7.77}$$

其中 $\Delta G \equiv G(y) - G(y_0)$. 可是，由式（7.76）定义的函数 G 的量纲是能量. G 称为体系 A 在确定的恒温 T' 和恒压 p' 下的吉布斯自由能.

结果（7.77）说明总体系 A^* 的熵 S^* 随子系 A 的吉布斯自由能的减少而增加. 因此概率（7.71）极大，即总孤立体系 A^* 的熵 S^* 极大的情况相当于子系 A 的吉布斯自由能 G 的极小值. 按照对孤立体系的表述（7.68），我们得到下面的结论：

> 一个与恒定温度和恒定压强的热库接触的体系，其平衡情况的特征是它的参量值满足下述条件：
>
> $G =$ 极小值. （7.78）

假使条件（7.78）不满足，从而体系 A 不处于平衡，那么情况将这样变化：总体系 A^* 和熵 S^* 趋向于增加，直至达到最终的平衡情况；此时，体系 A 的参量取 S^* 为极大值所对应的数值的概率大到压倒一切. 等价地，这个表述可用吉布斯自由能更为便利地表示. 因此，情况将向着这样的方向变化，即体系 A 的吉布斯自由能趋于减小. 即

$$\Delta G \leqslant 0, \tag{7.79}$$

直至达到最终的平衡情况：A 的参量取与 G 的极小值相对应的数值的概率占绝对优势.

将式（7.77）用于式（7.71），我们得到明显的概率表述

$$P = P_0 e^{-\Delta G/kT'}. \tag{7.80}$$

因为 $\Delta G = G(y) - G(y_0)$，其中 $G(y_0)$ 只是某个与标准宏观态有关的常数，所以结果（7.80）可以用下面的比例关系来表示：

$$\boxed{\text{平衡时，} P(y) \propto e^{-G(y)/kT}.} \tag{7.81}$$

这个结果类似于孤立体系的结果（7.66），它明显地说明，当 $G(y)$ 是极小时，概率 $P(y)$ 是极大.

因为大多数具有物理或化学意义的体系，都是在确定的恒温和恒压的条件下研究的．表述（7.78）或（7.81）就代表平衡条件的一种方便的表达方式．因此，对任何物理或化学体系的讨论往往以此为出发点．下一节还要做明确的阐述.

7.6　相平衡

每一种物质都能以极不相同的形态存在，这些形态称之为相，它相应于同一类分子的不同类型的聚集．例如，我们发现一种物质可以以固体、液体或气体的形态存在[⊖]（气体的形态有时也称为汽）．如水可以以冰、液态水或水蒸气的形式存在．在不同的压强和温度范围内存在不同的相．再者，在一些特定的温度和压强下，一种相可以变为另一种相．例如，固体可以熔化而变成液体，液体可以汽化而变成气体，固体也可以升华而变成气体．本节试图用我们的普遍理论对相变获得更多的理解.

我们考虑由同类分子组成同一物质的两个相的体系（见图 7.9）．这两个相在空间上是分开的．例如这些相可以是固体和液体，或液体和气体．通常我们分别称之为相 1 和相 2．我们将在任意的恒定温度 T 和恒定压强 p 下考察这些体系，这是把体系与相应的温度和压强的热库接触来实现的．除了微小的涨落之外（它们与现在讨论的内容无关），处于平衡的物质的两个相始终都有相同的温度 T 和压强 p．用 N_1 表示以相 1 的形式存在的物质分子数；用 N_2 表示以相 2 形式存在的物质分子数．由于物质守恒，总分子数 N 当然必须保持为常数，与它们在两相之间如何分布的方式无关．因此

$$N_1 + N_2 = N = \text{常数}. \tag{7.82}$$

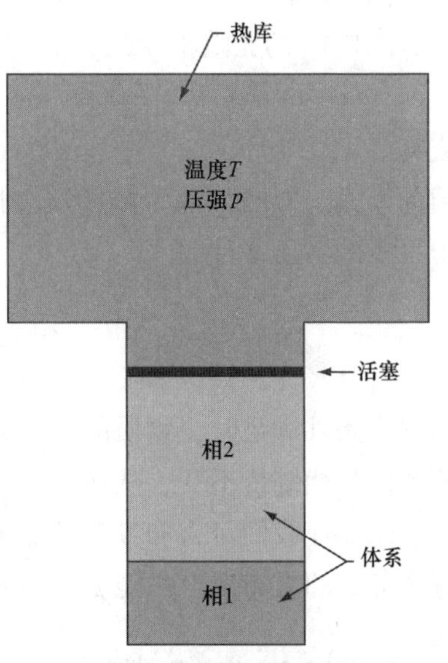

图 7.9　两相组成的体系，通过与适当的热库接触以维持恒定的温度 T 和恒定的压强 p

⊖ 相应于不同的晶体结构，还可以有各种不同形式的固体.

因而与我们有关的问题是：在指定的温度 T 和压强 p，处于平衡的情况中，只有相 1 单独存在，还是只有相 2 单独存在，还是两相同时存在？

因为温度 T 和压强 p 保持恒定，所有这些问题都可以归结为对体系的总的吉布斯自由能 G 进行考察．这个自由能可以看作 N_1 和 N_2 的函数．那么平衡条件的普适公式（7.78）断定，参量 N_1 和 N_2 必定选取使 G 为极小的数值．这里 G 由式（7.76）定义，因而㊀

$$G = \overline{E} - TS + pV = \text{极小值}. \tag{7.83}$$

其中体系的总平均能量 $\overline{E}$ 就等于两个相的平均能量之和，体系的总熵 S 就等于两个相的熵之和㊁，而且体系的总体积就等于两个相的体积之和．因此得出

$$G = G_1 + G_2, \tag{7.84}$$

其中 G_1 和 G_2 分别为相 1 和相 2 的吉布斯自由能，但是在给定的温度和压强下任何一个特定相的平均能量、熵和体积各自正比于现存的相的数量（即每个量都是 5.6 节中所讨论的广延量）．这样，我们可以写出 $G_1 = N_1 g_1$ 和 $G_2 = N_2 g_2$，其中：

$$g_i(T,p) \equiv \text{在给定温度 } T \text{ 和压强 } p \text{ 时，第 } i \text{ 相每个分子的吉布斯自由能}. \tag{7.85}$$

它说明第 i 相的内在性质而与其现存的数量无关．因而式（7.84）化为

$$G = N_1 g_1 + N_2 g_2, \tag{7.86}$$

其中 g_1 和 g_2 只与 T 和 p 有关，而与数 N_1 或 N_2 无关．

如果两相共处于平衡，按照式（7.83）N_1 和 N_2 必定使 G 为极小．这样，对于 N_1 和 N_2 的无限小变化，G 一定不变，从而

$$\mathrm{d}G = g_1 \mathrm{d}N_1 + g_2 \mathrm{d}N_2 = 0$$

或

$$(g_1 - g_2)\mathrm{d}N_1 = 0.$$

因为由式（7.82）表示的物质守恒意味着 $\mathrm{d}N_2 = -\mathrm{d}N_1$．这样，我们得出两相共处于平衡的必要条件为

$$\boxed{\begin{array}{c}\text{共处于平衡时，}\\ g_1 = g_2.\end{array}} \tag{7.87}$$

当这个条件满足时，物质的一个分子从一个相转移到另一个相时，式（7.86）中 G 的数值显然维持不变，从而 G 有一个所要求的极值㊂．

现在让我们对吉布斯自由能即式（7.86）作稍微严密一些的考察．记住各相每个分子的吉布斯自由能 $g_i(T, p)$ 是一个明确定义的函数，它表明在给定温度和

㊀ 式（7.76）中出现的撇在式（7.83）中已消失，因为我们现在直接用 T 和 p 表示热库的温度和压强．而假定体系的温度和压强也等于 T 和 p，因为我们不考虑体系温度和压强的微小涨落．

㊁ 这只是与关系（7.70）相当，即总体系的可到达态数是每个相的可到达态数的乘积．

㊂ 显然条件式（7.87）只是一个存在极小值的必要条件，但是保证 G 确实有一个极小而不是极大的充分条件不是那么重要，不值得我们在这里讨论它．

压强下特定相 i 的特性，因而我们可以作如下说明：

如果 T 和 p 使得 $g_1 < g_2$，这时只要所有的 N 个物质分子都转换到相 1 而使 $G = Ng_1$，式（7.86）中 G 的极小值就达到了．于是只有一个相 1 能存在于稳定的平衡之中．

如果 T 和 p 使得 $g_1 > g_2$，这时只要物质的所有 N 个分子都转换到相 2，而使 $G = Ng_2$，G 的极小值就达到了．因而只有一个相 2 能存在于稳定的平衡之中．

如果 T 和 p 使得 $g_1 = g_2$，条件（7.87）被满足，相 1 中任意数目 N_1 个分子都可以与余下的相 2 中 $N_2 = N - N_1$ 个分子共处于平衡．于是当 N_1 变化时数值 G 保持不变．因而那些 T 和 p 满足条件（7.87）的点的轨迹就代表相平衡曲线，两个相可以沿此线共处于平衡．这个处处 $g_1 = g_2$ 的曲线将 pT 平面划分成两个区域：一个区域 $g_1 < g_2$，在其中相 1 是稳定的相，另一个区域 $g_1 > g_2$，在其中相 2 是稳定的相．

可用一个微分方程来表征相平衡曲线的特性．在图 7.10 中考虑任意一点，比如 a，它位于相平衡曲线上并相应于温度 T 和压强 p．这时从条件（7.87）可得出

$$g_1(T,\ p) = g_2(T,\ p). \tag{7.88}$$

现在考虑一个邻近点，比如 b，它也位于相平衡曲线上，并相应于温度 $T + \mathrm{d}T$ 和压强 $p + \mathrm{d}p$．这时条件（7.87）意味着

$$g_1(T + \mathrm{d}T, p + \mathrm{d}p) = g_2(T + \mathrm{d}T, p + \mathrm{d}p). \tag{7.89}$$

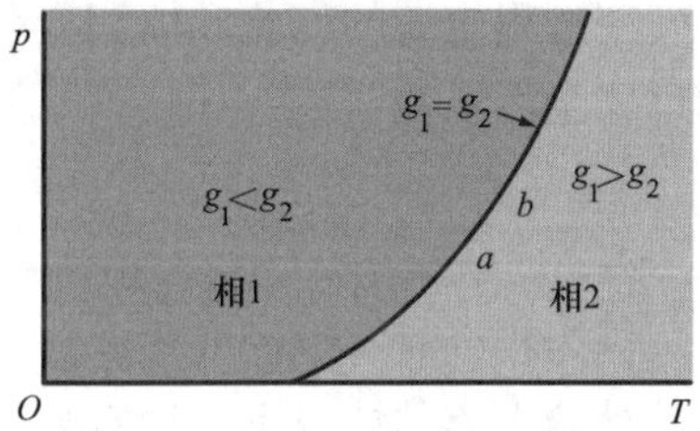

图 7.10　这个压强 p 随温度 T 变化的图画出了两个相分别各自处于平衡的区域以及两相共处于平衡的相平衡曲线

式（7.89）减去式（7.88）就给出条件

$$\mathrm{d}g_1 = \mathrm{d}g_2, \tag{7.90}$$

其中 $\mathrm{d}g_i$ 是 i 相从 a 点（温度 T 和压强 p）抵达 b 点（温度 $T + \mathrm{d}T$ 和压强 $p + \mathrm{d}p$）时每一个分子自由能的变化．

但是，由于定义（7.83），每个 i 相分子的自由能就是

$$g_i = \frac{G_i}{N_i} = \frac{\overline{E}_i - TS_i + pV_i}{N_i}$$

或

$$g_i = \bar{\varepsilon}_i - Ts_i + pv_i,$$

其中每个 i 相分子的平均能量 $\bar{\varepsilon}_i = \overline{E}_i / N_i$，熵 $s_i \equiv S_i / N_i$、体积 $v_i \equiv V_i / N_i$．因此

$$\mathrm{d}g_i = \mathrm{d}\bar{\varepsilon}_i - T\mathrm{d}s_i + p\mathrm{d}v_i + v_i\mathrm{d}p - s_i\mathrm{d}T.$$

但基本的热力学关系（7.34）使我们可将这个熵的变化 $\mathrm{d}s_i$ 和在变化中该相所吸收的热联系起来，即

$$T\mathrm{d}s_i = \mathrm{d}\bar{\varepsilon}_i + p\mathrm{d}v_i.$$

因此就得到

$$dg_i = -s_i dT + v_i dp. \tag{7.91}$$

将此结果用于每个相，则式（7.90）化为

$$-s_1 dT + v_1 dp = -s_2 dT + v_2 dp,$$

$$(s_2 - s_1) dT = (v_2 - v_1) dp$$

或

$$\boxed{\frac{dp}{dT} = \frac{\Delta s}{\Delta v}}, \tag{7.92}$$

其中 $\Delta s \equiv s_2 - s_1$，$\Delta v \equiv v_2 - v_1$.

方程（7.92）称为克劳修斯-克拉珀龙方程．考虑相平衡曲线上任意一点，温度为 T，相应的压强为 p，这时方程（7.92）表示相平衡曲线在这一点的斜率与当曲线从这一点穿过时（即在这个温度和压强下发生相变时）每个分子的熵变化 Δs 及体积变化 Δv 的关系．注意，如果我们处理由 N 个物质分子组成的任意的数量，在转变过程中熵的变化和体积变化就是 $\Delta S = N\Delta s$ 和 $\Delta V = N\Delta v$；因此方程（7.92）可以完全等效地写成

$$\boxed{\frac{dp}{dT} = \frac{\Delta S}{\Delta V}}. \tag{7.93}$$

因为相变时有熵的变化，因而也必定有热量被吸收．相变潜热 L_{12} 就定义为两相共处于平衡的情况下一给定数量的相 1 转换为相 2 所吸收的热量．因为这个过程是在等温 T 的情况下发生的，相应的熵变化通过式（7.32）与 L_{12} 相联系，从而

$$\Delta S = S_2 - S_1 = \frac{L_{12}}{T}, \tag{7.94}$$

其中 L_{12} 是在该温度下的潜热．这样，克劳修斯-克拉珀龙方程也可以写成如下形式：

$$\boxed{\frac{dp}{dT} = \frac{L_{12}}{T\Delta V}}. \tag{7.95}$$

如果 V 是每摩尔体积，则 L_{12} 为每摩尔潜热，如 V 是每克的体积，则 L_{12} 为每克的潜热．

我们来讨论这些结果的几个重要应用．

单一物质的相变

前面早已提到过，一种物质能以三种形式的相存在；固体、液体和气体（固相可因晶体结构不同而有几种）．这三个相之间的相平衡曲线可以用如图 7.11 所示的一般方式在压强随温度变化的图上表示出来．这些曲线

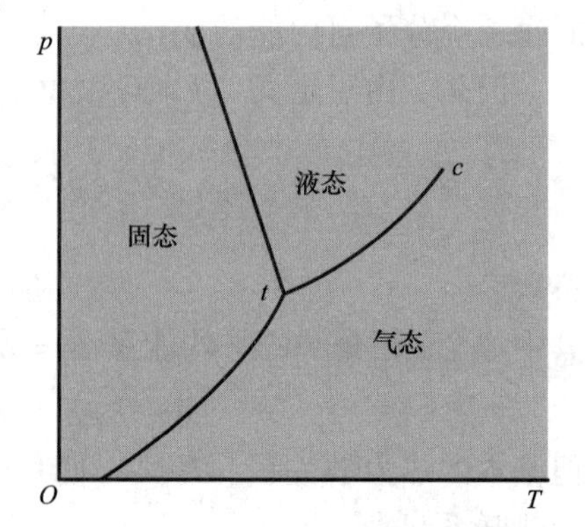

图 7.11　物质（例如水）的相图（t 点是三相点，c 点是临界点）

在图上将液体区域和固体区域分隔开来，将气体区域与固体区域分隔开来，并将气体区域和液体区域分隔开来. 因为三条曲线相交的方式，只能是它们将平面分割为不超过三个不同的区域，所以它们必定相交于一公共点 t，称为三相点. 因此在这个唯一的温度和压强下，任意数量的三个相就可以彼此共处于平衡（这个性质使得水的三相点适宜作为易于重复的温度标准）. 液-气平衡曲线终止于 c 点，即所谓临界点，这时给定数量的液体和气体间的体积变化 ΔV 已趋于零. 在 c 之外不再有相变，因为只存在一个“流体”相（这时压强变得很大，致使稠密的气体与液体没有区别）.

当一物质从固体形式（s）转化为液体形式（l）时，它的熵（或无序程度）几乎总是增加的㊀. 这样，相应的潜热 L_{sl} 是正的，在相变时吸热. 在大多数情况下，固体在溶解时膨胀，从而 $\Delta V>0$. 这种情况下，克劳修斯-克拉珀龙方程（7.93）断定：固-液相平衡曲线（即熔解曲线）的斜率为正. 有些物质，如水，它在熔化时收缩从而 $\Delta V<0$，因此它的熔解曲线的斜率必定为负（见图7.11）.

蒸汽压的近似计算

可用克劳修斯-克拉珀龙方程推得在温度 T，蒸汽与液体（或固体）平衡时的压强的近似表达式. 这个压强被称为该温度下液体（或固体）的蒸汽压. 将式（7.95）用于1mol 物质，给出

$$\frac{\mathrm{d}p}{\mathrm{d}T}=\frac{L}{T\Delta V},\tag{7.96}$$

其中 $L\equiv L_{12}$，是每摩尔汽化潜热，V 是每摩尔的体积. 以1表示液（或固）相，2表示汽相. 于是

$$\Delta V=V_2-V_1\approx V_2,$$

因为蒸汽比液体（或固体）稀薄得多，从而 $V_2\gg V_1$. 我们再假设蒸汽完全可以作为理想气体处理，因而每摩尔的状态方程就是

$$pV_2=RT.$$

于是

$$\Delta V\approx V_2=\frac{RT}{p}.$$

用这些近似，式（7.96）可化为

$$\frac{1}{p}\frac{\mathrm{d}p}{\mathrm{d}T}\approx\frac{L}{RT^2}.\tag{7.97}$$

通常 L 近似地与温度无关. 因此式（7.97）可直接由积分给出

$$\ln p\approx-\frac{L}{RT}+\text{常数}$$

㊀ 极低温下固体 ^3He 出现了一种特殊情况. 这里量子力学效应引起液体中核自旋的反平行排列，而这些自旋在固体中是无规取向的.

或
$$\boxed{p \approx p_0 \mathrm{e}^{-L/RT}} \tag{7.98}$$
其中 p_0 为某一常数．这样，我们看到蒸汽压与温度的关系取决于潜热的数值．这个潜热大致上是把1mol液体（或固体）离解为相距很远的各个分子所需的能量．因而只要液体（或固体）是作为未离解的相存在的，这个潜热就一定比每摩尔热能 RT 大得多．因为 $L \gg RT$，由式（7.98）给出的蒸汽压就是温度 T 的极迅速递增的函数．

注意从根本原理计算蒸汽压应是可能的．的确，关于每一种相的微观结构知识使我们能计算这种相的可到达态数．因此，就可以决定熵和平均能量，从而可以计算作为 T 和 p 的函数的每个分子的吉布斯自由能．于是基本的平衡条件
$$g_1(T,p) = g_2(T,p)$$
就提供一个方程，使我们能用 T 来解出 p．这样，我们就可以求得蒸汽压和温度相关的表达式，它不包括未知的比例常数（例如 p_0）．在简单的情况下，可以具体做出这一类微观计算．

7.7　无序向有序的转变

任何孤立体系都倾向于趋向最无序的状态，即熵为最大的状态．这是与我们的统计假设一致并贯穿于本书全部讨论的关键性原理．有许多情况能作为例证说明这个原理，这种情况到处都可以见到．这里，我们只挑出两个特例：

（ⅰ）考虑一个由盛满水的容器、叶轮以及通过弦线与轮子相连接的重物所构成的体系（见图5.7）．假定这个孤立体系保持不受干扰．那么重物可能向上或向下运动使叶轮转动，因而与水交换能量．如果重物下降，与它的唯一自由度（即与它相对于地板的高度）相联系的重力势能转化为无序分布于水的大量分子间的等量内能．如果重物向上升，在这些水分子间无序分布的内能转化为与重物向上的非无序的位移相联系的势能．因为熵趋向于增加，实际上以占绝对优势的概率发生的过程是前一种过程．因而重物下降，从而体系到达一个较少有序即更为无序的情况．

（ⅱ）考虑一个动物或任意其他生物有机体，尽管它只由简单的原子组成（例如碳、氢、氧和氮），它们并不是简单无规地混合在一起．的确，这些原子以巧妙的组织方式形成高度有序的体系．在典型的情况中这些原子首先形成特殊的有机分子（例如20来种不同类型的氨基酸）．然后这些有机分子被用来构成一些结构单元，这些单元按照准确的次序首尾相接而形成各种不同类型的具有非常特殊性质的大分子，简称为大分子（例如氨基酸就被用作结构单元以形成不同的蛋白质）．现在假定将动物封闭在一个箱子里而使其完全孤立．于是其高度有序的结构就不会再维持下去了．按照熵增加原理，这只动物就不能继续生存，其含有许多复杂大分子

的精致有机组织将逐渐分解为许多比原来无序得多的简单有机分子的混合物.

因而熵增加原理就给出一个印象，认为世界会向着越来越无序的情况发展. 即使不对整个宇宙（也许不应当把宇宙看作是孤立体系）作出论断，我们还是可以肯定地说，一个孤立体系中每一个自发的过程都有一个从比较有序的情况到比较无序情况的优先方向. 于是我们可以提出下面有意义的问题，在什么限度内这个过程的方向有可能反过来，而使体系从一个比较无序的情况进入到比较有序的情况？为了说明这个问题的重要性，我们用与前面两个例子有关的更加具体的术语来表达.

（i）在什么限度内有可能将无规则地分布于物质（如水、油或煤）的许多分子中的内能转化为与外参量（如活塞的运动或轴的转动）有规则的变化相联系的能量呢？亦即转化为提升重物或开动车子的有用功. 换句话说在什么限度内有可能制造出导致工业革命和各种发动机和机器？

（ii）在什么限度内，有可能将简单分子的无规混合物转化为动物或植物的复杂而高度有组织的大分子呢？换言之，生命机体在什么限度内有可能存在？

我们这里提出的问题远非小事，正如我们已看到的，它直接关系到诸如生命的可能性或工业革命的可能性这样深刻的问题. 因而让我们用下面极其普遍的术语将这个问题明确地表达出来：在什么限度内有可能使一个体系 A 从比较无序的状况进入比较有序的状况？或者更加定量地说：在什么限度内，有可能使一个体系 A 从熵为 S_a 的宏观态 a 进入另一个有较低的熵 S_b 的宏观态 b 而使 $\Delta S \equiv S_b - S_a < 0$？

现在我们尝试以同样的普遍性来回答这些问题. 如果体系 A 是孤立的，那么熵增加（或者保持不变），从而 $\Delta S \geqslant 0$ 就有压倒一切的可能性. 于是问题的答案就很简单：减少无序性的要求是不可能实现的. 然而，假定体系 A 并不孤立而是与某一别的体系 A′自由地相互作用；那么由 A 和 A′组成的孤立复合体系 A^* 的熵 S^* 必定要增加同样是正确的，因而 $\Delta S^* \geqslant 0$. 但是，

$$S^* = S + S',$$

S'表示体系 A′的熵. 于是熵增加的论断应用于孤立体系 A^* 就是断定

$$\boxed{\Delta S^* = \Delta S + \Delta S' \geqslant 0.} \tag{7.99}$$

不过这个条件并不一定就要求 $\Delta S \geqslant 0$. 的确，只要 A′的熵 S'至少增加一个补偿的数量，使总体系满足条件（7.99），A 的熵 S 完全可能减少. 于是，以另一个能与 A 相互作用的体系 A′为代价，所研究的体系 A 的无序性就减少了，这样，我们就得到下列结论，我们将其称之为“熵补偿原理”：

一个体系只有当它与一个或多个辅助体系相互作用，在相互作用过程中，它至少给这些体系以相补偿数量的熵时，该体系的熵才可能减少.	(7.100)

表述（7.100）不过是用文字的形式表达了式（7.99）的内容，为我们的问题提供了一个普遍的答案. 假定我们面临某些体系的熵怎样可能减少的问题，这个任

务有可能完成，办法是用一些不同的辅助体系和不同过程的各种程序．于是表述（7.100）可以有下列应用：

（ⅰ）它可以直接排除某些提出的程序，即说明它们是行不通的（只要它们会使$\Delta S^* <0$）．

（ⅱ）它可以提示在一些可供选择的程序中为了达到所要求的目标，某个程序可能比其余的更有效．

然而，表述（7.100）没有提供实际上用以减少体系熵的具体程序或机制的信息．于是就有一些极有才智的人，发明专门把内能转化为功的蒸汽机、汽油机或柴油机．类似地，亿万年来生物进化的结果，选择出多种特殊生化反应，这些反应非常适合于合成使生命成为可能的大分子．

下面让我们说明普遍原理，即表述（7.100）对某些具体情况的广阔应用．

发动机（热机）

发动机是用来将一个体系的某些内能转化为功的装置．发动机机构M（它可以由各种活塞、汽缸等组成）自身在过程中应当保持不变．这可以让机构M通过由几个步骤组成的循环来达到，在每次循环终了时，机构就返回到起动时的同一宏观态．于是，发动机就可以通过一系列这样重复的循环而不断运转．在每次循环中，机构M本身的熵没有变化，因为它返回到它的初始的宏观态．假定发动机所做的功w只是另外的某个体系B的外参量的变化（例如吊起一个重物或移动一个活塞），并且保持B的熵不变．所以每当发动机运转一个循环时，唯一发生的熵变化只与体系A相联系，正是A的内能$\bar{E}$部分地转化为宏观功．

最简单的情况是这样：体系A就是某个处于恒定绝对温度T的热库．理想的情况下，我们希望在一个循环内发动机从热库吸取一定数量的热量q（于是热库内能减小q）并用这些热量对体系B做一定量的功w[⊖]．因此$w=q$满足能量守恒．于是我们就有了如图7.12所示的一台“理想发动机”．尽管这是非常合意的，但这样一台理想发动机显然是不可能实现的．的确，因为热库A在一个循环内吸收数量（$-q$）的热，相应的熵变化为

$$\Delta S = -\frac{q}{T}, \tag{7.101}$$

而且是负的．这也是图7.12所示的整个体系A_0的每一循环的熵变化．按照我们普遍的论断，这样一个理想发动机确实不可能构成，因为唯一的后果是从热库提取能量而减少热库的无序性．

如果我们想要坚持将热库A的若干内能转换成为功的目标，那就必须应用熵补偿原理，即表述（7.100），设法抵消熵的减少，即式（7.101）．因此，我们必

⊖ 我们用字母q和w表示热和功的数量，它们是正的．

须引进某个辅助的体系 A′，图 7.12 中的体系 A_0 可与它相互作用. 让我们把 A′选择为另一个处于绝对温度 T'的热库. 这个热库就可能与我们以前的体系 A_0 相互作用，使得在一个循环中从 A_0 吸收热量 q'. 因此 A'的熵将增加一个数量

$$\Delta S' = \frac{q'}{T'}. \tag{7.102}$$

为了达到所希望的熵补偿，我们要求由 A_0 和 A′组成的总孤立体系 A^* 的熵满足条件

$$\Delta S^* = \Delta S + \Delta S' \geqslant 0. \tag{7.103}$$

为了使总体系容易满足这个条件，对应于从体系 A 吸取的一定热量 q，我们希望 A 的熵减少得尽可能的少，即我们希望 A 的绝对温度尽可能地高. 类似地，为了达到最大可能的补偿熵增加 $\Delta S'$，我们希望通过给 A′以热 q'的形式耗费掉的能量尽可能地小，即希望辅助热库的绝对温度 T'尽可能地低.

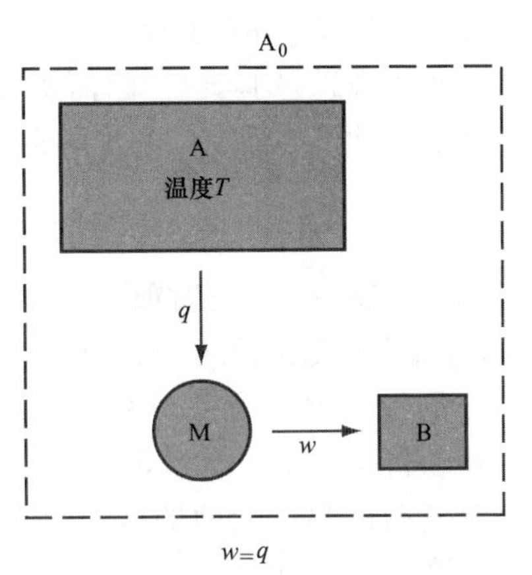

图 7.12　理想发动机 A_0，其组成为：发动机机构 M，它做功的对象体系 B，以及它从之提取热量的单一热库 A

现在，我们设计一种如图 7.13 所说明的普通型的可以实现的发动机. 为了研究其性质，首先注意，由于式（7.101）和式（7.102），条件（7.103）可化为

$$\Delta S^* = -\frac{q}{T} + \frac{q'}{T'} \geqslant 0. \tag{7.104}$$

其次，能量守恒意味着发动机在一个循环中所做的功 w 必须等于

$$w = q - q'. \tag{7.105}$$

为了从发动机得到数量最大的功 w，在与达到补偿熵增加 $\Delta S'$的目标协调的情况下，给辅助热库 A′的热量 q'必须尽可能地小. 根据式（7.105），$q' = q - w$，因而式（7.104）化为

$$-\frac{q}{T} + \frac{q-w}{T'} \geqslant 0, \quad \frac{w}{T'} \leqslant q\left(\frac{1}{T'} - \frac{1}{T}\right)$$

或

$$\boxed{\frac{w}{q} \leqslant 1 - \frac{T'}{T} = \frac{T-T'}{T}.} \tag{7.106}$$

在理想发动机的假设情况下，所有从热库 A 吸取的热量都转化为功，从而 $w = q$. 对可实现的发动机，如我们刚才所讨论的 $w < q$，因为必须给辅助体系 A′以某个热量 q'. 比率

$$\eta \equiv \frac{w}{q} = \frac{q - q'}{q}. \tag{7.107}$$

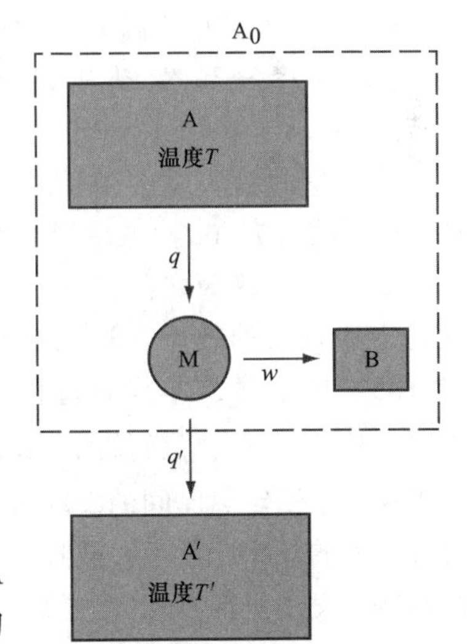

图 7.13　由图 7.12 的体系 A_0 与一辅助热库 A′构成的可以实现的发动机装置，A′的绝对温度比热库 A 低

因此就称为发动机的效率．这个效率在理想发动机的情况下为1，而对所有可实现的发动机来说它小于1．因而式（7.106）提供了在两个给定绝对温度的热库之间工作的发动机的最大许可效率的表达式，即

$$\eta \leqslant \frac{T-T'}{T}. \tag{7.108}$$

正如我们前面的论述所预期的，两台发动机之间的温差越大，这个效率就越高．

在高度发达的工业社会，当然到处是各种类型的发动机．但是这些发动机中没有一台是理想的，即每台发动机都向辅助的低温热库排热，这个热库通常是周围大气．例如，蒸汽机有一个冷凝器，汽油机有排气机构．式（7.108）提供了一个发动机许可效率的理论上限．虽然这个理论上最大的效率，真实的发动机是达不到的，但它却在工程运用上提供了一个有用的指导．例如，在蒸汽机中，通常不是用接近100℃的蒸汽而是希望使用过热蒸汽就是根据这样的事实：在过热蒸汽与室温之间有较大的温差，按照式（7.108），将导致发动机的效率提高．

图7.14　N．L．塞迪．卡诺（1796—1832）．1824年，早在把热作为能量的一种形式的概念尚未被普遍承认之前，年轻的法国工程师卡诺就发表了对热机深刻的理论分析．他的观点其后被开尔文和克劳修斯所发展，导致热力学第二定律的宏观系统性阐述．（取材于塞迪·卡诺的文章 *Reflections on the Motive Power of Fire*，见 E．Mendoza 编，Dover 出版公司1960年重印．）

从理论的观点看，值得注意的是，如果式（7.108）取等号，在两个固定温度的热库之间工作的发动机就达到最大的效率．这只有在式（7.103）取等号，即只有过程是准静态的从而它不会导致熵的变化时才是对的．因而式（7.108）就断定，没有一个工作在两个给定热库间的发动机会比在同样两个热库之间按准静态方式工作的发动机有更大的效率．再者，从式（7.108）可知，在这两个热库之间按准静态方式工作的任何发动机都有相同的效率；也就是说，对任何准静态的发动机

$$\eta = \frac{T-T'}{T}. \tag{7.109}$$

【生化合成】

让我们给出一个代表生物学过程的简单应用，这种过程包含在大分子的合成

中．一种糖分子，葡萄糖，是由6个碳原子组成的环状结构，在所有的新陈代谢中是极重要的；另一种糖分子，果糖，也是由6个碳原子组成的另一种环状结构．这两种分子可以组合成更为复杂的糖分子，即蔗糖，它由葡萄糖和果糖的碳环连结在一起而组成．相应的化学反应可以写成如下形式：

$$\text{葡萄糖}+\text{果糖}\rightleftharpoons\text{蔗糖}+H_2O. \tag{7.110}$$

因为所有我们研究的化学反应都在恒温恒压下进行，整个孤立体系（包括维持恒温恒压的热库）的熵变化最适宜用所研究体系的吉布斯自由能 G 来表示．对由反应(7.110)中那些分子组成的体系进行测量表明：在标准条件下（每种反应物每升1mol的浓度）沿着从左到右方向进行的反应（7.110）伴随着自由能变化 $\Delta G=+0.24\text{eV}$．但按照我们前面7.5节的讨论，在恒温恒压情况下体系的吉布斯自由能趋于减小．因此，反应（7.110）倾向于从右到左进行，从而耗费较复杂的蔗糖分子来产生较简单的葡萄糖和果糖分子．这样，反应（7.110）自身不可能完成蔗糖的合成．的确，在包含反应（7.110）各种分子的溶液中，在平衡情况下，其中大部分是简单的葡萄糖和果糖分子而不是比较复杂的蔗糖分子．

为了完成所要求的蔗糖的合成，熵补偿原理即表述（7.100）提示我们，必须使反应（7.110）与另一个自由能变化 $\Delta G'$ 为负而且足够大的反应联系起来，使得两个联合反应的总自由能变化满足条件

$$\Delta G+\Delta G'\leqslant 0. \tag{7.111}$$

这个为生物有机体所最广泛地使用以达到这样一个负值 $\Delta G'$ 的反应是一个包含分子ATP（三磷酸腺苷）的反应，ATP很容易失去其微弱地连接着的三个磷酸基团中的一个而转化为ADP分子（二磷酸腺苷），相应于反应：

$$\text{ATP}+H_2O\longrightarrow\text{ADP}+\text{磷酸离子} \tag{7.112}$$

这个特殊反应的自由能变化（在标准条件下）是 $\Delta G'=-0.30\text{eV}$．它足够抵消反应（7.110）的正自由能变化；的确，

$$\Delta G+\Delta G'=0.24-0.30=-0.06\text{eV}. \tag{7.113}$$

因而就有可能使反应（7.110）和（7.112）同时进行以实现所要求的蔗糖的合成，只要这两个反应能够适当地彼此联系起来就行了．这可以通过普通的中间体1-磷酸葡萄糖分子来完成，这种分子由一个磷酸基团附着于葡萄糖分子而组成．有适当的催化剂（酶）就使这一反应有可觉察的速率，在生物有机体中实现合成的实际机构由下列两个顺序的反应组成：

$$\text{ATP}+\text{葡萄糖}\longrightarrow\text{ADP}+\text{（1-磷酸葡萄糖）}$$

$$\text{（1-磷酸葡萄糖）}+\text{果糖}\longrightarrow\text{蔗糖}+\text{磷酸离子}.$$

这些反应的总和给出净的反应

$$\text{ATP}+\text{葡萄糖}+\text{果糖}\longrightarrow\text{蔗糖}+\text{ADP}+\text{磷酸离子}.$$

就所涉及的初始和终了宏观态来说，这等效于反应（7.110）和（7.112）同时进行．于是较复杂的蔗糖分子的合成就为ATP分子破裂为较简单的ADP分子所补偿．

从氨基酸合成蛋白质所根据的基本原理［或由核酸合成携带遗传信息的脱氧核糖核酸（DNA）分子］与我们的简单例子中概述的相类似. 有兴趣的读者可参阅（建议的补充读物）中 A. L. Lehninger 的书.

定 义 摘 要

广义力　设体系处于能量为 E_r 的 r 态. 与这个体系的一外参量 x 共轭的广义力定义为

$$X_r = \frac{\partial E_r}{\partial x}.$$

吉布斯自由能　如果一体系与恒定温度 T'、恒定压强 p' 的热库相接触，其吉布斯自由能定义为

$$G \equiv \overline{E} - T'S + p'V,$$

其中 E 是平均能量，S 为熵，V 为体系的体积.

相　物质分子集结的特定形式.

潜热　在两相彼此平衡的情况下，由给定数量的一相转化成等量的另一相所必须吸收的热.

蒸汽压　在特定温度下与液体（或固体）处于平衡时，气相的压强.

相平衡曲线　两相能彼此平衡共存的温度和相应压强值的曲线.

克劳修斯-克拉珀龙方程　即方程 $\mathrm{d}p/\mathrm{d}T = \Delta S/\Delta V$，它说明相平衡曲线的斜率与给定温度和压强下两相之间熵变化 ΔS 以及体积变化 ΔV 之间的关系.

发动机（热机）　一种用于把体系内能转化为功的装置.

重要关系式

在任意的准静态过程中

$$\mathrm{d}S = \frac{đQ}{T}. \tag{i}$$

对一个处于平衡的孤立体系

$$S = \text{极大值}, \tag{ii}$$

$$\mathrm{P} \propto \mathrm{e}^{S/k}. \tag{iii}$$

对于与恒定温度 T' 和压强 p' 的热库处于平衡的体系

$$G = \text{极小值}, \tag{iv}$$

$$P \propto \mathrm{e}^{-G/kT'}. \tag{v}$$

当两相平衡时

$$g_1 = g_2; \tag{vi}$$

沿着相平衡曲线，

$$\frac{\mathrm{d}p}{\mathrm{d}T} = \frac{\Delta S}{\Delta V} = \frac{L}{T\Delta V} \tag{vii}$$

建议的补充读物

F. Reif, *Fundamentals of Statistical and Thermal Physics* (McGraw-Hill Book Company, New York, 1965). 第 5 章描述热力学定律的应用，第 8 章处理不同相之间的平衡以及不同种类分子间的化学平衡.

关于经典热力学的完全宏观的讨论：

M. W. Zemansky, *Heat and Thermodynamics*, 4th ed. (McGraw-Hill Book Company, New York, 1957).

E. Fermi, *Thermodynamics* (Dover Publications, Inc., New York, 1957).

应用：

J. F. Sandfort, *Heat Engines* (Anchor Books, Doubleday & Company, Inc., Carden City, N. Y., 1962). 讨论了从热机诞生至今的历史.

A. L. Lehninger, *Bioenergetics* (W. A. Benjamin, Inc., New York, 1965). 特别注意 1 ~ 4 章，本书生动活泼，讲解在生物学中的应用，即使是几乎毫无生物学背景知识的读者也适用.

历史和传记介绍：

S. Carnot, *Reflections on the Motive Power of Fire*, edited by E. Mendoza (Dover Publications, Inc., New York, 1960). 有卡诺原始论文的复印和英文译文，编者还作简史和传略的介绍.

习　　题

7.1　理想气体状态方程的另一种推导

N 个原子的单原子理想气体，装在体积 V 内，能量为 E 到 $E+\delta E$ 之间的可到达态数 Ω (E)，按照习题 3.8 的结果，由下面的比例式给出：

$$\Omega \propto V^N E^{(3/2)N}.$$

用这个关系式借助于普适关系即式 (7.15) 计算这个气体的平均压强 $\bar{p}$. 证明，你由此得到了熟知的理想气体状态方程.

7.2　气体的绝热压缩

考虑一热绝缘的单原子理想气体. 假定在一个大气压和 400K 开始缓慢地将这

个气体压缩到初始体积的1/3.

（a）气体的终态压强是多少？

（b）气体的终态温度是多少？

7.3　理想气体在准静态绝热过程中所做的功

一热绝缘的理想气体，其每摩尔比热容 c_V（等容）与温度无关. 假定这一气体准静态地从一个体积为 V_{i}、平均压强为 $\bar{p}_{\mathrm{i}}$ 的初始宏观态压缩到体积为 V_{f}、平均压强为 $\bar{p}_{\mathrm{f}}$ 的终了宏观态.

（a）直接计算这个过程中气体所做的功，用初始压强、终了压强和体积表示你的答案.

（b）用气体初始和终了的绝对温度 T_{i} 和 T_{f} 表示（a）的答案. 证明该结果可直接从考虑气体内能变化得出.

7.4　理想气体的比热容之差 $c_p - c_V$

考虑装在由活塞封闭的垂直圆柱体内的理想气体. 活塞支撑着一个重物但可自由移动；于是气体不管其体积如何总保持相同的压强（等于活塞的重量除以它的面积）.

（a）如果气体保持在恒压，用式（7.43）计算当温度增加 $\mathrm{d}T$ 时所吸收的热量 $đQ$. 用此结果证明：在恒压下测量的摩尔比热容 c_p 与等容时摩尔比热容 c_V 的关系为 $c_p = c_V + R$.

（b）像氦（He）这样的单原子气体 c_p 的数值是多少？

（c）证明比率 c_p/c_V 等于式（7.57）中定义的量 γ. 这个比例在单原子理想气体情况下的数值是什么？

7.5　理想气体的准静态过程

处于绝对温度 T 的双原子理想气体，每摩尔的内能等于 $\overline{E} = \dfrac{5}{2}RT$. 1mol 这样的气体准静态地先从宏观态 a 进行到宏观态 b，然后从宏观态 b 沿着图7.15所示的直线进行到 c.

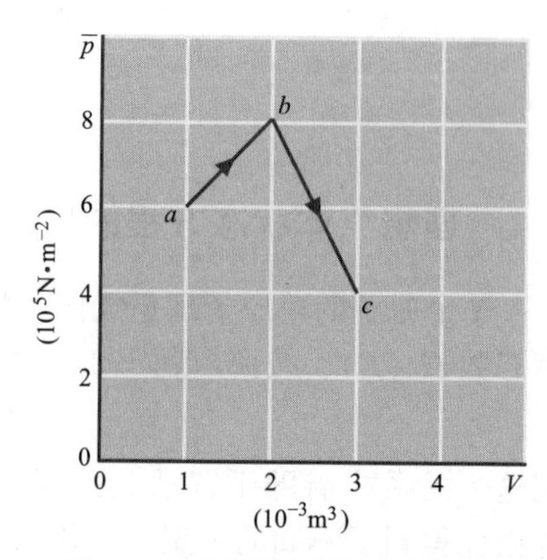

图7.15　在平均压强 $\bar{p}$ 随体积 V 变化的图中所表示的过程

（a）这个气体的摩尔等容热容是多少？

（b）气体在 $a \to b \to c$ 的过程中所做的功是多少？

（c）气体在这个过程中所吸收的热量是多少？

（d）这个过程中熵的变化是多少？

7.6　不可逆过程中的熵变化

考虑习题 5.8 中的气体. 计算气体的终态熵 S，用活塞松脱前的初始熵 S_0 表示 S. 证明熵变化 $\Delta S \equiv S - S_0$ 为正.

7.7　体积固定的体系在与热库相接触时的平衡条件

考虑一体系 A，它唯一的外参量就是它的体积 V，而且 V 保持固定. 这个体系与处于恒定温度 T' 的热库 A′相接触.

（a）用类似于 7.5 节的论证说明 A 的平衡由这样的事实来表征，即这个体系的函数

$$F = \overline{E} - T'S$$

必须为极小值. 其中 $\overline{E}$ 是 A 的平均能量，S 是熵. 这个函数 F 称为亥姆霍兹自由能.

（b）证明在恒定温度 T' 和恒定压强 p' 下与热库相接触的体系的吉布斯自由能，即式（7.76）可以用亥姆霍兹自由能由下面的关系表示出来.

$$G = F + p'V.$$

7.8　氨的三相点

固态氨的蒸汽压 p'（单位为 mmHg）由 $\ln\bar{p} = 23.03 - 3754/T$ 给出，而液态氨由 $\ln\bar{p} = 19.49 - 3063/T$ 给出. 用这些数据回答下列问题：

（a）氨三相点的温度是多少？

（b）氨在三相点的升华潜热和蒸发潜热各是多少？

（c）氨在三相点的熔解潜热为多少？

7.9　绝对零度附近氦的熔解曲线

氦在 1 个大气压下温度降至绝对零度时仍处于液态，但在压强较高时变成固态. 通常固态的密度比液态大，考虑固态与液态间的相平衡曲线，在 $T \to 0$ 的极限情况下，该曲线的斜率 $\mathrm{d}p/\mathrm{d}T$ 是正、是零还是负的？（提示：应用关于 $T \to 0$ 熵的普遍极限性质的知识.）

7.10　由蒸汽产生原子束的强度

钠（Na）原子束由维持 Na 为液态的高温容器中产生. Na 原子从液面上方的蒸汽中经过泻流穿过包壳的狭缝逃逸出来，于是产生强度为 I 的原子束.（I 定义为单位时间通过单位面积的原子数.）1mol 液态 Na 转化为蒸汽的汽化潜热为 L. 为了估计容器温度涨落对束强度的影响，试用 L 和容器绝对温度 T 计算强度 I 的相对变化 I^{-1}（$\mathrm{d}I/\mathrm{d}T$）.

7.11　从液体上面抽气，从而获得低温

蒸汽压等于 p_0（p_0 = 1 大气压或 760mmHg）的情况下，液氦在温度 T_0（4.2K）时

沸腾. 这种液体的摩尔汽化潜热等于L，它近似地与温度无关.（$L\approx85\mathrm{J/mol}$）液体装在杜瓦瓶内，杜瓦瓶用以与周围室温的环境热绝缘，因为热绝缘是不完全的，每秒有一定数量的热量Q流入液体并使若干液体汽化.（这个热流量Q基本上是恒定的，不管液体的温度是T_0还是更低些.）为了达到低温，我们可以用处于室温T_r的泵将液体上面氦蒸汽抽离的办法来降低氦蒸汽的压强.（当氦蒸汽到达泵时，它被加热至室温.）泵的最大抽气速率，是指它每秒能抽去恒定体积V的气体，与气体的压强无关.（这是普通旋转机械泵的特征，它每转直接抽出固定体积的气体.）

（a）在热流量为Q时，计算这个泵能在液体表面维持的最小蒸汽压p_{m}.

（b）如果液体与处于这一压强p_{m}的蒸汽保持平衡，计算液体的近似温度T_{m}.

（c）为了估计实际上我们能达到多低的蒸汽压p_{m}，或多低的温度T_{m}，假定我们有一个大泵，抽气速率V为70L/s（$1\mathrm{L}=10^{-3}\mathrm{m}^3$）. 典型的热流量是使得它每小时大约蒸发$5\times10^{-5}\mathrm{m}^3$液氦（液体密度是$145\mathrm{kg/m}^3$），估算在这个实验装备中能够达到的最低温度$T_{\mathrm{m}}$.

7.12　用化学势讨论相平衡

考虑由相1和相2组成的体系，它通过与适当的热库接触来维持恒定的温度T和压强p. 这个体系在给定温度和压强下的总吉布斯自由能因而就是相1分子数N_1和相2分子数N_2的函数；于是：$G=G(N_1,N_2)$.

（a）用极简单的数学，证明由两相分子数的微小变化ΔN_1和ΔN_2引起的自由能变化，可以写成如下形式：

$$\Delta G=\mu_1\Delta N_1+\mu_2\Delta N_2,\qquad(\text{i})$$

其中使用了方便的缩写

$$\mu_i\equiv\frac{\partial G}{\partial N_i},\qquad(\text{ii})$$

量μ_i称为第i相每个分子的**化学势**.

（b）因为当两相处于平衡时，G必须是极小值，若相1的一个分子转移到相2，ΔG必定为零. 证明关系（i）给出平衡条件为

$$\mu_1=\mu_2.\qquad(\text{iii})$$

（c）应用关系（7.86），证明$\mu_i=g_i$，g_i为i相每个分子的吉布斯自由能. 因而结果（iii）与式（7.87）相符.

7.13　化学平衡条件

考虑化学反应，例如

$$2\mathrm{CO_2}\rightleftharpoons2\mathrm{CO}+\mathrm{O_2}.$$

为了避免书写的麻烦，我们以A_1表示CO_2分子，以A_2表示CO分子，以A_3表示O_2分子. 那么上述的化学反应化为

$$2\mathrm{A}_1\rightleftharpoons2\mathrm{A}_2+\mathrm{A}_3.\qquad(\text{i})$$

假定由A_1、A_2和A_3分子组成的体系维持在恒定的温度和压强下. 如果以N_i表示

i 类分子数，因而这个体系的吉布斯自由能就是这些数的函数，从而

$$G = G(N_1, N_2, N_3).$$

因为平衡时 G 必须是极小值，按照关系（ⅰ），当两个 A_1 分子转化成两个 A_2 分子和一个 A_3 分子时，ΔG 必定为零．用类似于上一题的理由，证明在这个平衡条件下可以写成

$$2\mu_1 = 2\mu_2 + \mu_3,$$

其中

$$\mu_i \equiv \frac{\partial G}{\partial N_i} \quad (\text{ii})$$

称为每个第 i 类分子的化学势．

7.14　制冷机

制冷机是这样一种装置，它从体系 A 吸收热量而释放给另外一个处于较高绝对温度的体系 A′．假定 A 是温度为 T 的热库，A′是另一个温度为 T'的热库．

（a）证明：如果 $T' > T$ 则热量 q 从 A 到 A′的传递包含总体系熵的净减少，因而没有辅助体系时这是不能实现的．

（b）如果我们想从 A 吸取热量 q，因而减少了它的熵，我们必须对 A′释放比 q 更多的热量 q'使 A′的熵增加超出补偿所需的数量．这可以通过使某个体系 B 对循环工作的制冷装置 M 作数量为 w 的功来实现．于是我们就得到图 7.16 所表明的简图并且懂得为什么一般电冰箱需要外界的电源才能发挥作用．用熵的考虑证明：

$$\frac{q}{q'} \leqslant \frac{T}{T'}.$$

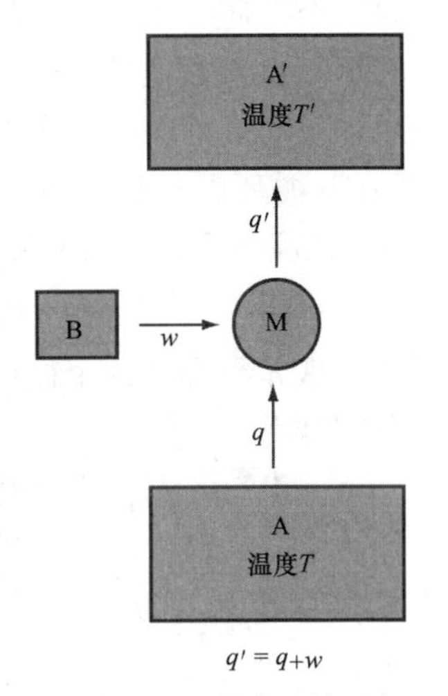

图 7.16　制冷机简图

7.15　热泵

制冷循环已被用来加热大楼．办法是设计一种装置，从大楼周围土地或室外空气吸热，然后在较高的温度下将热传递给大楼内部．（这样的装置称为热泵．）

（a）如果按这种方式使用装置，让它在外面的绝对温度 T_0 和内部的绝对温度 T_i 之间运转，开动装置所需的每 kW · h 电能最后能为大楼提供多少 kW · h 的热量？（提示：用熵来考虑．）

（b）在外部温度为 0℃，内部温度为 25℃的情况下求出数值答案．

（c）将开动这个热泵所需功率消耗与借助电阻加热器给房子内部提供相同数量热所需的功率消耗进行比较．

7.16　从两个全同体系得到的最大功

考虑两个全同物体 A_1 和 A_2，每个都有与温度无关的热容量 C．两个物体开头

分别处于温度 T_1 和 T_2. 要求发动机在 A_1 和 A_2 之间工作，从而把若干内能转化为功. 这台发动机运转的结果是，两物体最后将达到一个共同的最终温度 T_f.

（a）这台发动机所做的功的总量是多少？将你的答案用 C、T_1、T_2 和 T_f 表示出来.

（b）利用基于熵的考虑的论证，推导联系 T_f 与初始温度 T_1 和 T_2 的不等式.

（c）对给定的温度 T_1 和 T_2，从热机得到的最大功是什么？

*7.17　理想气体的卡诺热机

我们希望明确地证明：设计一个高度理想化的发动机是有可能的，这个发动机能在一个循环中从某个绝对温度 T 的热库 A 吸取热量 q，向某个处于较低绝对温度 T' 的热库 A′ 释放热量 q'，同时在这个过程中做出有用的功 $w=q-q'$. 这样一种最简单的发动机是以准静态方式运转的［首先为 S. 卡诺（Carnot）于 1824 年所考虑］. 其循环由 4 步构成，使得发动机从其初始宏观态 a 出发经过中间宏观态 b、c、d 之后返回到 a. 热机由装在一个圆柱体内的 ν mol 理想气体组成，这个圆柱体用活塞封闭. 气体的体积用 V 表示，其平均压强用 $\bar{p}$ 表示. 那么这个循环由图 7.17 所示的 4 步分别是：

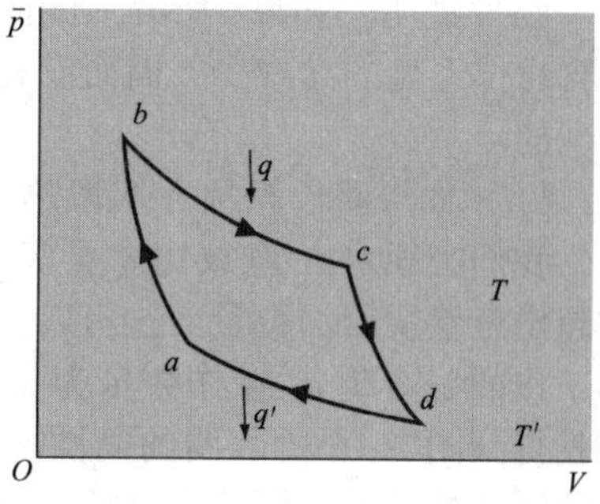

图 7.17　在平均压强 $\bar{p}$ 随体积 V 变化的图上表示卡诺热机的运转

第一步，$a\to b$：发动机初始处于温度 T'，是热绝缘的. 现在让体积缓慢地从其初始值 V_a 降低，直至达到值 V_b，这时发动机的温度是 T.

第二步，$b\to c$：发动机置于和温度为 T 的热库 A 热接触. 现在让体积缓慢地从 V_b 变到 V_c，发动机维持在温度 T 同时从 A 吸收若干热量 q.

第三步，$c\to d$：发动机再次热绝缘. 现在使体积从 V_c 缓慢地增加，直至到达 V_d，这时发动机的温度为 T'.

第四步，$d\to a$：现在发动机置于和温度 T' 的热库 A′ 热接触. 其体积缓慢地从 V_d 返回到初始值 V_a，发动机维持在温度 T' 并向 A′ 释放一些热量 q'.

试回答下列问题：

（a）第二步所吸收的热量是多少？用 V_b、V_c 和 T 表示你的答案.

（b）第四步释放的热量 q' 是多少：用 V_d、V_a 和 T' 表示你的答案.

（c）计算第一步中的比率 V_b/V_a 和第三步中的比率 V_d/V_c，并证明 V_b/V_a 与 V_d/V_c 有关.

（d）用前面的答案以 T 和 T' 计算比率 q/q'.

（e）计算发动机效率 η 并证明它与任何准静态发动机都有效的普适结果，即式（7.109）相符.

7.18　汽油机的效率

在汽油机中，混入少量汽油的空气所组成的气体被送进用滑动活塞封闭的圆柱体内，然后气体经历循环过程．这个过程可以近似地用图 7.18 中的各步表示．V 表示气体的体积，$\bar{p}$ 表示平均压强．其中 $a \to b$ 表示空气-汽油混合物的绝热压缩；$b \to c$ 表示混合物等容爆发引起压强上升，（因为爆发过急不允许活塞有时间移动．）$c \to d$ 表示混合物的绝热膨胀，这时由活塞移动做有用功；$d \to a$ 表示循环的排气阶段，气体最后等容地冷却下来．

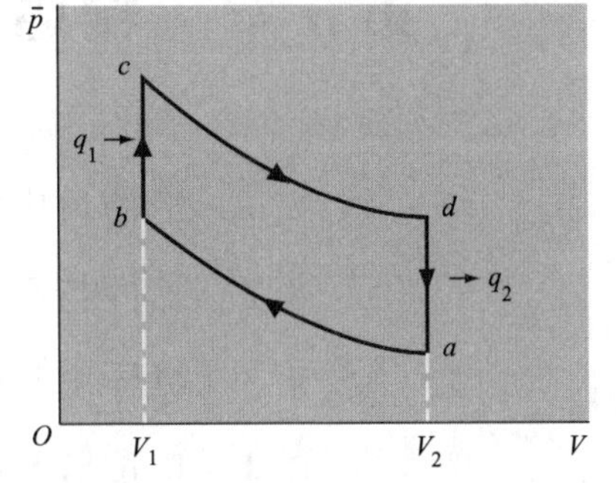

图 7.18　汽油机循环，在平均压强 $\bar{p}$ 对体积 V 的图上近似表示

为了完成近似的分析，假定上述循环是由一定量的具有恒定摩尔比热为 c_V 的理想气体准静态地完成的．计算这一发动机的效率 η（发动机所做的功与吸进热量 q_1 的比值）．用 V_1、V_2 及量 $\nu = 1 + R/C_V$ 表示你的答案．

第 8 章　输运过程分子运动论基础

第8章　输运过程分子运动论基础

到现在为止，我们几乎只涉及处于平衡的体系，这里，先验概率相等的假设为这种体系的普适的定量讨论提供了简单的基础，特别是，我们不必考虑导致平衡情况的相互作用的细节；只要知道这种相互作用存在就完全足够了. 尽管平衡情况是很重要的，但它们毕竟还是相当特殊的情况. 的确，大量极有物理意义的问题所处理的宏观体系并不是都处于平衡的，因此我们专门用这最后的一章，简要地讨论一下适用于最简单的非平衡情况的若干问题.

在处理非平衡体系的时候，通常必须研究导致体系最终平衡的有效的特殊相互作用. 结果，非平衡过程的讨论就会要比平衡情况的讨论困难得多. 然而在稀薄气体的情况下，这种讨论能变得比较简单. 因此我们将集中考虑稀薄气体并用最简单的近似方法来讨论. 虽然我们的计算因而不是严格定量的，但是只通过非常简单的论证，就能给出许多有价值的知识和有用的结果. 这些论证在各种广泛的情形中确实极其有用. 首先，它们可以同样满意地应用于其他的领域中，例如在讨论固体非平衡过程中. 其次，它们常常对于复杂到很难进行严格计算的情况给出相当好的数值估计，并正确地预测某些性质对所有重要参量（例如温度或压强）的依赖关系.

气体中的分子通过碰撞而彼此相互作用. 如果这样的气体初始时不处于平衡，那么，这些碰撞就是把气体带到麦克斯韦速度分布占优势的最终平衡的原因. 如果气体足够稀薄从而下列条件得到满足，那么这种气体的讨论就变得特别简单.

（ⅰ）每个分子大部分时间内都远离其他分子从而不与它们相互作用. 简言之，每两次碰撞之间的时间比包含在一次碰撞中的时间要长得多.

（ⅱ）3个或更多个分子彼此充分接近从而彼此同时相互作用的概率要比只有两个分子彼此充分接近而相互作用的概率小很多，以致可以忽略不计. 简言之，与二粒子碰撞相比，三体碰撞极少发生. 因此碰撞的分析就可以归结为只有两个相互作用粒子的比较简单的力学问题.

（ⅲ）分子间的平均间距比分子的特征德布罗意波长大得多. 因而尽管为了描述两个分子间的真实碰撞，量子力学的计算或许是必要的，但两次碰撞之间分子的行为还是可以用波包的运动或经典粒子的轨道来适当地描述.

8.1　平均自由程

让我们从考虑稀薄气体中分子间的碰撞开始. 我们只打算复习并改进1.6节中早已作出的若干说明. 一个分子与另一个分子的碰撞可以认为是随机发生的. 因而

我们可以假定：一个分子在任意微小的时间间隔 dt 内经受另一个分子碰撞的概率与该分子过去的碰撞历史无关. 在任意时刻集中注意一个特定的分子，于是这个分子在与另一个分子发生碰撞之前将以某一概率 $P(t)$ 继续运行某一时间 t. 在经受下一次碰撞之前分子所经历的平均时间 τ 称为这个分子的平均自由时间.（因为未来与过去相比较没有什么特殊的地方，τ 也是这个分子经受前一次碰撞之后运行的平均时间.）类似地，分子在经受下一次碰撞之前移动的平均距离（或等价地，在前一次碰撞之后移动的平均距离）称为分子的平均自由程. 因为本章的所有论证都只是近似的，我们将忽略分子速度分布细节. 因此我们就简单地将分子看作全都以等于平均速率 $\bar{v}$ 的相同速率沿着随机的方向运动. 按照这些近似，平均自由程 l 和平均自由时间 τ 就有如下关系：

$$l = \bar{v}\tau. \tag{8.1}$$

平均自由程的数值可以和1.6节一样，通过对分子的碰撞进行更加详细的考察而很容易地估算出来. 例如考虑一特定的分子A，它按照这样的方式以相对速度 $\boldsymbol{V}$ 接近另一个分子A′，如果它们保持不偏斜的话，两分子的中心将在彼此之间距离为 b 的范围内相遇（见图8.1）. 如果两个分子之间的力与两个半径分别为 a 和 a' 的刚球间的力相类似，则只要两分子中心间的距离 $R>(a+a')$，这些分子彼此就不受力作用；如果 $R<(a+a')$，彼此就受到一个极其巨大的力. 这样一来，很清楚，根据图8.1，只要 $b>(a+a')$，分子间就没有力作用. 但是，如果 $b<(a+a')$，它们之间就会出现很强的力. 在后一种情况下，由于相碰，分子的速度明显地变化，就说分子被散射或经受一次碰撞. 发生碰撞的必要条件可以这样来想象，假想分子A携带着一个半径为 $(a+a')$ 的圆盘，圆盘的中心处于A的中心而且垂直于相对速度 $\boldsymbol{V}$ 取向. 如果分子A′位于由A携带的假想圆盘的面积 σ 所扫过的体积之内，两个分子就将发生碰撞（见图8.2）. 其中

$$\sigma = \pi(a+a')^2, \tag{8.2}$$

或者，如果分子是全同的，从而 $a'=a$，

$$\sigma = \pi d^2, \tag{8.3}$$

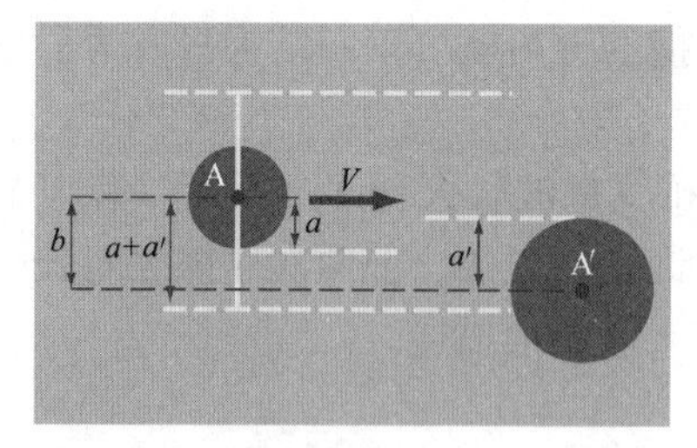

图8.1　本图说明两个半径分别为 a 和 a' 的刚球之间的碰撞. 白色的实线表示一假想的由半径为 a 的球所携带的圆盘，圆盘具有半径 $(a+a')$

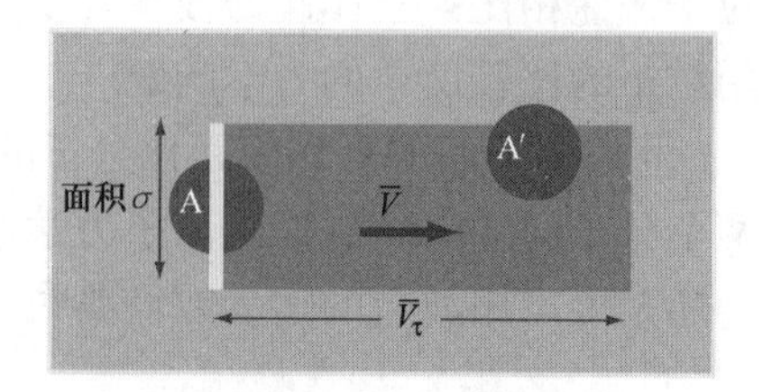

图8.2　本图说明：当分子的质心处在由A携带的面积为 σ 的想象圆盘所扫过的体积内时，它受到特定分子A的碰撞.

其中 $d=2a$ 为分子的直径. 面积 σ 称为总散射截面，它说明两个分子间的碰撞特性.

真实分子间的力虽然类似于两个刚球间的力，但实际上要更复杂些. 与刚球的类似之处在于：当两分子彼此靠得太近时，两个真实分子之间出现极大的排斥力；而当它们稍微远离时，两个真实分子间又存在一微弱的吸引力. 两个真实分子间的碰撞还可以用一个有效面积，即碰撞截面 σ 严格地描述；只要知道了分子间的力，就可以根据量子力学定律来计算这个截面. 不过式（8.2）或式（8.3）形式的简单关系就不再适用. 一般讲，截面 σ 也是分子相对速率 V 的函数. 然而，为了达到近似计算的目的，式（8.2）或式（8.3）还是有用的（虽然分子半径的概念还没有明确的定义）.

现在我们来近似计算单位体积内几个全同分子组成的稀薄气体中一个分子的平均自由时间 τ. 我们假定总散射截面 σ 为已知. 在任意时刻集中注意某个特定分子 A. 这个分子以平均相对速率 $\overline{V}$ 相对于任何别的有代表性的分子 A′运动，由此它可以被 A′所散射. 由 A 携带的面积为 σ 的假想圆盘向着另外一个分子 A′移动，在时间 t 内扫过体积 $\sigma(\overline{V}t)$. 如果平均说来，在这样扫过的体积内包含一个另外的分子，那么这个时间 t 就等于平均自由时间 τ，因此

$$(\sigma \overline{V} \tau) n = 1,$$

亦即

$$\boxed{\tau = \frac{1}{n\sigma \overline{V}}} \tag{8.4}$$

这个结果显然是讲得通的. 它只是断定，如果单位体积的分子数很大从而一给定的分子可以与很多的分子碰撞；如果分子的直径（或 σ）很大，任意两个分子就更有机会彼此散射；而且如果分子彼此间的相对平均速率很大，则分子就更有机会频繁地相碰；于是分子的平均自由时间 τ 就很微小.（或等价地，其碰撞频率 τ^{-1} 很大.）

因此，按照式（8.1），平均自由程 l 就由下式给出：

$$l = \bar{v}\tau = \frac{\bar{v}}{\overline{V}} \frac{1}{n\sigma}. \tag{8.5}$$

因为两个相碰的分子都是运动的，其平均相对速率 $\overline{V}$ 稍微不同于个别分子的平均速率 $\bar{v}$，因此 $\bar{v}/\overline{V}$ 就与 1 稍有差别. 为了找出这个差别，考虑两个速度分别为 $\overline{V}$ 和 $\overline{V}'$ 的分子 A 和 A′，因而 A 相对于 A′的速度 V 为

$$V = v - v',$$

这样

$$V^2 = v^2 + v'^2 - 2v \cdot v'. \tag{8.6}$$

如果我们对这个式子的两边取平均，则 $\overline{v \cdot v'} = 0$，因为分子沿随机的方向运动，$v$ 和 v' 夹角的余弦取正取负同样地可能. 这样，式（8.6）化为

$$\overline{V^2} = \overline{v^2} + \overline{v'^2}.$$

忽略方均和均方之间（即方均根值与平均值间）的差别，这个关系近似地化为

$$\overline{V}^2 \approx \bar{v}^2 + \bar{v}'^2. \tag{8.7}$$

当所有的分子都全同时，$\bar{v}=\bar{v}'$，式（8.7）简化为

$$\bar{V}\approx\sqrt{2}\bar{v}. \tag{8.8}$$

这样，式（8.5）化为[⊖]

$$\boxed{l\approx\frac{1}{\sqrt{2}n\sigma}.} \tag{8.9}$$

理想气体的态方程允许我们用气体的平均压强 $\bar{p}$ 和绝对温度 T 来表示 n. 这样，$\bar{p}=nkT$，式（8.9）化为

$$l\approx\frac{kT}{\sqrt{2}\sigma\,\bar{p}}. \tag{8.10}$$

因而在给定温度时，平均自由程就与气体的压强成反比.

在室温（$T\approx300\mathrm{K}$）和大气压（$\bar{p}\approx10^5\mathrm{N/m^2}$）下，气体平均自由程的数值容易由式（8.10）估计. 取特征分子半径 $a\sim10^{-10}\mathrm{m}$，我们得到 $\sigma\sim12\times10^{-20}\mathrm{m^2}$，则

$$l\sim2\times10^{-7}\mathrm{m}. \tag{8.11}$$

因为根据式（6.33）或式（1.30），分子的平均速率 $\bar{v}$ 有 $4\times10^2\mathrm{m/s}$ 的数量级，一个分子的平均自由时间为

$$\tau=\frac{l}{\bar{v}}\sim5\times10^{-10}\mathrm{s}.$$

因此一个分子每秒钟大约与其他分子碰撞 $\tau^{-1}\sim10^9$ 次；这一频率相当于电磁波谱的微波区域. 根据式（8.11）还可得出

$$l\gg d, \tag{8.12}$$

其中 $d\sim10^{-10}\mathrm{m}$ 为分子的直径. 关系（8.12）意味着在寻常条件下气体的确是足够稀薄的，从而一个分子在遇到另一个分子之前要移动相当长的距离.

8.2　黏性与动量输运

考虑一个浸没在静止的流体（液体或气体）中的宏观物体，它不受任何外力的作用. 如果物体是处于平衡的，它也就是静止的. 另一方面，如果物体是在流体中运动，它就不处于平衡. 这时导致平衡情况的分子相互作用就表现为产生一个宏观尺度的净摩擦力，这个力作用在运动的物体上使物体慢下来. 作为很好的近似，这个力正比于物体的速度；因而当物体静止的时候它几乎趋于零. 这个力的实际数值取决于流体的性质，这个性质被称为黏性. 例如，作用在同样物体上的力在糖浆中要比水中大得多；因此就说糖浆比水更黏些. 现在我们更精确地定义黏性的概念并试图对稀薄气体的情况说明其微观的根源.

⊖ 这个关系比第1章式（1.32）的估计更准确些. 的确，对于按麦克斯韦速度分布运动的刚球分子的气体，这是一个严格的结果.

黏度的定义

考虑任意一流体（液体或气体）. 在这个流体中假想某一平面的法线的取向沿着 z 方向. 于是发现这个平面下面的流体（即 z 较小的这一边）以某个单位面积的平均力（应力）P_z 作用于平面上方的流体. 相反，由牛顿第三定律得出，平面上方的流体以平均应力 $-P_z$ 作用于平面下面的流体. 垂直于平面的平均应力，即 P_z 的 z 分量恰巧是流体中的平均压强 $\bar{p}$ 的量度；精确地说 $P_{zz}=\bar{p}$. 当流体处于平衡从而它静止或整体以均匀的速度运动时，由于对称性，应力没有平行于平面的分量. 因而 $P_{zx}=0$. 注意量 P_{zx} 由两个指标标记，其中第一个标出平面的取向，第二个标出作用在这个平面的截面上的力的特定分量㊀（见图 8.3）.

现在考虑流体平均速度 u（即流体的宏观流速）在整个流体中不是处处相同的简单非平衡情况（见图 8.4）。具体地说，考虑流体在 x 方向有与时间无关的平均流速 u_x 的情况，u_x 的数值是 z 的函数，从而 $u_x=u_x(z)$. 在流体装在相距为 L 的两板之间，$z=0$ 的板静止而 $z=L$ 的板沿 x 方向以恒定速度 u_0 运动时就可以出现这类情况. 作为很好的近似，紧邻两板的流层分别取两板的速度. 因而两板之间的流层就有各种不同平均流速 u_x，其数值在 0 和 u_0 之间变化. 在这种情况下，流体对运动的板施加切向的力，倾向于减慢板的运动而回到平衡的状况.

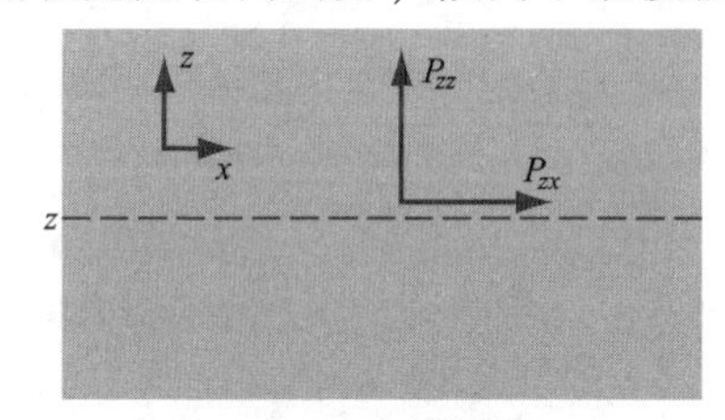

图 8.3　流体中 $z=$ 常数的平面. 平面下面的流体以力 P_z 作用于上面的流体

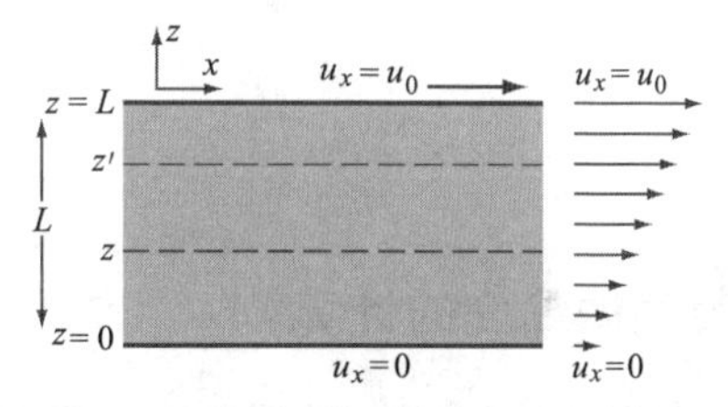

图 8.4　装在两板之间的流体. 下面的板静止，而上面的板以速度 u_0 沿 x 方向运动；流体中因而存在一速度梯度（$\partial u_x/\partial z$）

更普遍地说，在平面 $z=$ 常数下面的任意一个流层都对上方的流层作用一切向的应力 P_{zx}，即

$$\boxed{\begin{array}{c}P_{zx}\equiv\text{平面下面的流体施加于平面上方流体每}\\\text{单位面积平面上沿 } x \text{ 方向的平均力.}\end{array}}\tag{8.13}$$

我们早已看到，在平衡的情况下，$u_x(z)$ 与 z 无关，$P_{zx}=0$. 在现在非平衡情况下，$\partial u_x/\partial z\neq0$，因此我们期望 P_{zx} 将是 u_x 对 z 微商的某个函数，这个函数在 u_x 与 z 无关时趋向于零. 但是如果假定 $\partial u_x/\partial z$ 相对地微小，P_{zx} 按泰勒级数展开的首项就是足够好的近似，即我们期望有如下形式的线性关系：

㊀ 量 $P_{\alpha\gamma}$（其中 α 和 γ 可以表示 x，y 或 z）称为**压力张量**.

$$\boxed{P_{zx} = -\eta \frac{\partial u_x}{\partial z},} \tag{8.14}$$

其中比例常数 η 称为流体的黏度（又称黏性系数）. 如果 u_x 随 z 增加，那么平面下面的流体就要减缓平面上方的流体，并因而对平面上方的流体施加一个 $-x$ 方向的力；即如果 $\partial u_x/\partial z>0$，则 $P_{zx}<0$. 因此在式（8.14）中明确地引入负号，以使系数 η 为正. 根据式（8.14），系数 η 在厘米·克·秒单位制中表示为 $\mathrm{g \cdot cm \cdot m^{-1}}$㊀. 只要速度梯度不太大，应力 P_{zx} 和速度梯度 $\partial u_x/\partial z$ 之间的正比性质即式（8.14）在实验上已为大多数液体和气体很好地满足.

【注】

在图 8.4 这种简单的几何装置中，注意作用在 x 方向上的各种力. 由 z 标记的平面下面的流体对其上方的流体每单位面积上施加 P_{zx} 的力. 因为在这个平面与任意一个别的由 z' 标记的平面之间的流体的运动是没有加速度的，在 z' 上方的流体必定对 z' 以下的流体每单位面积上作用 $-P_{zx}$ 的力. 按照牛顿第三定律，z' 下面的流体因而也对 z' 上方的流体每单位面积上施加 P_{zx} 的力. 这样，对任意平面上方的流体以及端部的平板都在每单位面积上施加相同的力 P_{zx}. 因为 P_{zx} 与 z 无关，由式（8.14）也得出 $\partial u_x/\partial z=$ 常数，从而

$$\partial u_x/\partial z = \frac{u_0}{L}$$

以及

$$P_{zx} = -\eta \frac{u_0}{L}.$$

稀薄气体黏度的计算

在稀薄气体的简单情况下，黏度很容易根据微观的考虑来计算. 假定气体有平均速度分量 u_x（假定它比分子平均热运动速率小很多），而且 u_x 是 z 的函数. 现在考虑任意一个 $z=$ 常数的平面. 穿越这个平面作用的应力 P_{zx} 的微观根源是什么呢？定性地，它可以理解如下：在图 8.4 中，由 z 标记的平面上方的分子比这个平面下面的分子有某个较大的 x 分量的动量. 当分子反向穿越和正向穿越这个平面时，它们就带着本身所具有的这个 x 分量的动量. 因此在这个平面下面的气体就获得 x 方向的动量，这是因为来自平面上方的分子携带着较大的 x 分量的动量. 相反，平面上方的气体失去 x 方向的动量，这是因为来自平面下方的分子携带着较小的 x 分量的动量. 但是，根据牛顿第二定律，作用于体系的力就等于这个体系动量的变化率. 因此，{平面下方的气体对平面上方的气体施加的力} 等于 {单位时间内平面上方气体从平面下方气体中得到的净动量}. 因此式（8.13）的力 P_{zx} 由下式给出：

㊀ 为了纪念物理学家泊肃叶（Poiseuille），这个组合单位，有时称为泊（P，$1\mathrm{P}=10^{-1}\mathrm{Pa \cdot s}$）.

$$P_{zx}=\text{单位时间内单位面积平面上，因分子穿越这个平面所造成的净动量输运所引起的平面上方气体的}x\text{分量动量的平均增量.} \tag{8.15}$$

解说性的附注

一种类比可用来说明动量输运引起黏性的机构. 假定有两列火车沿着平行的轨道并排运动，一列火车的速度比另一列大. 假设每列火车上的工人都不断地在自己的火车上拿起沙袋抛到另一列火车上去. 那么两列火车之间就有动量的输运，从而较慢的火车倾向于加速，而较快的火车倾向于减速.

为了给出黏度的近似的简单计算，我们假定所有的分子都以与它的平均速率 $\bar{v}$ 相同的速率运动. 如果单位体积内有 n 个分子，则其中1/3基本上具有沿着 z 方向的速度. 这些分子中的一半（或单位体积中 $\frac{1}{6}n$ 个分子）有沿 $+z$ 方向的速度 $\bar{v}$，而另一半有沿 $-z$ 方向的速度 $\bar{v}$. 现在考虑用 z 标记的平面（见图8.5）. 那么单位时间内有 $\frac{1}{6}n\,\bar{v}$ 个分子从下面穿越这个平面的单位面积；类似地，有 $\frac{1}{6}n\,\bar{v}$ 个分子在单位时间内从上方穿越这个平面的单位面积. 但从平均自由程 l 的定义可知，从下面穿越平面的分子，平均地说在平面下方距离 l 处经受过前一次碰撞. 因为平均速度 $u_x=u_x(z)$ 是 z 的函数，在位置 $(z-l)$ 的分子，平均地说就具有平均 x 分量的速度 $u_x(z-l)$. 这样，每个质量为 m 的分子都将平均的 x 分量的动量 $mu_x(z-l)$[⊖]运送过这个平面. 因此我们得出

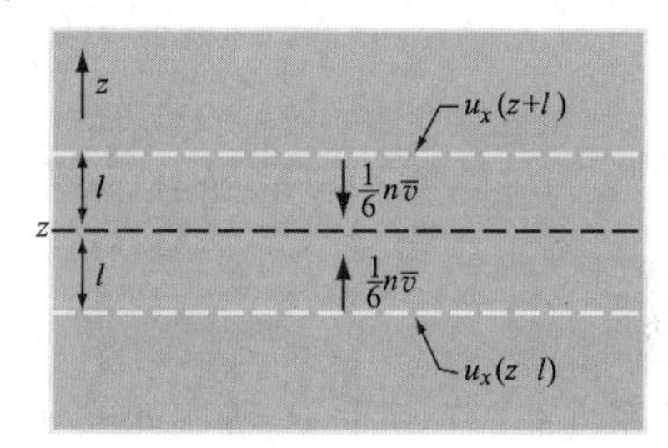

图8.5　动量由穿越平面的分子输运

$$\begin{bmatrix}\text{单位时间内越过平面}\\ \text{单位面积向上输运动}\\ \text{量的平均}x\text{分量}\end{bmatrix}=\left(\frac{1}{6}n\,\bar{v}\right)[mu_x(z-l)]. \tag{8.16}$$

类似地，考虑来自平面上方的分子，它们在 $(z+l)$ 处经受前一次碰撞，我们得出

$$\begin{bmatrix}\text{单位时间内越过平面}\\ \text{单位面积向下输运的}\\ \text{平均}x\text{分量动量}\end{bmatrix}=\left(\frac{1}{6}n\,\bar{v}\right)[mu_x(z+l)]. \tag{8.17}$$

由式（8.16）、式（8.17），我们得到单位时间内单位面积上从平面下面到平面上面的净的平均 x 分量动量的分子输运，即由式（8.15）或式（8.13）描写的应力

⊖ 为了避免可能的混淆，要记住符号 $u_x(z-l)$ 是表示在位置 $(z-l)$ 处平均速度 u_x 的数值；它并不表示乘积.

P_{zx}. 这样

$$P_{zx}=\left(\frac{1}{6}n\,\bar{v}\right)[mu_x(z-l)]-\left(\frac{1}{6}n\,\bar{v}\right)[mu_x(z+l)]$$

或
$$P_{zx}=\frac{1}{6}n\,\bar{v}m[u_x(z-l)-u_x(z+l)].\tag{8.18}$$

但因为平均自由程 l 很微小（与速度梯度$\partial u_x/\partial z$ 有显著变化的尺度相比较），作为很好的近似，我们可以写出

$$u_x(z+l)=u_x(z)+\frac{\partial u_x}{\partial z}l$$

及
$$u_x(z-l)=u_x(z)-\frac{\partial u_x}{\partial z}l.$$

因此
$$P_{zx}=\frac{1}{6}n\,\bar{v}m\left(-2\frac{\partial u_x}{\partial z}l\right)\equiv-\eta\frac{\partial u_x}{\partial z},\tag{8.19}$$

其中
$$\boxed{\eta=\frac{1}{3}n\,\bar{v}ml.}\tag{8.20}$$

关系（8.19）说明 P_{zx}确实如式（8.14）所预期的那样与速度梯度$\partial u_x/\partial z$ 成正比；此外，式（8.20）提供了一个黏度 η 的明显的近似表达式，即用描述气体分子特性的微观参量来表示.

我们的计算已大大地简化，而且不曾打算仔细地计算各种量的确切的平均值. 因此，对式（8.20）中因子 1/3 不要太当真；由更加仔细的计算得出的比例常数可能有点不同. 但另一方面，η 对参量 n、$\bar{v}$ 和 l 的基本关系应该是正确的.

讨论

式（8.20）导出若干有意义的预测. 由式（8.9）

$$l=\frac{1}{\sqrt{2}n\sigma}.\tag{8.21}$$

这样，式（8.20）中因子 n 可以消去，得

$$\eta=\frac{1}{3\sqrt{2}}\frac{m}{\sigma}\bar{v}.\tag{8.22}$$

均分定理可以得到平均速率 $\bar{v}$ 的相当准确的结果，均分定理断言

$$\frac{1}{2}m\,\overline{v_x^2}=\frac{1}{2}kT,\text{ 即}\overline{v_x^2}=\frac{kT}{m}.$$

因此
$$\overline{v^2}=\overline{v_x^2}+\overline{v_y^2}+\overline{v_z^2}=3\,\overline{v_x^2}=\frac{3}{m}kT,$$

这是因为根据对称性，有$\overline{v_x^2}=\overline{v_y^2}=\overline{v_z^2}$. 由于在本章的近似计算中，不必区分平均速率 $\bar{v}$ 和方均根速率 $(\overline{v^2})^{\frac{1}{2}}$. 因此我们可以相当准确地写出

$$\bar{v} \approx \sqrt{\frac{3kT}{m}}. \tag{8.23}$$

不管式（8.23）中常数因子的精确数值是什么，一个分子的平均速率只取决于温度，而与单位体积的分子数 n 无关．由此可见黏度，即式（8.22）与 n 无关．

这是一个值得注意的结果．它断定在图 8.4 所说明的情形中，不管两板之间的气体压强如何，例如等于 1mmHg 或增加到 1000mmHg，气体施加于运动的上板的黏性减速力都相同．初看起来，这个结论是很奇怪的，因为一种很自然的直觉会使我们认为，由气体所传送的切向力将正比于气体中存在的分子数．然而，这个明显的佯谬容易通过下面的观察来解决．如果气体分子数加倍，的确有两倍的有效分子从一个板将动量传送到另一个板；但那时每个分子的平均自由程也将减半，从而它只能传送原来距离一半地方的给定动量．这样，净动量传送率就保持不变．气体的黏度 η 在给定温度下与密度无关的事实首先由麦克斯韦于 1860 年得出，并由他在实验中加以证实．

然而，这个结果显然不可能在任意高的气体密度范围内都有效．事实上，在推导关系（8.20）时我们作过两个假设：

（ⅰ）我们假定气体足够稀薄，从而三个或更多个分子同时密切接近而显著地相互作用的概率可以忽略不计．因此，我们只考虑两粒子碰撞．只要气体的密度足够低以致：

$$l \gg d, \tag{8.24}$$

这个假设就得到满足；其中 $d \sim \sigma^{\frac{1}{2}}$ 是分子直径的量度．

（ⅱ）另一方面，我们假定气体足够稠密，从而分子与其他分子碰撞的机会远大于与容器壁碰撞的机会．从这个假设可得出，n 足够大以致

$$l \ll L, \tag{8.25}$$

其中 L 为容器的最小线度（例如 L 是图 8.4 中两板之间的间距）。

在 $n \to 0$ 的理想真空的极限情况下，施加于图 8.4 的运动板上的切向力必定趋于零，因为没有气体传送任何力．如果 n 小到使条件（8.25）不成立，这样，黏度 η 最后必定减小并趋于零．的确，当平均自由程（8.21）由于与其他分子碰撞变得比容器的尺度 L 更大时，分子与器壁碰撞的机会远大于与其他分子碰撞的机会．那么有效平均自由程 l 变得几乎等于 L（从而就与其他分子数无关），且式（8.22）中的 η 变为正比于 n.

然而应当指出，条件（8.24）和（8.25）同时满足的密度范围是很大的，因为在常见的宏观实验中 $L \gg d$．这样，气体的黏度 η 在相当大的压强范围内与压强无关.

现在我们讨论 η 对温度的依赖关系．如果分子的散射与刚球相类似，如式（8.2）所给的横截面 σ 就是一个与 T 无关的数．因而由式（8.22）得出，η 对温度的依赖关系等同于 $\bar{v}$ 对温度的关系，即

$$\eta \propto T^{\frac{1}{2}}. \tag{8.26}$$

更一般地，σ 是与分子的平均相对速率 $\bar{v}$ 有关的. 因为 $\bar{v}\propto T^{\frac{1}{2}}$，$\sigma$ 也变得与温度有关. 结果，η 随温度变化要比式（8.26）所表示的更快，有点像 $T^{0.7}$. 这一点是可以定性地理解的，因为除了两分子间很强的排斥相互作用外还存在弱的长程吸引相互作用. 而后一种相互作用倾向于增加分子的散射概率，但在高温时分子有很大的速度并因此而不大容易被偏转，这种相互作用就变得不大有效. 因此，散射截面 σ 要随温度的增加而减少. 于是随着 T 增加，黏度 $\eta\propto T^{\frac{1}{2}}/\sigma$ 随温度增加得比 $T^{\frac{1}{2}}$ 更快.

注意气体的黏性随温度的升高而增加. 这种行为完全不同于液体的黏性，液体的黏性一般随温度的增加很快地降低. 这个差别的原因是液体中的分子是紧密地在一起的. 因此，液体中发生穿越一个平面的动量输运，除了由于穿越这个平面的分子运动之外还由于整个平面相邻两侧分子间有直接作用力.

最后，我们对室温下的一种代表性的气体估计其 η 的数值. 根据式（8.22），η 有一个分子的平均动量 $m\bar{v}$ 除以典型的分子面积的数量级. 对氮气（N_2），$m=28\times10^{-3}/(6\times10^{23})=4.7\times10^{-26}\text{kg}$，从而 $T=300\text{K}$ 时分子平均动量为 $m\bar{v}\approx\sqrt{3mkT}=2.4\times10^{-23}\text{kg}\cdot\text{m}\cdot\text{s}^{-1}$. 假定分子直径为 $d\sim2\times10^{-10}\text{m}$ 数量级. $\sigma\sim\pi d^2\approx1.2\times10^{-19}$. 因此由式（8.22）得出下面的估计：

$$\eta=\frac{1}{3\sqrt{2}}\frac{m\bar{v}}{\sigma}\sim5\times10^{-5}\text{kg}\cdot\text{m}^{-1}\cdot\text{s}^{-1}.$$

作为比较，N_2 在300K时黏度 η 的测量值为 $1.78\times10^{-5}\text{kg}\cdot\text{m}^{-1}\cdot\text{s}^{-1}$.

联合式（8.22）和式（8.23），黏度的近似表达式化为

$$\eta\approx\frac{1}{\sqrt{6}}\frac{\sqrt{mkT}}{\sigma}. \tag{8.27}$$

8.3 热导率与能量输运

热导率的定义

考虑一个温度各处不相同的物体. 特别是，设想温度 T 是 z 坐标的函数，即 $T=T(z)$. 那么，该物体肯定不处于平衡状态. 向平衡接近的趋势表现为热量从较高温区向较低温区的流动. 考虑 $z=$ 常数的平面，那么我们要研究的是这个量：

$$Q_z\equiv\text{单位时间内沿}+z\text{方向通过单位面积的热量}. \tag{8.28}$$

这个量 Q_z 称为 z 方向的热流密度. 当温度是均匀的时候，$Q_z=0$. 如果温度是不均匀的，类似于讨论黏性所用的论证，使我们预期：只要温度梯度 $\frac{\partial T}{\partial z}$ 不太大，Q_z 将（作为很好的近似）正比于这个温度梯度. 这样，我们可以写为

$$\boxed{Q_z = -k\frac{\partial T}{\partial z},} \qquad (8.29)$$

比例常数 k 称为所研究的特定物质的热导率. 因为热从高温区域流向低温区域，如果$\frac{\partial T}{\partial z}>0$，则 $Q_z<0$（见图 8.6）. 式（8.29）中明确引进的负号是为了使 k 是正数. 人们发现几乎所有的气体、液体和各向同性的固体都符合式（8.29）.

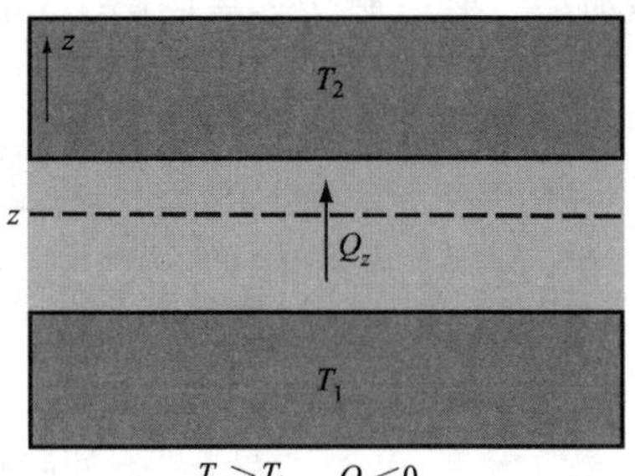

图 8.6　一物体与两个绝对温度分别为 T_1 和 T_2 的物体热接触. 如果 $T_2>T_1$，热沿着 $-z$ 方向从高温区域向低温区域流动；这样，Q_z 必定是负的

稀薄气体热导率的计算

在稀薄气体的简单情况下，热导率容易用类似于讨论气体的黏性所用的简单微观论证来计算. 考虑气体中 $z=$ 常数的平面，在这平面上 $T=T(z)$. 热量输运的机制在于分子从上面和从下面穿越这个平面的事实. 如果$\frac{\partial T}{\partial z}>0$，则来自上方的分子具有的平均能量 $\bar{\varepsilon}(T)$ 比来自下方的分子为大；因此这就导致从平面上方区域到下方的净的能量输运（见图 8.7）. 更加定量一些说，大致又有$\frac{1}{6}n\,\bar{v}$个分子在单位时间内从下面穿越这个平面的单位面积. 同时又有等量的分子从上方穿越单位面积平面[⊖]. 其中 n 是由 z 标记的平面附近单位体积的平均分子数，而 $\bar{v}$ 为其平均速率. 从下方穿越这个平面的分子，平均地说是在平面下方一个平均自由程 l 的距离上经受前一次碰撞. 因为温度是 z 的函数，又因为一个分子的平均能量 $\bar{\epsilon}$ 取决于温度 T，可见一个分子的平均能量 $\bar{\epsilon}$ 取决于该分子前一次碰撞的位置 z，即 $\bar{\epsilon}=\bar{\epsilon}(z)$. 这样，从下面穿越平面的分子就携带着前一次在位置（$z-l$）处所碰撞时取的平均能量 $\bar{\epsilon}(z-l)$. 因而得出

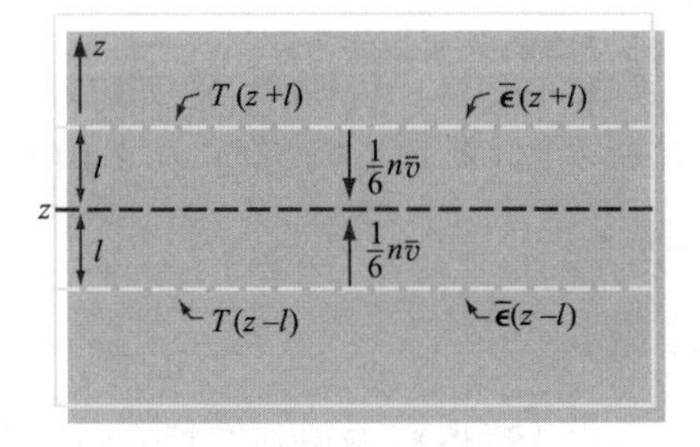

图 8.7　分子穿过平面所造成的能量输运

$$\begin{bmatrix}\text{单位时间内从下方}\\ \text{穿越平面单位面积}\\ \text{输运的平均能量}\end{bmatrix} = \frac{1}{6}n\,\bar{v}\,\bar{\epsilon}(z-l). \qquad (8.30)$$

⊖　因为气体的热导率是在定态的条件下测量的，这时不存在气体的对流运动，每秒钟内从一个方向穿越任意平面单位面积的分子数必定始终等于每秒钟内从相反方向穿越这个平面的分子数. 因此在我们的简单讨论中，可以认为 $n\,\bar{v}$是一个常数并不考虑温度梯度引起 n 和 $\bar{v}$ 的平面的上、下方数值略有不同的事实.

类似地，考虑来自平面上方的分子，它们在位置（$z+l$）处经受前一次碰撞，得出

$$\begin{bmatrix}\text{单位时间内从上方}\\ \text{穿越平面单位面积}\\ \text{输运的平均能量}\end{bmatrix}=\frac{1}{6}n\,\bar{v}\,\bar{\epsilon}(z+l). \tag{8.31}$$

由式（8.30）、式（8.31），我们就得到沿着 $+z$ 方向从下方穿越平面的净能量通量 Q_z. 这样，

$$Q_z=\frac{1}{6}n\,\bar{v}[\bar{\epsilon}(z-l)-\bar{\epsilon}(z+l)]$$

$$=\frac{1}{6}n\,\bar{v}\left\{\left[\bar{\epsilon}(z)-l\frac{\partial\bar{\epsilon}}{\partial z}\right]-\left[\bar{\epsilon}(z)+l\frac{\partial\bar{\epsilon}}{\partial z}\right]\right\}$$

或
$$Q_z=\frac{1}{6}n\,\bar{v}\left(-2l\frac{\partial\bar{\epsilon}}{\partial z}\right)=-\frac{1}{3}n\,\bar{v}l\frac{\partial\bar{\epsilon}}{\partial T}\cdot\frac{\partial T}{\partial z}. \tag{8.32}$$

因为 $\bar{\epsilon}$ 与 z 的关系是通过 T 的，我们引进缩写

$$c\equiv\frac{\partial\bar{\epsilon}}{\partial T}, \tag{8.33}$$

这是每个分子的热容量（恒定体积时）. 这时式（8.32）化为

$$Q_z=-\kappa\frac{\partial T}{\partial z}, \tag{8.34}$$

这里
$$\boxed{\kappa=\frac{1}{3}n\,\bar{v}cl.} \tag{8.35}$$

关系式（8.34）说明 Q_z 确实如式（8.29）所预料的那样，它与温度梯度成正比；并且，式（8.35）提供了一个用基本的分子的量表示的气体热导率 κ 的明显表达式.

讨论

式（8.35）中得到的特定的数值因子 1/3 是我们简化计算的结果，也不是十分可信的. 然而，式（8.35）正确地预言了 κ 对所有重要参量的依赖关系. 因为 $l\propto n^{-1}$，密度 n 消去了. 利用式（8.21），热导率，即式（8.35）就化为

$$\kappa\equiv\frac{1}{3\sqrt{2}}\frac{c}{\sigma}\bar{v}. \tag{8.36}$$

因此在一给定的温度下，热导率 κ 与气体的压强无关. 产生这个结果的原因和在讨论黏度 η 的类似性质时提到的那些原因完全一样. 它也是在平均自由程 l 满足条件 $d\ll l\ll L$（这里 d 表示分子直径，L 表示容器的最小尺度）的压强范围内有效.

在单原子气体的情况下，由均分定理得出，$\bar{\epsilon}=\frac{3}{2}kT$。因此每个分子的热容量 c 简单地就等于 $c=\frac{3}{2}k$。

因为 $\bar{v} \propto T^{\frac{1}{2}}$，又因为 c 通常与温度无关，式（8.36）应用于类似刚球相互作用的分子，给出与温度的关系为

$$\kappa \propto T^{\frac{1}{2}}. \tag{8.37}$$

更普遍地，σ 也趋向于按照上一节关于黏性所讨论过的方式随温度变化．结果，κ 随温度增加也比由式（8.37）所表明的随温度的增加要稍微快一点．

室温下，气体 κ 数量级的估算很容易．将典型的数值代入式（8.36）便可．一个代表性的数值是 273K 时测量到的氩（Ar）的热导率，即 $\kappa = 1.65 \times 10^{-2} \mathrm{W \cdot m^{-1} \cdot K^{-1}}$.

利用关于 $\bar{v}$ 的结果（8.23），关系式（8.35）给出下面热导率的近似表达式：

$$\kappa \approx \frac{1}{\sqrt{6}} \frac{c}{\sigma} \sqrt{\frac{kT}{m}}. \tag{8.38}$$

最后，在热导率 κ 的表达式（8.35）和黏度 η 的表达式（8.20）之间作比较，表明这些式子在形式上完全相似．事实上，我们可得到它们的比值有下列关系：

$$\frac{\kappa}{\eta} = \frac{c}{m}. \tag{8.39}$$

等价地，分子和分母都乘以阿伏伽德罗常数 N_A，式（8.39）化为

$$\frac{\kappa}{\eta} = \frac{c_V}{\mu},$$

其中 $c_V = N_A c$ 为气体的等容摩尔比热，$\mu = N_A m$ 是分子量．这样，在两个输运系数 κ 和 η 之间就存在很简单的关系．这是一个很容易由实验验证的关系，我们发现比例 $(\kappa/\eta)(c/m)^{-1}$ 在 1.3 到 2.5 的范围内，而不是如式（8.39）所预测的 1．由于我们推得 η 和 κ 表达式的论证是非常简单的，因而有理由为这样的符合程度而满足，而不应为有如此小的不符合而惊奇．这个矛盾只要用这样一个事实就很容易说明：我们的计算没有考虑分子速度分布的影响．例如，较快的分子要比较慢的分子更加频繁地穿越给定的平面．在热导率的情况下，这些较快的分子也会输运更多的动能；但在黏性的情况下，它们并不携带任何更多的动量的平均 x 分量．因此比例 κ/η 就的确比式（8.39）所给出的要稍大一些．

8.4　自扩散与分子输运

自扩散系数的定义

考虑由同类分子组成的物质，但假定这些分子中有一定的数目可用某种方法加以标记．例如，某些分子可以根据其原子核为放射性核这一事实来标记．设 n_1 为单位体积内平均的标记分子数．在平衡的情形下，这些标记分子将均匀地分布在整

个有效体积内，使得 n_1 与位置无关．然而，假定其分布是非均匀的，因此 n_1 就确实与位置有关；例如，n_1 可以是 z 的函数而使 $n_1 = n_1(z)$．（但假定单位体积内总平均分子数保持恒定，从而物质的全体分子没有净运动）．这不是一个平衡的情况．因此，标记分子将要沿着到达均匀分布的最终平衡情况的方向运动．考虑 $z=$ 常数的平面，我们用 J_z 表示标记分子的流密度，从而

$$\boxed{J_z \equiv \text{单位时间沿 } z \text{ 方向穿过单位面积平面的平均标记分子数.}} \tag{8.40}$$

当 n_1 是均匀时，$J_z = 0$．若 n_1 不均匀，作为很好的近似，我们预期 J_z 将正比于标记分子的浓度梯度 $\partial n_1/\partial z$．这样我们可以写出

$$\boxed{J_z = -D\frac{\partial n_1}{\partial z}.} \tag{8.41}$$

比例常数 D 称为物质的自扩散系数．当 $\partial n_1/\partial z > 0$ 时，为了使浓度均衡，标记粒子沿 $-z$ 方向流动，即 $J_z < 0$．因此在式（8.41）中明显地引入负号是为了使 D 是一个正量．我们发现式（8.41）能很好地描述气体、液体或各向同性固体[⊖]中的分子自扩散．

【扩散方程】

按照式（8.41），量 n_1 满足一个简单的微分方程，指出这一点是有用的．考虑一维的问题，$n_1(z,\ t)$ 为 t 时刻位于位置 z 附近单位体积的平均标记分子数．我们集中注意在厚度为 dz、面积为 A 的一层物质上（见图 8.8）．因为标记分子的总数守恒，我们可以作这样的表述：｛单位时间这一层内所包含的标记分子数的增加｝必定等于｛单位时间通过 z 表面进入这一层的标记分子数｝减去｛单位时间内通过（$z+dz$）的表面离开这一层的标记分子数｝．用符号表示

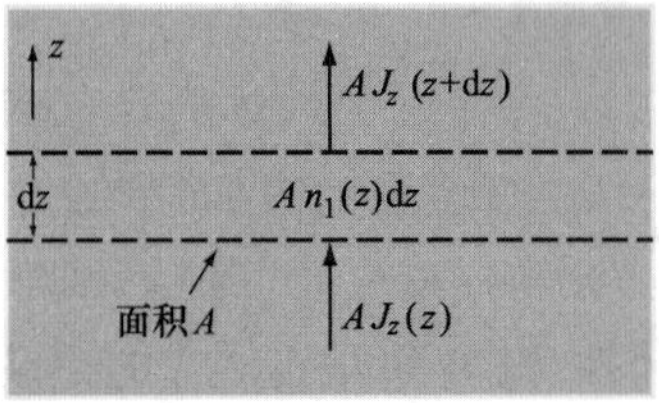

图 8.8　本图说明扩散时标记分子数守恒

$$\frac{\partial}{\partial t}(n_1 A\mathrm{d}z) = AJ_z(z) - AJ_z(z+\mathrm{d}z).$$

因此

$$\frac{\partial n_1}{\partial t}\mathrm{d}z = J_z(z) - \left[J_z(z) + \frac{\partial J_z}{\partial z}\mathrm{d}z\right]$$

或

$$\frac{\partial n_1}{\partial t} = -\frac{\partial J_z}{\partial z}. \tag{8.42}$$

这个方程只表示标记分子数的守恒．利用式（8.41），可化为

⊖ 如果扩散的分子除标记以外与物质的其余分子相同，我们就说是自扩散．更普遍和更复杂的情形是互扩散的情形，这时分子是不相同的，例如，氦分子在氩气中的扩散．

$$\boxed{\frac{\partial n_1}{\partial t}=D\frac{\partial^2 n_1}{\partial z^2}.}\tag{8.43}$$

这就是所要求的 $n_1(z,\ t)$ 满足的偏微分方程——扩散方程.

稀薄气体自扩散系数的计算

在稀薄气体的简单情况下，容易用类似于前两节所用的平均自由程的论证来计算自扩散系数. 考虑气体中 $z=$ 常数的平面（见图 8.9）. 因为 $n_1=n_1(z)$，单位时间内从下面穿越单位面积平面的平均标记分子数等于 $\frac{1}{6}\bar{v}n_1(z-l)$；单位时间内从上方穿越单位面积平面的平均标记分子数为$\frac{1}{6}\bar{v}n_1(z+l)$，因而我们得到自下方沿 $+z$ 方向穿越单位面积平面的标记分子净通量

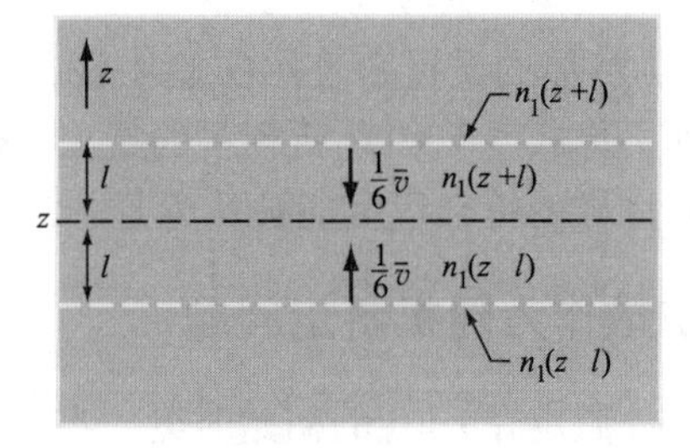

图 8.9　标记分子穿越平面的输运

$$\begin{aligned}J_z&=\frac{1}{6}\bar{v}n_1(z-l)-\frac{1}{6}\bar{v}n_1(z+l)\\&=\frac{1}{6}\bar{v}[n_1(z-l)-n_1(z+l)]=\frac{1}{6}\bar{v}\left(-2\frac{\partial n_1}{\partial z}l\right)\end{aligned}$$

或

$$J_z=-D\frac{\partial n_1}{\partial z},\tag{8.44}$$

其中

$$\boxed{D=\frac{1}{3}\bar{v}l.}\tag{8.45}$$

因而式（8.44）明显地说明 J_z 正比于浓度梯度，与普适关系，即式（8.41）相一致；此外，式（8.45）提供了一个用基本分子性质表示的自扩散系数的近似表达式.

为了用更加明确的形式表示 D，只需要利用式（8.10）和式（8.23）. 这样

$$l=\frac{1}{\sqrt{2}n\sigma}=\frac{1}{\sqrt{2}\sigma}\cdot\frac{kT}{\bar{p}},$$

而且

$$\bar{v}\approx\sqrt{\frac{3kT}{m}}.$$

因而

$$D\approx\frac{1}{\sqrt{6}}\frac{1}{\bar{p}\sigma}\sqrt{\frac{(kT)^3}{m}}.\tag{8.46}$$

因此自扩散系数 D 确实与气体的压强有关. 当温度 T 固定时，

$$D\propto\frac{1}{n}\propto\frac{1}{\bar{p}}.\tag{8.47}$$

在固定的压强下，只要分子像刚球一样地散射，从而 σ 是与 T 无关的常数，则

$$D \propto T^{\frac{3}{2}}. \tag{8.48}$$

由式（8.45），在室温和大气压下，D 的数量级为$\frac{1}{3}\bar{v}l \sim \frac{1}{3}(5\times10^4)$（$3\times10^{-5}$）$\sim 5\times10^{-5}\mathrm{m}^2\cdot\mathrm{s}^{-1}$．$N_2$ 在 273K 和一个大气压时实验测量值为 $1.85\times10^{-5}\mathrm{m}^2\cdot\mathrm{s}^{-1}$．

比较式（8.45）和式（8.20）中的黏度 η 得到关系

$$\frac{D}{\eta}=\frac{1}{nm}=\frac{1}{\rho}, \tag{8.49}$$

ρ 为气体的质量密度．实验中我们发现比例 $D\rho/\eta$ 落在 1.3 和 1.5 之间的范围内，而不像式（8.49）所预料的是 1．鉴于我们简化计算的近似性质，在理论与实验之间这样的符合程度应被认为是非常满意的．

扩散作为随机游走问题

假定在 $t=0$ 的初始时刻，在平面 $z=0$ 附近引进 N_1 个标记分子．随着时间的推移，这些分子进行扩散进而在空间扩展开来，如图 8.10 所示．任意时刻 t 在任意位置 z 处单位体积内分子数 $n_1(z, t)$ 就可以由扩散方程（8.43）的解来预测．或者换一种方式，我们可以将这种扩散过程看作标记分子的随机游走．那么就可能用第 2 章的讨论，来直接理解这一扩散过程的主要特征．我们假定一个标记分子在多次碰撞之间所经历的逐次位移是统计无关的，而且用 s_i 表示这个分子第 i 次位移的 z 分量．如果分子从 $z=0$ 处出发，N 次位移之后其位置矢量的 z 分量就由下式给出：

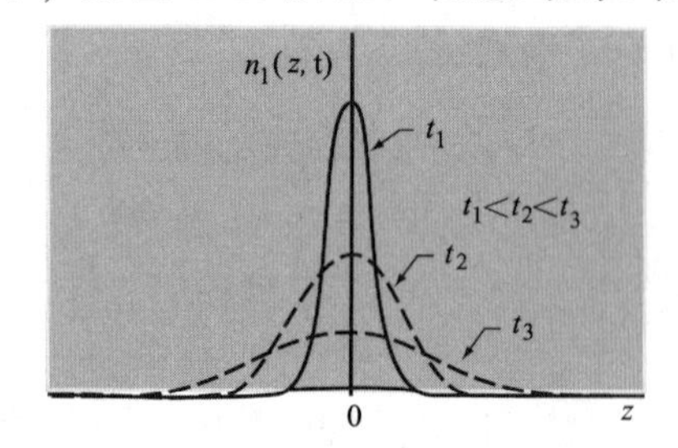

图 8.10　$t=0$ 时刻在平面 $z=0$ 附近引进分子后，单位体积标记分子数 $n_1(z, t)$ 在各种不同时刻 t 时作为 z 的函数．所有曲线下的面积都相同并等于总标记分子数 N_1

$$z=\sum_{i=1}^{N} s_i. \tag{8.50}$$

由于每次位移的无规取向，每次位移的平均值为零，即$\overline{s_i}=0$．因而和的平均值也是零，从而 $\bar{z}=0$．因此图 8.10 中的曲线相对于 $z=0$ 的值是对称的．类似于式（2.49），对于 z 的弥散，式（8.50）给出的结果为

$$\overline{z^2}=\sum_i \overline{s_i^2}+\sum_i \sum_{j,\, i\neq j} \overline{s_i s_j}. \tag{8.51}$$

但由于位移的统计独立性，$\overline{s_i s_j}=\bar{s}_i\,\bar{s}_j=0$，因此式（8.51）简化为

$$\overline{z^2}=N\,\overline{s^2}. \tag{8.52}$$

如果分子速度为 V，t'时刻位移的 z 分量为 $s=v_z t'$，在平均自由时间 τ 内，个别位移的均方位移就近似地为

$$\overline{s^2} \approx \overline{v_z^2}\tau^2 = \frac{1}{3}\overline{v^2}\tau^2, \tag{8.53}$$

这里我们令$\overline{v^2} = \overline{v_x^2} + \overline{v_y^2} + \overline{v_z^2} = 3\ \overline{v_z^2}$，因为根据对称性$\overline{v_x^2} = \overline{v_y^2} = \overline{v_z^2}$．此外在总的时间 t 内发生的分子位移的总数 N 必定近似地等于 t/τ．因此关于一个标记分子在时间 t 内位移的均方 z 分量，式（8.52）给出近似结果

$$\overline{z^2} \approx \frac{t}{\tau}\left(\frac{1}{3}\overline{v^2}\tau^2\right) = \left(\frac{1}{3}\overline{v^2}\tau\right)t. \tag{8.54}$$

图 8.10 中曲线的宽度是用 z^2 的平方根度量，即以标准偏差

$$\underset{\sim}{\Delta z} = (\overline{z^2})^{\frac{1}{2}} \propto t^{\frac{1}{2}}$$

度量．因而由图 8.10 的曲线宽度所表示的标记分子随时间扩展的范围正比于 $N^{\frac{1}{2}}$或 $t^{\frac{1}{2}}$而增大．这个结果只是反映了扩散过程的统计特征．可以证明关系（8.54）与扩散方程（8.43）的预测相一致，而且扩散系数值由式（8.45）给出．

8.5　电导率与电荷的输运

考虑包含许多自由移动的带电粒子的体系（液体、固体或气体）．如果在 z 方向加上一微小的均匀电场$\mathscr{E}$，非平衡情况导致在这个方向上建立起电流密度 j_z．考虑任意一个 z = 常数的平面，电流密度定义为

$j_z \equiv$ 单位时间内沿 $+z$ 方向穿越单位面积平面的平均电荷．　　(8.55)

在 $\mathscr{E}=0$ 时的平衡情况下没有外力作用在带电粒子上，当然这个电流密度就等于零．如果电场 E 足够微小，我们就预料有如下形式的线性关系：

$$j_z = \sigma_e \mathscr{E}. \tag{8.56}$$

其中比例常数 σ_e 称为体系的电导率．关系（8.56）称为欧姆定律㊀．

现在考虑一个多粒子的稀薄气体，粒子的质量为 m，电荷量为 q 并与某些别的多粒子体系相互作用，它们可以因这些相互作用而被散射．一个特别简单的情况可能是气体中相对地少数的离子（或电子）的体系，这时离子主要是由于与中性气体分子的碰撞而被散射．另一种情况是金属中的电子．这种情况下这些电子被固体中振动的原子或固体中的杂质原子所散射㊁．当沿 z 方向加一电场 $\mathscr{E}$ 的时候，它使带电粒子有一个平均的 z 分量速度 $\bar{v}_z$．如果 n 为单位体积内平均带电粒子数，则单

㊀ 不要把电导率的符号 σ_e 与表示散射截面的符号 σ 混淆起来．

㊁ 不过，金属中电子的情况还包含一些复杂之处，因为这些电子（如我们在 6.3 节末所指出的）不服从经典麦克斯韦速度分布，而由所谓费米-狄拉克分布所描述，这一分布是电子气用严格的量子力学处理的结果．

位时间内穿越单位面积（垂直 z 方向）的平均粒子数由 $n\,\bar{v}_z$ 给出．因为每个粒子的带电量为 q，因而我们得到

$$j_z = nq\,\bar{v}_z. \tag{8.57}$$

剩下的只是计算 $\bar{v}_z$．我们从粒子前一次碰撞后的瞬间 $t=0$ 开始计量时间．这次碰撞和下一次碰撞间粒子的运动方程为

$$m\frac{\mathrm{d}v_z}{\mathrm{d}t} = q\mathscr{E}.$$

因此

$$v_z = \frac{q\mathscr{E}}{m}t + v_z(0). \tag{8.58}$$

为了计算平均值 $\bar{v}_z$，我们首先必须在碰撞之后立即对粒子的所有可能的速度 $v_z(0)$ 求式（8.58）的平均，然后对粒子在下一次碰撞之前经过的所有可能时间 t 求式（8.58）的平均．我们假定每次碰撞都充分有效，使得粒子立刻恢复到热平衡；于是一次碰撞之后即刻的速度 $v(0)$ 就有无规的方向，从而不管粒子碰撞前的经历如何都有 $\bar{v}_z(0)=0$㊀．因为粒子在下一次碰撞之前所通过的时间的平均值，按定义为平均自由时间 τ，因而式（8.58）的平均就给出

$$\bar{v}_z = \frac{q\mathscr{E}}{m}\tau. \tag{8.59}$$

于是电流密度的表达式，即式（8.57）就化为

$$j_z = \sigma_{\mathrm{e}}\mathscr{E}, \tag{8.60}$$

其中

$$\boxed{\sigma_{\mathrm{e}} \equiv \frac{nq^2}{m}\tau.} \tag{8.61}$$

这样，j_z 就的确如式（8.56）所预料的与 $\mathscr{E}$ 成正比；此外，式（8.61）提供了用气体的微观特征参量来表示电导率 σ_{e} 的一个明显的表达式．式（8.61）是普遍有效的，即使对金属中的电子也如此．

在气体中微量离子传导的情况下，限制离子平均自由程的碰撞主要是那些与中性气体分子的碰撞㊁．以 σ 表示一个离子被分子碰撞的总散射截面，而且假定单位体积内有 n_1 个质量 $m_1 \gg m$ 的分子．因而离子的热运动速率就比分子的大得多，而且离子-分子相遇的平均相对速率简单地就是平均离子速率 $\bar{v}$．这样，由式（8.4），一个离子的平均自由时间 τ 简单地就等于

$$\tau = \frac{1}{n_1\sigma\,\bar{v}}.$$

㊀ 我们可以预料，只要带电粒子经受与质量大得多的粒子的碰撞，这就是一个很好的近似．否则在每次碰撞之后带电粒子将保留若干碰撞前速度的 z 分量．我们将忽略任何由于这种“速度残留”效应引起的校正．

㊁ 两个同类离子的碰撞，即使这种碰撞发生得很频繁，实际上也不影响电导率．理由是：在这种碰撞中离子的总动量是守恒的．如果离子是全同的，因而它们有相同的质量，因此在碰撞中速度的矢量和也保持不变．这样，因为两个离子都携带相同的电量，它们不过是交换了在携带电流中的作用．

使用 $\bar{v}$ 的表达式（8.23），式（8.61）近似地化为

$$\sigma_{\mathrm{e}} = \frac{nq^2}{n_1 m\sigma \bar{v}} = \frac{1}{\sqrt{3}} \frac{nq^2}{n_1\sigma \sqrt{mkT}}. \tag{8.62}$$

定义摘要

平均自由时间　一个分子在受到下一次碰撞前所经历的平均时间.

平均自由程　一个分子在受到下一次碰撞之前所走过的平均距离.

总散射截面　确定一个分子投射到另一分子上而被散射的概率的有效面积.

应力　单位面积的力.

黏性　黏度 η 由下式定义：

$$P_{zx} = -\eta \frac{\partial u_x}{\partial z},$$

它将流体中横过一个面的应力 P_{zx} 与平均流体速度 u_x 的梯度联系起来.

热传导　热导率 κ 由下式定义：

$$Q_z = -\kappa \frac{\partial T}{\partial z},$$

它将热流密度 Q_z 与温度 T 的梯度联系起来.

自扩散　自扩散系数 D 由下式定义：

$$J_z = -D \frac{\partial n_1}{\partial z},$$

它将标记粒子的流密度与其单位体积粒子数 n_1 的梯度联系起来.

电导率　电导率 σ_{e} 由下式定义：

$$j_z = \sigma_{\mathrm{e}} \mathscr{E},$$

它将电流密度 j_z 与电场 $\mathscr{E}$（即电势梯度）联系起来.

重要关系式

平均自由程：

$$l \approx \frac{1}{\sqrt{2} n\sigma}.$$

建议的补充读物

本章关于输运过程的讨论，只是极其简单地介绍了广泛而重要的领域. 为获得更精确的定量结果，通过方法的发展可以使理论得到改进. 另外，重要的应用范围极其广阔，尤其是当我们处理诸如金属中的电子或等离子体中的电子等带电粒子的时候.（典型的相关问题有：作为温度函数的电导，作为频率函数的介电常数和介电损耗因子，由温差电场造成的“热电效应”，等等.）下面几本书中关于输运过程的理论要比我们在本章中的更加深入，并列出了更多这方面内容的参考读物.

F. Reif，*Fundamentals of Statistical and Thermal Physics*（McGraw-Hill Book Company，New York，1965）. 第12章讨论了最基本的理论，而第13章和第14章则描述了更加先进的处理方法.

R. D. Present，*Kinetic Theory of Gases*（McGraw-Hill Book Company，New York，1958）. 第3章为最基本的理论，第8章和第11章给出了更先进的处理方法.

习　　题

8.1　投掷硬币

考虑投掷硬币，两个面中任一个面着地的概率为1/2. 集中注意于任何一次投掷后的这样一枚硬币

（a）在下一次出现“正面”之前，硬币的平均投掷数是多少？

（b）目前一次出现“正面”以后，硬币的平均投掷数是多少？

（c）假定前一次投掷时刚好得到“正面”，这种情况对（a）的答案有何影响.

8.2　平均自由时间的论证和上题的类似性

考虑某种密度的气体，其分子平均自由时间为τ. 在任一时刻集中注意一特定的分子.

（a）这个分子经受下一次碰撞之前所经过的平均自由时间是多少？

（b）这个分子经受上一次碰撞之后所经过的平均自由时间是多少？

（c）假定分子刚刚经受一次碰撞，这种情况对（a）的答案有何影响？

8.3　平均自由时间和两次碰撞之间的时间

考虑带电量为q、质量为m的一个离子，浸入气体中并在z方向受一电场$\mathscr{E}$的作用. 为简单起见，假想下列模型：离子沿z方向移动，在每次碰撞之后从静止开始，而且在固定的时间t_c内以加速度$a=q\mathscr{E}/m$运动；然后因下一次碰撞而静止并开始重复整个过程. 一个离子速度v作为时间的函数因而就有如图8.11所示的形状.

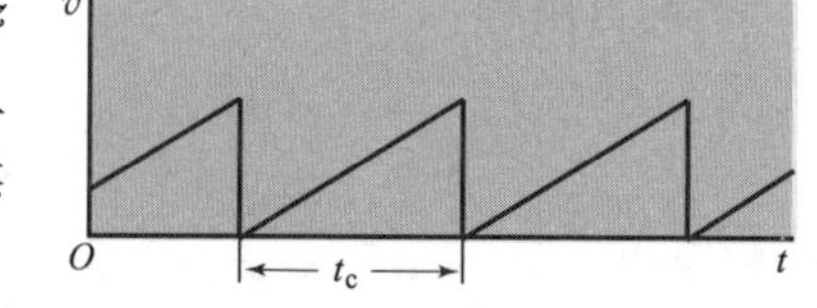

图8.11　对于气体中离子的简单模型，其速度v作为时间t的函数图

（a）考虑任意时刻这类离子的系综. 一个离子经受下一次碰撞之前所经过的平均时间τ是什么？用相继两次碰撞间的时间t_c表示你的结果.

(b) 自从离子经受前一次碰撞起所经过的平均时间是什么？用 t_c 表示你的答案.

(c) 离子所曾达到的最大速度是什么？平均速度 $\bar{v}$ 是多少？用 t_c 表示你的结果，再用 (a) 中的平均时间 τ 表示它，试将你的解答与式 (8.59) 作比较.

(d) 一个离子从静止开始到时刻 t_c 所移动的距离 s 是多少？如果我们用 $\bar{v}=s/t_c$来定义平均速度 $\bar{v}$，这样计算出的 $\bar{v}$ 的值是多少？用 t_c 表示你的结果；再用 τ 表示它. 将它与 (c) 的结果作比较.

8.4　密立根油滴实验

密立根油滴实验，是第一个测量电子电荷的实验，它比较了带电的小油滴上的电场力和油滴所受的重力. 因而这个实验就要求知道油滴的重量. 当油滴上的重力为周围空气的黏性引起的摩擦力所平衡时（空气在一大气压下，因而空气分子的平均自由程比油滴直径小得多.）观察以恒定的收尾速度下落的油滴可以得出油滴的重量.

油滴下落的收尾速度反比于空气的黏度，如果空气的温度增加，油滴的收尾速度是增加，是减少，还是保持不变？大气压增加时又如何？

8.5　旋转圆筒黏度计

人们需要测量室温下空气的黏度 η，因为这个参量对于用密立根油滴实验来确定电子电荷是根本性的，有人建议用这样一个黏度计来实现测量：这个黏度计由扭丝支架的静止内圆筒（半径 R，长 L）和用角速度 ω 缓慢旋转的外圆筒 [有稍大的内径 $(R+\delta)$] 组成. 厚度为 δ（其中 $\delta \ll R$）的窄环区域内充以空气，测量内圆筒的转矩 G（见图 8.12）.

(a) 用 η 和这个实验装置的参量求转矩 G.

(b) 为了确定需要什么样的石英丝，试从基本原理出发估计空气黏度的数值，并用这个结果估计在这类装置中测量到的转矩的数值. 取尺寸 $R=2\text{cm}$，$\delta=0.1\text{cm}$，$L=15\text{cm}$，$\omega=2\pi\text{rad/s}$.

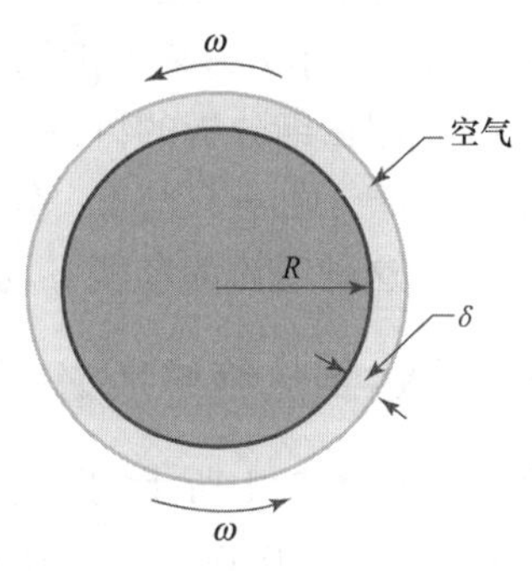

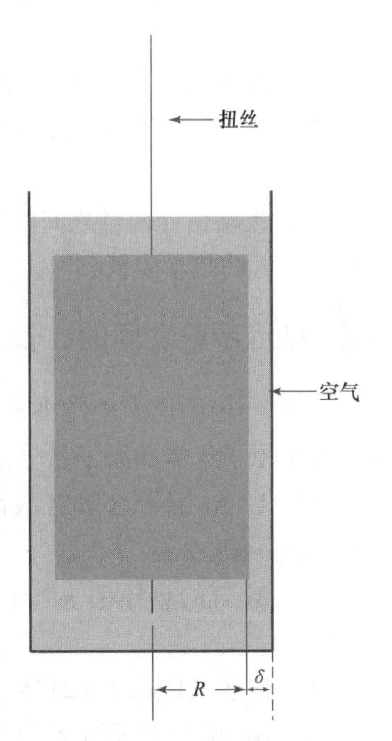

图 8.12　旋转黏度计俯视图和侧视图

8.6　氩气黏度的估算

试估计氩气 (Ar) 在 25℃及一个大气压下的黏度的数值. 为了估计氩原子的

大小，将原子看作刚球. 在低温下固体氩中这些原子彼此相接触. X射线衍射研究表明固体氩的晶体结构是面心立方体，即 Ar 原子占据立方体的顶角和立方体有规则排列的各个面的中点，固体氩的密度是 1650kg/m^3，Ar 的原子量是 39.9. 试将你的估计与实验观察值 $\eta=2.27\times10^{-5}\text{kg}\cdot\text{m}^{-1}\cdot\text{s}^{-1}$作比较.

8.7 散射截面的速度相关效应

假定气体分子彼此通过径向力 F 相互作用，这个力按照 $F=CR^{-s}$，取决于分子间距 R，其中 s 为某个正整数，C 为常数.

（a）用量纲分析的讨论，说明分子的总散射截面 σ 与相对速率 V 有关. 假定作经典计算，则 σ 只与 V、分子质量 m 和力常数 C 有关.

（b）这种气体的黏度 η 与绝对温度 T 的关系如何?

8.8 为达到热绝缘所必需的真空度

考虑如图 5.4 所示的常用的双壁结构的圆柱形杜瓦瓶. 内壁的外径是 10cm，外壁的内径是 10.6cm，杜瓦瓶装有冰水混合物；杜瓦瓶外面是室温，即 25℃左右.

（a）如果杜瓦瓶两壁之间装以一大气压的氦气（He），试计算因气体（氦原子半径的一个合理的估计大约是 10^{-10}m）热传导流入的热（用每厘米杜瓦瓶高度的瓦特数表示）.

（b）粗略估计两壁之间的气体压强（用 mmHg 表示）必须降低多少才能使由热传导流入的热量降低到（a）中计算的数值的 1/10 以下.

8.9 输运系数之间的比较

氦气（He）在 $T=273\text{K}$ 和 1 个大气压下的黏度为 η_1，氩气（Ar）的是 η_2、这两种单原子气体的原子量分别为 μ_1 和 μ_2.

（a）Ar-Ar 原子总散射截面 σ_2 与 He-He 原子的总散射截面 σ_1 相比的比值 σ_2/σ_1是什么?

（b）Ar 气的热导率 κ_2 与 He 气的热导率 κ_1 在 $T=273\text{K}$ 时的比例 κ_2/κ_1 是什么?

（c）这些气体在 $T=273\text{K}$ 时扩散系数的比例 D_2/D_1 是什么?

（d）He 和 Ar 的原子量分别为 $\mu_1=4$ 和 $\mu_2=40$. 273K 时测量到的黏度分别为 $\eta_1=1.87\times10^{-4}\text{kg}\cdot\text{m}^{-1}\cdot\text{s}^{-1}$ 和 $\eta_2=2.105\times10^{-5}\text{kg}\cdot\text{m}^{-1}\cdot\text{s}^{-1}$. 用这些数据近似计算截面 σ_1 和 σ_2 的数值.

（e）如果认为原子像刚球那样被散射，试估计 He 原子的直径 d_1 和 Ar 原子的直径 d_2.

8.10　扩散使同位素混合

需要对氮气（N_2）同位素混合物做一个实验. 为此目的，取一个球形的储存容器，直径 1m，在室温和大气压下装入$^{14}N_2$ 气体并通过容器一边的阀门引入微量$^{15}N_2$ 气体. 在气体中不存在任何对流的情况下，粗略估计要等多久我们才能确信$^{14}N_2$ 和$^{15}N_2$ 分子已在整个容器内均匀混合.

8.11　宇宙气体对飞船的影响

边长为 L 的立方形宇宙飞船，在太空中以速度 v 沿着平行于一条边的方向运动，周围气体的温度为 T，由质量为 m 的分子组成，单位体积的分子数 n 非常小，使得平均自由程比 L 大得多. 假定分子与飞船的碰撞是弹性的，估计由于星际气体对飞船的碰撞而施加于飞船的平均减速力. 假定 v 比气体分子的平均速率低并且忽略这些分子的速度分布. 若飞船的质量为 M 并且没有受到其他外力作用，那么大约多久之后，飞船的速度将减少到原来速度的一半?

8.12　分子在时间 t 内残存不受碰撞的概率

在任何时刻，集中注意一个特殊的分子，令 $w\mathrm{d}t\equiv$分子在时间间隔 $\mathrm{d}t$ 内受到一次碰撞的概率. 现在再考虑残存概率

$$P(t)\equiv\text{分子在残存时间 } t \text{ 内不受碰撞的概率.}$$

很明显 $P(0)=1$，因为分子在一个接近于零的短时间内残存是毫无问题的. 同样当 $t\to\infty$ 时 $P(t)\to 0$ 也是很明显的，因为分子或早或晚必然要受到碰撞.

残存概率 $P(t)$ 必然和碰撞概率 $w\mathrm{d}t$ 有关. 的确，分子在残存时间（$t+\mathrm{d}t$）内不受碰撞的概率 $P(t+\mathrm{d}t)$ 等于在残存时间 t 内不受碰撞的概率 $P(t)$ 乘上分子在以后的 t 到 $t+\mathrm{d}t$ 的时间以内不受碰撞的概率（$1-w\mathrm{d}t$）. 写出这一关系式，可得 $P(t)$ 的一个微分方程，解这一微分方程，利用 $P(0)=1$ 的事实，证明 $P(t)=\mathrm{e}^{-wt}$.

8.13　平均自由时间 τ 的计算

分子在已经残存的时间 t 内没有受到碰撞，而在 t 到 $t+\mathrm{d}t$ 的时间内受到一次碰撞的概率 $\wp(t)\mathrm{d}t$ 就是 $P(t)w\mathrm{d}t$.

(a) 证明这一概率在如下的意义上正好是归一化的，即

$$\int_0^{+\infty}\wp(t)\,\mathrm{d}t=1.$$

这只是断言：分子在某个时刻受到一次碰撞的概率为 1.

(b) 利用概率 $\wp(t)\mathrm{d}t$ 证明分子在受到碰撞之前残存的平均时间 $\bar{t}\equiv\tau$ 而 $\tau=1/w$.

(c) 用 τ 表示方均时间 $\overline{t^2}$.

8.14　热传导的微分方程

考虑物质的温度 T 是时间 t 和坐标 z 的函数的普遍情况，物质的密度为 ρ、单位质量的比热为 c、热导率为 κ、采用推导扩散方程（8.43）相类似的宏观推理，得出温度 $T(z, t)$ 所必须满足的普适偏微分方程.

*8.15　测量气体热导率的装置

一根半径为 a、单位长度电阻为 R 的长圆柱形导线，沿着半径为 b 的长圆筒的轴线拉扯着，套筒的温度固定为 T_0，内充热导率为 κ 的气体. 当一个很小的恒定电流 I 从导线流过时，计算导线与套筒壁之间的温度 ΔT、由此表明，测量 ΔT 为确定气体的热导率提供了一种方法. 假定稳态条件业已达到，使得在任何一点的温度 T 都与时间无关. (提示：考虑位于半径为 r 和 $r+\mathrm{d}r$ 的任意圆筒壳层内的气体都满足稳态条件.)

*8.16　通过管道的黏滞流动

黏度为 η 的流体，因为存在压差（管道的一端压强为 p_1 另一端为 p_2）而通过长度为 L 半径为 a 的管道流动，写出要使半径为 r 的圆筒形流体，在压差和流体黏滞性的切向力的影响下，作无加速的运动必须成立的条件，因此，在下面两种情况下，推导单位时间内通过管道流动的流体质量 M 的表达式.

(a) 流体是一种密度为 ρ 的不可压缩的液体.

(b) 流体是一种处于绝对温度 T，分子量为 μ 的理想气体. (这些结果是著名的泊松公式) 假定与管壁接触的一层流体是静止的，并且还要注意，单位时间内通过管道任何横截面积的流体质量必定是相同的.

附　　录

附　　录

A.1 高斯分布

考虑式（2.14）中导出的二项式公布

$$P(n)=\frac{N!}{n!(N-n)!}p^{n}q^{N-n}, \tag{A.1}$$

其中 $q=1-p$. 当 N 很大时，由于式（A.1）要计算大数目的阶乘，概率 $P(n)$ 的计算就出现困难. 不过，只要采用某种近似使我们能将它变换成特别简单的形式，式（A.1）就有可能计算.

早在2.3节中已经指出，当 N 很大时，概率 $P(n)$ 极其明显地表现出有一个极大，就是这种简化的特征. 只要 n 明显地偏离 P 为极大时的特殊值 $\tilde{n}$，概率 $P(n)$就很微小，以致可忽略不计. 因此，通常有意义的区域，即概率 $P(n)$ 不是小到可忽略的区域，只由离 $\tilde{n}$ 不太远的那些 n 值组成. 而在这个很小的区域内，很容易求出 $P(n)$ 的近似表达式. 于是这个近似表达式对概率 P 并不是小到可忽略的所有 n 值都适用，即在通常有必要了解 P 值的整个范围之内都适用.

于是，只要研究 $P(n)$ 在极大值 $\tilde{n}$ 附近的行为就足够了. 首先应当注意，除非 $p\approx0$ 或 $q\approx0$，$\tilde{n}$ 既不会很接近 0，也不会很接近 N；因此，当 N 很大时，$\tilde{n}$ 本身也是一个很大的数；并且我们关心的在 $\tilde{n}$ 附近的 n 值也是很大的. 不过当 n 很大时，n 改变 1 所引起 $P(n)$ 的改变是相对微小的；即

$$|P(n+1)-P(n)| \ll P(n),$$

从而 P 是 n 的缓慢变化的函数. 尽管物理上只与 n 的整数值有关，但将 P 当作连续变量 n 的光滑函数是一个很好的近似. 值得注意的第二点是这样的事实：P 的对数与 P 本身相比是变化更为缓慢的 n 的函数. 因此我们不直接讨论 P，而是研究 $\ln P$ 的行为并且求出在变量 n 的大区域内都有效的 $\ln P$ 的一个很好近似，这样更容易些.

因此，取式（A.1）的对数，我们得到

$$\ln P=\ln N!-\ln n!-\ln(N-n)!+n\ln p+(N-n)\ln q. \tag{A.2}$$

那么，P 达到极大时的特殊值 $n=\tilde{n}$ 由下面的条件确定：

$$\frac{\mathrm{d}P}{\mathrm{d}n}=0,$$

或等价地由 $\ln P$ 为极大时的条件所确定，

$$\frac{\mathrm{d}\ln P}{\mathrm{d}n}=\frac{1}{P}\frac{\mathrm{d}P}{\mathrm{d}n}=0. \tag{A.3}$$

为了对式（A.2）求导，我们注意到所有阶乘中出现的数都比 1 大得多. 因此，每一个阶乘都可以应用式（M.7）的近似，式（M.7）断言，对于任何数 m，只要 $m \gg 1$，则

$$\frac{\mathrm{d}\ln m!}{\mathrm{d}m} \approx \ln m. \tag{A.4}$$

那么，式（A.2）对 n 求导就得到很好的近似

$$\frac{\mathrm{d}\ln P}{\mathrm{d}n} = -\ln n + \ln(N-n) + \ln p - \ln q. \tag{A.5}$$

为了求出 P 的极大值，根据式（A.3），也就是令式（A.5）等于零. 即

$$\ln\left[\frac{(N-n)}{n}\frac{p}{q}\right] = 0$$

或

$$\frac{(N-n)}{n}\frac{p}{q} = 1.$$

因此

$$(N-n)p = nq,$$

即

$$Np = n(p+q).$$

因为 $(p+q)=1$，那么 P 取极大值时 $\tilde{n}$ 为

$$\boxed{\tilde{n} = Np.} \tag{A.6}$$

为了研究极值附近 $\ln P$ 的行为，只要将 $\ln P$ 在 $\tilde{n}$ 附近按泰勒级数展开. 因此，可以写成为

$$\ln P(n) = \ln P(\tilde{n}) + \left[\frac{\mathrm{d}\ln P}{\mathrm{d}n}\right]y + \frac{1}{2!}\left[\frac{\mathrm{d}^2\ln P}{\mathrm{d}n^2}\right]y^2 + \frac{1}{3!}\left[\frac{\mathrm{d}^3\ln P}{\mathrm{d}n^3}\right]y^3 + \cdots \tag{A.7}$$

其中

$$y \equiv n - \tilde{n}, \tag{A.8}$$

方括号表示微商在 $n=\tilde{n}$ 处取值. 因为我们是在极大值所满足的式（A.3）附近展开，所以一级微商为零. 通过对式（A.5）逐次求导，就可以得出其他各级微商. 具体讲，

$$\frac{\mathrm{d}^2\ln P}{\mathrm{d}n^2} = -\frac{1}{n} - \frac{1}{N-n} = -\frac{N}{n(N-n)}.$$

将 $n=\tilde{n}$，即 $n=Np$ 和 $N-n=N(1-p)=Ng$ 代入，我们就得到这一微商的值

$$\left[\frac{\mathrm{d}^2\ln P}{\mathrm{d}n^2}\right] = -\frac{1}{Npq}.$$

因此式（A.7）化为

$$\ln P(n) = \ln P(\tilde{n}) - \frac{y^2}{2Npq} + \cdots$$

即

$$P(n) = \tilde{P}\mathrm{e}^{-y^2/(2Npq)} = \cdots = \tilde{P}\mathrm{e}^{-(n-\tilde{n})^2/(2Npq)} = \cdots \tag{A.9}$$

其中我们已采用 $\tilde{P} \equiv P(\tilde{n})$.

注意当 y 变成很大，使得 $y^2/(Npq) \gg 1$，即当 $|y| \gg (Npq)^{1/2}$ 时，因为指数因子已比 1 小得非常多，式（A.9）中的概率 $P(n)$ 与极大值 $\tilde{P}$ 相比，已经小到可以忽略了. 因此，只在 $|y| \lesssim (Npq)^{1/2}$ 的范围内，概率 $P(n)$ 才有明显的值. 不过通常 y 总是足够小，使得式（A.7）中 y^3 和更高次项与首项相比是可以忽略的，这里我们还保留了 y^2 项[⊖]. 因此，我们可以得到这样的结论：在概率有明显数值的整个范围内，式（A.9）的确是概率 $P(n)$ 的一个很好近似式.

利用归一化条件，式（A.9）中常数 $\tilde{P}$ 的数值可以直接用 p、q 来表示

$$\sum_n P(n) = 1, \tag{A.10}$$

其中求和是对所有可能的 n 值进行. 因为 $P(n)$ 在 n 的相邻整数间的变化很小，求和就可以用积分代替. 在 n 的范围为 $\mathrm{d}n$（$\mathrm{d}n$ 比 1 大得多）之内，包含着 $\mathrm{d}n$ 个可能的 $P(n)$ 值，因此，条件（A.10）成为

$$\int P(n)\,\mathrm{d}n = \int_{-\infty}^{+\infty} \tilde{P}\mathrm{e}^{-(n-\tilde{n})^2/(2Npq)}\,\mathrm{d}n$$

$$= \tilde{P}\int_{-\infty}^{+\infty} \mathrm{e}^{-y^2/(2Npq)}\,\mathrm{d}y = 1. \tag{A.11}$$

这里我们已经作了把积分限扩展到由 $-\infty$ 到 $+\infty$ 的简化. 因为每当 $|n-\tilde{n}|$ 变得很大时，概率 $P(n)$ 总是小到可以忽略，所以这种扩展是一种很好的近似. 利用式（M.23），式（A.11）的积分就是

$$\tilde{P}\sqrt{2\pi Npq} = 1.$$

因此

$$\tilde{P} = \frac{1}{\sqrt{2\pi Npq}}. \tag{A.12}$$

将这一结果及式（A.6）所确定的值 $\tilde{n} = Np$ 代入式（A.9），那么概率 $P(n)$ 就成为

$$\boxed{P(n) = \frac{1}{\sqrt{2\pi Npq}}\mathrm{e}^{-(n-Np)^2/(2Npq)}.} \tag{A.13}$$

因为上式不需要计算任何阶乘，所以这一表示式要比式（A.1）的计算便利得多.

由式（A.9）或式（A.13）右边所表示的函数形式的概率就是著名的高斯分布（见图 A.1）. 导出这一分布的本质性论点，也就是对数的幂级数展开，是有广泛应用价值的. 因此每当所考虑的数目很大时，高斯分布经常在统计论证中出现是不足为奇的.

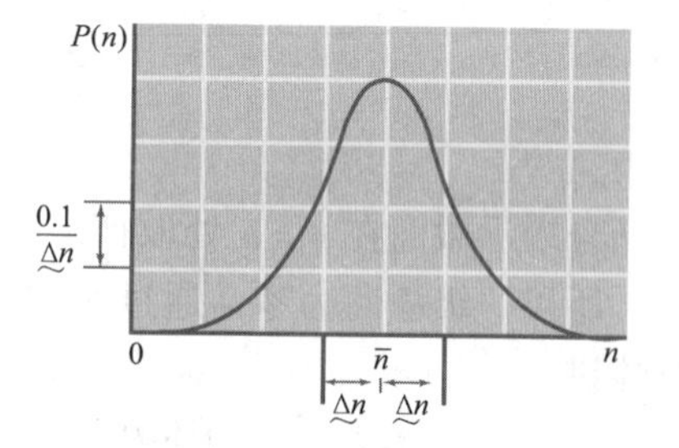

图 A.1　高斯分布表示概率 $P(n)$ 的数值为 n 的函数的光滑曲线. 假定 n 为 $\tilde{n}-x$ 和 $\tilde{n}+x$ 之间的值，则相应的概率 $W(x)$ 就由曲线下面该范围之内的面积所定. 如果 Δn 表示 n 的标准偏差，计算表明 $W(\Delta n)=0.683$, $W(2\Delta n)=0.954$, $W(3\Delta n)=0.997$

⊖ 这一说法在 $(Npq)^{1/2} \gg 1$ 的范围内是正确的，见习题 P.3.

用 $P(n)$ 的表达式（A.13）来计算 n 的各种平均值是容易的. 按照用式（A.11）计算归一化条件（A.10）相同的方式，求得可以归结为等价的积分运算. 因此，我们得到

$$\begin{aligned}\bar{n} &\equiv \sum_n P(n)n \\ &= (2\pi Npq)^{-1/2}\int_{-\infty}^{+\infty} \mathrm{e}^{-(n-Np)^2/(2Npq)}\,n\mathrm{d}n \\ &= (2\pi Npq)^{-1/2}\int_{-\infty}^{+\infty} \mathrm{e}^{-y^2/(2Npq)}(\tilde{n}+y)\mathrm{d}y \\ &= \tilde{n}(2\pi Npq)^{-1/2}\int_{-\infty}^{+\infty} \mathrm{e}^{-y^2/(2Npq)}\mathrm{d}y + \\ &\quad (2\pi Npq)^{-1/2}\int_{-\infty}^{+\infty} \mathrm{e}^{-y^2/(2Npq)}y\mathrm{d}y.\end{aligned}$$

其中第一个积分与式（A.11）中出现的相同，它的数值为 $(2\pi Npq)^{1/2}$. 根据对称性，由于被积函数为奇函数（即对 $+y$ 和 $-y$ 有相反的符号），从而在 $+y$ 附近的积分贡献和 $-y$ 附近的互相抵消，第二个积分为零. 于是就得出

$$\bar{n} = \tilde{n} = Np. \tag{A.14}$$

说明 n 的平均值等于概率 P 为极大值处的 $\tilde{n} = Np$.

对于 n 的弥散，我们也一样求出

$$\begin{aligned}\overline{(\Delta n)^2} = \overline{(n-\tilde{n})^2} &= \sum_n P(n)(n-Np)^2 \\ &= (2\pi Npq)^{-1/2}\int_{-\infty}^{+\infty} \mathrm{e}^{-(n-Np)^2/(2Npq)}(n-Np)^2\mathrm{d}n \\ &= (2\pi Npq)^{-1/2}\int_{-\infty}^{+\infty} \mathrm{e}^{-y^2/(2Npq)}y^2\mathrm{d}y.\end{aligned}$$

根据式（M.26），这一积分为

$$\overline{(\Delta n)^2} = Npq. \tag{A.15}$$

于是 n 的标准偏差为㊀

$$\underset{\sim}{\Delta} n = \sqrt{Npq}. \tag{A.16}$$

高斯分布（A.13）因此可以只用式（A.14）和式（A.16）的两个参量 $\bar{n}$ 及 $\underset{\sim}{\Delta} n$ 来表示

$$P(n) = \frac{1}{\sqrt{2\pi}\underset{\sim}{\Delta} n}\exp\left[-\frac{1}{2}\left(\frac{n-\bar{n}}{\underset{\sim}{\Delta} n}\right)^2\right]. \tag{A.17}$$

引入变量

$$z = \frac{n-\bar{n}}{\underset{\sim}{\Delta} n} \text{ 使得 } \quad n = \bar{n} + (\underset{\sim}{\Delta} n)z,$$

㊀ 注意式（A.14）和式（A.15）与正文中在任意数值 N 的最普遍条件下推出的结果，即式（2.66）和式（2.67）符合得相当好.

式（A.17）可以更紧凑地表示为

$$P(n)\underset{\sim}{\Delta} n=\frac{1}{\sqrt{2\pi}}e^{-(1/2)z^2}.$$

注意高斯分布是关于平均值对称的，即对 z 及 $-z$，$P(n)$ 有相同的数值.

A.2　泊松分布

再考虑式（2.14）导出的二项式分布，

$$P(n)=\frac{N!}{n!(N-n)!}p^n(1-p)^{N-n}. \tag{A.18}$$

上一节中我们已经证明，当 $N\gg1$ 时，式（A.18）可用高斯分布近似，它在概率 $P(n)$ 有显著数值的整个范围内（亦即离极大值不太远的区域）都有效．现在我们来考察一下式（A.18）在另一范围之内有效的近似．当概率 p 非常小时，使得

$$p\ll1, \tag{A.19}$$

并且数 n 也十分小，以致

$$n\ll N, \tag{A.20}$$

在这种情况下，近似变得很明显．与讨论高斯近似的情况相反，这里数 n 可以任意地微小.

现在让我们考察一下，从条件（A.19）和（A.20）能否得出近似．首先注意到

$$\frac{N!}{(N-n)!}=N(N-1)(N-2)\cdots(N-n+1).$$

因为 $n\ll N$，上式右边的 n 个因子基本上都等于 N．于是得到近似结果

$$\frac{N!}{(N-n)!}\approx N^n. \tag{A.21}$$

其次我们再看一下因子

$$y\equiv(1-p)^{N-n},$$

或者，等价地，考察一下它的对数

$$\ln y=(N-n)\ln(1-p).$$

由于 $n\ll N$，可令 $N-n\approx N$．再者，由 $p\ll1$ 的条件，将泰勒展开的第一项作为对数的近似是允许的，即令 $\ln(1-p)\approx-p$．因此

$$\ln y\approx-Np,$$

即

$$y\equiv(1-p)^{N-n}\approx e^{-Np}. \tag{A.22}$$

将式（A.21）和式（A.22）代入式（A.18），则得

$$P(n)=\frac{N^n}{n!}p^n e^{-Np},$$

即

$$\boxed{P(n)=\frac{\lambda^n}{n!}e^{-\lambda},} \tag{A.23}$$

其中 $$\lambda \equiv Np. \tag{A.24}$$

根据 λ 的这一定义，条件（A.19）等价于

$$\lambda \ll N. \tag{A.25}$$

式（A.23）称为泊松分布. 注意当 n 很大时，分母中的因子 $n!$ 使 $P(n)$ 极为迅速地减小. 的确，当 $\lambda<1$ 时，λ^n 本身就是 n 的递减函数，因此，$P(n)$ 是 n 的单调递减函数. 当 $\lambda>1$ 时，λ^n 是 n 的递增函数，因此当它在 n 的较大数值[⊖]处下降之前，因子 $\lambda^n/n!$，以及相应的 $P(n)$，在 $\bar{n}\approx\lambda$ 附近显示出一个极大值. 当 $n\gg\lambda$ 时，在任何情况下，概率 $P(n)$ 都要变成为小到可忽略. 在 $n\lesssim\lambda$ 而 $P(n)$ 不是可忽略的整个区域内，条件（A.25）就意味着 $n\lesssim\lambda\ll N$. 因此，在推导泊松分布时所使用的条件（A.20），在概率 $P(n)$ 有明显数值的地方，到处都自然地被满足.

根据式（2.66），式（A.24）中所定义的参量 λ 等于 n 的平均值. 因此

$$\lambda=\bar{n}. \tag{A.26}$$

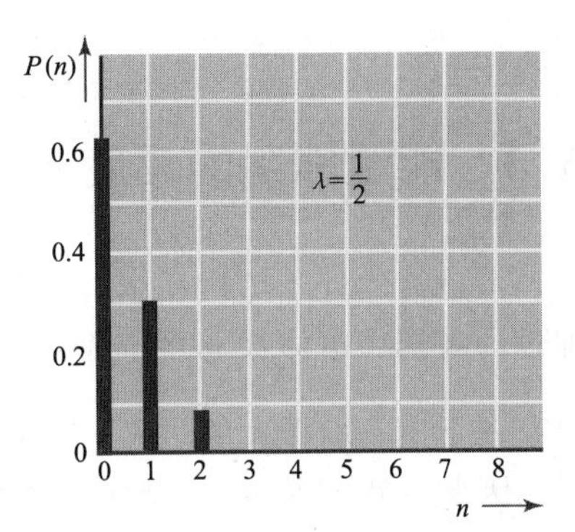

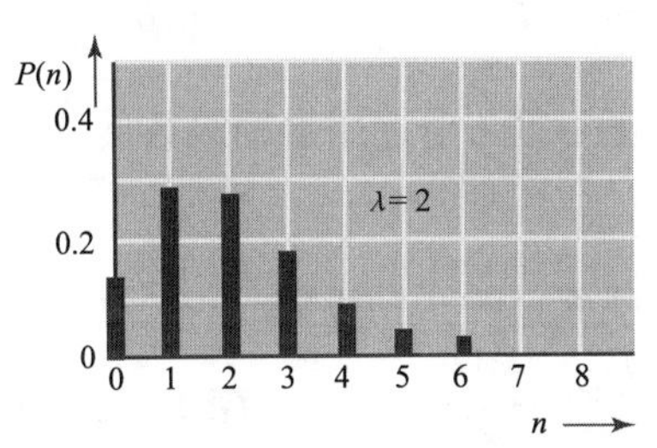

图 A.2 式（A.23）的 $P(n)$ 作为 n 的函数的泊松分布，平均值 $\bar{n}=\lambda$，两种情况对应于 $\lambda=1/2$ 和 $\lambda=2$

顺便看一下，对于给定的 λ 或 $\bar{n}$ 之值，要求 $p\ll1$ 的条件（A.25）或（A.20）随着 $N\to\infty$，会满足得越来越好. 因此在这种极限情况下，泊松分布总是适用的.

$\lambda=\bar{n}$ 的明确证明

式（A.26）的结果也可以直接从泊松分布（A.23）求得. 利用平均值的定义，就有

$$\bar{n}=\sum_{n=0}^{N}p(n)n=\mathrm{e}^{-\lambda}\sum_{n=0}^{N}\frac{\lambda^n}{n!}n.$$

因为当 n 很大时，$P(n)$ 变成可忽略地小，如果把求和扩展到无限大，不致引起显著的误差. 注意 $n=0$ 的一项是零，令 $K=n-1$，则得到

$$\bar{n}=\mathrm{e}^{-\lambda}\sum_{n=1}^{\infty}\frac{\lambda^n}{(n-1)!}=\mathrm{e}^{-\lambda}\sum_{k=0}^{\infty}\frac{\lambda^{K+1}}{K!}$$

$$=\mathrm{e}^{-\lambda}\lambda\sum_{K=0}^{\infty}\frac{\lambda^K}{K!}=\mathrm{e}^{-\lambda}\cdot\lambda\mathrm{e}^{\lambda},$$

因为最后一个求和就是指数函数的级数展开，因此

⊖ 当 N 很大并且 $\lambda\gg1$ 时，对于不太远离 λ 的 n 值，泊松分布（A.23）正好化为高斯分布.

$$\bar{n}=\lambda. \tag{A.27}$$

A.3　能量涨落的幅度

考虑彼此处于热相互作用的两个宏观体系 A 和 A′. 利用 4.1 节的符号，更加细致地考察一下体系 A 的能量处在 E 和 $E+\delta E$ 之间的概率 $P(E)$. 我们特别希望研究一下概率取极大值时 $E=\tilde{E}$ 附近 $P(E)$ 的行为.

因此，我们考察式（4.6）所给定的缓慢变化的 $P(E)$ 的对数，

$$\ln P(E)=\ln C+\ln\Omega(E)+\ln\Omega'(E'), \tag{A.28}$$

并且在值$\tilde{E}$附近用泰勒级数展开，引进能量差

$$\epsilon\equiv E-\tilde{E}, \tag{A.29}$$

$\ln\Omega(E)$ 的泰勒级数成为

$$\ln\Omega(E)=\ln\Omega(\tilde{E})+\left[\frac{\partial\ln\Omega}{\partial E}\right]\epsilon+\frac{1}{2}\left[\frac{\partial^2\ln\Omega}{\partial E^2}\right]\epsilon^2. \tag{A.30}$$

这里，方括号表示微商都用 $E=\tilde{E}$ 取值. 大于 ϵ^2 的幂次项都已忽略了. 引入缩写

$$\beta\equiv\left[\frac{\partial\ln\Omega}{\partial E}\right] \tag{A.31}$$

及

$$\gamma\equiv-\left[\frac{\partial^2\ln\Omega}{\partial E^2}\right]=-\left[\frac{\partial\beta}{\partial E}\right], \tag{A.32}$$

式（A.30）可以写成简单的形式

$$\ln\Omega(E)=\ln\Omega(\tilde{E})+\beta\epsilon-\frac{1}{2}\gamma\epsilon^2. \tag{A.33}$$

式（A.32）的定义中引进负号是为了使 γ 为正［与式（4.32）一致］.

很容易写出 $\ln\Omega'(E')$ 的类似泰勒级数，其中 $E'=E^*-E$. 在值$\tilde{E}'=E^*-\tilde{E}$附近展开，得

$$E'-\tilde{E}'=-(E-\tilde{E})=-\epsilon.$$

因此，类似于式（A.30），我们得到

$$\ln\Omega'(E')=\ln\Omega'(\tilde{E}')+\beta'(-\epsilon)-\frac{1}{2}\gamma'(-\epsilon)^2, \tag{A.34}$$

其中

$$\beta'\equiv\left[\frac{\partial\ln\Omega'}{\partial E'}\right]$$

及

$$\gamma'\equiv-\left[\frac{\partial^2\ln\Omega'}{\partial E'^2}\right]=-\left[\frac{\partial\beta'}{\partial E'}\right].$$

与式（A.31）和式（A.32）相仿，上两式同样用 $E'=\tilde{E}'$的微商值定义. 将式

(A.33) 和式 (A.34) 相加，我们就得到

$$\ln\{\Omega(E)\Omega'(E')\} = \ln\{\Omega(\tilde{E})\Omega'(\tilde{E}')\} + (\beta-\beta')\epsilon - \frac{1}{2}(\gamma+\gamma')\epsilon^2. \quad (A.35)$$

在 $P(E)=C\Omega(E)\Omega'(E')$ 为极大值处 $E=E'$，从式 (4.8) 得到 $\beta=\beta'$；因此，ϵ 的线性项为零，正如它所应当的那样. 于是式 (A.28) 可以写成

$$\ln P(E) = \ln P(\tilde{E}) - \frac{1}{2}\gamma_0\epsilon^2,$$

即

$$\boxed{P(E) = P(\tilde{E})\mathrm{e}^{-\frac{1}{2}\gamma_0(E-\tilde{E})^2},} \quad (A.36)$$

其中㊀

$$\gamma_0 \equiv \gamma + \gamma'. \quad (A.37)$$

结果 (A.36) 表明，为了保证在 $E=E'$ 处概率 $P(E)$ 为极大值（而不是极小值），γ_0 的数值必须是正的. 的确，它清楚地表明，当 $\frac{1}{2}\gamma_0(E-\tilde{E})^2 \gg 1$ 时，即当 $|E-\tilde{E}| \gg \gamma_0^{-\frac{1}{2}}$ 时，$P(E)$ 与极大值相比变成微小到可忽略. 换句话说，A 的能量处在 $\tilde{E}\pm\Delta E$ 的范围之外很远是很不可能的，其中㊁

$$\Delta E = \gamma_0^{-\frac{1}{2}}. \quad (A.38)$$

利用 γ 的定义 (A.32) 及 $\Omega(E)$ 的近似表达式 (3.38)，ΔE 的数量级可以很容易地估计出来. 这样，对于基态能量为 E_0 的正常体系，我们可以写出

$$\ln\Omega \sim f\ln(E-E_0) + \text{常数}.$$

因此，利用式 (A.31) 及式 (A.32) 的定义在 $E=\tilde{E}=\bar{E}$ 处数值，我们得到

$$\beta = \left[\frac{\partial \ln\Omega}{\partial E}\right] \sim \frac{f}{\bar{E}-E_0}$$

及

$$\gamma = -\left[\frac{\partial\beta}{\partial E}\right] \sim \frac{f}{(\bar{E}-E_0)^2} \sim \frac{\beta^2}{f}. \quad (A.39)$$

最后一个关系式清楚地表明 γ 是正的. 它也表明，对于两个体系彼此处于平衡的 β 值来说，较小体系（即有较小自由度的体系），具有较大的 γ 值. 因此，式 (A.37) 中 γ_0 的大小主要由两个体系中较小体系所确定. 例如，假定 A 比 A′小得多，使得 $\gamma \gg \gamma'$ 和 $\gamma_0 \approx \gamma$. 于是由式 (A.38) 和式 (A.39) 得出

$$\Delta E \sim \frac{\bar{E}-E_0}{\sqrt{f}}. \quad (A.40)$$

㊀ 注意我们的整个论证都与附录 A.1 中所使用的相似，式 (A.36) 的确是一种高斯分布.

㊁ 由于式 (A.36) 只与绝对值 $|E-\tilde{E}|$ 有关，而且又是对于值 $\tilde{E}$ 对称的，能量的平均值必须等于 $\tilde{E}$，即 $\bar{E}=\tilde{E}$. 这一结果就是早在式 (A.17) 中得到的高斯分布，同样，从式 (A.17) 得到式 (A.38) 中的 ΔE 等于能量 E 的标准偏差.

因为宏观体系情况中f是一个很大的数，式（A.40）表明能量的相对涨落幅度$\Delta E/(\overline{E}-E_0)$是非常小的．这个结果曾经在4.1节更为详细地讨论过，其中式（4.10）是以式（A.40）为基础的．

A.4　气体中的分子碰撞和压强

考虑平衡中的稀薄气体．那么，很容易准确地计算出撞击到容器壁的一个微小面积$\mathrm{d}A$上的分子数．选择z轴使它沿着这个面积$\mathrm{d}A$的法线向外，如图A.3所示．首先集中注意那些位于器壁紧邻并且速度在$\boldsymbol{v}$到$\boldsymbol{v}+\mathrm{d}\boldsymbol{v}$之间的分子．在无限小时间$\mathrm{d}t$内，这些分子移动的距离为$\boldsymbol{v}\mathrm{d}t$．因此处在截面积为$\mathrm{d}A$、长为$\boldsymbol{v}\mathrm{d}t$的无限小圆柱体之内的分子，在时间间隔$\mathrm{d}t$之内都要撞击到器壁上；圆柱体之外的分子则不能[㊀]．如果θ表示$\boldsymbol{v}$与z轴之间的夹角，那么该圆柱体的体积是

$$\mathrm{d}Av\mathrm{d}t\cos\theta=\mathrm{d}Av_z\mathrm{d}t$$

其中$v_z=v\cos\theta$是速度$\boldsymbol{v}$的z分量．因此具有速度在$\boldsymbol{v}$到$\boldsymbol{v}+\mathrm{d}\boldsymbol{v}$之间并处于该柱体之内的平均分子数为

$$[f(\boldsymbol{v})\mathrm{d}^3\boldsymbol{v}][\mathrm{d}Av_z\mathrm{d}t].\tag{A.41}$$

其中$f(\boldsymbol{v})\mathrm{d}^3\boldsymbol{v}$是速度在$\boldsymbol{v}$到$\boldsymbol{v}+\mathrm{d}\boldsymbol{v}$之间单位体积内的平均分子数．因为式（A.41）给出在$\mathrm{d}t$时间内撞击到面积$\mathrm{d}A$上的分子数，

$\mathscr{F}(\boldsymbol{v})\ \mathrm{d}^3\boldsymbol{v}\equiv$单位时间内，撞击到单位面积上的速度在$\boldsymbol{v}$到$\boldsymbol{v}+\mathrm{d}\boldsymbol{v}$之间的平均分子数

（A.42）

就是式（A.41）除以面积$\mathrm{d}A$和时间$\mathrm{d}t$．因此

$$\boxed{\mathscr{F}(\boldsymbol{v})\mathrm{d}^3\boldsymbol{v}=f(\boldsymbol{v})v_z\mathrm{d}^3\boldsymbol{v}.}\tag{A.43}$$

这里$f(\boldsymbol{v})$就是由式（6.21）的麦克斯韦分布所给定．

单位时间内撞击到单位面积器壁上的总平均分子数，可以将式（A.42）对撞壁分子的各种可能的速度求和（也就是积分）而得到，即对v_z为正使得分子对着器壁运动，因而与器壁相碰的各种速度求和．于是[㊁]

$$\mathscr{F}_0=\int_{v_z>0}f(\boldsymbol{v})v_z\mathrm{d}^3\boldsymbol{v}.\tag{A.44}$$

结果（A.43）同样便于我们计算出气体分子对单位面积的平均作用力（或压

㊀　因为该圆柱体的长度$\boldsymbol{v}\mathrm{d}t$可认为是任意短，这一论证中只涉及器壁紧邻的分子．这样$\boldsymbol{v}\mathrm{d}t$就可能比分子的平均自由程小得多，因此分子间的碰撞就不必考虑，即处在该柱体内并向着器壁运动的每一个分子肯定都撞击器壁，在到达器壁之前，不会由于碰撞而偏转．

㊁　对所有角度积分，式（A.44）可以写成形式为$\mathscr{F}_0=\frac{1}{4}n\bar{v}$，其中$n$是单位体积内平均分子数，$\bar{v}$为平均速率．

强）．这只不过是对 1.6 节所作论证的一个严格的说明．一个速度为 $\boldsymbol{v}$ 的分子具有动量的 z 分量为 mv_z．因此，单位时间内，向着器壁运动的所有分子携带给器壁单位面积的动量的平均 z 分量，就是式（A.42）的平均分子数乘上 mv_z 再对向着器壁运动的所有分子求和；就是说，平均动量为

$$\int_{v_z>0}\mathscr{F}(\boldsymbol{v})\,d^3\boldsymbol{v}(mv_z) = m\int_{v_z>0}f(\boldsymbol{v})v_z^2\mathrm{d}^3\boldsymbol{v}. \tag{A.45}$$

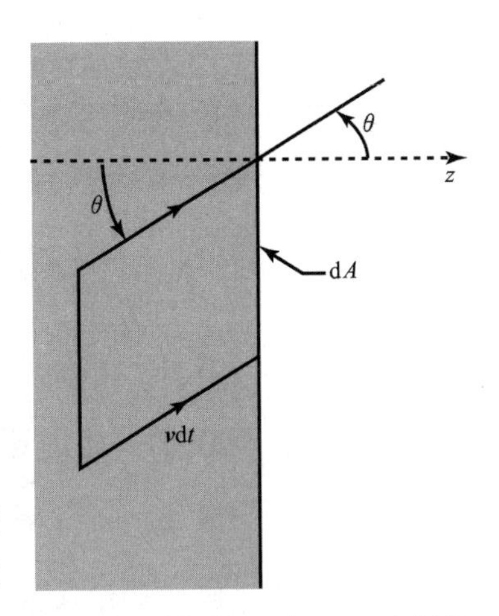

图 A.3　速度在 $\boldsymbol{v}$ 到 $\boldsymbol{v}+\mathrm{d}\boldsymbol{v}$ 之间的分子与器壁面积元 $\mathrm{d}A$ 相碰

因为平衡中的气体没有优越的方向，分子从器壁反射回来的动量的平均 z 分量，与入射分子的动量的平均 z 分量必定大小相等，方向相反．因此，单位时间内传递给器壁单位面积的动量的净平均 z 分量就是式（A.45）的两倍；即是说，根据牛顿第二定律，作用在器壁单位面积上的平均力（或压强）为

$$\bar{p} = 2m\int_{v_z>0}f(\boldsymbol{v})v_z^2\mathrm{d}^3\boldsymbol{v}. \tag{A.46}$$

因为 $f(\boldsymbol{v})$ 只取决于 $|\boldsymbol{v}|$，所以对 $+v_z$ 和 $-v_z$ 的积分具有相同的数值，于是若把积分扩展到对所有的 $\boldsymbol{v}$ 进行而不加限制，那么式（A.46）的积分正好是它的一半．这样我们可以写成

$$\bar{p} = m\int f(\boldsymbol{v})v_z^2\mathrm{d}^3\boldsymbol{v} = mn\,\overline{v_z^2} \tag{A.47}$$

其中

$$\overline{v_z^2} = \frac{1}{n}\int f(v)v_z^2\mathrm{d}^3\boldsymbol{v},$$

根据定义，就是 v_z^2 的平均值．不过，根据对称性，

$$\overline{v_x^2} = \overline{v_y^2} = \overline{v_z^2},$$

因而

$$\overline{v^2} = \overline{v_x^2} + \overline{v_y^2} + \overline{v_z^2} = 3\,\overline{v_z^2}.$$

因此式（A.47）成为

$$\boxed{\bar{p} = \frac{1}{3}nm\,\overline{v^2} = \frac{2}{3}n\,\overline{\epsilon^{(K)}},} \tag{A.48}$$

其中 $\overline{\epsilon^{(K)}} = \frac{1}{2}m\,\overline{v^2}$ 是一个分子的平均动能．关系式（A.48）与以前我们粗略计算的结果，即式（1.19）的差别只是用 $\overline{v^2}$ 代替了 $\bar{v}^2$．根据均分定理，$\overline{\epsilon^{(K)}} = \frac{3}{2}kT$，式（A.48）便得出

$$\bar{p} = nkT, \tag{A.49}$$

这就是我们所熟知的理想气体状态方程．

数 学 注 释

数学注释

M.1 求和号

假定 x 是可以取分立值 x_1，x_2，…，x_m 的一个变量，那么求和

$$x_1 + x_2 + \cdots + x_m \equiv \sum_{i=1}^{m} x_i \,, \tag{M.1}$$

用恒等号右边的简洁的缩写记号是很方便的. 注意作为脚标的符号 i 是完全任意的，同样可以选用另外的符号，比如说 k，并把式（M.1）定义为

$$\sum_{i=1}^{m} x_i = \sum_{k=1}^{m} x_k \,.$$

用这种表示法很容易处理二重求和. 例如，假定 y 是可以取分立值 y_1，y_2，…，y_n 的变量. 那么乘积 $x_i y_j$ 对所有可能的 x、y 求和就为

$$\begin{aligned}\sum_{i=1}^{m}\sum_{j=1}^{n} x_i y_j &= x_1(y_1 + y_2 + \cdots + y_n) + \\ &\quad x_2(y_1 + y_2 + \cdots + y_n) + \cdots + \\ &\quad x_m(y_1 + y_2 + \cdots + y_n) \\ &= (x_1 + x_2 + \cdots + x_m)(y_1 + y_2 + \cdots + y_n),\end{aligned}$$

即

$$\boxed{\sum_{i=1}^{m}\sum_{j=1}^{n} x_i y_j = \left(\sum_{i=1}^{m} x_i\right)\left(\sum_{j=1}^{n} y_j\right).} \tag{M.2}$$

M.2 几何级数的和

考虑和

$$S_n \equiv a + af + af^2 + \cdots + af^n \,, \tag{M.3}$$

其中右边是一个几何级数，它的每一项都可以由前面一项乘 f 得出. f 可以是实数，也可以为复数. 为了求出式（M.3），将式（M.3）两边乘 f 可得

$$fS_n = af + af^2 + \cdots + af^n + af^{n+1}. \tag{M.4}$$

式（M.3）减去式（M.4）得

$$(1-f)S_n = a - af^{n+1} \,,$$

即

$$\boxed{S_n = a\frac{1-f^{n+1}}{1-f}.} \tag{M.5}$$

若$f<1$，并且几何级数（M. 3）是无穷级数，因而$n\to\infty$时，级数收敛．的确，在这种情况中$f^{n+1}\to 0$，因此当$n\to\infty$时，式（M. 3）成为

$$\boxed{S_{\infty}=\frac{a}{1-f}.} \tag{M. 6}$$

M. 3　n 任意大时 $\ln n!$ 的导数

当n为任意大的整数时，考虑$\ln n!$的导数．如果n改变一个很小的整数，那么$\ln n!$只改变一个相对很小的部分，因而可作为n的几乎连续的函数来处理．当n增加 1 时，我们得到

$$\frac{\mathrm{d}\ln n!}{\mathrm{d}n}\approx\frac{\ln(n+1)!\ -\ln n!}{1}$$
$$=\ln\left[\frac{(n+1)!}{n!}\right]=\ln(n+1).$$

因为$n\gg 1$，$n+1\approx n$；因此我们得到普遍的结果，如果$n\gg 1$，则

$$\boxed{\frac{\mathrm{d}\ln n!}{\mathrm{d}n}\approx\ln n.} \tag{M. 7}$$

【附注】

更普遍地，$\ln n!$的导数可以从任何微小的整数增量m，即由下面的关系式来定义，

$$\frac{\mathrm{d}\ln n!}{\mathrm{d}n}=\frac{\ln(n+m)!\ -\ln n!}{m}.$$

因此

$$\frac{\mathrm{d}\ln n!}{\mathrm{d}n}=\frac{1}{m}\ln\left[\frac{(n+m)!}{n!}\right]$$
$$=\frac{1}{m}\ln[(n+m)(n+m-1)\cdots(n+1)].$$

因为$m\ll n$，我们就得到

$$\frac{\mathrm{d}\ln n!}{\mathrm{d}n}\approx\frac{1}{m}\ln[n^m]=\ln n,$$

这与式（M. 7）一致.

M. 4　n 任意大时 $\ln n!$ 的值

倘若n很大，计算$n!$就显得非常吃力；在这种情况下，我们想找到一个计算$n!$的简单近似，根据定义

$$n!\ =1\times2\times3\times\cdots\times(n-1)\times n.$$

因此
$$\ln n! = \ln 1 + \ln 2 + \cdots + \ln n = \sum_{m=1}^{n} \ln m. \qquad (M.8)$$

如果 n 很大，和式（M.8）中，所有的项（除前面最小的少数几项外）都相应于 m 足够大，使得当 m 增加 1 时，$\ln m$ 只是改变一点点. 那么式（M.8）式的求和（图 M.1 中的矩形面积）用积分近似不会引起多大误差（图 M.1 中连续曲线下面的面积）. 采取了这一近似，式（M.8）成为

$$\ln n! \approx \int_1^n \ln x \mathrm{d}x = [x\ln x - x]_1^n. \qquad (M.9)$$

因此，

如果 $n \gg 1$，
$$\boxed{\ln n! \approx n\ln n - n} \qquad (M.10)$$

这是因为式（M.9）中下限的贡献是可以忽略的.

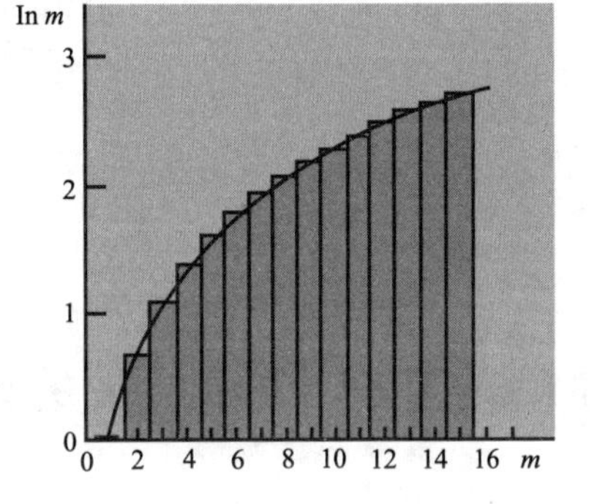

图 M.1　$\ln m$ 作为 m 的函数

一个更好的近似（甚至当 n 小到 10 时，$n!$ 的误差也在百分之一以内）由下面的斯特林公式给出

$$\ln n! = n\ln n - n + \frac{1}{2}\ln(2\pi n). \qquad (M.11)$$

当 n 十分大时，$n \gg \ln n$，斯特林公式就化为式（M.10）的形式.

从式（M.10）也可以看到

$$\frac{\mathrm{d}\ln n!}{\mathrm{d}n} = \ln n + n\left(\frac{1}{n}\right) - 1 = \ln n.$$

这与式（M.7）一致.

M.5　不等式 $\ln x \leqslant x - 1$

对于正的 x 值，我们希望把 $\ln x$ 与 x 本身作一比较. 考虑由二者之差定义的函数

$$f(x) \equiv x - \ln x, \qquad (M.12)$$

$$\left.\begin{array}{l} \text{当 } x \to 0, \ln x \to -\infty; \text{因此 } f(x) \to \infty. \\ \text{当 } x \to \infty, \ \ln x \ll x; \ \text{因此 } f(x) \to \infty. \end{array}\right\} \qquad (M.13)$$

为了研究 $f(x)$ 在这两个极限之间的行为，我们看到，

$$\text{当 } x = 1 \text{ 时}, \frac{\mathrm{d}f}{\mathrm{d}x} = 1 - \frac{1}{x} = 0. \qquad (M.14)$$

因为 $f(x)$ 是满足式（M.13）的 x 的连续函数，并且只在 $x = 1$ 处具有极值，可见 $f(x)$ 必定在 $x = 1$ 处具有极小值，如图 M.2 所示的形状，因而

$$f(x) \geqslant f(1), \qquad (\text{在 } x=1 \text{ 时取等号})$$

或者从（12）得

$$x - \ln x \geqslant 1.$$

因此，

$$\ln x \leqslant x-1 \qquad (\text{如果 } x=1, \text{取等号}). \tag{M.15}$$

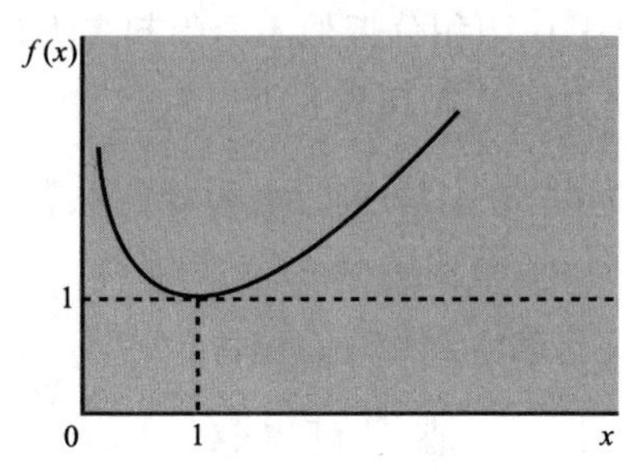

图 M.2　$f(x) \equiv x - \ln x$ 作为 x 的函数

M.6　积分 $\int_{-\infty}^{+\infty} e^{-x^2} dx$ 的计算

不定积分 $\int e^{-x^2} dx$ 不能用初等函数计算，令 I 为所要求的定积分

$$I \equiv \int_{-\infty}^{+\infty} e^{-x^2} dx. \tag{M.16}$$

这个积分可以利用指数函数的性质来计算，例如，我们可以用另一个积分变量同样写出式（M.16），就是说，

$$I \equiv \int_{-\infty}^{+\infty} e^{-y^2} dy. \tag{M.17}$$

将式（M.16）及式（M.17）相乘，得到

$$\begin{aligned} I^2 &= \int_{-\infty}^{+\infty} e^{-x^2} dx \int_{-\infty}^{+\infty} e^{-y^2} dy \\ &= \int_{-\infty}^{+\infty} \int_{-\infty}^{+\infty} e^{-x^2} e^{-y^2} dx dy, \end{aligned}$$

即

$$I^2 = \int_{-\infty}^{+\infty} \int_{-\infty}^{+\infty} e^{-(x^2+y^2)} dx dy. \tag{M.18}$$

于是这个二重积分遍及整个 xOy 平面.

让我们用极坐标 r 和 φ 来表示这个平面积分（见图 M.3），这就是 $x^2+y^2=r^2$，而且坐标的面积元为 $(r\mathrm{d}r\mathrm{d}\varphi)$. 为了包括整个平面，变量 φ 和 r 的取值范围必须为 $0<\varphi<2\pi$ 及 $0<r<+\infty$. 因此式（M.18）成为

$$I^2 = \int_0^{+\infty} \int_0^{2\pi} e^{-r^2} r \mathrm{d}r \mathrm{d}\varphi = 2\pi \int_0^{+\infty} e^{-r^2} r \mathrm{d}r. \tag{M.19}$$

由于对 φ 只要直接积分，但是被积函数中的因子 r 使这个积分变得极普通. 因此

$$I^2 = 2\pi\int_0^{+\infty}\left(-\frac{1}{2}\right)\mathrm{d}(\mathrm{e}^{-r^2}) = -\pi[\mathrm{e}^{-r^2}]_0^{+\infty}$$
$$= -\pi(0-1) = \pi,$$

即
$$I = \sqrt{\pi}.$$

于是
$$\boxed{\int_{-\infty}^{+\infty}\mathrm{e}^{-x^2}\mathrm{d}x = \sqrt{\pi}.} \tag{M.20}$$

因为对 x 和 $-x$，e^{-x^2} 取同样的数值，于是又可以得到

$$\int_{-\infty}^{+\infty}\mathrm{e}^{-x^2}\mathrm{d}x = 2\int_0^{+\infty}\mathrm{e}^{-x^2}\mathrm{d}x,$$

因而
$$\int_0^{+\infty}\mathrm{e}^{-x^2}\mathrm{d}x = \frac{1}{2}\sqrt{\pi}. \tag{M.21}$$

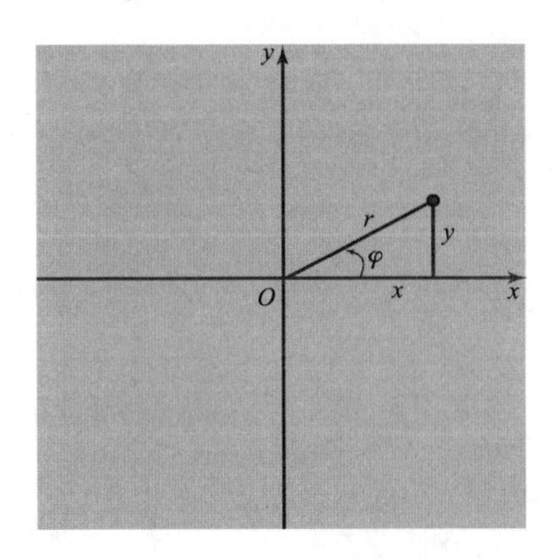

图 M.3　用于计算积分 M.18 的极坐标 r 和 φ

M.7　$\int_0^{+\infty}\mathrm{e}^{-\alpha x^2}x^n\mathrm{d}x$ 型积分的计算

将需要计算的积分表示为

$$I_n \equiv \int_0^{+\infty}\mathrm{e}^{-\alpha x^2}x^n\mathrm{d}x. \tag{M.22}$$

令 $x = \alpha^{-\frac{1}{2}}y$，$n=0$ 时积分变成为

$$I_0 = \alpha^{-\frac{1}{2}}\int_0^{+\infty}\mathrm{e}^{-y^2}\mathrm{d}y = \frac{\sqrt{\pi}}{2}\alpha^{-\frac{1}{2}}, \tag{M.23}$$

其中已用了式（M.21）的结果. 类似地，

$$I_1 = \alpha^{-1}\int_0^{+\infty}\mathrm{e}^{-y^2}y\mathrm{d}y = \alpha^{-1}\left[-\frac{1}{2}\mathrm{e}^{-y^2}\right]_0^{+\infty} = \frac{1}{2}\alpha^{-1}. \tag{M.24}$$

对于 $n \geqslant 2$ 的任何整数的积分，逐次进行分部积分后，可用 I_0 和 I_1 来计算. 的确，

$$\int_0^{+\infty} \mathrm{e}^{-\alpha x^2} x^n \mathrm{d}x = -\frac{1}{2\alpha}\int_0^{+\infty} \mathrm{d}(\mathrm{e}^{-\alpha x^2})x^{n-1}$$

$$= -\frac{1}{2\alpha}\left[\mathrm{e}^{-\alpha x^2} x^{n-1}\right]_0^{+\infty} + \frac{n-1}{2\alpha}\int_0^{+\infty} \mathrm{e}^{-\alpha x^2} x^{n-2}\mathrm{d}x.$$

因为已积分的一项代入上、下限之后都是零，因此得到

$$\boxed{I_n = \left(\frac{n-1}{2\alpha}\right) I_{n-2}.} \tag{M. 25}$$

例如，

$$I_2 = \frac{I_0}{2\alpha} = \frac{\sqrt{\pi}}{4}\alpha^{-\frac{3}{2}}. \tag{M. 26}$$

补　充　题

P.1　高斯分布的简单应用

一枚硬币，被投掷 400 次，得到 215 次正面朝上的概率是多少？

P.2　高斯概率密度

考虑 N 个自旋 1/2 的理想体系，每个自旋的磁矩为 μ_0，磁矩向上和向下的概率分别为 p 和 q. 利用式（2.74）和 N 大时有效的高斯近似（A.13），写出体系总磁矩具有从 M 到 $M+\mathrm{d}M$ 之间数值的概率 $\wp(M)\,\mathrm{d}M$ 的高斯近似.

P.3　高斯近似的精度

为了估计高斯近似（A.13）的适用范围，将表示式（A.7）计算到 y^3 项为止.

（a）证明式（A.9）可以写成这样的形式

$$\tilde{P}(n)=\tilde{P}\mathrm{e}^{-(1/2)z^2}\exp\left[-\frac{p-q}{6(Npq)^{1/2}}z^3\right], \tag{i}$$

其中

$$z\equiv\frac{y}{\sqrt{Npq}}\equiv\frac{n-Np}{\sqrt{Npq}}. \tag{ii}$$

（b）只要 $|z|\gg1$，第一个指数因子就使得概率小到可以忽略. 因此，只有在 $|z|\leqslant1$ 范围内 P 才有明显的数值，而且当 $\sqrt{Npq}\gg1$ 时，即使在这一范围内，式（i）中第二个指数参量也比 1 小得多. 因此指数可按幂级数展开. 从而证明 P 可以写成

$$P(n)=\frac{1}{\sqrt{2\pi Npq}}\mathrm{e}^{-(1/2)z^2}\left[1-\frac{p-q}{6(Npq)^{1/2}}z^3+\cdots\right]. \tag{iii}$$

（c）证明由于应用简单的高斯近似所引起的相对误差只有 $(Npq)^{-1/2}$ 的数量级，它在 N 很大而使 $Npq\gg1$ 的范围内变成小到可忽略. 在 $p=q$ 的对称情况中，进一步证明式（iii）中的修正项为零并且相对误差只有 $(Npq)^{-1}$ 的数量级.

P.4　泊松分布的性质

考虑泊松分布（A.23）.

（a）在 $\sum_n P(n)=1$ 的意义上，证明这一分布恰好是归一化的.

（b）计算 n 的弥散并证明它等于 λ.

P.5　印刷差错

假设排印差错是完全无规的. 假定 600 页的书有 600 个差错，用泊松分布计算下面的概率：

（a）一页没有差错的概率.

（b）一页至少有 3 个差错的概率.

P.6　放射性衰变

考虑由放射源在某一时间间隔 t 之内发射 α 粒子. 假设这个时间间隔再被细分成间隔为 Δt 的许多间隔. 因为 α 粒子的发射时刻是随机的，在任何一个 Δt 之内发生放射性衰变的概率与另外时刻的衰变概率完全无关；并且假定 Δt 选择得如此之短，以致在 Δt 之内出现不止一次衰变的概率小到可以忽略. 这就是说，在某一 Δt 之内发生一次衰变的概率为 p（由于 Δt 足够短，$p \ll 1$），不发生衰变的概率为 $(1-p)$. 那么，每一 Δt 都可以看作一次独立的试验，在 t 时间内总共有 $N=(t/\Delta t)$ 次试验.

（a）证明在时间 t 内发生 n 次衰变的概率由泊松分布所决定.

（b）假定放射源的强度（每分钟的平均衰变次数）等于 24. 在 10s 内得到 n 次计数的概率是多少？n 为从 0 到 8 的所有整数，求出相应的近似数值.

P.7　气体中的分子碰撞

设想时间被细分为间隔为 Δt 的很多小间隔，那么气体中的一个分子在任一间隔之内受到一次碰撞的概率 p 就非常小.

（a）利用泊松分布证明：一个分子经历 N 个时间间隔而没有受到一次碰撞的概率就是 $P_N = e^{-Np}$.

（b）令 $p=w\Delta t$（其中 w 是单位时间内受到一次碰撞的概率）并且用已经经历的时间 t 来表示 N，证明一个分子经历时间 t 而未受一次碰撞的概率 $P(t)$ 为 $P(t)$

$=e^{-wt}$. 将此结果与习题 8.12 中用不同的推理所得到的结果比较一下.

P.8　薄膜的厚度涨落

金属在真空中从热灯丝蒸发，蒸发出来的金属原子投射到某一距离的石英板上并形成一薄层金属膜. 石英板维持在低温下，因而入射的金属原子附着在撞击处而不再移动. 可以认为金属原子撞击到板的任何面积元上的可能性是相同的.

如果我们考虑大小为 b^2（其中 b 为金属原子直径的数量级）的石英板面积元，证明在该面积元的金属原子数近似地按泊松分布堆积. 假定蒸发足够多的金属，使得形成平均厚度为 6 个原子层的薄膜，那么有几分之几的面积上根本没有原子覆盖？被 3 个原子和 6 个原子覆盖的面积所占比例分别是多少？

P.9　泊松分布的精度

为了研究泊松分布的有效范围，将 A.2 节中所作的近似再继续到下一个较高的阶次.

（a）利用 $N!/(N-n)!$ 的明显表达式并将它的对数展开，证明

$$\frac{N!}{(N-n)!}\approx N^n \exp\left[-\frac{n(n-1)}{2N}\right].$$

（b）将 $\ln(1-p)$ 展开到 p^2 项，求出 $(1-p)^{N-n}$ 的修正近似.

（c）证明二项式分布可以近似为

$$P(n)\approx\frac{\lambda^n}{n!}e^{-\lambda}\exp\left[\frac{n-(n-\lambda)^2}{2N}\right].$$

（d）利用这一结果，证明泊松分布在 $\lambda \ll N^{1/2}$ 和 $n \ll N^{1/2}$ 的范围内是有效的，所引起的相对误差小于或等于 $(\lambda^2+n^2)/N$ 的数量级.

P.10　两个体系热接触时的能量涨落

考虑在绝对温度 T 处于热平衡的宏观体系 A 和 A′. 分别用 C 和 C' 表示它们的热容量（当它们的外参量保持恒定时）

（a）用式（A.32）和式（A.37）的结果证明体系 A 能量为 E 的标准偏差等于

$$\underset{\sim}{\Delta} E = kT\left[\frac{C\,C'}{k(C+C')}\right]^{1/2}.$$

（b）当 $C' \gg C$ 时，$\underset{\sim}{\Delta} E$ 为多少？

（c）假定 A 和 A′都是单原子理想气体，分别包含 N 和 N'个分子．计算能量涨落的相对数值$\underset{\sim}{\Delta} E/\bar{E}$，其中 $\bar{E}$ 是体系 A 的平均能量.

（d）考察一下在 $N' \gg N$ 和 $N' \ll N$ 的极限情况下（c）的表示式，你的结果与 $N' \to 0$ 的极限情况下所预期的$\underset{\sim}{\Delta} E$ 的表示式相符吗？

数 学 符 号

$=$	等于
$\equiv$	恒等于
$\approx$	近似等于
$\sim$	数量级为
$\propto$	正比于
$\neq$	不等于
$\not\approx$	非接近于
$>$	大于
$\gg$	远大于
$\geqslant$	大于等于
$\gtrsim$	大于或近似等于
$<$	小于
$\ll$	远小于
$\leqslant$	小于等于
$\lesssim$	小于或近似等于
$\exp u$	e^u
$\ln u$	以 e 为底 u 的自然对数

希腊字母

A	α	alpha
B	β	beta
Γ	γ	gamma
Δ	δ, ∂	delta
E	ϵ	epsilon
Z	ζ	zeta
H	η	eta
Θ	θ, ϑ	theta
I	ι	iota
K	κ, K	kappa
Λ	λ	lambda
M	μ	mu
N	ν	nu
Ξ	ξ	xi
O	o	omicron
Π	π	pi
P	ρ	rho
Σ	σ	sigma
T	τ	tau
Υ	υ	upsilon
Φ	ϕ, φ	phi
X	χ	chi
Ψ	ψ	psi
Ω	ω	omega

常　数　表

物理常数表

物理量	数　　值	误差
基本电荷	$e=4.80298\times10^{-10}$静电单位	±7
	$=1.60210\times10^{-19}\mathrm{C}$	±2
真空中的光速	$c=2.997925\times10^{8}\mathrm{m\cdot s^{-1}}$	±1
普朗克常数	$h=6.62559\times10^{-34}\mathrm{J\cdot s}$	±16
$\hbar\equiv h/2\pi$	$\hbar=1.054494\times10^{-34}\mathrm{J\cdot s}$	±25
电子静止质量	$m_e=9.10908\times10^{-31}\mathrm{kg}$	±13
质子静止质量	$m_p=1.67252\times10^{-27}\mathrm{kg}$	±3
玻尔磁子，$e\hbar/2m_e$	$\mu_B=9.2732\times10^{-24}\mathrm{J\cdot T^{-1}}$	±2
核磁子，$e\hbar/2m_p$	$\mu_N=5.05050\times10^{-27}\mathrm{J\cdot T^{-1}}$	±13
阿伏伽德罗常数	$N_A=6.02252\times10^{23}/\mathrm{mol}$	±9
玻耳兹曼常数	$k=1.38054\times10^{-23}\mathrm{J\cdot K^{-1}}$	±6
摩尔气体常数	$R=8.31434\times10^{7}\mathrm{J\cdot K^{-1}\cdot mol^{-1}}$	±35
	$=1.98717\mathrm{cal\cdot K^{-1}\cdot mol^{-1}}$	±8

换 算 系 数

物理量	数　　值	误差
水的三相点	$\equiv273.16\mathrm{K}$	定义
摄氏温度	$X℃\equiv(273.15+X)\mathrm{K}$	定义
1 大气压≡760mmHg	$\equiv1.01325\times10^{5}\mathrm{N\cdot m^{-2}}$	定义
1J	$\equiv10^{7}\mathrm{erg}$	定义
1cal	$\equiv4.184\mathrm{J}$	定义
1eV	$=1.60210\times10^{-19}\mathrm{J}$	±2
1 电子伏特/每个粒子	$=23.061\mathrm{kcal/mol}$	±1
	$=11604.9\mathrm{K}$	±5

表中所列的数值来源于：E. R. Cohen and J. W. M. DuMond, *Rev Mod. Phys.* **37**, 589—591 (October 1965).

表中所列的估计误差系指同一排数值中的末位数的标准偏差.

摩尔的定义与规定^{12}C的原子量为 12 的现代协定一致.

习 题 答 案

第1章

1.1 1/32，5/32，10/32，10/32，5/32，1/32.

1.2 不可逆的.

1.5 (a) 能量不变；(b) $p_f/p_i = V_i/V_f$.

1.6 2.1×10^{27}个分子 · s^{-1} · m^{-2}.

1.7 近似于45天.

1.8 6×10^{-10}s.

1.10 (a) $\bar{v}_1/\bar{v}_2 = (m_2/m_1)^{1/2}$.

1.11 $\bar{p} = \dfrac{2}{3}(n_1+n_2)\bar{\epsilon}$.

1.12 (c) 压强 $=\bar{p}_1=\bar{p}_2$.

1.13 (c) 2个大气压.

1.14 (a) 3.4×10^2m · s^{-1}；(b) 2.3×10^{-10}m；

(c) 2.9×10^3N · m^{-2}

(d) 2×10^{-11}m.

第2章

2.1 $5/54\approx0.092$.

2.2 $63/256\approx0.25$.

2.3 (a) $(5/6)^5\approx0.4$；(b) $1-(5/6)^5\approx0.6$；

(c) $\dfrac{1}{3}(5/6)^4\approx0.16$

2.4 (c) $(5/6)^N$；(d) $(5/6)^{N-1}(1/6)$.

2.5 (a) $N!\,(n!\,n'!)^{-1}p^nq^{n'}$.

2.6 (a) $N!\left[\left(\dfrac{1}{2}N\right)!\right]^{-2}\left(\dfrac{1}{2}\right)^N$；(b) 0.

2.7 (b) 0；(c) $(t/\tau)^{1/2}l$.

2.9 (a) $\bar{\mu}=(2p-1)\mu_0$，$\overline{\mu^2}=\mu_0^2$.

2.12 (a)$1/\bar{c}$;(b)$\overline{(1/c)}$.

2.13 (c)$\overline{M}=0$,$\overline{(\Delta M)^2}=2Np\mu_0^2$.

2.15 (a)$N(V/V_0)$;(b)$N^{-\frac{1}{2}}[(V_0/V)-1]^{1/2}$.

2.16 (a)$(t/\Delta t)pe$;(b)$(t/\Delta t)pe^2$;(d)4×10^{-12}A.

2.17 $(N^2v^2/R)p^2[1+(1-p)/Np]$.

2.18 0.82cm.

2.19 (a)0;(b)$N^{1/2}l$.

2.20 当$-A\leqslant x\leqslant A$时,$(A^2-x^2)^{-1/2}(\mathrm{d}x/\pi)$;其他情况下,0.

第3章

3.1 (a)$P(-3\mu_0)=\dfrac{1}{7}$,$P(\mu_0)=\dfrac{6}{7}$,其他情况下$P(M)=0$;

(b)$\left(\dfrac{3}{7}\right)\mu_0$;(c)与(a)及(b)相同.

3.2 $\dfrac{1}{3}$.

3.3 (a)$N!\,[n!\,(N-n)!]^{-1}$;(c)n'/n.

3.4 $(n'/n)^2$.

3.5 (a)$N!\,[n!\,(N-n)!]^{-1}$;(b)$(E_r-E_0)/2\mu_0B$;

(d)$(n'/n)^{\Delta n}$;(e)$\beta=\ln(n/n')/2\mu_0B$.

3.6 (a)$(\pi^2\hbar^2/2m)(n_x^2/L_x^2)(2/L_x)$;(b)$\overline{F}=\dfrac{2}{3}(\overline{E}/L)$.

3.7 (a)1.9×10^{29};(b)4.5×10^{18}.

3.9 (a)$N!\,[n!\,(N-n)!]^{-1}(\delta E/2\mu_0B)$.

第4章

4.1 (a)无;(b)无.

4.2 0.025eV.

4.3 (a)4%;(b)5×10^{43}.

4.4 1.1×10^{-2}.

4.5 1.5×10^{-5}.

4.6 功率$\propto T^{-1}$.

4.7 (a)$N_{3/2}/N_{1/2}\approx0.5$;(b)$N_{3/2}/N_{1/2}\approx1$.

4.8 (a)当kT变化$\sim(\epsilon_2-\epsilon_1)$时,对于$T\to0$,$\overline{E}\to N\epsilon_1$;

对于 $T\to\infty$，$\bar{E}\to\frac{1}{2}N(\epsilon_1+\epsilon_2)$；

(b) $N[\epsilon_1+\epsilon_2 e^{-\beta(\epsilon_2-\epsilon_1)}][1+e^{-\beta(\epsilon_2-\epsilon_1)}]^{-1}$.

4.9　$Na\tanh(Wa/kT)$.

4.10　$\frac{1}{1}Nea\tanh(eaE/2kT)$.

4.12　(a)能级间距增加；(b)增加；(c)正的；(d)增加；(e)增加.

4.13　(a)能级间距增加；(b)减小；(c)负的；(d)增加；(e)增加.

4.14　$(N_1+N_2)kT/V$.

4.21　(a) $e^{\beta\mu_0 B}+e^{-\beta\mu_0 B}$；(b) $-\mu_0 B\tanh(\beta\mu_0 B)$.

4.22　(a) $e^{-\beta\hbar\omega/2}(1-e^{-\beta\hbar\omega})^{-1}$；

(b) $\hbar\omega\left[\frac{1}{2}+(e^{\beta\hbar\omega}-1)^{-1}\right]$；(d) $\frac{1}{2}\hbar\omega$；

(e) kT.

4.23　(a) $2A/\beta\hbar^2$；(b) kT.

4.25　(a) $e^{-\beta n\epsilon}$；(b)每一情况中 $N!\ [n!\ (N-n)!]^{-1}$.

4.26　(a) $C(M/2\pi\beta)^{3/2}(V/\hbar^3)$；

(b) $C[(M/2\pi\beta)^{3/2}(V/\hbar^3)][(m/2\pi\beta)^{3/2}(V/\hbar^3)]e^{-\beta\mu}$；

(c) $(mkT/2\pi\hbar^2)^{3/2}Ve^{-\mu/kT}$；

(d) $(mkT/2\pi\hbar^2)^{3/4}(V/N)^{1/2}e^{-u/2kT}$；

(e)未离解；(f)被离解.

4.27　(a) $(\bar{n}/N)^2=(m/2\pi)^{3/2}\hbar^{-3}(kT)^{5/2}\bar{p}^{-1}e^{-u/kT}$；

(b) 0.4%.

4.28　(a) $\frac{3}{2}NkT$.

4.29　(a) $-N\mu_0 B\tanh(\mu_0 B/kT)$；

(b) $N\mu_0\tanh(\mu_0 B/kT)$.

第 5 章

5.1　(a) 3K；(b) 4×10^{-3}K.

5.2　(a) 62×10^{-6}T；(b) 2×10^{-8}K.

5.3　$\nu RT\ln(V_2/V_1)$.

5.4　3.6×10^3J.

5.5 $a \to c \to b$; $W = 7 \times 10^2$ J; $Q = -2.9 \times 10^3$ J;
$a \to d \to b$: $W = 2.1 \times 10^4$ J; $Q = 1.8 \times 10^4$ J;
$a \to b$: $W = 1.4 \times 10^4$ J; $Q = 1.1 \times 10^4$ J;

5.8 (a)Mg/A;(b)$T = \frac{3}{5}T_0 + (2MgV_0/5\nu RA)$,

$$V = \frac{2}{5}V_0 + (3\nu RAT_0/5Mg).$$

5.9 (b)1480J · m^{-1}.

5.10 (a)9.92×10^3 J;(b)1.35×10^3 J.

5.11 (b)$\overline{E} = N[\epsilon_1 + \epsilon_2 e^{-(\epsilon_2 - \epsilon_1)/kT}][1 + e^{-(\epsilon_2 - \epsilon_1)/kT}]^{-1}$,
$C = (N/kT^2)(\epsilon_2 - \epsilon_1)^2 e^{-(\epsilon_2 - \epsilon_1)/kT}[1 + e^{-(\epsilon_2 - \epsilon_1)/kT}]^{-2}$.

5.12 (a)$-N\mu_0 B, 0$;(b)0,0;(c)$-N\mu_0 B\tanh(\mu_0 B/kT)$;
(d)$Nk(\mu_0 B/kT)^2[\cosh(\mu_0 B/kT)]^{-2}$.

5.13 (a)$2N\epsilon(e^{\epsilon/kT} + 2)^{-1}$;
(b)$(2N\epsilon^2/kT^2)e^{\epsilon/kT}(e^{\epsilon/kT} + 2)^{-2}$,
T很大时为$(2N\epsilon^2/9kT^2)$.

5.14 (a)$(C_A T_A + C_B T_B)/(C_A + C_B)$;
(b)$\Delta S = C_A \ln(T/T_A) + C_B \ln(T/T_B)$.

5.15 (a)1.27×10^3 J · K^{-1}, -1.12×10^3 J · K^{-1},
1.5×10^2 J · K^{-1};(b)1.1×10^2 J · K^{-1}.

5.16 (a)21.8J · K^{-1};(b)$10^{6.8 \times 10^{24}}$.

5.17 (a)12.6℃;(b)12.8J · K^{-1}(c)9.4×10^3 J.

5.18 (a)0;(b)0;(c)0;(d)无关.

5.19 (a)$S_n = S_s$;(b)$C_n = \frac{1}{3}C_s$.

5.20 (a)$Nk(\hbar\omega/kT)^2 e^{\hbar\omega/kT}(e^{\hbar\omega/kT} - 1)^{-2}$;(c)$Nk$.

5.21 (a)$\frac{5}{2}kT$;(b)$\frac{5}{2}R = 20.8$ J · K^{-1} · mol^{-1}.

5.22 (a)$(\partial^2 \ln Z/\partial\beta^2) + (\partial \ln Z/\partial\beta)^2$;(d)$\left(\frac{3}{2}N\right)^{-1/2}$.

第6章

6.2 (a)$e^{-\beta(p^2/2m + mgz)} d^3r d^3p$;(b)$e^{-(1/2)(\beta mv^2)} d^3v$;
(c)$e^{-\beta mgz} dz$.

6.3 $n \propto e^{-\beta mgz}$.

6.4　(a)$V[\ln(R/r_0)]^{-1}r^{-1}$;(b)$n\propto(r/R)^{-\beta eV/\ln(R/r_0)}$;
(c)$kT\gg e^2n^{1/3}$.

6.5　(a)$\omega^2r(m-\rho v)$;(b)$e^{-(1/2)\beta\omega^2r^2(m-\rho v)}dr$.

6.6　(a)$e^{\beta\mu_0(B_2-B_1)}$;(b)$\cosh(\beta\mu_0B_2)/\cosh(\beta\mu_0B_1)$;
(c)$1+(\mu_0/kT)^2(B_2^2-B_1^2)$;(d)1.00015.

6.7　$\frac{1}{2}kT$,无.

6.8　(a)$2^{-(1/2)}$;(b)不变.

6.9　较大

6.10　$4V(\ln2)/A\bar{v}$.

6.11　近似于4s.

6.12　(a)$(c_2/c_1)(m_1/m_2)^{1/2}$.

6.13　$2^{(1-\sqrt{\mu_{He}/\mu_{Ne}})}$.

6.14　(a)0;(b)kT/m;(c)0;(d)0;(e)$(kT/m)(1+b^2)$.

6.15　(a)ν_0;(b)$\nu_0^2(kT/mc^2)$.

6.16　R.

6.17　$\rho\propto T$.

6.18　(a)Mg/α;(b)kT/α;(c)$(\alpha kT)^{1/2}/g$.

6.19　(a)$\frac{1}{2}kT$;(b)$\frac{1}{4}kT$;(c)$\frac{3}{4}kT$;(d)$\frac{3}{4}R$.

6.20　R.

6.21　(a)$\bar{E}=3N\hbar\omega\left[\frac{1}{2}+(e^{\hbar\omega/kT}-1)^{-1}\right]$;
(b)$3R(\hbar\omega/kT)^2e^{\hbar\omega/kT}(e^{\hbar\omega/kT}-1)^{-2}$;
(f)$3R(\Theta/T)^2e^{-\Theta/T}$;(h)$\hbar\omega/k$.

第7章

7.2　(a)6.21大气压;(b)832K.

7.3　(a)$(c_V/R)(\bar{p}_fV_f-\bar{p}_iV_i)$;(b)$vC_V(T_f-T_i)$.

7.4　(b)$\frac{5}{2}R=20.8\text{J}\cdot\text{K}^{-1}\cdot\text{mol}^{-1}$;(c)$\frac{5}{3}$.

7.5　(a)$\frac{5}{2}R$;(b)1300J;(c)1500J
(d)$23.6\text{J}\cdot\text{K}^{-1}$

7.6　$\frac{3}{2}R\ln[(T/T_0)(V/V_0)^{2/3}]$其中$T$和$V$由习题5.8的答案所定.

7.8 (a)195K;

(b)升华:3.12×10^4J·mol^{-1}

蒸发:2.55×10^4J·mol^{-1}

(c)5.7×10^3J·mol^{-1}

7.9 零.

7.10 $\left[(L/RT)-\frac{1}{2}\right]T^{-1}$.

7.11 (a)$(RT_r/L)(Q/\nu)$.

(b)$\left[\frac{1}{T_0}-\frac{R}{L}\ln\left(\frac{RT_r}{Lp_0}\frac{Q}{\nu}\right)\right]^{-1}$

(c)1.4K.

7.15 (a)$T_i/(T_i-T_0)$;(b)11.9.

7.16 (a)$C(T_1+T_2-2T_f)$;(b)$T_f\geqslant(T_1T_2)^{1/2}$;

(c)$C(T_1^{1/2}-T_2^{1/2})^2$.

7.17 (a)$\nu RT\ln(V_c/V_b)$;(b)$\nu RT\ln(V_a/V_d)$;

(c)$V_a/V_b=V_d/V_c$;(d)$q'/q=T'/T$.

7.18 $1-(V_1/V_2)^{\gamma-1}$.

第8章

8.1 (a)2;(b)2;(c)未受影响.

8.2 (a)τ;(b)τ;(c)未受影响.

8.3 (a)$\frac{1}{2}t_c$;(b)$\frac{1}{2}t_c$;(c)at_c;$\frac{1}{2}at_c=a\tau$;

(d)$\frac{1}{2}at_c^2$,$\frac{1}{2}at_c=a\tau$.

8.4 减小,不变.

8.5 (a)$2\pi\eta R^3L\omega/\delta$;(b)近似为$25\times10^{-7}$N·m.

8.6 1.4×10^{-5}kg·m^{-1}·s^{-1}.

8.7 (a)$\sigma\propto V^{-4/(s-1)}$;(b)$\eta\propto T^{(s+3)/2(s-1)}$.

8.8 (a)1400W·m^{-1};(b)4×10^{-3}mmHg.

8.9 (a)$(\eta_1/\eta_2)(\mu_2/\mu_1)^{1/2}$;(b)$(\eta_2/\eta_1)(\mu_1/\mu_2)$;

(c)$(\eta_2/\eta_1)(\mu_1/\mu_2)$;

(e)$d_1\approx1.9\times10^{-10}$m,$d_2\approx3.1\times10^{-10}$m.

8.10 近似于10h.

8.11 近似为$\frac{3}{2}(\ln2)(M/m)(n\bar{v}L^2)^{-1}$.

8.13　(c)$2\tau^2$.

8.14　$\dfrac{\partial T}{\partial t}=\dfrac{\kappa}{\rho c}\dfrac{\partial^2 T}{\partial z^2}$.

8.15　$\Delta T=(I^2R/2\pi b\kappa)\ln(b/a)$.

8.16　(a)$(\pi/8)(\rho a^4/\eta L)(p_1-p_2)$;

(b)$(\pi/16)(\mu a^4/\eta RTL)(p_1^2-p_2^2)$.

补充题

P.1　0.013.

P.2　$(2\mu_0)^{-1}(2\pi Npq)^{-1/2}\exp\{-[M-N(p-q)\mu_0]^2/8Npq\mu_0^2\}$.

P.5　(a)0.37;(b)0.08.

P.8　0.0025,0.090,0.162.

P.10　(b)$T(kC)^{1/2}$;(c)$\left[\dfrac{2}{3}N'/N(N+N')\right]^{1/2}$;

(d)如果 $N\ll N'$ 为 $\left(\dfrac{2}{3}N\right)^{1/2}$,

如果 $N\gg N'$ 为 $N^{-1}(2N'/3)^{1/2}$.

索　　引

（字母 n 表示注释，d 表示定义摘要）

A

B

C

D

E

F

G

H

J

K

L

M

N

O

P

㊀ Average value 与 Mean value 实际上正文中并未区分. ——译者注

R

S

T

W

X

Y

Z

图书在版编目（CIP）数据

伯克利物理学教程：SI 版. 第 5 卷，统计物理学：翻译版/(美) 瑞夫（Reif，F.）著；周世勋，徐正惠，龚少明译. —北京：机械工业出版社，2015.11（2024.10 重印）

书名原文：Statistical Physics（Berkeley Physics Course，Vol. 5）

“十三五”国家重点出版物出版规划项目

ISBN 978 - 7 - 111 - 50445 - 0

Ⅰ. ①伯…　Ⅱ. ①瑞…②周…③徐…④龚…　Ⅲ. ①统计物理学 - 教材　Ⅳ. ①04

中国版本图书馆 CIP 数据核字（2015）第 123608 号

机械工业出版社（北京市百万庄大街 22 号　邮政编码 100037）

策划编辑：张金奎　责任编辑：张金奎　陈崇昱　版式设计：霍永明

责任校对：陈延翔　封面设计：张　静　责任印制：单爱军

北京虎彩文化传播有限公司印刷

2024 年 10 月第 1 版第 8 次印刷

169mm × 239mm · 22.25 印张 · 2 插页 · 435 千字

标准书号：ISBN 978 - 7 - 111 - 50445 - 0

定价：98.00 元

电话服务	网络服务
客服电话：010-88361066	机　工　官　网：www.cmpbook.com
010-88379833	机　工　官　博：weibo.com/cmp1952
010-68326294	金　　书　　网：www.golden-book.com
封底无防伪标均为盗版	机工教育服务网：www.cmpedu.com